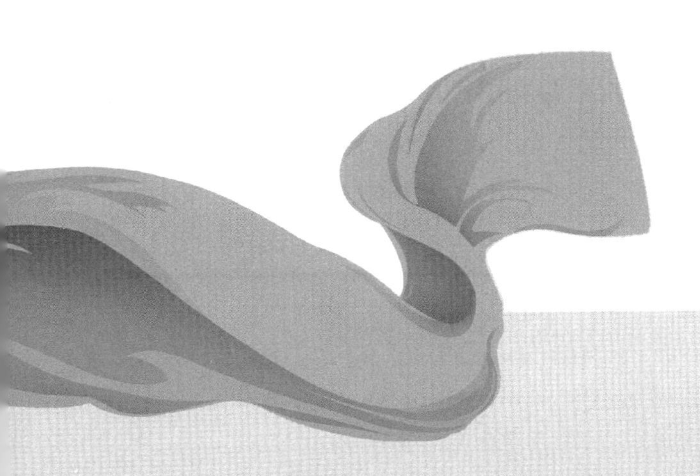

北京科技大学“211 工程”项目资助出版

科学技术与文明研究丛书

编　委　会

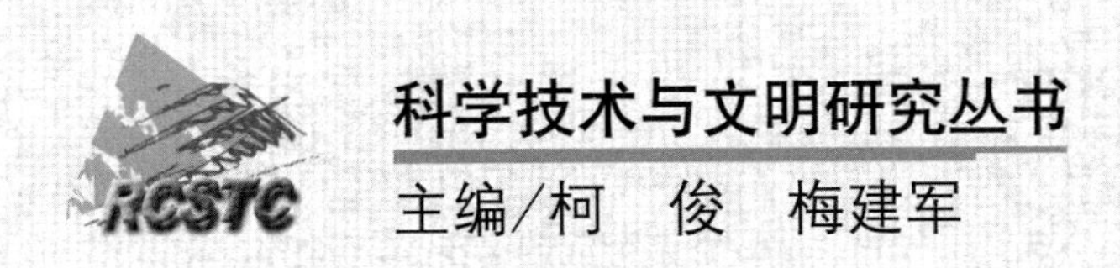

科学技术与文明研究丛书

主编/柯　俊　梅建军

中英火炮与鸦片战争

刘鸿亮◎著

科学出版社

北京

图书在版编目（CIP）数据

中英火炮与鸦片战争/刘鸿亮著. —北京：科学出版社，2011
（科学技术与文明研究丛书/柯俊，梅建军主编）
ISBN 978-7-03-030980-8

Ⅰ. ①中… Ⅱ. ①刘… Ⅲ. ①鸦片战争（1840～1842）-火炮-对比研究-中国、英国 Ⅳ. ①TJ3-09

中国版本图书馆 CIP 数据核字（2011）第 081075 号

丛书策划：胡升华 侯俊琳
责任编辑：侯俊琳 樊 飞 卜 新 / 责任校对：张小霞
责任印制：吴兆东 / 封面设计：无极书装
编辑部电话：010-64035853
E-mail：houjunlin@mail.sciencep.com

科学出版社 出版
北京东黄城根北街 16 号
邮政编码：100717
http://www.sciencep.com
北京厚诚则铭印刷科技有限公司印刷
科学出版社发行 各地新华书店经销
*
2011 年 6 月第 一 版 开本：787×1092 1/16
2025 年 2 月第六次印刷 印张：17 3/4 插页：4
字数：330 000

定价：98.00 元

▲ 图1　鸦片战争前后广东珠江水域的中国兵船

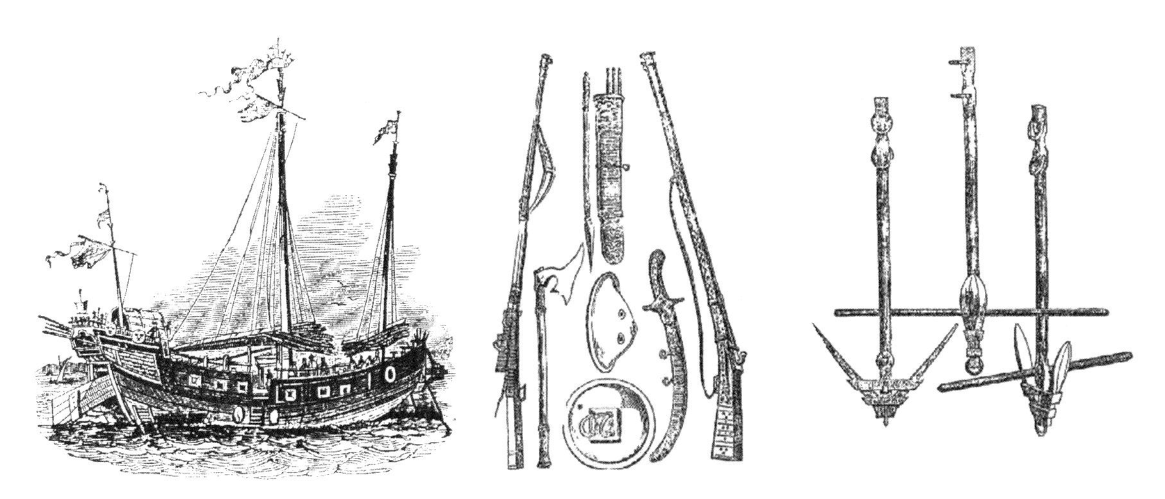

▲ 图2　鸦片战争时期的中国战船及装备的毛瑟枪、矛、箭囊、战斧、弯刀、盾和锚

▲ 图3　英国载炮72门的“布仑谦”号战列舰

▲ 图4　鸦片战争时期英军“复仇神”号火轮船

▲ 图5　广东虎门沙角炮台展览的造于1835年的清朝3000千克铁炮

▲ 图8　鸦片战争时期的清军抬炮

◀ 图6　鸦片战争博物馆藏子母炮及子母炮弹

▲ 图7　广西梧州中山公园展览的清朝1809年造“威远将军”炮

▲图9　鸦片战争博物馆展览的鸦片战争时期国人购买的洋铁炮

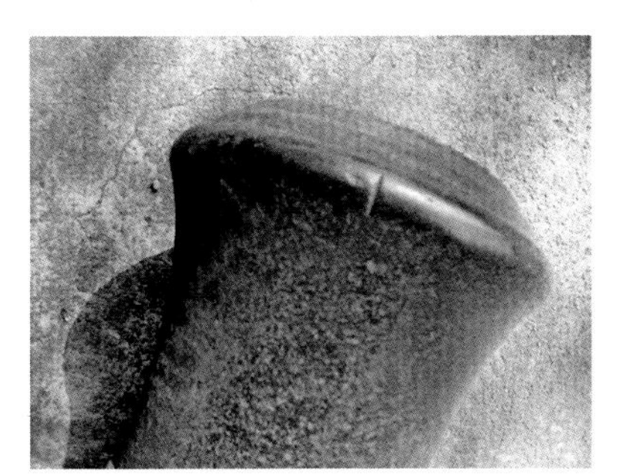

▲ 图10　广东广州博物馆展览的鸦片战争时期英国加农炮

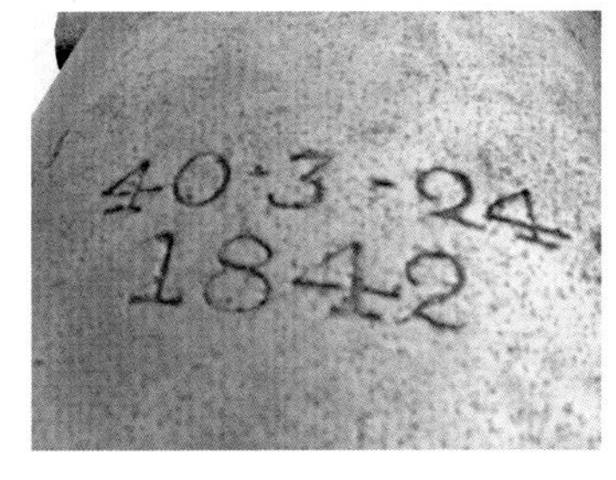

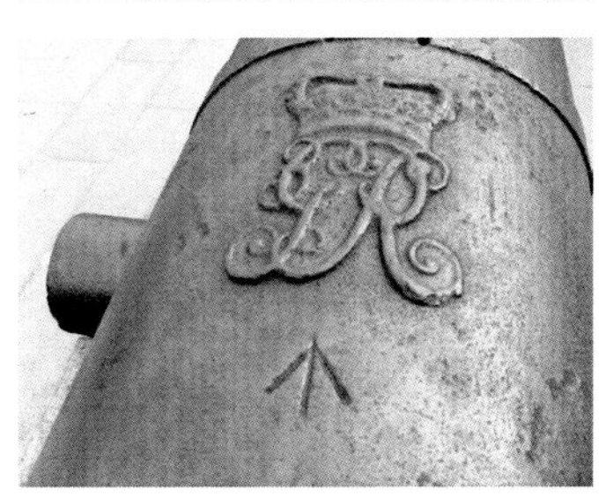

▲ 图11　浙江镇海口海防历史纪念馆展览的英国1842年造榴弹炮，此炮重2034千克

▲ 图12　鸦片战争时期的英军臼炮及底座

▲ 图13　广西梧州中山公园陈列的鸦片战争时期英军无耳卡龙炮

▲ 图14　英军康格里夫火箭在陆地战场上的发射情形

▲ 图15　1834年9月5日英国两艘战列舰闯入虎门。图左侧为横档炮台（封闭式），图右侧为威远炮台（裸露式）

总序

20 世纪 50 年代，英国著名学者李约瑟博士开始出版他的多卷本巨著《中国科学技术史》。这套丛书的英文名称是 *Science and Civilisation in China*，也就是《中国之科学与文明》。该书在台湾出版时即采用这一中文译名。不过，李约瑟本人是认同“中国科学技术史”这一译名的，因为在每一册英文原著上，实际均印有冀朝鼎先生题写的中文书名“中国科学技术史”。这个例子似可说明，在李约瑟心目中，科学技术史研究在一定意义上或许等同于科学技术与文明发展关系的研究。

何为科学技术？何为文明？不同的学者可以给出不同的定义或解说。如果我们从宽泛的意义去理解，那么“科学技术”或许可视为人类认识和改变自然的整个知识体系，而“文明”则代表着人类文化发展的一个高级阶段，是人类的生产和生活作用于自然所创造出的成果总和。由此观之，人类文明的出现和发展必然与科学技术的进步密切相关。中国作为世界文明古国之一，在科学技术领域有过很多的发现、发明和创造，对人类文明发展贡献卓著。因此，研究中国科学技术史，一方面是为了更好地揭示中国文明演进的独特价值，另一方面是为了更好地认识中国在世界文明体系中的位置，阐明中国对人类文明发展的贡献。

北京科技大学（原北京钢铁学院）于 1974 年成立“中国冶金史编写组”，为“科学技术史”研究之始。1981 年，成立“冶金史研究室”；1984 年起开始招收硕士研究生；1990 年被批准为科学技术史硕士点，1996 年成为博士点，是当时国内有权授予科学技术史博士学位的为数不多的学术机构之一。1997 年，成立“冶金与材料史研究所”，研究方向开始逐渐拓展；2000 年，在“冶金与材料史”方向之外，新增“文物保护”和“科学技术与社会”两个方向，使学科建设进入一个蓬勃发展的新时期。2004 年，北京科技大学成立“科学技术与文明研究中心”；2005 年，组建“科学技术与文明研究中心”理事会和学术委员会，聘请席泽宗院士、李学勤教授、严文明教授和王丹华研究员等知名学者担任理事和学术委员。这一系列重要措施为北京科技大学科技史学科的发展奠定了坚实的基础。2007 年，北京科技大学科学技术史学科被评为一级学科国家重点学科。2008 年，北京科技大学建立“金属与矿冶文化遗产研究”国家文物局重点科研基地；同年，教育部批准北京科技大学在“211 工程”三期重点学科建设项目中设立“古代金属技术与中华文明发展”专项，从而进一步确立了北京科技大学科学技术史学科的发展方向。2009 年，人力资源和社会保障部批准在北京科技大学设立科学技术史博士后流动站，使北京科技大学科学技术史学科的建制化建设迈出了关键的一大步。

30 多年的发展历程表明，北京科技大学的科学技术史研究以重视实证调研为特色，尤其注重（擅长）对考古出土金属文物和矿冶遗物的分析检测，以阐明其科学和遗产价值。过去 30 多年里，北京科技大学科学技术史研究取得了大量学术成果，除学术期刊发表的数百篇论文外，大致集中体现于以下几部专著：《中国冶金简史》、《中国冶金史论文集》（第一至四辑）、《中国古代冶金技术专论》、《新疆哈密地区史前时期铜器及其与邻近地区文化的关系》、《汉晋中原及北方地区钢铁技术研究》和《中国科学技术史·矿冶卷》等。这些学术成果已在国内外赢得广泛的学术声誉。

近年来，在继续保持实证调研特色的同时，北京科技大学开始有意识地加强科学技术发展社会背景和社会影响的研究，力求从文明演进的角度来考察科学技术发展的历程。这一战略性的转变很好地体现在北京科技大学承担或参与的一系列国家重大科研项目中，如“中华文明探源工程”、“文物保护关键技术研究”和“指南针计划——中国古代发明创造的价值挖掘与展示”等。通过有意识地开展以“文明史”为着眼点的综合性研究，涌现出一批新的学术研究成果。为了更好地推动中国科学技术与文明关系的研究，北京科技大学决定利用“211 工程”三期重点学科建设项目，组织出版“科学技术与文明研究丛书”。

中国五千年的文明史为我们留下了极其丰富的文化遗产。对这些文化遗产展开多学科的研究，挖掘和揭示其所蕴涵的巨大的历史、艺术和科学价值，对传承中华文明具有重要意义。“科学技术与文明研究丛书”旨在探索科学技术的发展对中华文明进程的巨大影响和作用，重点关注以下 4 个方向：①中国古代在采矿、冶金和材料加工领域的发明创造；②近现代冶金和其他工业技术的发展历程；③中外科技文化交流史；④文化遗产保护与传承。我们相信，“科学技术与文明研究丛书”的出版不仅将推动我国的科学技术史研究，而且将有效地改善我国在金属文化遗产和文明史研究领域学术出版物相对匮乏的现状。

柯　俊　梅建军

2010 年 3 月 15 日

序言

包括火炮在内的兵器研究在中国乃至世界火器史和海防史中是不可或缺的。鸦片战争时期，清军“炮不利”与英军“炮利”的问题，属于中国乃至世界火器史和海防史研究的重要内容。中国近代化观念的形成乃至产业革命的出现，实自西洋“船坚炮利”的认识入手，这些史学问题需要深入探讨。

刘鸿亮同志的这部著作，系对他博士学位论文长期完善和进一步升华的结果，是国内研究鸦片战争时期中英双方火炮技术和性能的较全面和较系统的书籍，在军事史料分析和军事术语运用方面更有质的进步，表现出作者勤于挖掘第一手和第二手材料的努力。目前，国内外关于此方面的论文与专著颇重思辨，执著于技术细节探讨的微乎其微，而这些细节性问题是研究其他问题的基本前提。因此，该领域存在着巨大的研究空间和必要性。作者对中西火器文献资料进行综合分析，对中国沿海战区遗留的中英火炮做系统地考察，对选取的部分中英铁炮样品进行金相分析。这种三方面聚焦——三结合的研究方式，对鸦片战争时期中英火炮技术和性能的优劣进行深化和细化，揭示出中英火炮技术和性能方面的差距，挖掘出制约清朝火炮发展的技术和社会原因等，为人们了解清军在鸦片战争中因火炮技术发展滞后于西洋而战败，以及此后百年中国被动挨打的原因提供了可信赖的依据。

本书特点如下：①三结合研究方式的综合成果，具有较坚实的学术基础和较强的说服力，在研究方法上为中国火器研究开拓了新的道路。这样的研究方法，显示了作者有扎实的基本功、严谨的治学态度和活学活用文、理、工学科的研究特色，得到了不少知名学者的肯定。②重点突出。作者在论及决定中英鸦片战争胜负的诸要素时，虽然涉及政治、军事、经济等因素，但着重论述中英军队装备火炮的技术、性能以及与之相关的弹药制造、使用等诸多反差。这些反差的总和，便形成双方战斗力的较大悬殊。清军火炮的劣势和作战方式的陈旧，是其守卫失败的原因；英军火炮的优势和新作战方式的采用，是其侵略得逞的关键。③本书从科学技术史的角度对当时中英双方装备的铁炮、炮弹、火药、战船等的制造及使用技术做了全面比较，包括科学技术的基础理论、设计思想、形制、原材料的选取和提炼、工业设备、制造技术和工艺、作战中的战术和使用等方面。④文献资料的搜集比较广泛。作者在撰写论著过程中收集了较多的鸦片战争时期中英双方的相关文献资料、当代论著。许多新发现的资料为写作提供了充分的论据。⑤实地考察内容丰富。作者先后调查 318 门火炮、200 多颗炮弹，实测 198 门火炮，对 178 门火炮进行取样分析，摄制照片，制作表格，这些资料弥足珍贵。

刘鸿亮同志是我的好朋友孙淑云教授的得意门生之一，也是近些年在中国火器史研究方面崭露头角的少壮派新秀之一。他大学本科毕业于哲学专业，在硕士研究生和博士研究生阶段学习的是科学技术史专业，具有较扎实的理论基础和科学技术史专业知识，特别是在对“红夷大炮”史料研究方面积累了丰富的资料。他在北京科技大学科学技术史专业攻读博士学位期间，大量阅读中外科技史、近代历史、军事史、武器发展史等方面的文献，并能在研究所老师的指导下，针对自己知识结构的不足，学习金相基本知识和研究方法，进一步提高自己的基础理论和专业知识水平。本书具有理论意义，更有较强的现实意义。如规模宏大的国家清史撰修工程正在按照规划全面进行，国家文物局在沿海启动了“明清海防建设遗存保护前期研究”工程，火炮研究在两大工程中占有很大份额。但是，目前还没有关于中西火炮技术和性能优劣的研究专著。因此，本书的研究成果可以用于国家清史撰修工程、沿海海防炮台和海防性质较强的国内博物馆等研究或展示，对加快一些军事性质较强的沿海博物馆自身建设、馆员适时充电、增加文物科技含量以及历史问题解惑等大有裨益。在本书即将付梓之时，我深感欣慰和喜悦。我相信，以作者已有的扎实基础和对学术事业的执著精神，他一定能够在这个新起点上更上一层楼，不断取得更有分量的学术成果。

是为序。

王兆春

2010 年 5 月 30 日

于中国人民解放军军事科学院丰户营干休所

绪 论

战争是国家或集团之间综合力量的较量，决定战争胜负的是战争的性质、战略思想、战术的运用和武器的优劣等多种要素的整合。鸦片战争时期清军在广东、福建、浙江、江苏战场上先后经历了从“海战不足恃”到“以守为战”，再到“战守两不足恃”的形势转变。在清军战败因素中，固然社会经济落后、政治腐败、闭关锁国、不明敌情、战守无策、指导无能、将领保守、战术笨拙、军队腐朽、军民对立等综合因素削弱了战争赖以取胜的社会基础；虽然在清军中不乏久经沙场、经验丰富的将领和视死如归的士卒，但未能改变战斗失败的结局。与英军相比，清军指挥官和缺乏训练的士兵在作战士气上因为负有保家卫国的责任，不一定就不如在印度等地招募的英国雇佣兵。就这场战争中清军失败的原因而言，十分重要的方面是英军火炮技术与性能优于清军。当然，我们不是唯武器论者，因为影响战争的因素非常复杂，人的因素在其中扮演非常重要的角色，但是我们决不能忽略武器在战场上的重要作用。历史证明，军队的全部组织和作战方式以及与之有关的胜负，不仅取决于战争性质、战略及战术思想、参战官兵的质与量，而且取决于装备和技术。在特定的历史条件下（如小规模的战争或战役），武器关键技术水平的高低导致武器性能的优劣，武器性能的优劣和技术、战术运用得当与否，是决定战争胜负的主要因素。

鸦片战争时期的中英军队作战方式主要是海陆炮战，火炮是最重要的武器。如清朝，上自道光帝的谕旨下至各级将领、大臣的奏疏，无不着重提到以使用大炮为代表的火器作战问题。英军凭借舰炮轰击清军要隘，而清军主要以炮台里的红夷巨炮迎敌。战斗结果通常是清军防线很快崩溃，虽有官兵拼死抵抗，但改变不了失败的结局。英军攻击进展顺利，人员死亡有时接近于“零”，此种现象在当时是非常引人注目的。战争前后，清朝官员以及一些显赫人物在奏章或私家著述中谈到英军“船坚炮利”的共计 66 人。[①] 可以认为，在鸦片战争前后的中国历史研究中，中英火炮技术与性能以及社会对其制约是研究其他一切问题不可回避的前提。火炮既然在中英鸦片战争中扮演了重要角色，然而中英火炮的技术和性能到底存在什么差距？何以会形成如此大的差距？当时的中外史料对中英火炮记载的简略性以及国内外学者对此研究的薄弱性，使得许多问题尚处于以讹传讹的阶段。目前，中国史学界对中英火炮技术和性能的研究，即研究清朝“炮不利”与英军“炮利”的问题，从科技哲学、历史学、军事史学、火器史学、国际关系学的角度研究较多，但从火器技术史、实地调查、铁炮金相实验角度的研究，迄今还很欠缺。因此，该领域存在着巨大的研究空间和必要性。中国史学界对于中英火炮技术与性能的看法不一：有的学者认为，清军与英军火炮在技术和性能上没有明显差距，清军失败的原因是上下层的腐败无能；有的学者认为，英军火炮技术和性能优于清军，但阐述较笼统，缺乏足够的说服力。

国内学者对 19 世纪中叶以前的东西方火炮技术研究起步较晚，时间大致在 20 世纪 80 年代以后，大多学者研究的方法是史料考证加实地调研。如王兆春的著作《中国火器史》（军事科学出版社，1991），《世界火器史》（军事科学出版社，2006），开国内外火器综合研究之先河，利用史料和实地调研的方法对东西方火炮技术如设计理论、制造技术、火炮射程和中国火器盛衰原因做了研究。刘旭的著作《中国古代火炮史》（上海人民出版社，1989）探讨了各类火药、火器的产生时间、研制工艺、使用状况、理论著述，以及火药火器技术的西传东渐和兴盛衰落等重大问题。20 世纪 90 年代以后，国内学者对中国火器史研究日深。如黄一农撰文《明清独特复合金属炮的兴衰》（清华学报（台湾），2010，(4)）认为：明末清初，中国火炮铸造为防止炸膛和耐用的问题，经常采用铁芯铜体的复合结构。此种火炮管壁较薄、重量较轻、花费较少，且较耐用。尹晓冬撰写《十六、十七世纪传入中国的火器制造技术及弹道知识》（中国科学院博士学位论文，2007），她通过对《火攻挈要》（1643 年完成）、《西法神机》（1622 年 6 月至 1623 年 12 月编著）、《兵录》（序是 1606 年、部分内容是 1626 年后完成）三本兵书的剖析，对东西方火炮 1620～1690 年泥模铸造技术进行了较深入研究，并有许多附图和自己绘制的工艺图片。郭得河等编著的《中国军事百科全书·古代兵器》（中国大百科全书出版社，2006）认为：“铸铁炮多用灰口铸铁和马口铁制成，高质量的铸铁炮应具有细片状石墨，要求制造时控制成分和冷凝速度。当时的工匠只能通过检查断口，凭经验予以控制。铸铁炮的炸裂多是由于制造技术不稳定造成的。如在用泥

---

① 王尔敏．清季兵工业的兴起．台北：中央研究院近代史研究所，1963．21

范铸型时，芯模不同心或不对中，铸造后使炮筒壁厚薄不均或炮膛不直；在浇铸时，若补缩不足造成铸造缺陷，或由于成分及冷凝速度控制不当，组织中存在粗大的片状石墨，均会成为铸铁炮炸裂的隐患。16世纪末曾用镗孔加工的办法校直修正，但常因使用的工具粗糙，不能得到满意的结果。”英国人 Donald Wagner 撰文《中国铁炮》（Journal of History of Science，2005，40（4）），探讨了中国明清两朝铁芯铜体炮和复合层铁炮的状况，认为复合层铁炮的外层为白口铸铁，内层是否为熟铁尚不能确定。徐新照的著作《中国兵器思想探索》（军事谊文出版社，2003）认为中国兵器制造工艺技术、火药配方技术、弹道命中技术思想上多独具自己的特色。该书对龚振麟铁模造炮法做了叙述。

国外学者对19世纪中叶以前的火炮研究起步比中国学者要早，在20世纪初就已在系统性和专题性方面展开探讨，现在研究者更多，如苏联契斯齐阿柯夫等编著的《炮兵》（张鸿久等集体译校．北京：国防工业出版社，1957），对鸦片战争前后的欧洲火炮技术发展史谈论较详，并有许多附图。探讨了复合层铁炮的制造原理、炮弹和黑火药的性能，滑膛炮的射击精度何以不能精确的原因等。美国 N. Dupuy 1982年出版著作《武器和战争的演变》（军事科学出版社，1985），此书有大量欧洲火炮和战舰技术方面的论述，探讨了火炮的设计理论、所需的铜铁材质、泥模的制造技术、火炮射程、诸多炮弹技术等。在专题性研究方面，如 C. Foulkes 出版了著作《14～19世纪英国的铸炮技术》（Arms and Armour Press，1937），该书对14～19世纪欧洲泥模铸炮的制模、钻膛、钻火门等各个环节谈论甚详，并有大量附图，再现了泥模铸炮的全过程。

综上所述，关于鸦片战争前后的东西方火炮的研究，欧洲学者比中国学者要早，研究较深入。以往的研究者从火器发展的文献和实物资料对比中取得了一定成果，目前有待深入研究的问题是：发掘新的史料，尤其是补充外文研究资料；加强实物调查，对材质进行金相组织研究；探讨清军在鸦片战争中失败的原因，从技术与社会因素结合的角度加以深化。

火炮技术要求一般包括战斗要求、勤务要求和经济要求三个方面，战斗要求是火炮技术要求的主要内容。火炮技术包括形制（design）、种类（classification）、材质（material）、制作技术（manufacturing technique）、炮弹（shell）、火药技术（powder）等，火炮技术不同，必然导致其性能各异。火炮性能包括射程（range）、射速（firing rate）、机动性（mobility）、射击精度（accuracy of practice）和炮弹的杀伤力等。本书对中英火炮技术和性能进行了系统的比较研究，在此基础上，从科学技术史的角度，探讨影响清军火炮技术和性能不良的技术及其社会因素，为深入研究鸦片战争时期的火器史、军事史以及技术社会史打下扎实的基础。

不过，战争是一种极其复杂的社会现象，就鸦片战争而言，许多第一手资料，或因毁于战火而不复存在，或因相互保密，事后销毁而无从查考。尤其是中国史料，多为统治阶级的官方记述，虚假不实之处在所难免，有的甚至是出于未经历战争的文人之手，这都增加了去伪存真、去粗取精的困难。再加上作者的历史知识、写作水平和理论水平有限，因而本书难免存在不少缺点和错误，尚祈方家不吝指正。

在此需要说明的是，在鸦片战争时期的中英火炮中，占压倒优势的都为铁炮，铜炮比例不大，所起的作用有限，且铜炮材质宝贵，战争以后，大都被熔铸成其他器物，实地调查中所见铜炮很少，故本书仅谈及铁炮。至于在当时的中英火炮中占压倒优势的都为铁炮的根据，在欧洲史料《武器和战争的演变》中有记载：进入18世纪，欧洲各国都大规模扩建海军，使得舰炮的需求暴增。因为铁的成本只及铜的五分之一，所以铁炮逐渐替代了青铜炮，成为各国战舰的标准装备。不过，欧洲包括英国在内的炼钢法，直到19世纪中叶再无显著改进，加上钢材本身的缺陷，制造重型军械时使用这种钢材受到限制。因此，在炮的制造上，除了海军重炮外，青铜炮和黄铜炮始终以优势压倒铸铁炮。原因是铁质炮管过于脆弱，无法承受更大的爆炸力。[①]《从早期至1850年欧洲的铸炮技术及铸炮工匠》载：1816年英国大口径铸铜炮被宣布禁止，只有小口径如12、9、6、3磅[②]弹炮还在铸造。至1793年法国与英国战争爆发时，海军用火炮已全部改用铁炮，实心钻膛。[③]中国史料《钦定大清会典》载：凡制造火器，大者曰炮，重560～7000斤，轻27～390斤。[④]《中国青铜铳炮总叙》载：第一阶段从元代至明正德时期，这是中国传统铳炮的发生、发展期，其时青铜铳炮占据主流；第二阶段，从明嘉靖时期至清末，主要是仿造欧洲传来的铳炮，由于铁制铳炮的发展，青铜铳炮渐趋衰落，最终被淘汰。1840年前后，为抵御英人，赶造了一些重炮，都是康熙红夷炮的旧制，不同的是，多以铸铁铸造。其时也仿康熙旧制，铸造了较轻的铜炮。[⑤]以上东西方史料反映出，鸦片战争时期的中英双方战船上的400斤以上重炮都是铁炮，400斤以下小炮中铜炮比例很大。至于中英双方的岸炮，铁炮肯定占压倒优势。

---

① ［美］杜普伊 T N. 武器和战争的演变．严瑞池，李志兴等译．北京：军事科学出版社，1985.124

② 1磅＝0.454千克

③ Kennard A N. Gunfounding and Gunfounders：A Directory of Cannon Founders from Earliest Times to 1850（《从早期至1850年欧洲的铸造技术及铸炮工匠》）. London：Arms and Armour Press，1986.161，162. 注：15～19世纪，欧洲加农炮通常用炮弹重量作为其口径和威力大小的标志。12磅弹炮在发射时用12磅球形实心弹

④ 清朝1斤＝16两＝今596.82克．四库全书·钦定大清会典（册619，史部377，卷73）. 军器．677

⑤ 钟少异．中国青铜铳炮总叙．中国历史文物，2002，(2)：25

第一章 中外史料反映的中英火炮技术

第一节 中英火炮的形制、设计思想与分类

火炮形制、设计思想、类型与火炮性能有着密切关系。鸦片战争之时，中英主导型火炮都是重型前膛装滑膛炮，仍旧属于以黑火药做发射药的前膛装滑膛时代。所谓“前膛装滑膛炮”，是弹药从炮口装填，不刻制膛线的光滑身管内壁。火药气体不易泄露，但弹药从炮口装填是困难的，因为火药是稠密的物质，易于粘在膛壁上。滑膛炮的主要缺点是后坐力大、发射速度慢、射击精度低，而且球形弹丸一定要能够自由地从炮口放进去才行，这样一来，弹丸和炮膛内壁之间就有了间隙；发射时，气体很容易从间隙中漏出来。故装填时常需紧裹棉布，密封炮膛，以保证发射时火药燃气不外泄。球形弹丸在空中飞行速度下降得很快，故飞行不远。所谓“后膛装线膛炮”，是弹药从炮闩装填，刻制膛线（rifling）的光滑身管内壁。线膛炮在射程、射速和射击密集度等方面，明显优于同口径的滑膛炮。它的后坐力虽小，但火药气体易于泄露，火药残渣使得炮闩开关都非常困难，且又浪费很多时间。由于这些技术问题解决不了，18 世纪的欧洲虽已出现了后膛装弹药（炮弹为圆柱锥形）的直膛线的线膛炮，仍旧弃置不用。至 19 世纪初，欧洲一些国家进行了线膛炮的试验。如 1845 年意大利陆军少校 G. 卡瓦利发明了螺旋膛线，他在炮膛加工出螺旋形凹槽，发射锥头柱体形爆炸弹。螺旋膛线使弹丸绕自身的纵轴旋转，飞行稳定，增加了火炮的射程、准确性和侵彻力。英国在 1846 年左右已制成可供实战用的后膛装螺旋式线膛炮雏形，在与滑膛炮的对比试验中，后膛装螺旋式线膛火炮造价低，且稳定可靠，但此后的 25 年内却一直没有受到欧洲国家关注与广泛采用。实际上，由于战场上新炮的有效射程受炮手视力限制，

制造这种新炮并不合算，除非观察距离能大幅度增加，而这已是19世纪70年代以后的事情了。英国军事理论家、机械化战争理论创始人之一的查尔斯·富勒（Charles Fuller，1878～1966）在《战争指导》（内蒙古文化出版社，1997）中指出："由于成本的关系，火炮的发展是比步枪较为迟缓。虽然后膛装弹与炮管的来复线分开说来都是旧有的观念，但是将其联合起来，却到1745年才在英国做了第一次的试验。在整整100年之后，一位萨丁尼亚的军官卡瓦利少校发明了一种有效的5.5英寸[1]后膛来复线加农炮，1846年，华仑多尔夫男爵又发明了一种更有效的火炮，尽管如此，却没有一个国家愿意付出再装备的成本。接着发生了克里米亚战争（1853～1856），在这次战争中有一部分铁铸的前膛滑管68磅和8英寸炮，曾依照兰彻斯特的原理改造为有来复线的火炮。因为它们的射程远，精确度高，所以它们对塞凡堡的轰击变成了一种'非常可怕的事情'，在战争结束之后，所有各强国便都开始试验有来复线的后膛兵器。"表1.1为鸦片战争时期英国人对中国广东、福建、浙江、江苏四省铸炮水平的评价，囊括了主要战区。他们一致认为中国铜炮铸得不错，铁炮铸得不好或有待改进。这可以解释为此时期中英火炮设计思想方面处于一个水平上，铜炮的旋削设备，一般的铁制工具即可满足，故中英铜炮的质量尚显现不出明显差距，但是，铁炮对加工装置、动力设备要求很高，中国因没有发生工业革命，加工装置和动力设备不具备，故所造铁炮质量确实比英军差。

表1.1 鸦片战争时期英国人对清朝铸铜炮水平的评价

地点	时间	评价者	评价表述	史料出处
广东	1841年2～3月中英珠江口之战	英参战军官 W. D. Bernard	1841年3月24日，英军在扫荡珠江两岸的炮台中，俘获了8门非常好的黄铜大炮[a]	"尼米西斯"号轮船航行作战记（Ⅰ）.343
福建	1841年8月26日的厦门之战	英参战军官 W. D. Bernard	英军在石壁炮台上发现了清军25门黄铜和青铜炮，铸得相当好	"尼米西斯"号轮船航行作战记（Ⅱ）.191
浙江	1841年10月1日，英军再次攻陷定海	英参战军官 J. E. Bingham	在炮台中发现许多大炮，其中36门是新的、黄铜的，铸得很好的。后来这些东西被搬上了运输船。炮车是最劣的一种，只有四架除外，这四架车装在回旋架上，和轮船上的相似[b]	英军在华作战记（Ⅱ）.261
	1842年6月11日的乍浦之战	英参战军官 W. D. Bernard	英军在此俘获和破坏了清军大批的火炮和抬枪，不过，一些黄铜炮，铸得非常好，随后被运往舟山	"尼米西斯"号轮船航行作战记（Ⅱ）.222，334
	英军占领宁波	英参战军官 D. McPherson	英军在此俘获了67门黄铜炮，除了许多铁炮外，黄铜炮造得非常好，一些还方便地架在回旋架上[c]	在华作战记

① 1英寸=2.54厘米

续表

地点	时间	评价者	评价表述	史料出处
江苏	1842 年 6 月吴淞之战	英参战军官 G. G. Loch	在一座军工厂里，“我们看到，有 10 门游击炮队所用的大炮，这些都是安装在手推车上。这种炮车颇似花园里用的大推车，前面有贮藏炮弹的匣子，把手之间有一个抽屉，里面装着火药和铲火药的小铲子。我们除了看到各种口径的铁炮之外，还发现了一些全新的 12 磅弹铜炮，这些炮是按照放在旁边的嵌有王冠的 G・R・1826 型大炮仿造的，式样完全相同，唯一的区别就是中国字代替了王冠”[d]	英军在华作战末期记事
	1842 年 6 月吴淞之战	英参战军官 W. D. Bernard	中国军队并没有预料到，他们会遭到彻底的失败。中国军队对于防御工事的准备，范围是广泛的，他们对于敌人所作的抵抗是坚决的，他们所铸制大炮的形式以及所建造的兵船，都有若干改进；这一切皆足以证明，中国对于吴淞这个要塞的防卫，是曾认真准备的。正如中国军队的预料成反比例，在他们遭到失败的时候，他们的失望和震恐也是很大的	“尼米西斯”号轮船航行作战记（Ⅱ）. 352，359

资料来源：a）Bernard W D. Narrative of the Voyages and Services of the Nemesis from 1840 to 1843，and of the Combined Naval and Military Operations in China. London：Henry Colburn Publisher，1844. 注：简称《“尼米西斯”号轮船航行作战记》

b）Bingham J E. Narrative of the Expedition to China，from the Commencement of the War to Its Termination in 1842. *In*：Sketches of the Manners and Customs of That Singular and Hither to Almost Unknown Country（Ⅱ）. London：Henry Colburn Publisher，1843. 注：简称《英军在华作战记》

c）McPherson D The War in China：Narrative of the Chinese Expedition，from its Formation in April，1840，to the Treaty of Peace in August，1842. London：Saunders and Otley，1843. 52. 注：简称《在华作战记》

d）Loch G G. The Closing Events of the Campaign in China：The Operations in the Yang-Tze-Kiang and Treaty of Nanking. London：John Murray，1843. 226. 注：简称《英军在华作战末期记事》

一、清军火炮的形制、设计思想与分类

1. 清军火炮的形制与设计思想

《演炮图说辑要》：“大炮中西制样不同，弹发亦异，惟较验测试，因炮制宜，务求有准中靶，自能克敌，有备无患，兹续全编图说，分别阐明各样炮式，发弹之度，积页成卷，管窥测蠡。”①《海国图志》：“凡铸炮如中华所铸，每多头过小而尾过大，能中远不能中近，近则高越。西人铸炮，头尾相差无几，能中近不能中远。”②《海国图志》：“西洋铸炮之法，首在煅炼之工。而围径之大小长短，又须俱合算法。且药膛为炮身吃重之处，尤须坚厚得力，方无炸裂之患。是以西洋炮身，尾粗而头细。”③ 其实，这里丁拱辰和魏源所讲的中西火炮制样不同，主要指的是

① ［清］丁拱辰．演炮图说辑要．中国国家图书馆藏书，1843. 8

② ［清］魏源撰，王继平等整理．海国图志．长春：时代文艺出版社，2000. 1313

③ ［清］魏源撰，王继平等整理．海国图志．长春：时代文艺出版社，2000. 1279

铸炮工艺和辅助装置上的一些差异，因为从 16 世纪至鸦片战争时期，东西方火炮形制并无重大变化，其形制及机制原理大体相同。图 1.1 为瑞典 1628 年战船上的火炮和英国 1805 年战船上的火炮，二者相比，就是后者使用了燧发式点火而已。鸦片战争时期的清军大多前膛装滑膛炮的形制属于欧洲 17 世纪加农炮系列，设计思想也没什么改变，炮膛呈圆柱体，炮形呈圆锥体，炮壁从炮口至炮尾逐渐加厚，都有炮耳和尾纽等组件（图 1.2、图 1.3）。类型上增加了些小型火炮，其性能威力均较低。此时的英军装备已处于初步发展的火器时代，尽管形制、设计思想尚未发生质的变化，类型上也以加农炮为主，但质量上优于清军，这导致清军参战火炮数量多于英军，但不敌英军火炮威力而失败。

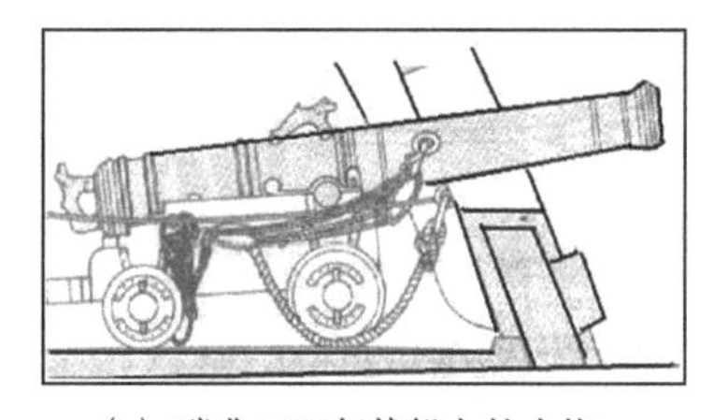

(a) 瑞典1628年战船上的火炮

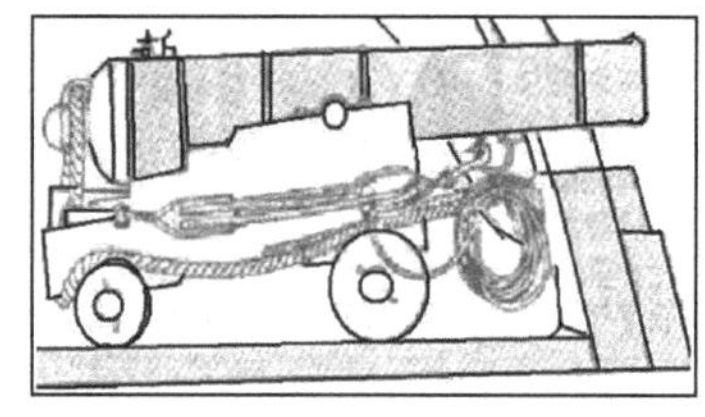

(b) 英国1805年战船上的火炮

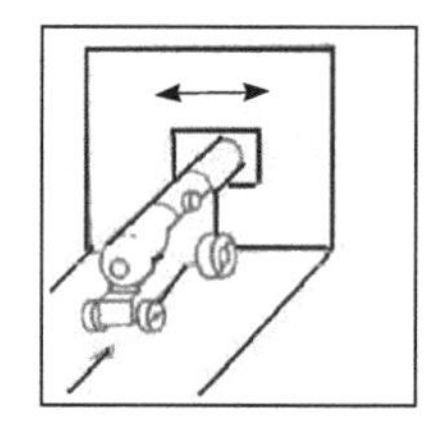

(c) 舰炮移动有限的空间

图 1.1　欧洲 17、19 世纪舰炮的差距及开炮时的后坐距离

资料来源：[美] 戴尔格兰姆专业小组．世界武器图典・公元前 5000 年～公元 21 世纪．刘军，董强译．合肥：安徽人民出版社，2008.173

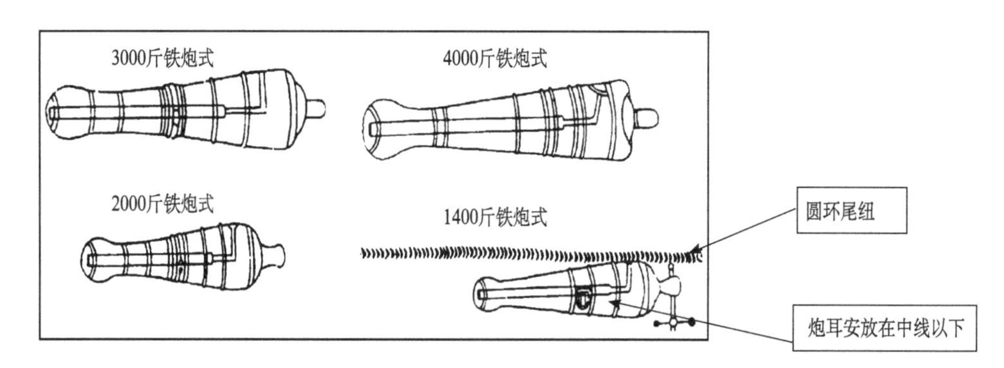

图 1.2　清军红夷火炮的炮形、炮膛、药膛、火门管、炮耳安放位置以及尾纽形状图

资料来源：魏源撰，王继平等整理．海国图志．长春：时代文艺出版社，2000.1282

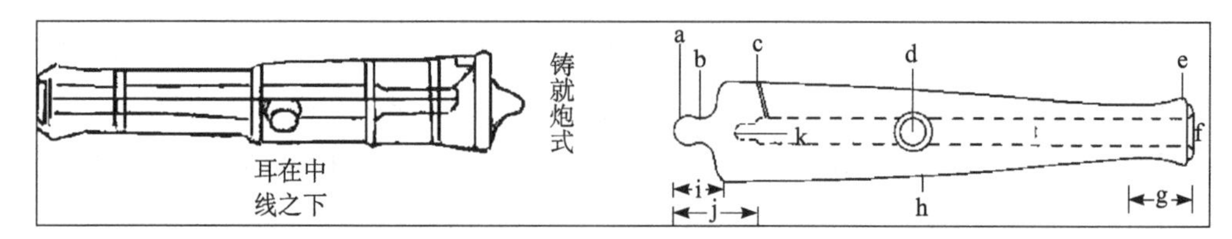

图 1.3　清军红夷火炮剖面图及剖面图说明

a. 尾纽；b. 尾颈；c. 火门管；d. 弹膛；e. 炮口的膨胀部分；f. 炮口内径；g. 炮口部分；h. 炮耳；i. 底径至尾纽之长；j. 后膛；k. 药室

《火炮概论》认为：古往今来，东西方火炮制造者在设计火炮时，通常将炮管看成是由许多段理想的厚壁圆筒组成，并赋予下列五项假设：①炮芯形状是理想的圆筒体（注：早期大炮的花瓶形炮身改为管状炮管，这样，爆炸时产生的膨胀气体就能使炮弹在通过炮筒时不断加速）。炮筒壁呈锥形体。②材料是均质的和各向同性的。③圆筒承受的压力垂直作用于筒壁表面且均匀分布。④圆筒受力变形后仍保持其圆筒形，任一横截面变形后仍为一平面（平面假设）。⑤压力是静载荷，圆筒各质点均处于静力平衡状态。[①]

炮膛和药膛是相通的，炮膛是圆柱体，药膛有与弹膛相等的圆筒体，或底圆口微敞的茶杯形，或呈圆锥形体的长筒形三种。图 1.4 为《图说西洋甲胄》绘制的欧洲 16 世纪中期加农炮弹膛径和药膛径相等与不相等的两种情况图。《火器略说》中说："长炮炮膛与药膛，大小如一，短炮、嘣炮则药膛小于炮膛数分，药膛必极圆正。"[②] 即长管加农炮的炮膛与药膛，大小如一，主要发射定装实心弹，短管榴弹炮型、臼炮型火炮其药膛小于炮膛数分，主要发射球形爆炸弹。中国从明末引进了西洋大炮技术，一直到鸦片战争时期没有发生实质性的变化，因此，红夷火炮的炮膛和药膛应和同期的欧洲加农炮形制相似。清军主导型红夷火炮发射的炮弹为斤两偏小的球形实心铅铁弹，霰弹、链弹、爆炸弹比例极小。《演炮图说》对清朝主导型红夷火炮的弹膛和药膛有过描述：装演大炮，"按炮腹大小，配准合膛弹子（其弹宜小于膛分许为则，不可再小，再小则药从弹旁泄出，无力致远），用药几何，照药膛所容，以八分为度（不可满出药膛），以斜缝布袋盛之。轻轻送入（不可重杵，若重杵则药坚实，致由火门旁出），加弹后用碎布扎成圆球（须较膛口稍大数分），用杵系紧，塞到贴于弹子（此球取其固气，万不可少此物，亦不可松要紧之至），加门药，用门针引透，然后照准施放，则药力鼓足不泄，方能致远

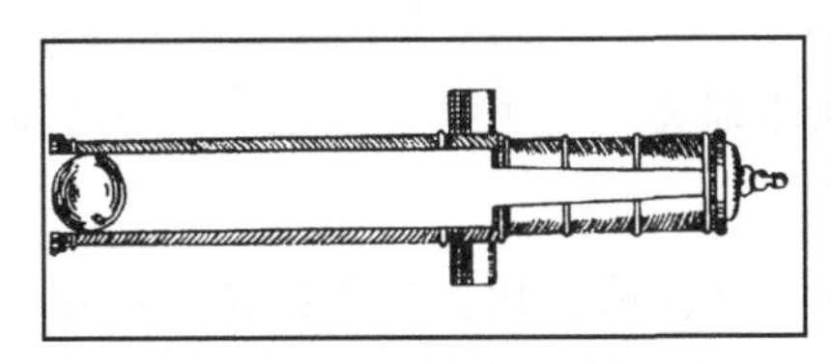

(a) 圆锥长筒形

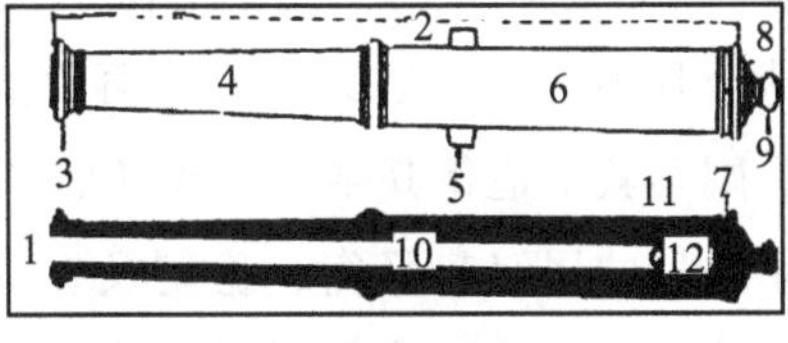

(b) 圆柱形

图 1.4　欧洲 16 世纪中期加农炮的两种药膛形制

1. 口内径；2. 炮长；3. 炮口；4. 炮前身；5. 炮耳；6. 炮后身；7. 火门；8. 炮尾；9. 尾纽；10. 内膛；11. 炮弹；12. 火药

资料来源：［日］三浦权利．图说西洋甲胄武器事典．谢志宇译．上海：上海书店出版社，2005.149，212

① 谈乐斌．火炮概论．北京：北京理工大学出版社．2005.41

② ［清］王韬．火器略说．黄达权口译．见：刘鲁民主编，中国兵书集成编委会编．中国兵书集成（第48册）．北京：解放军出版社；沈阳：辽沈书社，1993.36

(其用药须留心检点，万不可加多为要)。”①

现在英国伦敦 Woolwich of Rotunda Museum 陈列的鸦片战争时期英军缴获的清军火炮中，有 1 门被剖开的铁芯铜体火炮，从纵剖面可见其弹膛呈圆柱体，药膛径呈长圆锥形体（图 1.5）。

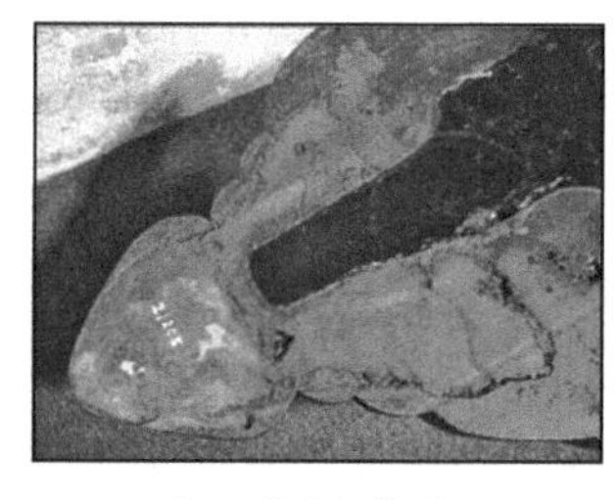

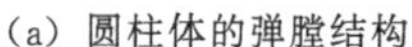

(a) 圆柱体的弹膛结构　　(b) 窄于弹膛的药膛形状　　(c) 火炮纵剖面

图 1.5　鸦片战争时期清军的铁芯铜体火炮

资料来源：梅建军摄于英国 Woolwich of Rotunda Museum

清军铁炮火门的制作方法，《海国图志》载：“开火门须于紧挨药膛之极底处，则无后坐之虞。此工匠最难措手处，略不经心为其所误，虽制作精细，亦为废物矣（开火门法，铜铁各异，铜炮于铸成后，用尺内外比量极准以钻开之。铁炮先用熟铁缠丝，打成火门管听用，俟铸时安稳泥心胎之际，将火门管置于心胎尖上，极正极准，而后范金倾铸即成矣)。”

战争前后清军火门一向是用火绳点火发炮的。火绳一般是用药水（硝酸钾溶液）熏煮和晾干而成，也有用榕树等树皮制成。清政府为了缩减军费开支，火绳一向系兵丁自备。

清军炮耳是用泥范单独铸造，再铸接于炮身。炮耳在炮身的位置据《海国图志》载：“炮耳前后有四六比例之法，以轻重计之，自耳中心至炮口，十居其四。二自尾珠至耳中心，十居其五八，再以炮体围圆定上下。以耳之外圆线上切炮体之中线，则耳就下适得其半，如棒托然。”

清军铁炮的尾纽起平衡、稳定及提高准确性的作用。在单独铸造的炮尾上铸上圆球状的尾纽，后来也开始仿制英军舰炮尾部圆孔的形制。A. Cunynghame 所撰的《在华作战回忆录》对中英镇海之战的清军火炮写道：“我们刚占领这个城市，发现了一个巨大的火炮铸造厂，其制造水平为迄今发现最好的，虽然我不能断言它们铸造时的深奥技术，一些被俘获的火炮也制有铁环。”②

关于清军铁炮的铭文，今人研究认为：现存的道光年间佛山造大炮上常有

---

① ［清］丁拱辰．演炮图说（刻本)．中国国家图书馆藏书，1841. 15

② Cunynghame A. The Opium War: Being Recollections of Service in China (《鸦片战争：在华作战回忆录》). Philadelphia: Zieber & Co G B., 1845. 51～167

“炮匠李、陈、霍、洗”的铭文。炮匠李、陈、霍、洗，是冶铸业大户，并非只是制炮铁匠。明中叶后，李氏、霍氏和陈氏在冶铸业中崭露头角，随着洗氏和石头霍氏的衰落，大概在明末时，李氏跃居第一，形成了李、霍、陈把持冶铸业的新局面。[①] 英参战军官利洛的著作《英军在华作战末期记事》说：1842 年 6 月 16 日的中英吴淞之战“（清军）有些大炮的炮身很长，比欧洲同样口径的大炮所用的金属要多。他们所铸的炮口是朝向下方的，因此碎屑容易聚在后膛，而这里是最需要用力的地方。所以我认为，炮兵在开炮时所受到的危险还比给予敌人的大。中国像其他许多东方国家一样，有给炮起名字的习惯，其中有些炮上铸上这样一些中国字：‘强盗的审判’、‘蛮夷的驯服者和征服者’，还有 1 门炮长达 12 英尺[②]，名字就叫做‘蛮夷’。”[③]《中国总论》载：吴淞之战，英军把清军的“各种贮存全部销毁，留下几尊铜炮，有一尊是西班牙古炮，另一尊是 300 年以前的中国炮，两者形状奇特，后者像个小口瓶。……缴获大炮总共 388 尊，其中铜炮 76 尊，铜炮的名称有‘平夷’、‘惩寇’等，有一尊长达 12 英尺，名为‘夷炮’。”[④]

16 世纪以来，西方火炮的形制是根据一定的火器理论设计出来的，即火炮各部位尺寸（膛口内径、弹径、药膛径、炮身长等）均以口内径为标准进行设计，口内径不仅是炮膛和弹丸的主要参量，也是整个火炮的主要参数。1540 年前后，意大利人万诺乔·比林古乔（Vannoccio Biringuccio，1480～约 1540）对铸造技术的研究，大大改进了火炮的铸造法，而哈特曼又发明了口径比例表，用它可以按火炮各部分与炮口直径的比例去计算火炮各部分的尺寸，这就为火炮的构造提出了一定的标准。如以《武器和战争的演变》为代表的西方火器文献经常谈及 19 世纪中叶以前的加农炮和 3 个世纪前的加农炮造炮原理相似，火炮要做到射程远、精确度高、破坏力大，那么最好炮长是炮口内径的 20 倍或 20 倍以上。[⑤] 此数据应是西方人经验的积累，实践的总结，可以满足不同炮管作战的实际需要。

明末的中国政府从澳门葡萄牙当局那里引进了欧洲的加农炮技术，开始接受西方铸炮的设计“比例”思想。图 1.6 为欧洲 1598 年出版的火器著作里的加农炮各部直径与口内径的关系示意图。可以看出，以口内圆球直径为标准，各部位直径是按上述比例关系设计的。如野战加农炮的炮身通常是以口内径为 a，口壁厚＝$0.5a$，口外径＝$2a$，炮耳处壁厚＝$0.75a$，底径＝$3a$，耳径＝a。

---

① 罗一星．明清佛山经济发展与社会变迁．广州：广东人民出版社，1994. 63

② 1 英尺＝0. 3048 米

③ Loch G G. The Closing Events of the Campaign in China：The Operations in the Yang-Tze-Kiang and Treaty of Nanking. London：John Murray，1843. 40

④ ［美］卫三畏．中国总论（下）. 上海：上海古籍出版社，2005. 537

⑤ ［美］杜普伊 T N. 武器和战争的演变．严瑞池，李志兴等译．北京：军事科学出版社，1985. 127

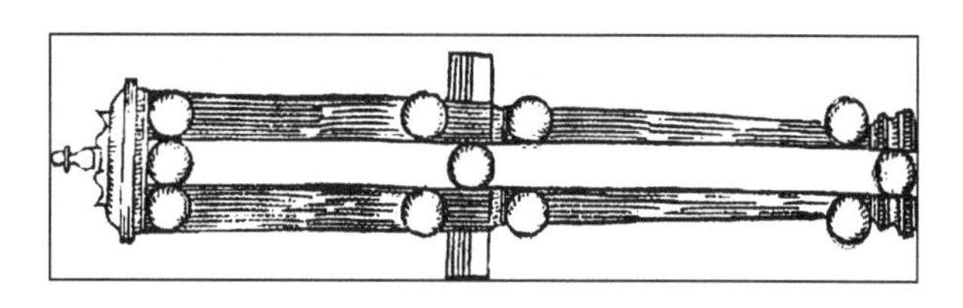

图 1.6　欧洲加农炮各部比例结构图

资料来源：尹晓冬．十六、十七世纪传入中国的火器制造技术及弹道知识．中国科学院博士学位论文．2007.156

清军炮身长短是按一定比例关系设计的。鸦片战争时期，清朝包括铁模炮在内的火炮设计思想，《海国图志》："炮之一身，厚薄轻重，均有一定准则，故西法有比例推算之说，要皆以膛口孔径为则。譬如一炮，约定膛口孔径为一寸，则炮墙近尾处应厚一寸，近耳处应厚七分五厘，口边应厚五分，故自外观之，口锐而尾丰。耳之圆径及身之长，俱应一寸，比例相生，作为定率推步，是以炮体大而膛口也大，故可用数十百斤封门之弹，不然则炮体蠢然重滞，炮口窄不容拳，徒有数千斤之名，虽食药多而子力不称，安望其致远乎。若谓前法膛大墙厚，有炸裂之虞，盖未细推耳。即照空径一寸推之，近尾处厚亦一寸，计通径为三内，减空径容积得面积（六寸二十八分三十一厘八十五毫）。较空径面积（七十八分五十三厘九十八毫），亦大至八倍矣。以八倍之力束之而尚炸裂，必是铁料不善，岂可诿之于厚薄间耶。似比例相生之法，为至善也。至位置炮耳前后有四六比例之法，以轻重计之（不可以寸尺计为至要），自耳中心至炮口，十居其四。二自尾珠至耳中心，十居其五八，再以炮体围圆定上下（以耳之外圆线上切炮体之中线，则耳就下适得其半，如棒托然）。不特运用轻捷俯仰如意，更无纵跳倾欹之弊。又药膛火门，亦有一定之法。炮膛内须置药膛（药膛径小于炮膛径二分许），底圆口微敞，如茶杯里面底形（所重在底圆万不可平）。"此段史料把清朝铸炮遵循的理论，炮耳、火门做法，炮体摆放位置，火炮膛口内径较弹径加大 1/10，药径较弹径减小 1/10 间的关系讲得极为透彻。

《海国图志》："时林少穆来浙，出前明焦勖所葺泰西汤若望造炮之法，分火攻挈要、秘要二卷，总名之曰《则克录》。其论筑台砌窑建模诸法，似不若中国较为简便。但以炮模干透为主，而其却不可易者。如铸铳，分战攻守三等，铳身之上下长短厚薄，各有所宜。其言曰西洋铸大铳，必依一定真传，比照度数，推例其法，不以尺寸为则，只以铳口空径为则。盖谓各铳异制，尺寸不同，惟铳口空径，则是就铳论铳，比例推类，自无差误。战铳空径三寸起至四寸止……其书约二三万言，此其肯启也。予得此书后，与龚县丞互相起发，颇得神器三昧。用夷炮推放斤两尺寸，按原炮加一倍，自二三四倍以至九倍，均可照算。先就夷炮用加一倍，加二倍之法，作模试铸，可抵旧炮五千八千斤之用。"表 1.2 为《火攻挈要》

里火炮各部数据与口内径的比例倍数的统计。

表 1.2　《火攻挈要》里火炮各部数据与口内径的比例倍数的统计

部位	战铳（野战炮）	攻铳（攻城炮） 一般攻铳	守铳（守城炮）
口径/寸*	3～5	4～10	3～5
炮身长/寸	99～165	72～220	24～80
炮身长与口径比	33	18～22	8～16
火门至炮口长/寸	33	18～22	8～16
火门至炮耳长/寸	13	8～10	2.7～5.3
炮耳至炮口长/寸	19	10～12	5.3～10.7
炮弹重/斤	4～10	10～50	4～10
火门前壁厚/寸	1	1	1
炮耳前壁厚/寸	0.75	0.75	1
炮口壁厚/寸	0.5	1	1
炮耳直径/寸	1	1	1
炮耳长/寸	1	1	1
炮底厚/寸	1	1	1
尾珠直径/寸	1	1	1
尾珠长/寸	1	1	1

*1 寸=今 3.2 厘米

按这一比例做成火炮的原因：第一，铳炮的火药燃烧后产生高压高热气体，推动弹丸在炮筒内做加速度运动，如果铳管过长，高压高热气体加速度运行已过，而炮弹尚未出口，必然因摩擦而致出膛速度降低，射程自然近。如果铳管过短，高压高热气体在炮筒内做加速度运动还未达到极限，而炮弹已出口，自然射程也不会太远。火炮种类不同，即炮管长短不同，必然表现出不同的性能来。因此，假设火炮的口径一定，发射药颗粒的体积大小是根据这样的要求，使发射药在炮弹飞出炮口前的瞬间全部烧完。火炮的长度各不相同，火炮的炮管愈长，弹丸在膛内的运动时间愈长，火药的燃烧时间也应当愈久，所以各种不同的火炮应该用不同的火药来装填。炮身很长的火炮，便应当用有较厚的燃烧层的大颗粒火药来装填，因为火药颗粒燃烧时间的长短是和火药的燃烧层厚度有关系的，改变火药颗粒燃烧层的厚度，就改变了它燃烧的持续时间。第二，火药爆炸时产生的膨胀气体给炮壁增加了压力，于是东西方铸工加厚发生爆炸的部位——弹膛周围关键部分，并且朝着炮口的方向按炮弹后面压力减弱的比例逐渐减少炮管的厚度。如此能使炮弹在通过炮筒时不断加速，也使迅速产生的气体从炮弹周围泄出的时间少。中国火器制作者受此“比例”思想影响在《演炮图说辑要》、《海国图志》、《火器略说》中都有论述。《演炮图说辑要》谈到了铁炮弹径、膛口内径、药膛径和弹药比例关系，即膛口内径较弹径加大 1/10，药膛比弹径宜小 1/10（表 1.3）。

表 1.3 清军铁炮弹径、膛口内径、药膛径和弹药比例关系

部位	3000 斤铁炮	5000 斤铁炮
弹径	4.3 寸	5.14 寸
膛口内径	4.73 寸	5.65 寸
药膛径	3.87 寸	4.63 寸
药弹比例（以一配二）	寻常用药 7.5 斤，用弹 15 斤。火药略好者减 1/10，上好者减 2/10，格外好者减 3/10	寻常用药 12.5 斤，用弹 25 斤。火药略好者减 1/10，上好者减 2/10，格外好者减 3/10

资料来源：[清] 丁拱辰．演炮图说辑要（卷 3）．中国国家图书馆藏书，1843．30

表 1.4 为《演炮图说辑要》（卷 3）记载的清军 2000～8000 斤大炮各部数据，将各部与口内径的比值列表并做直方图（图 1.7）如下。

表 1.4 《演炮图说辑要》记载的清朝火炮各部数据与口内径的比值

炮重及各部位数据／各位部	2000 斤	各部与口内径比例	3000 斤	各部与口内径比例	5000 斤	各部与口内径比例	8000 斤	各部与口内径比例
膛口内径	4 寸 1 分 1 厘		4 寸 7 分 3 厘		5 寸 6 分 5 厘		6 寸 5 分 8 厘	
长度	6 尺 7 分	14.7	7 尺 1 寸	15	7 尺 7 寸 1 分	13	长 1 丈 9 分	15
头径（口外径）	1 尺 2 寸 9 分	3	1 尺 3 寸 4 分 6 厘	2.8	1 尺 5 寸 7 分	2.7	1 尺 9 寸 9 分	3
尾径（底径）	1 尺 4 寸 9 分	3.6	1 尺 5 寸 9 分	3.3	1 尺 8 寸 3 分	3.2	2 尺 3 寸 4 分	3.5
用药	5 斤		7.5 斤		12.5 斤		20 斤	
用弹	10 斤		15 斤		25 斤		40 斤	
弹径	3 寸 7 分 4 厘		4 寸 3 分		5 寸 1 分 4 厘		5 寸 9 分 8 厘	
药膛	3 寸 3 分 6 厘		3 寸 8 分 7 厘		4 寸 6 分 7 厘		5 寸 3 分 8 厘	
耳长	3 寸 3 分 6 厘	0.8	4 寸 1 分	0.86	4 寸 3 分	0.76	5 寸 6 分	0.8
耳径	3 寸 5 分 5 厘	0.86	4 寸 2 分	0.88	4 寸 4 分 9 厘	0.79	5 寸 8 分	0.88
尾至珠（底径至尾纽末端）	4 寸 3 分		5 寸 1 分 4 厘		5 寸 6 分		7 寸 5 分	
尾珠直径	3 寸 3 分 6 厘	0.8	3 寸 9 分 2 厘	0.8	4 寸 3 分	0.76	5 寸 6 分	0.8

资料来源：[清] 丁拱辰．演炮图说辑要（卷 3）．中国国家图书馆藏书，1843．14

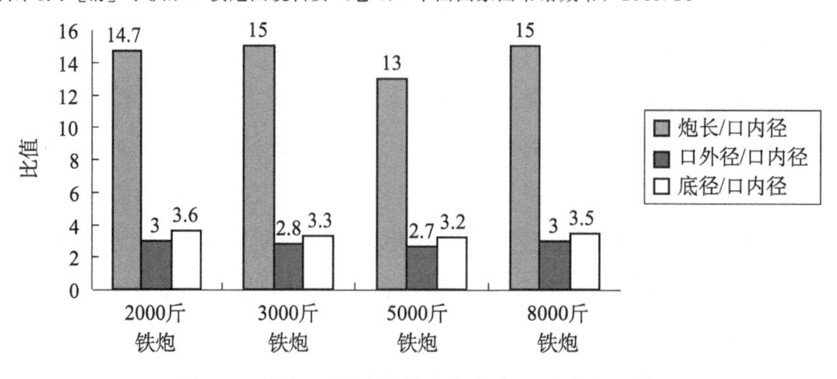

图 1.7 清朝不同斤数铁炮各部与口内径的比值

从计算的比值可知，清朝红夷炮长度与口内径之比为13～15，平均为14.425；口外径与口内径之比为2.7～3，平均为2.875；尾径与口内径之比为3.2～3.6，平均为3.4。很明显口外径与口内径比大于2、接近3；尾径与口内径之比大于3，与设计“比例”思想不符，表明清军铸炮，炮管较短，炮壁较厚，功能以防御为主。

战争前后，清朝炮匠为使厚壁起到防止炸裂的效果，故所造炮体庞大，炮口内径相对很小，此特征具有普遍性，在文献中多有记载。《鸦片战争档案史料》载：道光二十一年（1841）正月初十，钦差大臣满洲正黄旗人琦善（1790～1854）奏：虎门“适用之炮无多，其余原制均未讲求，炮形极大，炮口极小。”[①]《鸦片战争档案史料》载：道光二十一年（1841）二月二十六日，钦差大臣裕谦奏：“浙江省城前铸之炮，其病在于膛口过小，不能多吃药弹，现在浙江匠工做成炮模，病仍如旧。”[②] 英参战军官A. Murray说：“（1841年10月10日的中英镇海之战）英军发现清军铁炮体形庞大，但是口径却是小的。……吴淞之战清军炮台配备有253门大炮，其中有43门是黄铜炮。有一些炮很大，炮身长达11英尺，重达65英担[③]。这种炮和我们的68磅弹炮一样重，而他们的炮弹大约只有24磅重。”[④] 清军火炮多是以斤数作为衡量其技术优劣的依据，如《鸦片战争档案史料》载：道光二十三年（1843）二月十二日，两江总督耆英奏：“今之言炮者，皆计炮身之轻重，以定其能否摧坚，而不计膛口之大小与炮弹之是否圆活，安放之是否得地，是但知其体而不知其用。”[⑤] 后来，清军也按膛口之例设计火炮。《演炮图说辑要》说：“弹则照所配合膛口之例，是不可更改也。”[⑥]

2. 清军火炮的分类

鸦片战争时期，中英双方火炮分类众多，按用途可分为攻城炮、野战炮、守城炮、舰载火炮等；按弹道特性可分为炮管较长而弹道低伸的加农炮、炮管适中而弹道较弯曲的榴弹炮、炮管较短而弹道弯曲的臼炮；按装填方式可分为前装炮和后装炮，中英双方都是前装炮；按炮膛构造可分为滑膛炮和线膛炮，中英双方都是滑膛炮；按材质可分为熟铁炮、铸铁炮、铸青铜炮、铸黄铜炮等，中英双方都以铸铁炮、铸青铜炮为主。《清通典·皇朝礼器图式火器》记载了21种炮名、《钦定大清会典图·武备》记载了26种炮名、《皇朝文献通考·钦定工部则例制造

---

① 中国第一历史档案馆．鸦片战争档案史料（Ⅲ）．天津：天津古籍出版社，1992.40

② 中国第一历史档案馆．鸦片战争档案史料（Ⅲ）．天津：天津古籍出版社，1992.245

③ 1英担＝50.8千克

④ Murray A. Doings in China：Being the Personal Narrative of an Officer Engaged in the Late Chinese Expedition from the Recapture of Chusan in 1841，to the Peace of Nanking in 1842（《从舟山到南京的远征》）. London：Richard Bentley，1843.33，51～155

⑤ 中国第一历史档案馆．鸦片战争档案史料（Ⅶ）．天津：天津古籍出版社，1992.56

⑥ ［清］丁拱辰．演炮图说辑要（卷3）．中国国家图书馆藏书，1843.11

火器式》记载了85种炮名。鸦片战争时期仍是如此，不过，清朝铁炮形制及分类向来较多和杂乱，不利于士兵熟练掌握并会迟滞发射速度，影响其威力的发挥。如《“尼米西斯”号轮船航行作战记》载：1840年1月7日，中英大角、沙角之战，“沙角炮台包括在壕堑里、上下低炮台里总共安装了66门各种不同口径的大炮，许多大炮还没有安装，保卫的装备还没有完成，一些只有6磅弹口径大小，其他的相当于我们12磅弹炮的口径大小，当然，现在它们所有已不可使用了”[①]。①按照制造的国度和时间顺序分为中国旧式火炮、新铸的大小各类火炮、购买的葡萄牙式或英国式加农炮、仿制的英国夷炮四类。②按照火炮的弹道特性分为：红夷炮、抬炮、子母炮和臼炮四类。③按照长度和重量可分为：长管滑膛重炮，这种火炮就是明末清初的红夷炮原型。身管较短的轻型滑膛炮，包括神威将军、神功将军、劈山炮、子母炮、奇炮、竹炮、九节炮等，这种炮品种最多，其中除了子母炮和奇炮是后膛装填弹药的佛郎机炮型外，其余属于红夷炮的发展型。④按照制造的方式分为：泥模铸造法、复合层结构制造法、铁模铸造法、熟铁锻造法。

现按照火炮弹道特性对清军常用的五种类型火炮逐一介绍，第一、二类主要是红夷炮型。

第一类是装备中最主要的火器——红夷炮（red-barbarian cannon）。此属西方流传三百年来的加农炮型。炮口加粗成花瓶形状，因射程远，出口时火力猛，故加厚以防震裂。《钦定大清会典》载：凡制造火器，大者曰炮，重560～7000斤，轻27～390斤。长一尺七寸七分至丈有二尺。其击远或宜铁弹或宜铅子，均助以火药，引以烘药。铁弹48～480两，铅子2～28两，火药1两3钱至80两。[②] 红夷重炮可分为单层体、复合层和三层体结构，复合层又可分为铁芯铜体和双层铁结构；也可分岸炮和舰炮两类。

红夷炮的形制在前面已经论及，在此需提及的是它的附件也很重要，大炮的要紧处是炮耳、火门、准星、照门、尾球冠等，倘若炮耳或火门损坏，整门大炮即报废。火炮附件在《筹海初集》中有详细介绍。《筹海初集》载：虎门炮台，旧炮十尊，虽系虚演，必须制炮架、门针、舂药木棍、炮铲、皮巴掌、撑炮木棍及铅星斗、火龙杆等项。八台大炮二百三十四尊，随炮器具，每尊配用铁炮铲一把，舂药木棍一根，麻帚一条，铁门针一根，铅星斗一副，撑炮集木四条，火龙杆一枝，皮巴掌一个，炮眼盖锡一块，又每炮二尊，合用水缸一支，以上各件，岁需修理添补一次，每炮一尊需银八钱，大炮二百三十四尊，共需岁修银一百八十七两二钱。[③] 战争中，英军

---

① Bernard W D. Narrative of the Voyages and Services of the Nemesis from 1840 to 1843, and of the Combined Naval and Military Operations in China（Ⅰ）. London：Henry Colburn Publisher，1844. 267

② 四库全书·钦定大清会典（册619，史部377，卷73）. 军器 . 677

③ ［清］关天培 . 筹海初集（卷4）. 台北：文海出版社，1969. 691

破坏清军沿海炮台，除拆毁台基外，将好炮尽量俘获走，运不走的更多的是先断其耳轴，后毁准星、照门和尾球冠等，使火炮失去平衡、稳定及准确性，成为一门废炮。如《鸦片战争档案史料》载，道光二十二年（1842）十一月十九日，两江总督耆英奏："至上海、宝山两县沿塘安设炮位，铜者皆为掠去，铁者或敲断两耳，或钉塞火门，并闻有推堕海中者，其尚堪选用之炮业已寥寥无几。"①

《演炮图说辑要》绘制的红夷炮附件见图 1.8、图 1.9。诸如装麻球和铁弹用的竹篮、铁铲、送药钩、装药袋的木桶、牵拉铁炮的铁圈、铁钩、火门处倒烘药的药角、点火用的火龙鞭等。这些附件主要起稳定炮位，装填、施放弹药和苫盖、保养火炮的作用。

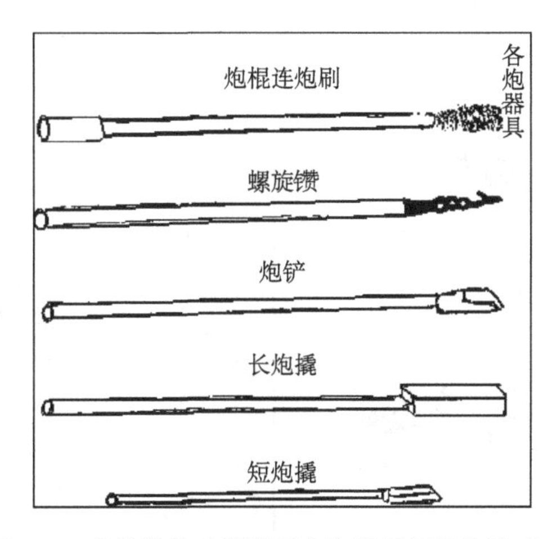

图 1.8　鸦片战争时期清军火炮所用的附件图（一）

资料来源：[清] 丁拱辰．演炮图说辑要（卷 2）．中国国家图书馆藏书，1843.13，14

第二类是身管较短、重量较小、威力有限的轻型炮。包括"神威将军"、"制胜将军"、"金龙炮"、"龙炮"、"子母炮"、"奇炮"等。此种炮类型最多，除了子母炮和奇炮是后腹（或膛）装填弹药的佛郎机炮型外，其余属于红夷炮的发展型。它前装准星、后设照门，子炮作长管型，内置弹丸与火药，大小与母炮后腹炮室相配。子炮底径后开一长方槽，备插铁闩，以固定母炮和子炮。发射时，将子炮放入母炮后腹开口内，穿系铁闩固定，再用火绳点燃子炮，弹丸通过母炮管射出；然后撤出固定铁闩，将已射出弹丸的子炮取出。如此反复，便可连续发射。《嘉庆朝钦定大清会典图》对其有详细说明："子母炮，铸铁，前合后丰，底如覆笠，有二制。一重九十五斤，长五尺三寸。通泐以漆，不锲花纹，隆起五道，加星斗，旁为双耳。子炮五，如管，连火门，各重八斤，炮面开孔，与子炮相称，用时纳之，固以铁纽，褫发之。一重八十五斤，长五尺八寸，末加木柄，后曲而俯，以铁

① 中国第一历史档案馆．鸦片战争档案史料（Ⅵ）．天津：天津古籍出版社，1992.627

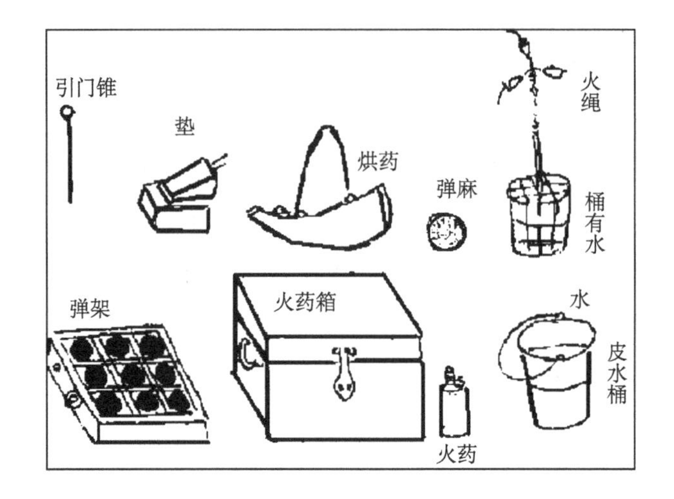

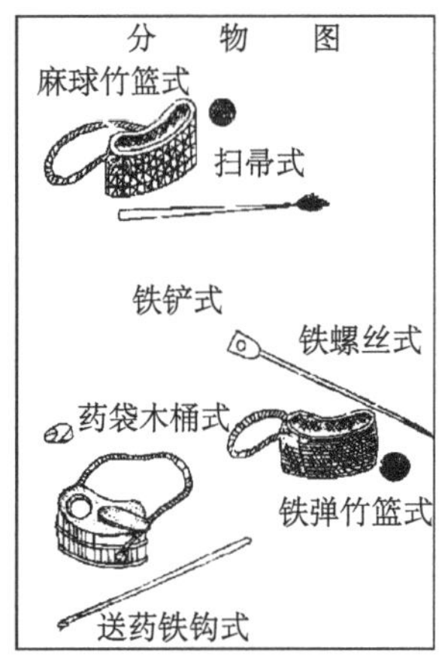

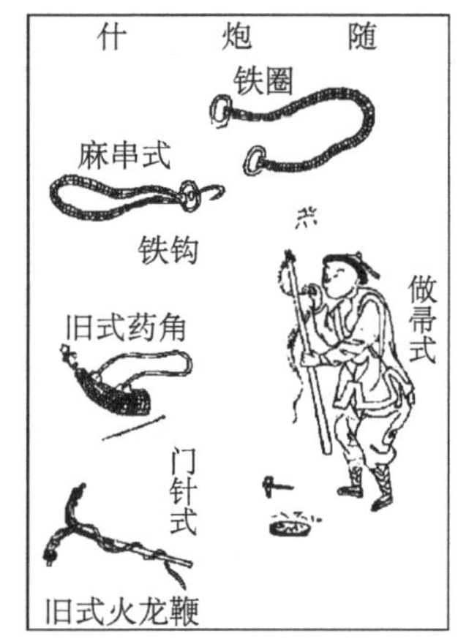

图 1.9　鸦片战争时期清军火炮所用的附件图（二）

资料来源：[清] 丁拱辰．演炮图说辑要（卷 2）．中国国家图书馆藏书，1843.13，14

锁连于车上，用法同。皆载以四轮车，如凳式，中贯铁机，以铁板承炮耳，下施四足，横直皆挈以木，后加斜木捞之，足施铁轮，各八辐左右推挽惟所宜。”子母炮在清康熙年间开始制造，使用时间长、范围广。图 1.10 为《四库全书·皇朝礼器图志》绘制的子母炮图。

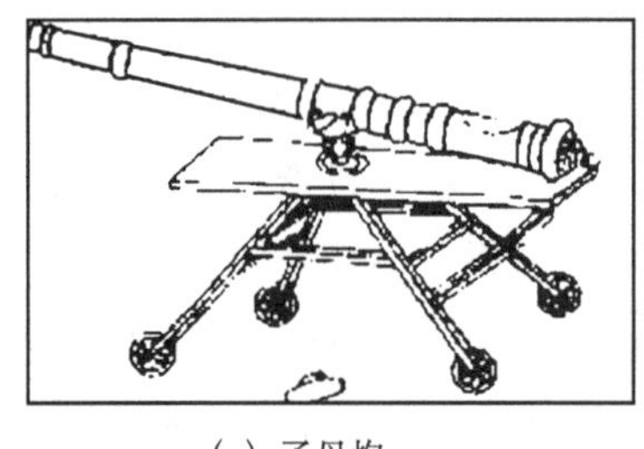

(a) 子母炮一

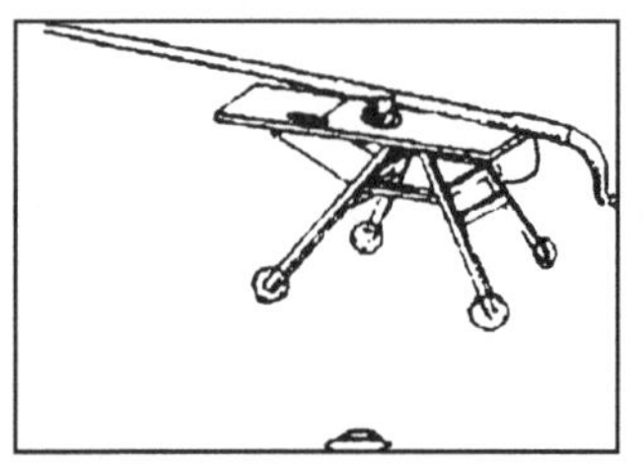

(b) 子母炮二

图 1.10　清朝子母炮

资料来源：四库全书·皇朝礼器图志（册 656）．852，853

后腹装式火炮与前膛装式火炮不同。前膛装式的主要缺点在于发炮费时费力，火力不连续，给对方以可乘之机，往往贻误战机。后腹装式可称为初级速射炮，尽管火药量少，威力小，但可多少弥补前装炮的缺点，减少装填弹药的时间间隔，从而赢得战斗的主动权。不过，后膛装填的原因在于当时的制造工艺要求这样做而不是因为当时就有了提供闭气的有效手段。在制造技术完善到能够解决闭气的问题之前，前装弹药成为标准方式并占支配地位。《西欧中世纪的军队与武器》有约 1500 年时佛郎机炮的详细结构图（图 1.11）。鸦片战争时期，清军子母炮的构造和发射原理与其大体相同。

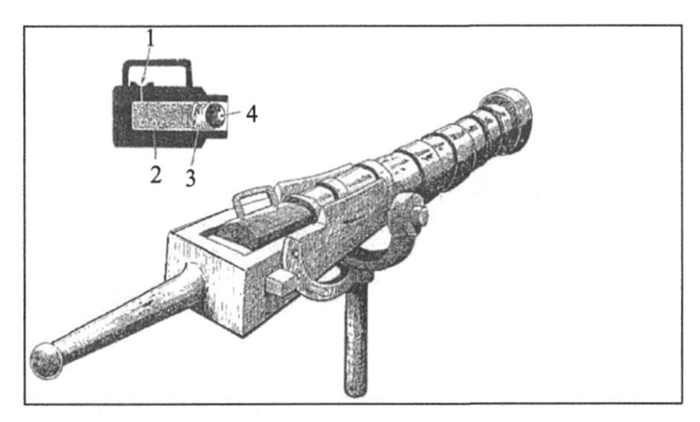

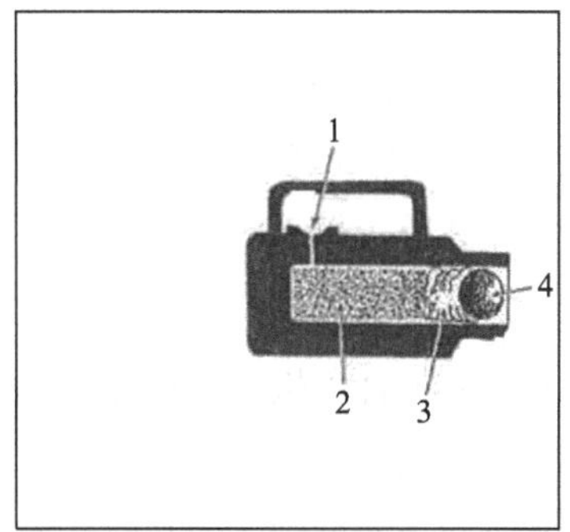

图 1.11 欧洲约 1500 年附有支架的后装佛郎机炮详细结构图

1. 火门；2. 火药；3. 木塞；4. 炮弹

资料来源：Lepage G G. Medieval Armies and Weapons in Western Europe：an Illustrated History. Jefferson. NC：Mc Farland & Company，Inc，2005. 252. 注：简称《西欧中世纪的军队与武器》

《鸦片战争》中的《乾隆志·镇海县志》中载："军装数，红夷炮五十五位，(安设城上周围三十四位，招宝山五位，沿江汛一十二位，笠山城四位)。劈山炮二十位，(安设招宝山六位，笠山城六位，配船八位)。百子炮三十八位，(配船)行营炮一百四十八位。（安设大关口、招宝山、沿江汛、滚江龙、清水浦、三官堂、笠山台、金鸡汛、张饰山台、……各三位，配船八位，存局五十八位)。八节炮一位，(存局) 得胜炮三十位，(安设招宝山九位，配船八位，存局一十三位)。荡寇炮一百杆，(配船三十四杆，存局六十六杆)。铜百子炮二位，(配船) 生铁发贡炮六位，(存局) 子母炮二十位，(配船十位，并子炮五十个，配队十位，并子炮五十个)。提标分拨各炮一十一位。"① 这里的镇海海防各炮台共有火炮共计 431 位，其中安子母炮 20 位。图 1.12 为《英战舰"硫磺"号 1836～1842 年间环游世界航行纪事》所载的鸦片战争时期清军发射子母炮的示意图。

第三类是大口径短身管的前装冲天炮（Chongtian mortar，图 1.13）。在此类炮中，铜质火炮称做"威远将军"炮，铁炮称做"冲天炮"，有大小两个炮膛，发射

① 中国史学会主编，齐思和编 . 鸦片战争（第四册）. 上海：神州国光社，1954. 396

图 1.12　鸦片战争中清军子母炮发射图

资料来源：Belcher E. Narrative of A Voyage Round the World：Performed in Her Majesty's Ship Sulphur，during the Years 1836-1842，including Details of the Naval Operations in China from Dec 1840 to Nov 1841（Vol Ⅱ）. London：Henry Colburn Publisher，1843. 158

空心爆炸弹，以大的固定角度发射，保证最大的曲射角度，以杀伤城堡、寨墙后面的敌方。从炮车看，此炮只宜于在城垣上防守，不适于行军野战。《嘉庆大清会典事例》载有"冲天炮"的概况："康熙二十六年（1687），铸炮五位，钦定名号为威远将军（即冲天炮），各长二尺一寸，重二百八十五斤至三百三十斤，生铁弹重二三十斤，大如瓜，中虚仰穴，两耳铁环。其法先置火药于铁弹内，次用螺狮转木缠火药捻，裹以朝鲜贡纸，插入竹筒，入于弹内，下留药捻一二寸以达火药，上留药捻六七寸于弹外，余空处亦塞满火药，以铁片盖穴口，外用蜡封固于小膛底下火药，间以木马，加土寸许，乃安铁弹于大膛，又加潮土数寸以隔火。如放二百步至二百五十步，用药一斤，三百步增二两，如放二三里用药三斤。火门施烘药，次以炮尺高低度数，定放之远近，其最远在炮尺四十五度，本度上下若干，即减远若干，临时施放，先点弹口火药捻，再速点火门烘药。"《嘉庆朝钦定大清会典图》载："冲天炮，铸铁。前哆后敛，形如仰钟，重自三百斤至三百八十斤，长一尺九寸五分，隆起五道，旁为双耳，近耳锲花纹，用法如'威远将军'炮，载以四轮车，亦如'威远将军'炮车之制。"

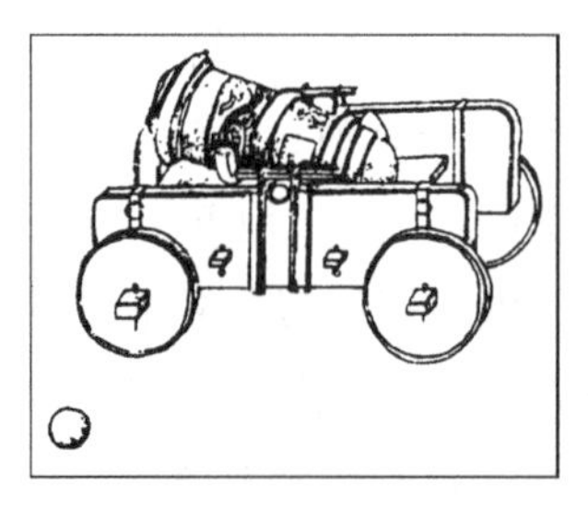

（a）清朝"威远将军"炮

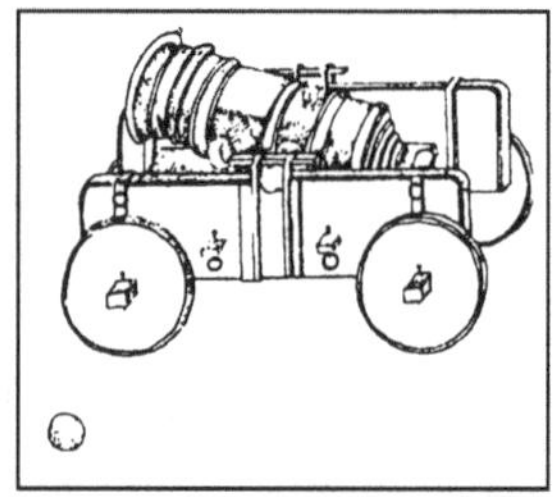

（b）冲天炮

图 1.13　清朝"威远将军"炮和冲天炮

资料来源：嘉庆朝钦定大清会典图（卷 69）. 武备 . 2276

此时期，清军使用冲天炮以及仿制的英制臼炮与英军作战。A. Murray 的著作

《1841～1842年间从舟山到南京的远征》载：1841年10月10日的中英镇海之战“英军发现了清军90门铁炮，82门黄铜材质的卡龙炮，英舰‘风鸢’号曾在此失事，它上面的2门卡龙炮被中国人俘获，中国人以它为模型铸造了卡龙炮……这里有一个非常好的炮厂，许多铁炮和卡龙炮还没有铸造好。”①

第四类是抬炮（Jingall、Gingall 、Wall gun）。清军装备的火枪以重量约为六斤的鸟枪为主，抬枪形制与鸟枪同，只是重量稍重，从十二三斤到三十几斤不等，三十几斤以上的又叫抬炮。抬炮系中国在明清以来世界火器轻型化发展潮流的影响下唯一的独创物，属前膛火门点火式。从1829年开始装备满洲八旗，其结构原理与同类的步、马枪相同，只是尺寸、重量、装药量、威力、后坐力等比步、马枪大。在19世纪60年代发展为后装线膛式火炮。因其体长，使用时需扛抬以行，安于架上施放，故此得名。一般长度在150～300厘米，口径3厘米左右。抬炮较之红夷炮和子母炮等进步很大，既有红夷炮的巨大威力，又有子母炮的灵便。其优势在于体轻，一般在百斤以下，用人力就可运输和快速投入战斗；管长，口径小，火药爆炸后产生压力相对增大，射程提高，威力增大；施放抬炮一般需要4人，行军时一同抬炮前进，作战时1人摆放炮架，1人装填弹药，1人调整角度，1人点火发射。分工明确，炮手操作熟练，装填弹药迅速，可使射速加快。

抬炮的重量、发射方法及射程，《清宣宗实录》载：道光二十年（1840）四月二十二日，山东巡抚杨国桢奏：“抬炮一项，每炮重五十余斤，一位需兵五名，未免笨重，臣父杨遇春从前所演抬炮，每炮只需兵三人，甚为便捷，现与筹款制造二百位，每位重三十斤，发给各营演习。”②《鸦片战争档案史料》载：道光二十一年（1841）三月初十，盛京将军耆英等奏：查有抬枪成式，长七尺五寸，抬演试放，颇能致远。筹款依式监造一百三十杆，约三个月内均可造成。严饬沿海各地方官勤加操练，务期娴熟，足资防御。较之鸠工鼓铸大炮，不惟价廉工省，且轻捷利便，可期得力。再查抬枪木鞘长五尺，距鞘梢尺余，凿通一孔，上穿皮带，放时一人将枪安于一人肩上，双手勒定皮带，又一人将枪尾托定，看准钩火，可发三百余步（注：500米左右），吃药三两五钱，铅子重五钱，可装五个。今拟抬枪十杆为一排，若演习娴熟，实为军中克敌利器。③

鸦片战争时期，清军抬炮在英人所著的《鸦片战争：1840～1842》载：1842年5月18日中英乍浦之战，英军发现“清军抬炮由2～3人发射，安装在一个三脚

---

① Murray A. Doings in China：Being the Personal Narrative of an Officer Engaged in the Late Chinese Expedition from the Recapture of Chusan in 1841，to the Peace of Nankin in 1842. London：Richard Bentley，1843. 33，51～155

② 清宣宗实录（册38）. 61

③ 中国第一历史档案馆. 鸦片战争档案史料（Ⅲ）. 天津：天津古籍出版社，1992. 303

架或一个人肩膀上，发射铁片或重达0.5～1磅的圆球炮弹。”① 《鸦片战争：一个帝国的沉迷和另一个帝国的堕落》载：1842年7月21日，中英之间的镇江之战，“清军从城墙上开炮，用的是18世纪的一种叫做抬枪的武器，又笨又重，必须架在三角架上。”② 可见这种形制很小的铁炮，主要是轻型，机动性好，杀伤力却是一般，故史料中英军对此火器并不看好。

第五类是火箭炮。鸦片战争时期，中英双方军队作战时都使用了火箭，不过，清军火箭仍是明末以来火箭技术的再延续，用弓弩或火药气体将纸质基体发射出去，主要起焚烧作用，射程不远，威力不大，应属火箭范畴。为便于和英军康格里夫火箭炮作对比，故在此也做说明。19世纪中叶的东西方火箭炮都是以固体黑火药为发射剂，借直接反作用力而发射出去。制造火箭的第一步就是配置黑火药。即取得粉粒状火药，即发射剂。第二步是火箭筒的设计及制造。即借火药燃烧后所生成的火焰和气流的喷射而产生推力的装置。在火箭筒尾部留下喷火口，并在火药柱中留出燃烧室（古代称线眼）。它的工作原理是，当定量流体以高速从压力较高的地方向低压区喷射时，它就产生相当的反作用力。如果这种反作用力作用在一个能发生运动的物体上，这个物体就会沿着反作用力的方向发生运动。《中国火箭技术史稿》载：“近代火箭与传统火箭的区别在于其各部件都用金属材料借机械生产方法制成，内部结构较复杂，燃烧室和喷管（常有数枚）形制更为合理，用点火器引燃改进了的发射剂。加上制导、稳定和控制系统，射程和命中率都有提高。中国传统火箭部件多由非金属材料借手工生产方式制成，结构简单，燃烧室和喷管（只有一个）形制不及近代火箭合理，没有制导和控制系统，射程和命中率不高，它是实际经验的产物。”图1.14为该书的附图。

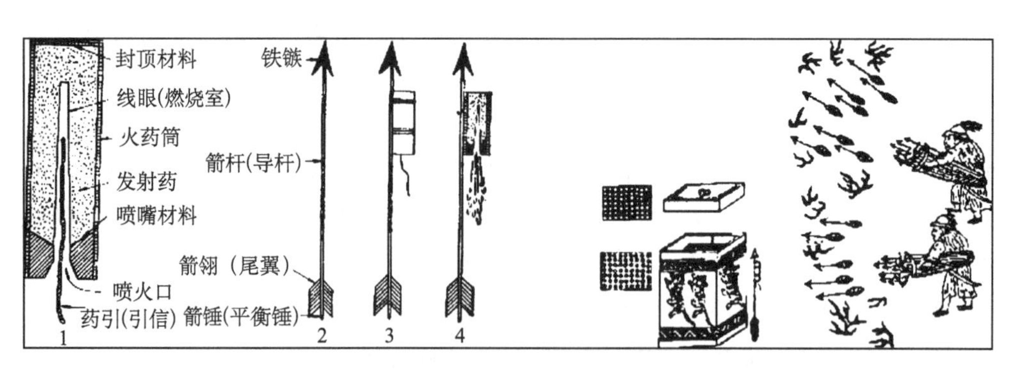

图1.14　中国古代火箭结构及一窝蜂示意图

1. 结构剖视图；2. 火箭各部件；3. 装配后的火箭；4. 点燃后的火箭

资料来源：潘吉星．中国火箭技术史稿——古代火箭技术的起源和发展．北京：科学出版社，1987.5

① Peter Ward Fay. The Opium War，1840-1842. University of North Carolina Press，1975. 223

② Hanes W T，Sanello F. The Opium Wars：The Addiction of One Empire and the Corruption of Another（《鸦片战争：一个帝国的沉迷和另一个帝国的堕落》）. London：Robson Books，2003. 91

中国从12世纪的南宋开始，直到17世纪的明代为止，在这500年间，中国火箭技术在世界上一直处于领先的地位。鸦片战争时期，属于传统火箭发展的最后一个时期，基本上继承了明代以来的技术。《中国火箭技术史稿》说："像明代一样，清代的火龙箭、九龙箭或一窝蜂，属于集束火箭。先用竹篾编成四尺的竹笼，口大尾小，纸糊油刷，以防风雨。内编横顺搁箭，竹口三节，旁留小眼，穿药线总内起火箭上。每筒装十七八支，或二十支。点燃火药线后，筒内火箭齐发。一般用小火箭作集束火箭。……现存中国旧时火箭，藏于英国伦敦的阿德莱德陈列馆（Adelaide Gallery），这是清代道光年间鸦片战争时英国军队得到的。"① 以上两则史料明确记载了清军对英作战时使用了火箭。

清军使用火龙箭、九龙箭或一窝蜂等集束火箭杀敌，从发射方式上可分为两大类：一类是用弓弩发射的火药箭，另一类是利用火药燃气反冲力推进的火箭。其射程长短不等，燃烧原理、发射装置应是明清时代火箭技术的延续。英国科学史家李约瑟（Joseph Needham，1900～1995）曾说："在中国进行的鸦片战争中，交战双方自然都使用了火箭，1840年舟山的定海炮台失守时发现了火箭仓库。第二年，'康格里夫火箭'又用上了，将安森湾（Anson's Bay）里的最大战舰燃烧，并将该船和水手一起摧毁。"至于清军火箭的威力，李约瑟记载："12年后，1856年，在珠江又发生了战斗，肯尼迪海军上将曾写道：'因一般认为中国火箭不会对我们造成多大伤害，故火箭射来时并未回避，但我们还是有艘船被击中，并被烧了个大洞。'这就是在它们发明之后欧洲火箭与有700年历史的中国火箭之间的较量。"②英参战军官A. Murray对1841年清军在宁波使用的火箭写道："清军火箭好于平时，射程约为500码。他们是集束火箭，约有15支火箭能被一起发射。"③ 表1.5为战争之际清军火炮的大致分类。

表1.5　战争之际清军火炮的大致分类

按照主导的类型	分为红夷炮、抬炮、子母炮三类
按照制造的国度和时间顺序	分为中国旧式火炮、新铸的火炮、购买的夷炮和仿制的夷炮四类
按照长度和重量	分为长管重炮、身管较短的轻型炮两类
按照弹药装填位置	分为前装式和后装式两种。前装式如神机炮、神枢炮、虎蹲炮、发贡炮、神威将军、神功将军、威远炮、劈山炮、抬炮（亦称重型抬枪）、竹炮、九节炮等，后膛装填弹药的佛郎机炮型如子母炮和奇炮等
按照制造的方式	泥模铸造法、复合层结构制造法、铁模铸造法、熟铁锻造法

① 潘吉星．中国火箭技术史稿——古代火箭技术的起源和发展．北京：科学出版社，1987.76，100

② 李约瑟．中国科学技术史（第五卷）．化学及相关技术．第七分册．军事技术：火药的史诗．刘晓燕等译．北京：科学出版社；上海：上海古籍出版社，2005.450

③ Murray A. Doings in China：Being the Personal Narrative of an Officer Engaged in the Late Chinese Expedition from the Recapture of Chusan in 1841，to the Peace of Nankin in 1842. London：Richard Bentley，1843.118

二、英军火炮的形制、设计思想与分类

英国火器制造制度实行的是政府采购和各私营铁器制造商自由竞争的制度。在此期间先后活跃的有 Wealden（韦尔德）、Liverpool（利物浦）、Carron（卡龙）、Birmingham（伯明翰）等几家私营公司。《1815～1894 年间英国胜利的战争》："1757 年，英国组建了皇家炮兵和皇家骑炮兵。每连有 6 门火炮。皇家炮兵连的 6 门炮，4 门是 9 磅弹的长炮，4 度射角射程是 1400 码①。2 门是 24 磅弹的榴弹炮，其射程是 1025 码。"②《世界火器史》谈道：1808 年，英国组建炮兵连，每连配 6 门火炮，将火炮的前车改用双马纵列挽拽。1818 年，英国审定委员会正式以"野战炮兵连"的名称代替"炮兵"的名称。与此同时，英国还组建了骑炮兵连。整个皇家骑炮兵也被称为骑炮兵旅。在此期间，英国所用的火炮，先由军械部门提供设计图纸，尔后由老·莫尔公司、沃克公司、卡龙公司等几家私营铸造厂承担铸造任务。每门火炮编制 3 人，1 名炮手、1 名副炮手、1 名供弹手。火药通常装在 1 个药桶内，放在炮车的后部，运行装填时，用火铁钩从火药桶中将火药取出，装入炮内。每个步兵团配 2 门小型野战炮，重炮则配给炮兵连。每门火炮之间的间隔为 50～100 码，每门火炮都有拖绳，用于拉动火炮转弯，都配有燧发枪手作掩护。③ 这里，我们按一连有 120 人计算，英军炮兵 100 人，配炮 5 门，此比例比清军 1%的比例要高得多。

1. 英军火炮的形制和设计思想

英军火炮的形制与清军火炮相同，均为前膛装滑膛炮。这种炮在英国从 15 世纪末期就开始使用，到 1860 年的 300 多年，技术上的改进都是围绕炮车和减轻炮筒重量而发生，形制变化不大，唯一在功能上的提高就是后者使用了燧发式点火，立表装置和尾纽的圆环装置。《武器与战争的演变》说："由于拿破仑·波拿巴的引导和促进，黑火药时代的各种兵器最终跟相应的军事理论和实践紧密结合起来了。自从战场上出现黑火药兵器以来，第一次实现了武器、战术和军事理论三者实质上的统一。带刺刀的燧发机滑膛枪和滑膛炮都在技术上得到了完善，达到了它们最大的潜在威力。几个世纪的尝试，不断改进了战术手段，从而使这些兵器能够配合使用，并能跟骑兵作战结合起来使用，因此，熟练的军事指挥官只需花费最小的代价就能充分发挥武器装备的效能，取得决定性的战果。……整个 19 世纪，新科学技术的军事应用落后于其他方面的应用是一个特点。迟至 1860 年，实

---

① 1 码＝0.9144 米

② Raugh H Jr. The Victorians at war，1815-1914：an encyclopedia of British military history. Santa Barbara：ABC-CLIO，2004.85

③ 王兆春．世界火器史．北京：军事科学出版社，2007.352

际服役的舰炮与3个世纪前使用的大炮在主要方面并无区别。例如，英国皇家海军1840年装备的最重的68磅滑膛炮，基本上和伊丽莎白女王时代（即16世纪末17世纪初）的海军炮一样笨重而且后坐力猛烈，只能作为最大战舰的旋座火炮。当然，上述几个世纪中（尤其后一个世纪）在铸铁质量、火药配料、膛孔精度方面的许多精心改进是不容忽视的，但是炮战和造炮的基本原理依然如故。……然而，伟大的变革正在酝酿之中，事实上，当时许多改革虽然尚未应用于陆海军的制式装备，但已经进行了实验并为人们所熟知。”[①]《西欧中世纪的军队与武器》有约1500年的长管加农炮的各部说明（图1.15）。

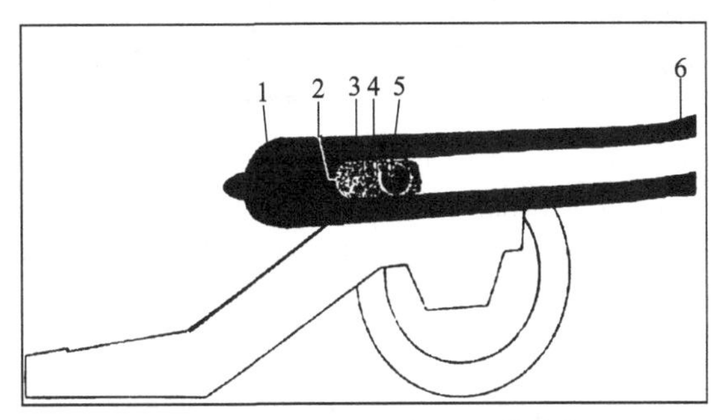

（a）前膛装滑膛炮炮筒内部弹药填塞图

1. 炮尾；2. 触管；3. 火药；4. 软填塞物；5. 实心弹；6. 炮口

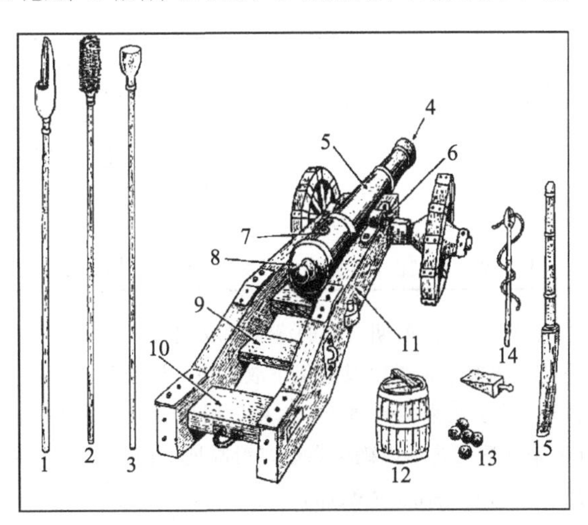

（b）炮的各部注释

1. 火药匙，定量盛装松散的火药；2. 海绵檫，在两发之间清扫炮膛；3. 推弹杆；4. 炮口；5. 炮身；6. 耳轴；7. 火门；8. 炮尾；9. 十字横木；10. 炮尾架；11. 炮架墙；12. 药桶；13. 实心弹；14. 火绳杆；15. 推杆

图1.15　欧洲约1500年长管加农炮的各部及其附件图

资料来源：Lepage G G. Medieval Armies and Weapons in Western Europe：An Illustrated History. Jefferson，NC：McFarland & Company Inc，2005. 252

① ［美］杜普伊T N. 武器和战争的演变．严瑞池，李志兴等译．北京：军事科学出版社，1985. 130

英军铁炮的炮膛、药膛与清军火炮相同，主要分为三种：一是圆锥形的长药室小于弹室，发射霰弹、爆炸弹或实心弹等。二是药室与炮膛等同，装载定装弹药。三是药膛底圆口微敞。J. Kelly2004 年撰《火药》说：从 16 世纪至美国南北战争的 300 年间，野战加农炮的形制十分相似。该书绘制了 16 世纪中期加农炮的形制及炮膛、药膛模样，药膛之长等于口内径的 4 倍（图 1.16）。图 1.17 为英国 O. Warner1975 年的著作《英国海军简史》附的 1769 年英海军加农炮的平底药膛图。

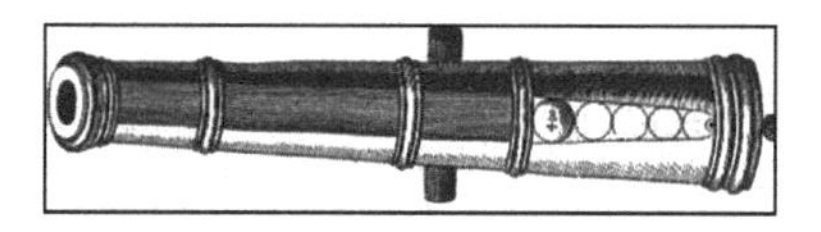

图 1.16　欧洲药膛之长等于口内径 4 倍的加农炮

资料来源：Kelly J. Gunpowder：Alchemy，Bombards，and Pyrotechnics：The History of the Explosive that Changed the World. New York：Basic Books，2004. 68

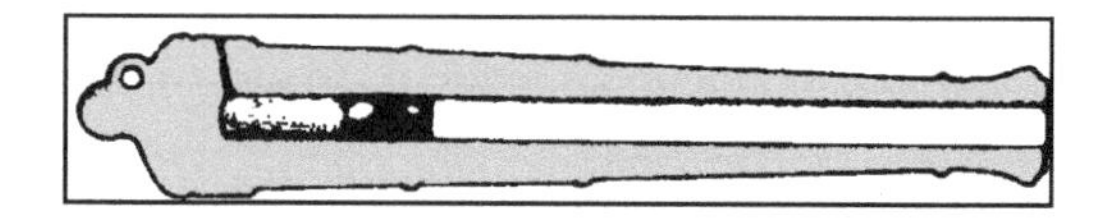

图 1.17　1769 年英海军加农炮的平底药膛图

资料来源：Warner O. The British Navy：A Concise History. London：Thames and Hudson，1975. 73

英国人 H. Enfield 1992 年的著作《武器百科全书》载有英军 18 世纪至 19 世纪前期典型海军加农炮的药膛——稍小于口径的短截圆锥形药室的情形（图 1.18）。

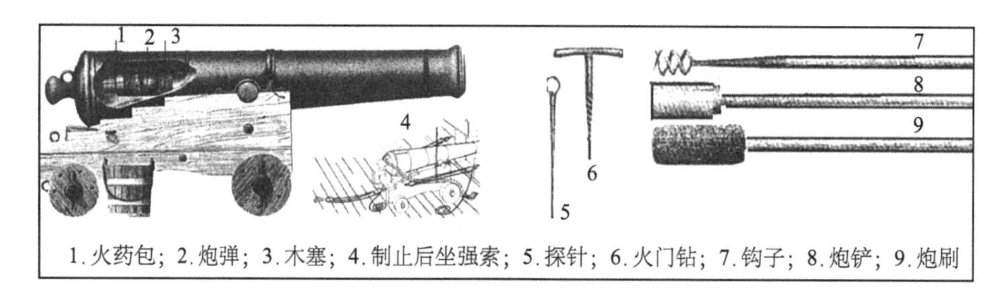

图 1.18　英国 18 世纪至 19 世纪前期典型的海军加农炮及发射时的辅助工具（架在炮架上的滑膛炮装入弹药、木塞、炮弹以及炮架下放木垫，以防移动。刷子蘸水刷洗炮膛，炮铲送进弹药、木塞，钩子用来抓钩弹药、木塞，假如没有点燃的话，火门钻用来清理火门余烬，火门针用来扎透药包，以确保点燃。滑膛炮下面的小图片显示绳子制止后坐）

资料来源：Enfield H. The Encyclopedia of Weaponry. Middlesex：Guinness Pub Ltd，1992. 66

尾纽起稳定、拴放绳子、俯仰与左右旋转之用，是战时多用之部位。清军铁炮主要是岸炮，故在单独铸造的炮尾上铸上圆球状或饼状的尾纽，后来因海战的缘故，少部分火炮也开始仿制英军舰炮尾部圆孔的形制。英军舰炮的尾纽设计与同名陆军火炮有一定差别，因为在甲板上移动不必考虑越野问题，船上的炮车没有采用野战炮车的两个大径木轮。它有一个显著的特点是尾部有一个圆孔或有两个圆孔的组合，除用于增强炮身尾底的强度外，也便于高速射击时的射向与射角。当帆船在风浪中颠簸航行时，一切能移动的物品都必须加以固定，故炮尾纽起拴放绳子和穿插螺旋十字铁架的作用。图 1.19 为英国卡龙炮，尾纽及发射装置别具特色。

英国卡龙炮于1776~1779年被发明和制造，首次在铸造生铁厂里用砂模法铸造，此炮射程近，但在海战中威力巨大，通常被安放在战船的前甲板上。

图 1.19　英国卡龙炮的尾纽及发射操作图

资料来源：战火虚拟军事社区 . http：//wwIbbs. net

拿破仑战争时期英国舰炮的一个重要改进是燧发机（flintlock）的使用。海战中船身的晃动使得舰炮瞄准困难，燧发机的优点在于没有发射延迟，而引信通常需要几秒钟的时间才能引爆发射药。至于采用燧发机的时间，在欧洲当为 18 世纪。《世界海战简史》载：18 世纪末，“皇家海军进行了几种技术的改进，经过实践证明有价值的是：船体上使用铜制的船壳因而使速度加快；大炮上改装了燧发枪点火装置，从而取代了危险的火绳。”①《西方战争艺术》载：“18 世纪的海战基本上是 17 世纪海战的延续。……舰船上的火炮也像滑膛枪一样，用燧发装置取代了点燃火绳的点火发射装置。”② 至鸦片战争之时，《鸦片战争档案史料》载，道光二十二年（1842）七月二十六日，钦差大臣耆英奏：“（英军）无论枪炮均系自来火，不用轰药。”③

鸦片战争前后，英军火炮的点火装置除用引信和燧石击发器击发外，还采用了雷汞底火，以铜槌撞击击发。1994 年 L. Boyd 所著的《野战炮：历史和原始资料》说，欧洲 18 世纪末，火炮发射用燧发装置取代了点燃火绳（matchlock）用的发射装置，不过，至 19 世纪五六十年代，缓慢燃烧的火绳杆点燃引火门法还在使用。④ 今人研究认为：18 世纪末，欧洲摩擦式点火具代替了缓燃式点火具作为点燃火炮发射药的手段。这种点火具将一个铜管插入炮管上的点火孔伸向发射药，通过铜管的顶端穿入一根卷曲的金属线，金属线上涂有含硫磺的溶液。一根叫做拉

① ［德］Pemsel H. 世界海战简史 . 北京：海洋出版社，1986. 120

② ［美］阿彻·琼斯 . 西方战争艺术（上）. 刘克俭，刘卫国译 . 北京：中国青年出版社，2001. 237

③ 中国第一历史档案馆 . 鸦片战争档案史料（Ⅵ）. 天津：天津古籍出版社，1992. 162

④ Boyd L. The Field Artillery：History and Sourcebook. Westport，Conn：Greenwood Press，1994. 29

火绳的短线被连接在金属线的另一端，当炮手用力抽拉火绳时，含有硫磺的混合物就像现代家庭用的火柴头一样擦出火花，将火星向下沿铜管传至火药。① 《演炮图说辑要》对燧石击发器和雷汞底火有详细介绍："从前演炮用火鸡钳火石，用小绳扯之，石击钢板小绳扯之，石击钢板，烘药火发。一二秒之久，其炮始响，今用自来火钉（雷管），中空，实自来火药（雷管起爆药雷银），系硝银和噶利水所制，较火药有数十倍力。……手拉小绳扯之，铜锤应手搗之，炮立刻响，并不停秒。引门上亦不见有烟火。此乃十余年以来，巧思之人变通制造，以防遗火误事，兼不怕遭雨渍湿，今西洋各国兵船多用法。……粤东有人制买，价与金平等。"②

燧石打火装置（又叫火机），就是利用扳机撞击燧石打火引燃火药的装置。图 1.20 为《14～19 世纪英国的铸炮技术》绘制的 18 世纪英军的两种火炮点火装置，左为燧石打火装置，与鸦片战争时期法国火炮的燧发机点火装置一样（图 1.21）。

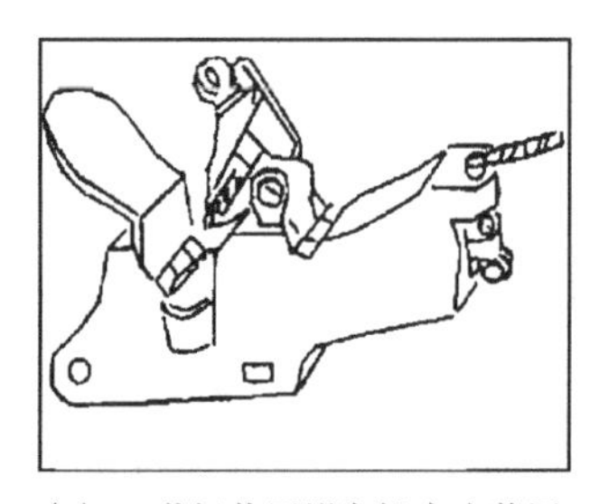

(a) 18世纪英军燧发机点火装置

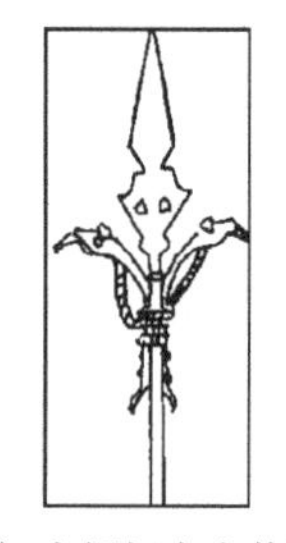

(b) 火绳杆点火装置

图 1.20　18 世纪英军燧发机点火装置和火绳杆点火装置

资料来源：Ffoulkes C. 14～19 世纪英国及欧洲大陆的铸炮技术及匠工 . 1937. 37

图 1.21　鸦片战争时期法军火炮燧发机的打火装置

资料来源：[清] 丁拱辰 . 演炮图说辑要（卷 3）. 中国国家图书馆藏书，1843. 11

图 1.22、图 1.23 为欧洲炮用燧发机和其击发装置，其机制原理可参考枪用燧发和击发枪机的形制。

图 1.24 为《演炮图说辑要》中绘制的鸦片战争时期法国火炮铜槌撞击自来火钉点燃雷汞底火的装置图，英国火炮应是如此。

---

① 熊作明 . 武器的历程 . 北京：国防大学出版社，2000. 174

② [清] 丁拱辰 . 演炮图说辑要（卷 2）. 中国国家图书馆藏书，1843. 8

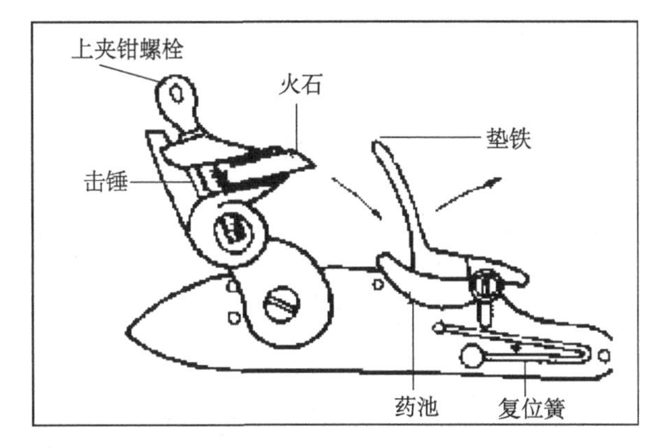

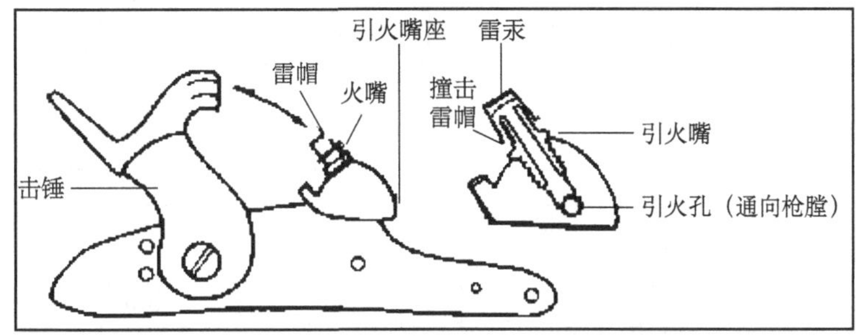

图 1.22　欧洲枪用燧发和击发枪机，随后被移植到火炮上。它将垫铁和药池盖做成一体，压下扳机时，击锤夹持着火石沿着垫铁的长度方向摩擦下去，同时打开了药池盖，火花落入引爆药池

资料来源：［美］戴尔格兰姆专业小组．世界武器图典·公元前 5000 年～公元 21 世纪．刘军，董强译．合肥：安徽人民出版社，2008.115

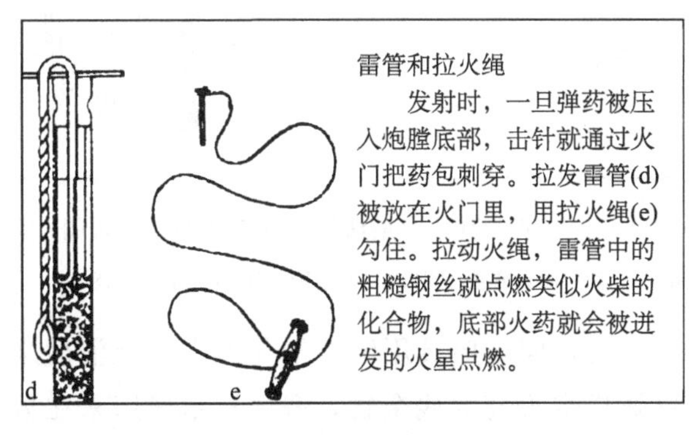

图 1.23　火炮的雷管和拉火绳装置图

这是 19 世纪最普遍的应用雷汞药的击发方式。压下扳机时，击锤打到铜制雷帽上，雷帽内的引爆药同引火嘴之间发生冲撞而爆炸，火花通过空心的引火嘴进入枪膛内的主药室

资料来源：［美］戴尔格兰姆专业小组．世界武器图典·公元前 5000 年～公元 21 世纪．刘军，董强译．合肥：安徽人民出版社，2008.16

英军舰炮发射时的辅助工具有短木撬、炮刷、撞弹杆、抓弹药钩、送药匙、引门针等。英国人哈伯斯塔特的著作《火炮》绘制有欧洲 19 世纪中期以前海军加农炮的四轮炮架结构及辅助装置（图 1.25）。架在滚轮木质炮车上的铸铁火炮便宜而又实用，适合在各式战舰上使用，火炮开火时，在后坐力的作用下，宽阔的轮子

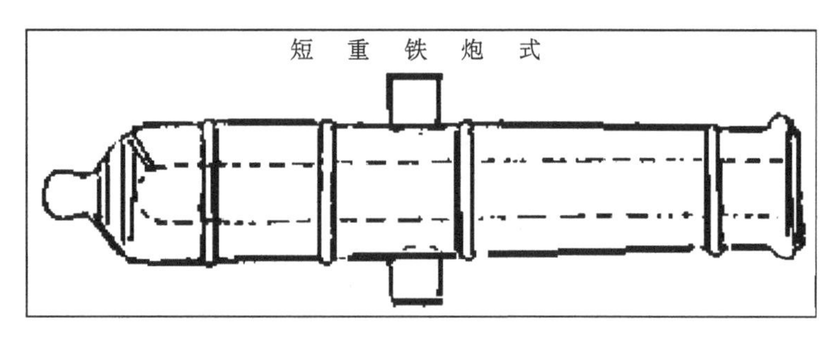

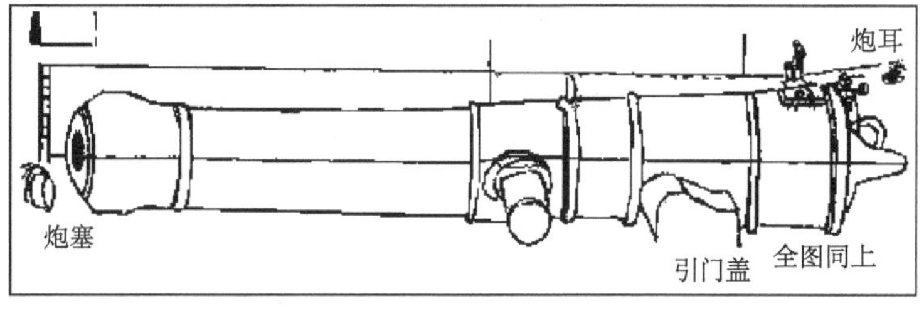

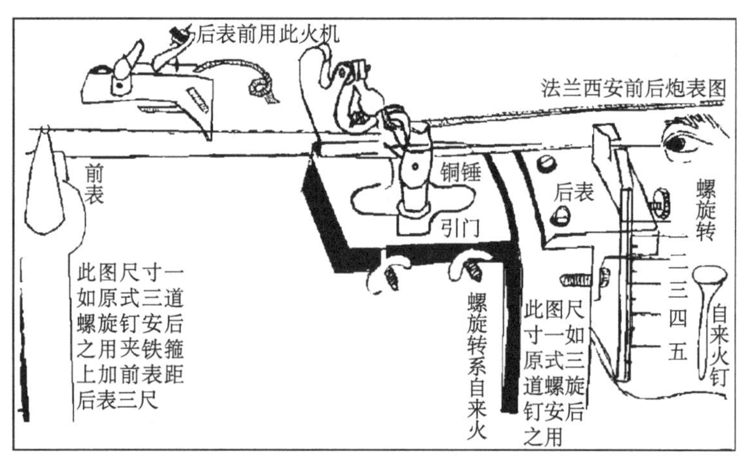

图 1.24　鸦片战争时期法国火炮铜槌撞击装置图

资料来源：[清] 丁拱辰．演炮图说辑要（卷 2）．中国国家图书馆藏书，1843

使炮车可以在甲板上滚动，同时船员用绳索捆住炮车来抵消后坐力。右侧的螺旋涡杆用来清除火药爆炸后带火药的残余物，海绵和木桶用来在数次开火后洗刷火炮，炮手用这些工具清扫点火口。

史料记载英军火炮用起爆器引燃。《西洋兵器大全》说："如果天气恶劣，大炮和枪支很难被击发射击，火门和火绳放在大炮和弹药旁容易产生危险，装有可燃物质的引爆管取代了松散的火药。1790 年英国海军开始使用燧发枪机和引爆管体的装置，1820 年皇家炮兵中也出现过。10 年后马什（Marsh）利用击发引火原理制造了一个引爆管，1831 年海军采用该种引爆管。"① 《英国 1650～1850 年间的

① ［英］威廉·利德．西洋兵器大全．卜玉坤译．香港：万里机构·万里书店，2000.215

军事武器》绘制有英国火炮燧发机打火的工具图（图 1.26）。

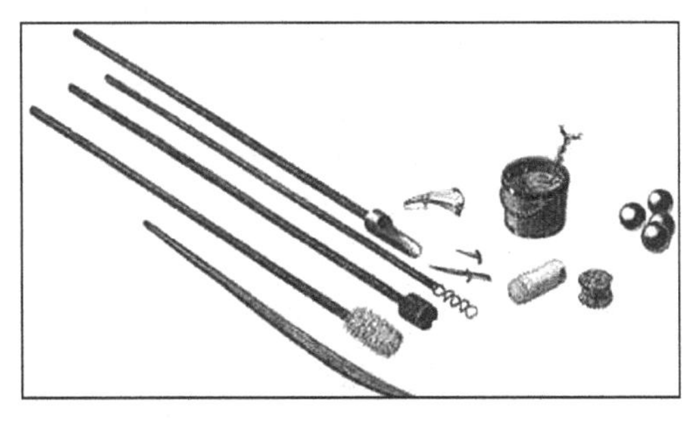

图 1.25　欧洲 19 世纪中期以前海军加农炮的辅助工具图

资料来源：[英] 汉斯·哈伯斯塔特．火炮．李小明等译．北京：中国人民大学出版社，2004.30

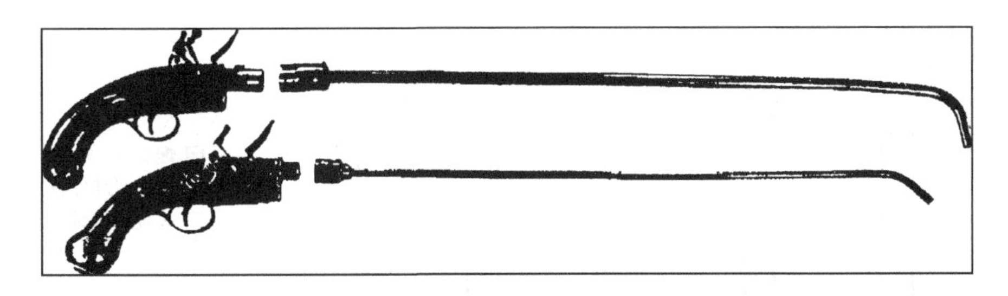

图 1.26　英国火炮燧发机打火的工具图

资料来源：Blackmore Howard L. British Military Firearms（1650～1850）. London：Herbert Jenkins，1961.173

英军火炮的设计也是遵从 16 世纪西方所谓“比例”思想进行的。恩格斯 1857 年的著作《炮兵》谈及：“在拿破仑垮台后的和平时期内，英国炮兵几乎到处都规定装药的重量为炮弹重量的 1/3，火炮的重量为炮弹重量的 150 倍或接近 150 倍；火炮的长度则为口内径的 16～18 倍。英国野战炮兵几乎完全由 9 磅炮组成，这种炮的长度为口径的 17 倍，重量按炮弹重 1 磅、炮重 3/2 英担计算，装药量是炮弹重量的 1/3。”[①]《美国海军史》载：19 世纪中叶以前，“在欧洲，根据经验知道，大炮的理想长度应为口径的 15 倍，因此，12 磅弹大炮从炮的一端至另一端的长度为 5 英尺 6 英寸，不仅制造大炮，而且制造炮架，都有非常复杂的公式。”[②] 鸦片战争之际，英军加农炮各部位设计仍是如此。炮身长与口内径之比常是 16～18。表 1.6 是据《演炮图说辑要》中对英军长炮及火轮船上的火炮的尺寸数据进行的统计，图 1.27 为直方图。

---

① 恩格斯．炮兵．见：马克思，恩格斯．马克思恩格斯全集（第十四卷）．中共中央马克思恩格斯列宁斯大林著作编译局编译．北京：人民出版社，1995.206

② [美] 豪沃思．驶向阳光灿烂的大海：美国海军史 1775～1991．王启明译．北京：世界知识出版社，1997.10

表 1.6　据《演炮图说辑要》中对英军长炮及火轮船上的火炮的尺寸数据进行的统计

炮身部位	3750 斤生铁长炮	各部与口内径之比	3000 斤生铁长炮	各部与口内径之比	轮船上的短铜炮	各部与口内径之比	轮船上的短铁炮（熟铁）	各部与口内径之比	轮船上的铁炮（熟铁）	各部与口内径之比
口内径	4 寸 6 分		5 寸 2 分		4 寸		4 寸 5 分		5 寸	
身长	8 尺 5 寸	18	7 尺 1 寸	13.5	4 尺 5 寸	11	5 尺	11	6 尺	12
头径			1 尺 2 寸	2	9 寸	2.3	9 寸	2	1 尺 3 寸	2.6
尾径			1 尺 4 寸 5 分	2.8	1 尺 3 寸	3.3	1 尺 2 寸	2.7	1 尺 6 寸	3.2
头尾半径					6 寸 5 分		6 寸		8 寸	
药膛			4 寸 7 分							

资料来源：[清] 丁拱辰．演炮图说辑要（卷 2）．中国国家图书馆藏书，1843.4～7；卷 3.17

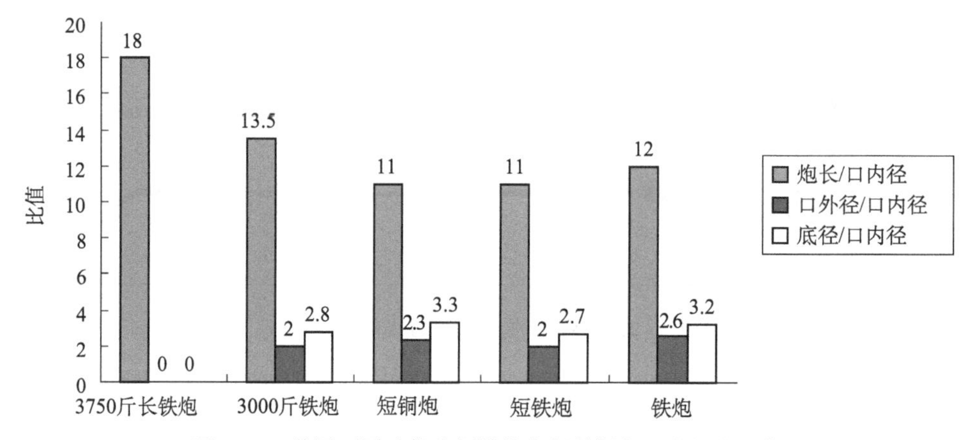

图 1.27　英军不同斤数的铜铁炮各部数据与口内径的比值

表 1.6 计算的比例可知，其长度与口内径之比为 11～18，平均为 14.5，不到 16；头径与口内径之比为 2～2.6，平均为 2.225；尾径与口内径之比为 2.8～3.3，平均为 3。对照文献所述的英炮“比例”设计思想，口外径与口内径之比近于 2，底径与口内径之比等于 3，与设计比例基本相符，但口内径变大，炮壁较清军铁炮薄，长度大多较清军短，多为轻型炮，适宜战舰灵活作战之用。故《海国图志》说：“夷船上炮式不长，皆自二尺至四尺，最长七尺止。六七尺者发多中，三四尺者，弹虽到靶，或高或下或偏，而口自径二寸至六寸，此外未见矣。”

《火器略说》对西洋卡龙炮有专门的探讨，并附有图片，并载：“短薄单耳铁炮多用于战舶，体轻易举，粤俗呼为瓦筒口，炮以形似得名。”表 1.7 为其各部数据。

表 1.7　根据《火器略说》计算的英短薄单耳铁炮各部数据及与口内径之比

炮重/斤	2520	1890	1428	1092	840	504	400
炮长/尺	3.2	4.4	4	3.8	3.3	2.8	2.8
膛径/寸	8.05	6.84	6.25	5.68	5.16	4.52	3.6
炮长/膛径	4	6	6	7	6	6	8

资料来源：[清] 王韬．火器略说．黄达权口译．见：刘鲁民主编，中国兵书集成编委会编．中国兵书集成（第 48 册）．北京：解放军出版社；沈阳：辽沈书社，1993.55

由表1.7计算的比例可知，其长度与口内径之比为4～8，平均约6.14，说明炮身较短，炮口径偏大。

英军与清军炮身多有铭文，记载造炮的时间、地点等信息。英军铭文一般较短、信息量少，常有皇冠，造炮公司名称缩写如“B. P&CO、W. P、JUJ、ELC、PWL、Liverpool”等字母。今欧洲人说：英国在1925年以前黑火药武器常有“皇冠”和“BP”等字样的标记。如伯明翰地区（Birmingham）从1813年起开始使用“皇冠”标记，火炮上的公司常缩写为“BP”。[①] 再如Pearson1972年所撰《海下200年沉炮的保护》，考证出了英国一艘舰船在澳大利亚东海岸沉没，船上6门加农炮于1970年打捞出来，发现炮身上面有一“皇冠”标记，下面字母“GR2”“GR2”为英王乔治二世（George II，1727～1760年在位）字母的缩写，证明此炮造于乔治二世统治期间。[②]

利洛1843年出版著作《英军在华作战末期记事》载：1842年6月英军攻陷上海时，曾发现一座军工厂。“我们除了看到各种口径的铁炮之外，还发现了一些全新的12磅弹铜炮，这些炮是按照放在旁边的嵌有王冠的G·R·1826型大炮仿造的，式样完全相同，唯一的区别就是中国字代替了王冠。”[③]

2. 英军火炮的分类

鸦片战争时期，西欧各国随着炮车的不断改进，火炮的机动性能大大增强，逐渐成为作战的重要武器。英军火炮在形制构造上已标准化，炮手容易操作，可使发射速度增快，杀伤力增强。不同甲板上的舰炮重量不同，发射与之匹配的不同口内径的炮弹。恩格斯在1860年的著作《海军》中说：“许多年来，英国巡航舰都是仿照1782年缴获的法国‘赫柏号’巡航舰建造的。人们不是去增加火炮的数目，而是去加大每一门火炮的口径、重量和长度，以便能使用全装药和达到最大的直射距离，这样就能在远距离上开火。24磅以下的小口径炮在大军舰上已经绝迹。而其余火炮的口径也被简化，每艘舰上不超过两种口径，最多三种口径。因为战列舰的下甲板最为坚固，所以配置有口径与上甲板的相同、但更长更重的火炮，以保证至少有一层火炮能够向尽可能远的距离射击。”[④]《风帆时代的海上战争》说：“到了1830年，英法两国都用了单一口径的武器装备，尽管每层甲板上的

---

① Warlow T. Firearms，the Law and Forensic Ballistics. Boca Raton，FL：CRC Press，2005. 242

② Pearson C. The reservation of iron cannon after 200 years under the sea. Studies in Conservation，1972，(17)：91～110

③ Loch G G. The Closing Events of the Campaign in China：The Operations in the Yang-Tze-Kiang and Treaty of Nanking. London：John Murray，1843. 226

④ 恩格斯．海军．见：马克思，恩格斯．马克思恩格斯全集（第十五卷）．中共中央马克思恩格斯列宁斯大林著作编译局编译．北京：人民出版社，1995. 387

炮重量不同，但都发射同样口径的炮弹，重量为 30 磅或 32 磅。”[①] 其火炮的类型，有加农炮、野战炮、榴弹炮、4.5 英寸臼炮、卡龙炮、山炮等。表 1.8 为《美国南北战争时期的武器》载的 1840 年包括英国在内的欧洲 24 种火炮类型。

表 1.8　欧洲 1840 年 24 种火炮的类型

炮名	具体类型			
野战炮	6 磅和 12 磅弹加农炮	24 磅和 32 磅弹榴弹炮	12 磅弹山地用榴弹炮	
攻城炮	12 磅、18 磅、24 磅弹加农炮			
守城炮	8 英寸和 24 英寸口内径的榴弹炮	8 英寸和 10 英寸口内径的臼炮	24 磅弹掷弹筒	发射石头直径为 16 英寸的臼炮
海岸炮	32 磅和 42 磅弹加农炮	8 英寸和 10 英寸口内径的榴弹炮	8 英寸和 10 英寸口内径的美洲炮	10 英寸和 13 英寸口内径的重臼炮
美洲炮	口内径为 8 英寸和 10 英寸的加农炮			

资料来源：Whisker J. U. S. and Confederate Arms and Armories during the American Civil War：Confederate Arms and Armories. Volume 3. Lewiston，N Y：E Mellen Press，2003. 156

《“尼米西斯”号轮船航行作战记》载：1841 年 5 月 18 日，中英广州附近的清水浦之战，英陆军由“400 人的武器组成，4 门 12 磅的榴弹炮，4 门 9 磅弹野战炮，2 门 6 磅的加农炮，3 门 5.5 英寸的臼炮，152 门 32 磅的火箭炮。”[②]《英军在华作战记》载：(1841 年 5 月 24 日，英军攻陷广州的战役中，英军火炮种类) 炮具：1 门可放 6 磅重弹的野战炮，1 门口径 5.5 英寸的榴弹炮。炮具：4 门可放 12 磅重弹的榴弹炮，4 门可放 9 磅重弹的野战炮，2 门可放 6 磅重弹的野战炮，3 门口径 5.5 英寸的臼炮，2 门可放 62 磅重弹的火箭炮，一共 15 门。(1841 年 10 月 9 日的中英镇海之战中) 英海军少将巴尔克通令：“下列拟定的登陆顺序，以进攻镇海的炮垒及设防的高地。左纵队，军队海员营以及水兵当分 3 个纵队登陆。炮具——4 门山炮，两门口径 5.5 英寸之臼炮，担肩舆者及运炮弹之印度人 112 人。中央纵队，炮具——2 门可放 12 磅重弹的榴弹炮，两门可放 9 磅重的野战炮，担肩舆者及运炮弹者共 40 人。右纵队，炮具——2 门口径 5.5 英寸的臼炮，担肩舆者及运炮弹之印度人共 30 人。”[③]

第一类是长管加农炮 (long cannon)。它是军舰上的标准装备。恩格斯的著作《炮兵》说：1815 年以后的欧洲野炮，即“用生铁铸造的长 9 英尺、重 50 英担的新式 32 磅长管炮，是不列颠海军最好的火炮之一，它的长度为口径的 16.5 倍。有

① [英] 安德鲁・兰伯特. 风帆时代的海上战争. 郑振清，向静译. 上海：上海人民出版社，2005. 41

② Bernard W D. Narrative of the Voyages and Services of the Nemesis from 1840 to 1843，and of the Combined Naval and Military Operations in China (Ⅱ). Longon：Henry Colburn Publisher ，1844. 35

③ Bingham J E. Narrative of the Expedition to China：From the Commencement of the War to Its Termination in 1842. *In*：Sketches of the Manners and Customs of That Singular and Hither to Almost Unknown Country (Ⅱ). London ：Henry Colburn Publisher，1843. 128～130，272

一种可旋转的、重112英担的68磅长管炮（Pivot-gun），装备在全部的有131门火炮的螺旋推进器大型军舰上，它的长度是10英尺10英寸，即略大于口径的16倍；另一种可旋转的、重98英担的56磅长管炮，长11英尺，即为口径的17.5倍。这68磅和56磅长管炮，既可发射实心弹，也可发射爆炸弹。但是还有另一种海军火炮，它是佩克桑将军在35年以前发明的，而且从那时起就具有很大作用，这就是发射爆炸弹的加农炮，它没有药室，或者有一个稍小于口径的短截锥形药室，它的长度是口径的10～13倍，只用来发射空心弹。”①

鸦片战争之际，《英军在华作战记》载：1841年2月的中英虎门之战，“‘都鲁伊’号和‘哥伦拜恩’号急速在‘萨马兰’号的船尾就位，‘都鲁伊’号的舷侧的长炮集中齐发，效力惊人，整片整片的石筑工事当面倒塌。大船放的炮火这样精确，单单一炮便把炮台上的旗杆打掉，炮台的建筑物立刻轰毁，它的守兵几百几百从我们的炮弹在墙上所打穿的洞中逃走了。……‘哥伦拜恩’号的一门大炮投一次葡萄弹，打到其中三四个人。”② 加农炮特点是身管长，重量很大，炮口初速度高，弹道低伸、射程远和精确度较高，需要4～6人操作发射。有3、6、12、24、32和68磅等不同的炮弹型号。图1.28为J. Ouchterlony的著作《中国的战争》所载的鸦片战争时期英陆军炮架及架上的加农炮作战情景图。

图1.28　英军占领乍浦时用长炮（加农炮）攻击清军图

资料来源：Ouchterlony J. The Chinese War：An Account of All the Operations of the British Forces from the Commencement to the Treaty of Nanking. London：Saunders and Otley，1844

图1.29为战后的国人绘制的英军加农炮的剖面图。《火器略说》对西洋火炮有专门的探讨，该书附有鸦片战争前后英国火炮的图片，并载：“长重铁炮长七尺至九尺不等，多用于炮台以及战舰，力能击远摧坚，至大者弹重九十六磅；短薄单耳铁炮多用于战船，体轻易举，粤俗呼为瓦筒口，炮以形似得名；短重铁炮体质稍轻，用于战攻守三等皆宜，功用各与长炮等，而弹出不及其远，恃取其灵便耳；

---

① 恩格斯．炮兵．见：马克思，恩格斯．马克思恩格斯全集（第十四卷）．中共中央马克思恩格斯列宁斯大林著作编译局编译．北京：人民出版社，1995.214

② Bingham J E. Narrative of the Expedition to China：From the Commencement of the War to Its Termination in 1842. *In*：Sketches of the Manners and Customs of That Singnlar and Hither to Almost Unknown Country（Ⅱ）. London：Henry Colburn Publisher，1843.25

阔口短轻铜炮多用蹦炮空心弹，其发远于蹦炮，炮口径英尺五寸七二，多用于军营；巨口短轻炮即名蹦炮，粤俗呼为臼炮，取其形似也，炮口径英尺十三寸，多用空心炸弹，即所谓落地开花也。亦有一母十四子者，便于进攻，当之无不力摧。甲乙炮身之长，或以九尺算，或以七尺算，均可。甲丙首节也，为药膛即藏药弹之位，长宜比庚乙炮身七分之二；甲庚炮尾也，长宜比庚丙三分之一；丙戊第二节也，长宜比庚乙炮身七分之一，并加一弹子；径戊为炮圈位，长比甲丙五分之一，首节二丙松立，一加口旁别之；戊己第三节也，长比戊乙五分之四，己乙第四节也，即炮口节，长比戊己四分之一，炮耳与弹子围径同。……铸炮尺寸宜合度数。凡铸炮之时，尺寸度数先以至准之炮为拾，泰西铸炮先算后铸，预配远近，其厚薄大小，长短围径不失分秒，铸成精加演试，所有弹径广狭，食药多寡，皆有常准。”[①] 这里所说的长重铁炮应是长加农炮，短薄单耳铁炮应是卡龙炮，短重铁炮和阔口短轻铜炮应是榴弹炮，巨口短轻炮应是臼炮，它们大多发射爆炸弹或霰弹。

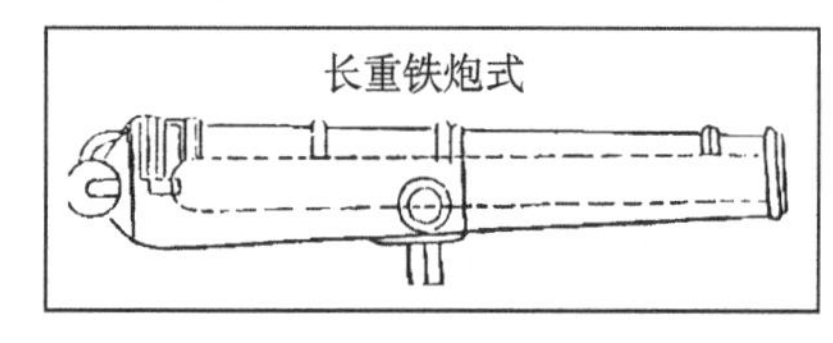

(a) 英军长重铁炮（即加农炮）

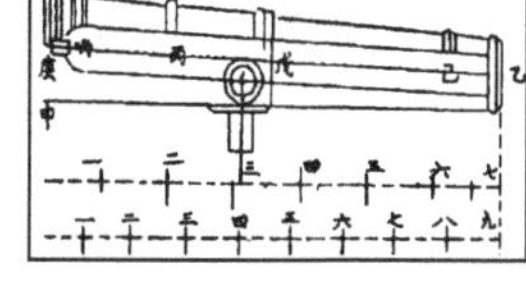

(b) 英军长重铁炮剖面图

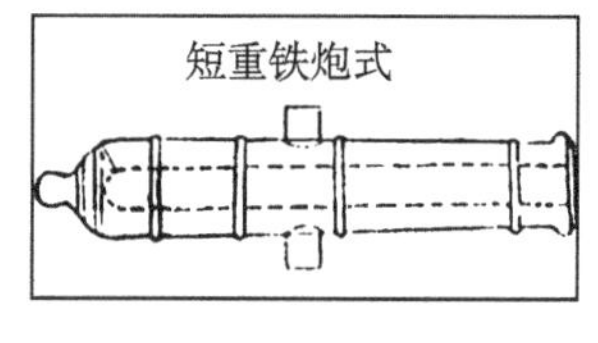

(c) 英军短重铁炮

图 1.29 英军加农炮

资料来源：[清] 王韬．火器略说．黄达权口译．见：刘鲁民主编，中国兵书集成编委会编．中国兵书集成（第48册）．北京：解放军出版社；沈阳：辽沈书社，1993.46

第二类是榴弹炮（Howitzer），清人称之为阔口短轻炮。此类火炮炮筒短，射程近，发射爆炸弹，火力出口时已不怕震裂，故炮口处切削得薄一些，以减轻其重量，从而加强其机动性。有狭窄的药室，可以节约发射药，其发射角度可以调整。装料少意味着发射时对弹壳的冲击小，这样炮弹壳就可以做得薄一些，也就可以多装一些弹药，因此，榴弹炮尽管重量轻，但效率却不低。它的炮管比加农炮短，比迫击炮长，长约为口内径的4～10倍、口内径较大、带有直径小于炮管的药室、装在两轮炮车上。初速较小、射角较大、弹道较弯曲。17世纪末期以来，榴弹炮成为了欧洲各国军队标准化的炮兵武器，主要是安放在武装小艇与炮击艇上作对地攻击用。按照惯例，每一兵团装备2门榴弹炮。《西洋兵器大全》有欧洲18世纪的榴弹炮图以及《火器略说》载的阔口短轻铜炮式，即榴弹炮式（图1.30）。鸦片战争时期，此种火炮形制变化不大。

---

① [清] 王韬．火器略说．黄达权口译．见：刘鲁民主编，中国兵书集成编委会编．中国兵书集成（第48册）．北京：解放军出版社；沈阳：辽沈书社，1993.50

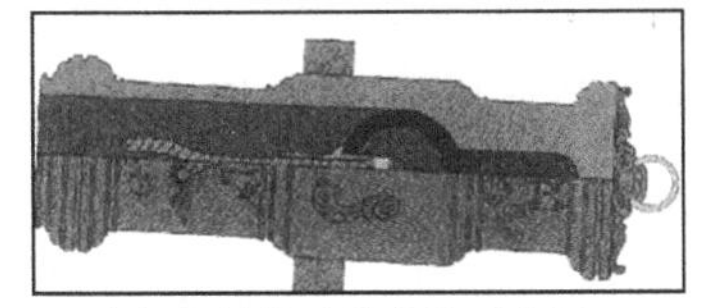
(a) 炮筒特殊的半榴弹炮图

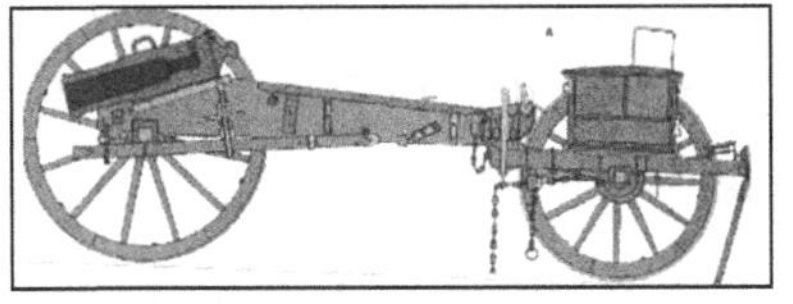
(b) 载于炮架上的榴弹炮图

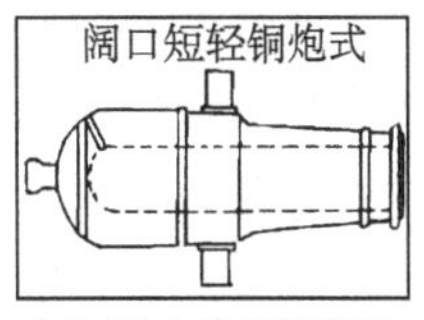

(c) 国人绘制的英军榴弹炮剖面图

图 1.30　欧洲 18 世纪榴弹炮图

资料来源：(a)(b) [英] 威廉·利德．西洋兵器大全．卜玉坤译．香港：万里机构·万里书店，2000.183；(c) [清] 王韬．火器略说．黄达权口译．见：刘鲁民主编，中国兵书集成编委会编．中国兵书集成（第 48 册）．北京：解放军出版社；沈阳：辽沈书社，1993.47

恩格斯在 1857 年的著作《炮兵》中说：1815 年以后的欧洲火炮，“榴弹炮是一种短管炮，炮身长度是口径的 7～10 倍，以 12～30 度的射角使用爆炸弹进行射击，它固定在炮架上。它是带药室的火炮，就是说在这炮上有一个药室，即用来填放装药的那部分炮膛，其直径小于炮管，即炮膛的主要部分。榴弹炮的口径很少超过 8 英寸，其爆炸弹首先是用来起侵彻作用，其次是用来起爆炸作用。”①

杰克·比钦在所著的《中国的鸦片战争》中说：1842 年 3 月 9 日的中英宁波之战，“中国军队带着小马在街上笨拙地跑着，莫尔上尉命令英军等到清军进入榴弹炮的射程之内再发射葡萄弹，炮弹在人群中撕开了一个大洞，前面的军队堵住了后面逃兵的去路，榴弹炮再三开火，街上清军尸体遍布。……（1842 年 8 月 9 日的南京）英军旗舰 74 门炮的‘皋华丽’号和三桅快速帆船‘布郎德’号移进了城墙，一个步兵团上岸了，一系列 8 英寸榴弹炮也放到了岸上。”②

第三类是炮艇上装备的臼炮（Motar），它是一种发射角度大，弹道曲线大，以杀伤城墙、山寨后面兵员的火炮。欧洲 17 世纪末期出现，到 19 世纪 30 年代，标准的臼炮常是 1 盎司③火药发射 24 磅爆炸弹，射程达 220 码。小型臼炮的口内径为 5.5 英寸，大型臼炮的口内径为 8 英寸、10 英寸、13 英寸几种。此炮有大弹膛小药膛，炮身通常小于口内径的 2 倍，因此炮身容易移动。其炮架一般没有轮子，安放在有把手和固定链条的橡木底座上。恩格斯的著作《炮兵》云：1815 年以后的欧洲野炮，即“臼炮是一种更短的火炮，固定在托架上，通常以 20 度以上的射角，有时甚至以 60 度的射角使用爆炸弹进行射击。它也是带药室的火炮，其口径达 13、15 英寸或更大一些。臼炮发射爆炸弹时，由于装药量小（相当于爆炸

① 恩格斯．炮兵．见：马克思，恩格斯．马克思恩格斯全集（第十四卷）．中共中央马克思恩格斯列宁斯大林著作编译局编译．北京：人民出版社，1995.214

② Beeching J. The Chinese Opium Wars. New York：Harcourt Brace Jovanovich，1975.146-158

③ 1 盎司＝28.349523 克

弹重量的1/20到1/40)，射角大，炮弹在飞行时受到的空气阻力较小，因此在这种情况下，抛物线理论就可以用于炮兵射击的计算，而不致同实际结果相差很远。臼炮的爆炸弹可以起爆炸作用，也可以当做燃烧弹使用，即从炮弹的孔眼重喷出火焰使易燃物着火，它还可以靠自身的重量穿破拱形的和其他形式的工事掩盖。最后这种场合，最好采用大射角，因为这能使炮弹飞得更高，因而在落下时能产生最大的惯力。”[①] 英国科学技术史家查尔斯·辛格（Charles Joseph Singer，1876～1960）1954～1978年的著作《技术史》记载：“制造臼炮的方法与火炮相同，首先锻造熟铁，随后经常采取的方式是通过炮耳架设炮身，把它们连接在靠近炮膛下部的地方，架设在结实的没有轮子的木架上，再放在稳固的平台上。插在炮口下面的坐垫可以给火炮提供仰角高度。17世纪后半期，臼炮也被装在小的炮船上，用于从海上轰击港口设施和防御工事。”[②]《14～19世纪英国和欧洲大陆的铸炮匠工》有臼炮的炮膛及火门管位置图（图1.31）。

《火器略说》所说的巨口短轻铁炮就是臼炮（图1.32）。图1.33为英国伦敦伍利奇博物馆陈列的鸦片战争时期英军的5.5英寸臼炮及底座。

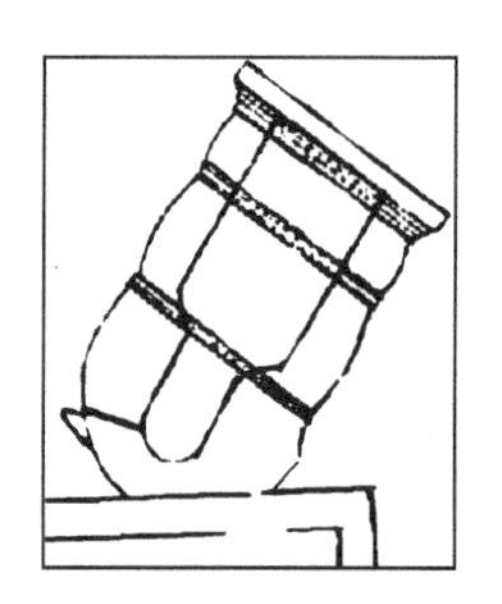

图1.31　臼炮内膛及火门管

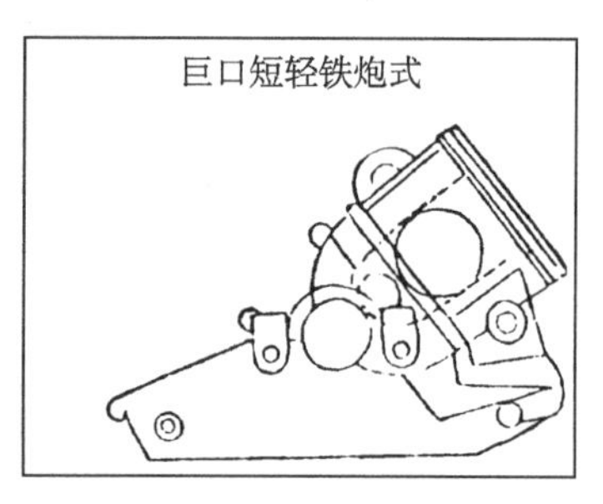

图1.32　巨口短轻炮

图1.33　英军臼炮及底座

资料来源：梅建军摄于英国 Woolwich of Rotunda Museum

① 恩格斯．炮兵．见：马克思，恩格斯．马克思恩格斯全集（第十四卷）．中共中央马克思恩格斯列宁斯大林著作编译局编译．北京：人民出版社，1995.214

② ［英］查尔斯·辛格等．技术史（第Ⅲ卷）．文艺复兴至工业革命．高亮华，戴吾三主译．上海：上海科技教育出版社，2004.254

第四类是海上用卡龙炮（Carronade），清人称之为短薄单耳铁炮，粤俗呼为瓦筒口。它本质上是臼炮的变种，由英国苏格兰卡龙公司（Carror iron company of Scotland）为抵抗海盗、护卫商船而造，装在轨道上，比一般轮式舰炮摩擦力大。始造于1774年，1779年在皇家海军中使用。它的特点是短身管、口内径大、炮壁薄、重量轻、装药量少、初速低、射程近。由2个炮手操纵，在舰首旋转安装，由长炮配搭而用。它发射筒霰弹、葡萄弹和球形爆炸弹，有68磅、42磅、32磅、24磅、18磅、12磅弹等类型。恩格斯在1858年的著作《卡龙炮》载："卡龙炮——短管铁炮（威力较小的火炮，炮筒是旋凿而成），最初于1779年在卡龙（苏格兰）是为了供应英国舰队而铸造的，在对美战争中第一次使用。卡龙炮没有耳轴，依靠炮身中部下面的卡箍安装在炮架上。带有一个直径很小的火药燃烧室，炮口像碗口那样大。这种炮很短、很轻便：每60～70磅重的炮使用1磅重的实心弹，它的长度相当于口径的7～8倍。因而装药不能不是少量的，只占实心弹的重量1/16至1/8。"①

《竞逐富强》载：18世纪末以来，"钻孔大炮确实改进了海军火力，但英国人跟上了这个变化；况且，在颠簸不定的船上用重炮瞄准非常困难；因此，对野战炮至关紧要的精确瞄准，在船上难以发挥作用。……18世纪的后几十年里，英国皇家海军最早实现了两项重大的技术改进——用铜覆盖船底以及使用炮筒短、口径大的卡龙炮。……（具体原因）为了能在船上装这些口径大、炮壁薄的炮，必须减少火药量，否则反冲力太大，木制结构无法忍受。这些炮弹的初速低、射程近，但炮弹的外加重量却比普通炮火的摧毁力更大。卡龙炮首次制造的时间是1774年。起初是卖给商船，1779年皇家海军吸收卡龙炮作为补充武器。此后，卡龙炮为纳尔孙的著名命令（停泊在敌人近旁）提供了技术根据。"②

《卡龙炮的盛衰》写道："卡龙炮比较短，蹲坐状态，在近距离上杀伤力非常大。它比长炮短而轻，所用火药少（初速小），因为要适合炮筒内的炮弹和小炮膛。它发射又大又重的炮弹。卡龙炮发明要归功于一位博学的苏格兰士兵R. Melville，时间在1750年左右。John Wilkinson（1728～1808）在1774年申请了用钻孔机在镗床上钻炮膛的专利，卡龙铸造厂随后大规模制造用机器钻膛的卡龙炮。"③ 图1.34为卡龙炮的形制及其炮架结构图。

英参战军官J. Ouchterlony所撰《中国的战争》载：1842年6月20日的上海之战，"清军16门铜铸卡龙炮完全仿照英军发射18磅弹的卡龙炮的式样铸造，舰

① 恩格斯．卡龙炮．见：马克思，恩格斯．马克思恩格斯全集（第十四卷）．中共中央马克思恩格斯列宁斯大林著作编译局编译．北京：人民出版社，1995. 247

② McNeill W H. The Pursuit of Power：Technology，Armed Force，and Society since A. D. 1000.（《竞逐富强：西方军事的现代化历程》）. Chicago：University of Chicago Press，1982. 86～231

③ Talbott J E. The rise and fall of the carronade. History Today，2007，39，(8)：23

炮上浇铸了瞄准器，还有火门，钻了孔，和火石制成的枪机密切配合，在我们所看到的中国人使用的战争武器中，这些是最最合用的了。”① 《鸦片战争档案史料》中载，道光二十一年（1841）三月初四，江南道监察御史骆秉章奏：“夷炮则首尾相等，形似直管。”② 这里描述的英炮应为卡龙炮。图 1.35 为《演炮图说辑要》绘制的鸦片战争时期美国卡龙炮形制及炮架结构图。“此有表熟铁短炮，重一千斤。……身轻质小，故安船面，不碍驶船，然击远不及长炮 1/4，弹发各有高低左右之偏，身短故也。此等短炮，必用此架，钩在船旁，方不跳动。”图 1.35 为《火器略说》绘制的英军短薄单耳铁炮式，即卡龙炮的剖面图。

（a）卡龙炮形制

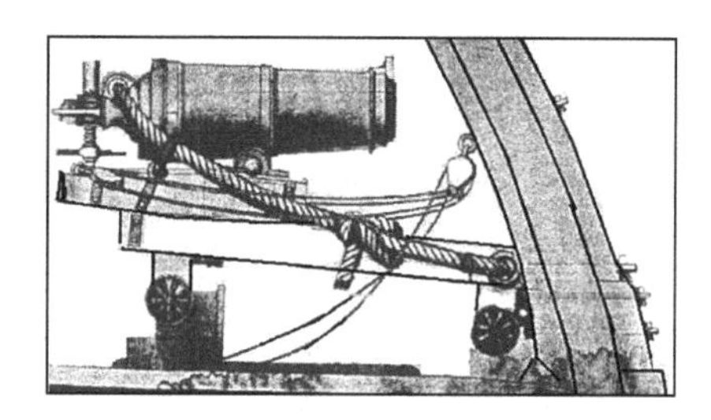

（b）滑动炮架上的卡龙炮

图 1.34 卡龙炮

资料来源：Ffoulkes C. The Gun-Founders of England，with a list of English and Continental Gun-Founders from the XIV to the XIX Centuries（《14～19 世纪英国和欧洲大陆的铸炮匠工》). London：Arms and Armour Press，1937. 108

第五类是康格里夫(William Congreve)火箭炮。鸦片战争时期，英军作战时康格里夫火箭，其在技术上已发生了革新，基体为金属制成，炮弹分燃烧和爆炸性两种，尽管精度很差，但杀伤力比清朝火箭威力要大。英国史料大都明确指出英军作战使用的火箭是康格里夫火箭，也有不指明的即英军作战时的火箭是否就是火箭，其实，此时期英军使用的火箭都是康格里夫火箭。康格里夫从 1804 年起就从事火箭的试验，于 1808 年成立了火箭旅或火箭团。因为那时迫切需要不带轮子的炮车，代替装备单一的火炮。此外，火箭的后坐力小，可以说特别适合在船上发射。此时用三角发射架发射带有长约 16 英尺稳定杆的火箭，发射架只有简单的高低瞄准机构而无方向瞄准机构，战斗部分为爆炸和燃烧两种。海军使用的火箭通常有 42 磅和 32 磅两种型号，以 32 磅最为常用。将火箭放入装在三脚架上的短铁管里，然后通过弹筒的底盖上的小孔点燃火药。

《鸦片战争：一个帝国的沉迷和另一个帝国的堕落》载：1840 年 1 月 7 日的中英沙角之战，“‘尼米西斯’号和英国其他船只上的士兵杀红了眼，用康格里夫火箭

① Ouchterlony J. The Chinese War：An Account of All the Operations of the British Forces from the Commencement to the Treaty of Nanking. London：Saunders and Otley，1844. 307

② 中国第一历史档案馆 . 鸦片战争档案史料（Ⅲ）. 天津：天津古籍出版社，1992. 274

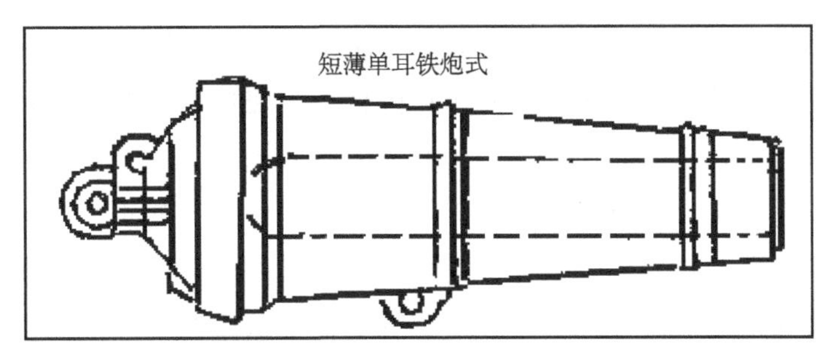

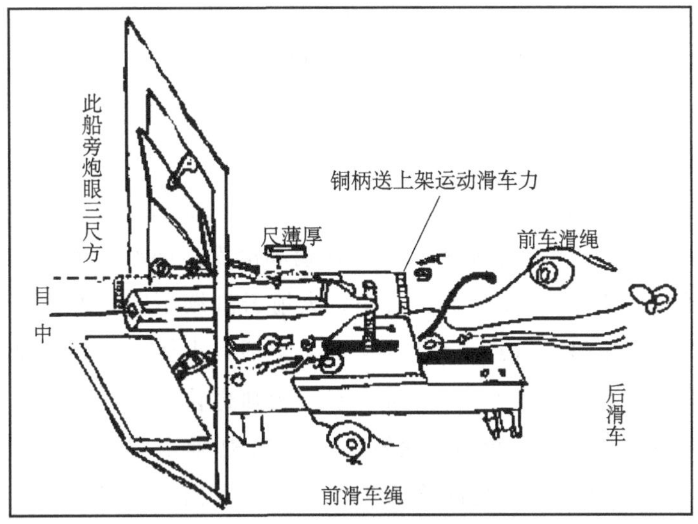

图 1.35　丁拱辰绘制的卡龙炮形制图

资料来源：演炮图说辑要（卷 2）；［清］王韬．火器略说．黄达权口译．刘鲁民主编，中国兵书集成编委会编．中国兵书集成（第 48 册）．北京：解放军出版社；沈阳：辽沈书社，1993. 46

作为点火装置，把停在河口的 11 艘中国战船点着了。”[①] 图 1.36 为今欧洲学者绘制的 Congreve 火箭在陆地战场上的发射情形，时间为欧洲拿破仑战争中的英法对抗时期。

图 1.36　康格里夫火箭在陆地战场上的发射情形

资料来源：Enfield H. The Encyclopedia of Weaponry. Middlesex：Guinness Pub. Ltd.，1992. 107

① Hanes W T，Sanello F. The Opium Wars：The Addiction of One Empire and the Corruption of Another. London：Robson Books，2003. 119

英国康格里夫火箭是从中国传统火箭脱胎出来的一种经改进的新式火箭，纸质火箭筒改用铁质筒，火药中硫量减少以降低其燃烧速度，发射的火箭弹重量从6～42磅不等，很少达到100、200、300磅，携带着与之匹配的弹头，如筒弹、爆炸弹或纵火弹，在海陆皆可使用。其箭头直径达到了8英寸，并将导杆缩短以求平衡，增加了发射剂用量。它是欧洲从14世纪以来火箭发展史的一个总结，也标志着近代火箭发展的开端。今英人富勒著的《战争指导》载："在工业革命初期中还产生了一种新的兵器，那是与枪炮都不同的，即为战争用的火箭。英国炮术专家康格里夫上校以此为模型而对其加以改进。他在其所著的《火箭与火炮的比较》一书，曾经告诉我们说，他所制造的火箭从2盎司——那是一种自动的枪弹——到360磅为止。1806年，这些火箭在布伦之围中，曾作第一次使用，康格里夫自己的记录上说：'在第一次发射之后，不到10分钟这个城镇即已着火。'1807年在佛齐仑和哥本哈根，在莱比锡和滑铁卢两次会战中，在奥尔良那次，拉陶少校曾经说过：'在整个攻击中，火箭云继续不断地像阵雨般地降落。'对于这种兵器，康格里夫曾经预测说：'说老实话，火箭这种兵器是注定了要使军事战术的全部体系都发生改变。'而马家特元帅也认为'飞弹将可能成为第一种……对军队命运产生重大影响的兵器'。"①《哈珀-柯林斯世界军事历史全书》："火箭，其前身是一种古已有之的称为烟花的奇妙东西，由于英国炮兵专家康格里夫的努力，使之成为一种致命的武器。作为一种中程武器，火箭填补了制式的燧发枪与12磅野战炮射程之间的空白，从而在美国及欧洲得以应用并几乎立即显示了优越性。同传统的火炮相比，火箭经济实惠颇具吸引力，但它的精度很差，最大射程也限制在1500米左右。基于这种原因，火箭不久便在作战中消失了。"②

英陆军用炮和同名的海军舰炮形制设计差不多，只是舰炮的尾纽设计与同名陆军火炮有一定差别。同时陆军用炮因考虑到机动性的情况，通常比海军炮轻。恩格斯在1855年著的《欧洲军队》指出："英国炮兵由1个炮兵团和1个骑炮旅组成。每个炮兵连有5门加农炮和1门榴弹炮；加农炮有3磅炮、6磅炮、9磅炮、12磅炮和18磅炮五种；榴弹炮的口径有22/5、9/2、11/2和8英寸四种。而且，每个炮兵连中都有几乎包括各种口径的轻重两型的加农炮。但在实际使用时，野战炮兵只用轻型的9磅和12磅加农炮，以及9/2和11/2英寸（24磅）的榴弹炮。目前英国炮兵普遍采用的是9磅加农炮和作为辅助火炮的9/2英寸（12磅）榴弹

① ［英］查尔斯·富勒．战争指导．钮先钟译．海拉尔：内蒙古文化出版社，1997.95

② ［美］杜派R E，杜派T N. 哈珀-柯林斯世界军事历史全书．传海等译．北京：中国友谊出版公司，1998.599

炮。除上述火炮外，还使用6磅和12磅的火箭。”① 至于9磅弹炮的各部数据，恩格斯在1857年著的《炮兵》指出：“英国野战炮兵几乎完全由9磅炮组成，这种炮的长度为口径的17倍，重量按炮弹重1磅、炮重3/2英担计算，装药量是炮弹重量的1/3。”②

小结

16世纪至鸦片战争之时，中英主导型火炮样式及机制原理基本相同，都是前膛装滑膛炮，炮膛呈圆柱体，炮形呈锥形体，由炮耳和尾纽等附件组成。战争之际，清军火炮形制设计仍然沿用西方创立的“比例”思想，但铁炮尺寸偏离较大，炮膛通常较英军铁炮厚。清军火炮类型多而杂，主要是明末清初重型火炮的延续，稍有改进。主要有五种类型：重型红夷炮、轻型火炮、冲天炮、抬炮以及纸质火箭炮。每种类型有不同类别，如重型红夷炮分单层体、复合层和三层体结构；轻型炮分红夷炮型和子母炮型。英军火炮火门点火装置和瞄准装置改进很大，其类型已标准化，分为加农炮、榴弹炮、臼炮、卡龙炮以及康格里夫火箭炮等，其类型已适合了陆战、海战、攻城战、山地战等战术需要，整体水平明显高于清军火炮。

第二节　中英火炮的材质

炮管是火炮的主体，完成炮弹装填和发射任务，承受火药燃气压力，赋予弹丸一定的初速和射向，其质量直接影响着火炮的使用安全以及射程、射速、射击精确度等方面的性能。铁炮质量与它的材质有直接关系，材质质量决定着火炮的使用寿命，它取决于冶铁原料及冶炼、铸造、加工等技术。史料中有关中国铁炮材质方面的记载不多，鸦片战争时期的记载更少。中国文献中所用材质的名词，有的难以用现代材料加以解释。

一、清军火炮的材质

鸦片战争时期，清朝沿海及内陆的一些省份新造火炮的铁料不足，常向国外购

① 恩格斯．欧洲军队．见：马克思，恩格斯．马克思恩格斯全集（第十一卷）．中共中央马克思恩格斯列宁斯大林著作编译局编译．北京：人民出版社，1995.481

② 恩格斯．炮兵．见：马克思，恩格斯．马克思恩格斯全集（第十四卷）．中共中央马克思恩格斯列宁斯大林著作编译局编译．北京：人民出版社，1995.207

买铜、铁原料。英参战军官 J. F. Davis 的著作《战期中与议和后的中国》说："巨量的铸铁成为清人的迫切要求，但是，多种寻求仍满足不了需要，造成了制造火炮的严重问题，清人在左右为难中，乍浦军方在省府杭州搜寻，因杭州总有购买到的日本铜，此成为制造火炮的一个材料来源，舟山对面的镇海建立起铸炮厂，铸造出许多重炮。"①《中西 500 年比较》说："鸦片战争前，清代最先进的冶铁炉，仍是明末广东遗制的瓶形高炉，这种高炉的最高产量一昼夜应是 3600 斤。……全国的生铁产量最高时不到 25000 吨。这个数字不及英国的 1/40。"② 表 1.9 是根据文献记载对 1839～1843 年清朝各省份铜铁材质铸炮概况进行的统计，种类不少，主要有青铜、黄铜、生铁、熟铁。还有黑麻铁、洋麻铁、紫板铁、南板并臭板生铁等，非现代铁材所用的专有名词。

表 1.9　文献记载的 1839～1843 年清朝各省份造炮的材质

省份	火炮原料	史料记载的火炮材质、斤两及门数	史料出处
广东	荒山铁及新旧黑麻铁，又有自外洋而来之洋麻铁之数种、生铁熟铁、青铜、黄铜	虎门南山炮台安生铁炮 18 门，熟铁小炮 2 门；虎门之战，英军缴获清军 761 门铜铁炮，其中黄铜炮 8 门（含几门 1839 年购买的 68 磅弹葡萄牙式黄铜炮）	演图说辑要（卷 3）. 11 筹海初集（卷 1）. 100. 101；英军在华作战记（Ⅱ）. 157，444
福建	青铜、毛红铜、生铁	毛红铜 21.5 万斤铸数百门炮	鸦片战争档案史料（Ⅳ）. 570
浙江	紫板铁、滇铜、青铜黄铜	安庆营守备孙贵制成 10 尊熟铁虎蹲炮；600 多担紫板铁造炮，至湖北汉口镇另购紫板铁斤，并于苏省购买别项板铁造炮；滇铜 100 多万斤造炮；镇海铸炮厂存 200 吨铜铸炮；中英乍浦之战，英军损坏清军 11 门黄铜大炮	鸦片战争档案史料（Ⅴ）. 6 鸦片战争档案史料（Ⅱ）. 760 英军在华作战记（Ⅱ）. 281，330
江苏	熟铁、洋铜、紫板铁	安庆营守备孙贵赴浙督造 200 多尊熟铁炮；苏州省局拨解洋铜 12 万斤造炮；省局制成熟铁小炮 2 位，赴湖北采买紫板铁片造炮；宝苏局官民二商办存洋铜拨 10 万斤造炮	鸦片战争档案史料（Ⅴ）. 142 鸦片战争档案史料（Ⅱ）. 349 鸦片战争档案史料（Ⅲ）283，545 鸦片战争档案史料（Ⅳ）. 374
山东	生铁、青铜、熟铁	济南府新造 700、800 斤熟铁炮 9 位，共计新旧铜铁大小各炮 100 余门	鸦片战争档案史料（Ⅴ）. 6
盛京	熟铁、生铁	进关购买熟铁，铸神机炮 100 门；采办铁料 26 万斤，造 8000 斤大炮 20 尊，所余铁料铸造炮子	鸦片战争档案史料（Ⅶ）. 180 鸦片战争档案史料（Ⅱ）. 361
湖北	紫花板铁、川板、綦江紫板、青口生铁、湖南之南板并臭板生铁	除福建之尤溪、大田等县紫花板铁之外，惟川板、綦江紫板为上，次则青口生铁亦尚可用，然性燥易裂，其余湖南之南板并臭板生铁	鸦片战争档案史料（Ⅱ）. 370

对于表 1.9 所列材质的名称，有一些与现代称呼相同，如生铁、熟铁、白口铸铁

① Davis J F. China, During the War and since the Peace. London: Longman, Brown, Green, and Longmans, 1852. 59

② 郝侠君．中西 500 年比较．北京：中国工人出版社，1989. 229～272

(white cast iron)。如《海国图志》载："炼铁之法，铁质粗疏，兼杂土性，必着实烧煮化去土性，追尽铁屎，炼成熟铁，庶得坚固。……按今用铁必用大炉，非两日夜不能追尽铁屎。……用铁欲老，用铜欲嫩，皆与之合。"一些则必须通过对文献的解读才能得到解释，如紫口铁、紫板铁、青口铁等。《鸦片战争档案史料》载：道光二十一年（1841）十月十七日，浙江巡抚刘韵珂奏："惟铁斤有紫口、青口、白口之分，铸炮以紫口铁为上，青口铁次之，白口铁则性脆质粗，易致炸裂，不适于用。"[①]《火器略说》载："（清朝）历来营局所造大炮，俱用生铁，性质坚刚，铸成之后，不得打磨，不可钻锉，其炮体既已粗糙，而药膛又不光滑。……若生铁性刚，钻锉无所施，且多蜂窝，必致炸裂。"[②] 从记载对三种铁的性能描述可以推断"白口"即白口铁；"青口"可能是灰口铸铁（grey cast iron），因灰口铸铁断口颜色青灰、性能优于白口铸铁；"紫口"性能又优于灰口铸铁，解释为展性铸铁(malleable cast iron）比较可信，对铁炮材质鉴定，确有展性铸铁存在。从两则史料的叙述中还可以推出清军铁炮材质以白口铸铁为主。至于其他诸如荒山铁及新旧黑麻铁之类的材质，在《演炮图说辑要》、《海国图志》和《火器略说》都有论及。《演炮图说辑要》对广东铸炮铁料的生产记载较细："粤中所产者，有荒山铁及新旧黑麻铁，又有自外洋而来之洋麻铁之数种。所谓荒山铁者，系在荒山采矿炼成新片铁也，又从而煅之，谓之新黑麻尖锅铁，此铁性较纯，比常铁各异，若专用之，则可以钻孔凿字。铸炮工匠初只用三成，而用新片铁七成，合熔铸就之炮，各有蜂窝。后经改新黑麻尖锅铁，加至八成，取其坚实，配以荒山新片铁二成，或以新黑麻尖锅铁七成，配以洋麻铁三成，加工锻炼铸成一炮，质体内外一律光润，始无蜂窝之患。"[③]《火器略说》载："铸炮之铁亦宜先为锻炼，果能质性精纯，自然用久无患，故采取非由一处，则选用不可不精。第一为洋麻铁，来自外洋，因其色麻故名，西人呼麻铁为北埃仁，译即猪铁，每块正方，重计百斤，形宝似之。……各省之铁，粤东为胜，其中有荒山铁、新旧黑麻铁数种。荒山铁者在荒山采矿炼成新铁片，又从而煅之，谓之新黑麻尖锅铁，其性较纯，惠州颇产佳铁，价亦贱，百斤值银二两，铁质坚而且韧，可钻可锉。顾有铁处尤须有煤以便熔煅，今既欲仿铸洋炮，则必购储洋麻铁，或与粤省精铁配合而铸，凡炼铁须在平日，若已倾铁入炉，熔化之时，火须猛烈，一经久熔，则麻铁变成白铁，此炮炉工匠不可不知也。"[④]

---

① 中国第一历史档案馆．鸦片战争档案史料（Ⅳ）．天津：天津古籍出版社，1992.377

② ［清］王韬．火器略说．黄达权口译．见：刘鲁民主编，中国兵书集成编委会编．中国兵书集成（第48册）．北京：解放军出版社；沈阳：辽沈书社，1993.21

③ ［清］丁拱辰．演炮图说辑要（卷3）．中国国家图书馆藏书，1843.11

④ ［清］王韬．火器略说．黄达权口译．见：刘鲁民主编，中国兵书集成编委会编．中国兵书集成（第48册）．北京：解放军出版社；沈阳：辽沈书社，1993.34

解读上面这段记载的技术内涵，得出以下推断：所谓“荒山铁”应是在矿山冶炼的粗生铁，含有较多杂质。“又从而煅之”的“煅”是固体料块经火烧，但不熔化成液体的过程，把含杂质的荒山生铁进行煅烧可以脱去一部分杂质，如硫，并可脱碳，得到生铁脱碳的产品。如脱碳铸铁（decarburized cast iron）和铸铁脱碳钢（steel making from cast iron by solid state decarburization）、熟铁、展性铸铁等，究竟得到何种脱碳产品则由煅烧温度、煅烧时间、煅炉气氛等因素决定。从这段记载所得到的产品是“铁性较纯的新黑麻尖锅铁，可以钻孔凿字”，推断铸铁脱碳钢或铁素体基体的展性铸铁可能性较大。用这种产品八成配以“荒山新片铁”二成冶炼、铸造，就得到“质体内外一律光润，始无蜂窝之患”的铁炮。这一过程与现代冲天炉（cupola furnace）化铁加入废钢是一个道理，生铁含碳高、熔点低，废钢含碳低、熔点高，合熔时先熔化的生铁水接触废钢，发生相互作用，生铁降碳、废钢升碳，降低了熔体的熔点，从而得到含碳较低的铁水，浇铸得到质量较好的生铁铸件。

鸦片战争前后，清军也有用熟铁材质锻造铁炮的，但熟铁炮体积小、重量轻，威力有限。《鸦片战争档案史料》载：道光二十二年（1842）正月初四，两江总督牛鉴奏：“安庆营守备孙贵仿明戚继光遗法，制成虎蹲炮位，系熟铁打成，长约二尺有余，重不过四十斤，可装铅子百粒。臣亲督验试，能致远三百步，其喷撒之宽约可四五丈。一人肩负而走，随地皆能施放，一杆可抵抬炮百杆之用。”①《海国图志》说：“小炮可容大弹之法，不用铸造而用打造，不用生铁而用熟铁，方能使炮身薄而炮膛宽。缘生铁铸成，每多蜂窝涩体，不能光滑，难以铲磨，故弹子施放，不能迅利。”②

锻造铁炮方法在《海国图志》载：“至熟铁则不可铸，而但可打造。其打造之法，用铁条烧熔百炼，逐渐旋转成圆，每五斤熟铁，方能炼成一斤，坚钢光滑无比。”③ 从这一记载可知锻造熟铁炮可能采用了百炼钢工艺。原料可能是由生铁炒炼的熟铁（wrought iron was produced by puddling with cast iron as raw material），此工艺技术在嘉庆十七年（1812）有相关记载：“打造熟铁炮位，每净重一百斤，用荒铁四百斤。而铸造生铁炮位，每净重一百斤，用荒铁一百三十斤。”④ 这里所谓“荒铁”，前已论及是含杂质很多的生铁，只有去除杂质才能铸造生铁炮，故130斤荒铁，可得100斤生铁。而要得100斤熟铁，则消耗高达400斤荒铁，这是因为熟铁不仅要除去荒铁中更多杂质，还要脱碳，精炼（refining）是一种有效

---

① 中国第一历史档案馆．鸦片战争档案史料（Ⅴ）．天津：天津古籍出版社，1992.6
② ［清］魏源撰，王继平等整理．海国图志．长春：时代文艺出版社，2000.1287
③ ［清］魏源撰，王继平等整理．海国图志．长春：时代文艺出版社，2000.1287
④ 茅海建．清代兵事典籍档册汇览（第二十八册）．北京：学苑出版社，2005.136

方法。精炼过程及锻造过程，都消耗荒铁，因此文中记载铸造生铁炮时所消耗的荒铁比锻造熟铁炮消耗更多荒铁是正确的，至于记载的数量关系可能不一定准确。

关于铸炮铁料需精炼的记载见《演炮图说辑要》："大凡铸炮，首先宜用好铁，锻炼使其纯熟极净，就紧一气倾注入模，庶得坚实，不起蜂窝。"[①]

二、英军火炮的材质

英军铁炮的优势与其材质的优良有关，而材质又与工业革命后冶铁技术的发展有密切联系。《冶金史》(1976) 中对18世纪后期至19世纪初期英国冶铁技术发展有详细的记载，归纳出了生产灰口铸铁来替代性脆的白口铸铁的技术原因，并说当时英国采用高炉生铁精炼技术。"18世纪中叶，高质量的不列颠加农炮是用反射炉或有焰炉将高炉生铁再熔化而铸成的。用反射炉进行再熔化能使渣漂离，铁中杂质减少，熔化的条件是弱氧化性的，有若干碳被还原出来，从而形成质更软、断口色更灰、流动性高的铸铁。"[②]

《武器和战争的演变》记载了搅拌 (puddling) 炼铁法即炒钢法 (steel-puddling method) 生产低碳钢或熟铁的技术：18世纪后期，英国采取了所谓搅炼工艺，就是用长长的钢棒将反射炉中的液态生铁加以搅拌。这样，不仅使炉面溶液，而且全炉的溶液都能接触空气，从而使脱碳更加彻底，得到可以进行锻造加工的铁，称之为锻铁 (熟铁)。用搅炼法生产的这种锻铁，质量不如碳铁，但价格便宜得多。1829年又前进了一步，即应用鼓风炉本身余气进行预热鼓风，这种发明使得在消耗同等燃料的情况下，搅炼熟铁产量增加到3倍。还有一种改进是"湿"搅炼法，即在炉膛铺一含有氧化铁的小块炉渣，它与金属中的碳素相化合，在表层之下产生一氧化碳，形成加速脱碳进程的泡沸搅动。[③]《竞逐富强》有关于英国用搅炼法生产熟铁制造铁炮的记载："成品是成本低廉、成型方便的熟铁，适用于制造大炮以及无数其他用途。"[④]

以上记载看出，英国工业革命发生后，冶铁技术已发生了重大革新，铁炮的主要材质为灰口铸铁，还有用低碳钢或熟铁制造的火炮。

英国铸铁生产技术的改进一则增加了生铁产量、保证了铸炮的原料需求，二则提高了铁炮的质量，C. Singe 编的《技术史 · 工业革命》载：英国生铁产量在

---

① [清] 丁拱辰．演炮图说辑要 (卷3)．中国国家图书馆藏书，1843. 11

② Tylecote. A History of Metallurgy. London：Mid-Country Press，1976. 126

③ [美] 杜普伊 T N. 武器和战争的演变．严瑞池，李志兴等译．北京：军事科学出版社，1985. 219

④ McNeill W H. The Pursuit of Power：Technology，Armed Force ，and Society since A D 1000. Chicago：University of Chicago Press，1982. 179～180

1835年达到一个高峰值，从而保证了铁炮的大批铸造。鸦片战争前夕的1839年英国生铁产量高达170万吨。从鼓风炉中得到的用焦碳炼制的铁经过再熔，在均质性和纯净方面都大有改进。这种改进对于国家具有重要意义，因为这可以铸造更高质量的大炮，特别是皇家海军的大炮。在过去的20年，英国没有一门海军大炮发生过爆炸。① 《风帆时代的海上战争》载：铁炮是在原始的小型铸造厂里生产的，制造一门36磅炮要用来自三个炉的熔铁。但要是不同的炉炼出的来的熔铁没有组成好，造出来的铁炮就很容易爆裂。当铁炮长时间快速发射时，温度不断升高，金属耐力不断减弱，炸膛问题就更加突出。由一种材料制成的炮容易裂开，而由混合材料制成的则容易炸开。英国自18世纪50年代以来，铁质火炮的质量在世界上首屈一指，故炮手不必担心火炮炸裂的问题，使得英军炮手开炮速度很快，这不仅因为他们往往训练良好富有经验，也因为他们对自己的火炮质量很有信心。在近战中，英军会给铁炮双重装填，连发两炮。② 《演炮图说辑要》对英军卡龙炮的记述：此有表短炮，火轮船所用，熟铁铸就，重一千斤，乃用熟铁炼净，铸成坚实，光滑恍若铜炮。③ 时人丁拱辰对英军铁炮材质的叙述，或是凭感觉认为。具体如何，需要通过金相检测得出。

小结

文献中关于鸦片战争时期中英铁炮的材质记载表明，清军铁炮的材质为白口铸铁、灰口铸铁、展性铸铁，也有熟铁。英军铁炮材质主要是灰口铸铁，此外也有炒钢法得到的熟铁和低碳钢。铁炮材质与冶铁技术有直接关系，英国工业革命后，冶金技术走向近代化道路，从高炉形制到鼓风设备和动力，从生铁反射炉精炼到熟铁炒炼，是清朝土法火炮用铸铁的生产技术无法比的。

第三节　中英火炮的制造技术

一、清军火炮的制造技术

清朝火器制造制度分中央和地方制造两种，由内务府、工部、盛京工部、八旗军、各地驻军五个系统的军事手工业组成，各系统的火器制造机构都要按清廷

① 查尔斯·辛格等．技术史（第Ⅳ卷）．工业革命．辛元鸥等译．上海：上海科技教育出版社，2004.67～72

② ［英］安德鲁·兰伯特．风帆时代的海上战争．郑振清，向静译．上海：上海人民出版社，2005.113

③ ［清］丁拱辰．演炮图说辑要（卷2）．中国国家图书馆藏书，1843.6

颁布的则例执行，即包括申报、批准、工艺流程、军器制式、规格、标准、质量监督、检查、验收、给发、简核、贮存、更新等制度组成。《光绪大清会典》卷59《工部》载：清军火器制造工业，隶属工部。（工部设）虞衡清吏司，郎中，满洲四人，汉一人；员外郎，宗室一人，满洲三人，蒙古一人，汉一人；主事，满洲三人，汉一人，掌制器用，凡军装军火皆核焉。……凡军装军火，各按其营额与其省之例价而核销焉。（各省军装什物增造拆修，令该督抚按各营情形，分别轻重大小料物工匠，确访该处价值，核实造册送部定议饬造。遇有制备，该督抚照兵部经制额数具题，由部核准成造，将工料银两，分析造册奏销。所需火器各项，亦由该督抚核明奏准造备，仍咨部查核。其每年操演火药铅子，均报部核算，由部将兵丁名数枪炮数目，咨查兵部核准奏销。在京各旗营请领铅药，先将兵丁枪炮之数报兵部核准，再咨本部核给应用。……炮位铅子，重自二两至二十八两，鸟枪铅子，重自二钱二分至五两，京营领用铅子，拣回七成，开销三成，盛京、西安、江宁、杭州、凉州、广州全数拣回，贵州拣回六成，开销四成。）在京者，旗营之近京者，则给以部制。非部制者，请旨造而给之。[①] 具体而言，清康熙朝在京城曾设了三个造枪炮的厂局，一设于紫禁城内的养心殿造办处，专管造“御制”枪炮，供皇室使用，由内务府管辖，是当时朝廷的主要造炮场所；二设于景山，制造兵器略逊一筹，供八旗使用，称为“厂制”；三设于铁匠营（地名今存），制造铁炮，质量较差，供汉军之用，称为“局制”。此二处归工部管辖。今人研究认为：清代中央政府对兵器的管理和制造有严格的规定，尤其重型火炮和重要炮位的管理均由中央政府统一监造，钦命官员检验合格后，再配发给各地营伍，各省多余废旧炮位，一律造册解送京师交工部处理。地方确需造炮要由总督、巡抚联名奏请，还需将工料限等一并上报审核，待皇帝批准后，方可铸造。所以，皇家诸多兵器中，唯火炮一项除铭重量、年代、地点之外，还要特别铭刻监造官员和铸造工匠。出了问题可找可查，层层负责、相互监督、严格管理。这种火器制造制度一直沿用到清末。不过，清嘉庆以前，清军战事因在内陆和南、西、北等边远地区，所需火炮大都由工部统一安排制造后，调拨给前线和各地驻军。[②] 从嘉庆以后，清朝战事和设防的重点已转移至东南沿海地区，火炮制造的重点也随之转移至这些地区的铸炮局，铸造的火炮以重型岸炮和舰炮为多。即中央制造的火器越来越少，沿海各省份制造的逐步增多。道光朝以后，中央政府已不能左右当时火炮技术的发展，地方政府自行组织制造火炮。鸦片战争前后，广东佛山铸造的生铁炮反映了当时东南沿海炮台所用海岸炮技术通常水平，而清军最佳火炮应是

① 彭泽益．中国近代手工业史资料：1840～1949（第一卷）．北京：中华书局，1962

② 胡建中．中国清代皇家兵器特色．紫禁城，2007，(11)

浙江嘉兴县丞龚振麟（？～1862）首创的铁模铸炮技术铸造的火炮。

1. 鸦片战争时期清朝各省泥模造炮的概况

与英军火炮相比，清朝铸炮技术最突出的问题是，生产火器的工厂无专门的研究机构，匠役们只能按照样品凭经验生产。表 1.10 为清朝沿海及内陆的一些省份铸炮的概况。

表 1.10 清朝沿海及内陆的一些省份铸炮的概况

省份	时间	各省造炮技术概况	史料出处
广西	1841 年一月二十五日	广西巡抚梁章巨奏：省局向无铸匠，拟于邻省访雇	鸦片战争档案史料（Ⅲ）. 119
	1841 年二月二十六日	梁章巨委员前赴广东、湖南访雇能铸炮的匠手来粤督铸	鸦片战争档案史料（Ⅲ）. 249
广东	1841 年三月二十二日	靖逆将军奕山等行次佛山地方，见铸 8000 斤大炮 40 位	鸦片战争档案史料（Ⅱ）. 362
福建	1840 年十月十七日	福州将军保昌等奏：闽省尚未铸过 4500 斤等大炮，颇少谙习之人	鸦片战争档案史料（Ⅱ）. 724
浙江	1840 年十月二十七日	钦差大臣伊里布奏：工匠不谙造作 8000 斤以上大炮，前曾移咨粤省代雇，现在甫据温州府觅得数名	鸦片战争档案史料（Ⅱ）. 547
	1841 年二月二十六日	钦差大臣裕谦奏：浙江省城前铸之炮，其病在于膛口过小，不能多吃药弹。现在浙江匠工做成炮模，病仍如旧	鸦片战争档案史料（Ⅲ）. 245
	1841 年闰三月十二日	钦差大臣裕谦奏：闽匠做法又与浙匠不同，不能并炉共铸。其故皆由铸炮之法业已失传，从前之委员匠工非强作解人，即不求甚解，致同筑室道谋	鸦片战争档案史料（Ⅲ）. 399
江苏	1840 年九月二十日	兵部尚书塞尚阿奏：江苏并无铸炮匠工，查阅旧炮，由广东省铸造字样者居多，闻闽省亦有铸炮之人，应否由臣等核定应铸炮位数目，咨会闽、广二省代为购铸解苏	鸦片战争档案史料（Ⅱ）. 477
	1840 年十二月十二日	两江总督裕谦奏：查江苏地方先经遍加饬查，非特并无能铸造大炮匠工，且未见过七八千斤之大炮，惟苏、常一带冶坊甚多，所铸炉鼎等物俱极精致	鸦片战争档案史料（Ⅱ）. 697
	1842 年十一月十九日	两江总督耆英奏：江苏本无炮匠，从前系将冶坊中所用铁匠召募鼓铸。臣闻广东省有熟谙西法专门铸炮之人，业已咨会两广督臣祁贡，雇募挑选，前来兴办	鸦片战争档案史料（Ⅵ）. 629
山东	1841 年一月初六	山东巡抚托浑布奏：山东制炮之工匠既无经历之人，教练之将官亦未得传授之法。臣咨访僚属，各省亦少此等谙习炮手	鸦片战争档案史料（Ⅲ）. 16
直隶	1840 年十二月十日	直隶总督纳尔经额说：直隶通晓铸炮工匠，遍处搜罗，甚难雇觅。昨于四川雇得铸工三名，尚未到省，由都中雇来铸钟匠人二名，据称亦能铸炮	鸦片战争档案史料（Ⅱ）. 676
安徽	1842 年七月十二日	安徽巡抚程橘采奏：皖江无人谙习铸炮，咨会邻省代雇良工。湖北抚臣赵炳言函复，觅有炮匠周德芳等六名，咨送来皖。据称该工匠仅能铸造小炮，大炮未曾铸过	鸦片战争档案史料（Ⅵ）. 74
江西	1841 年一月二十二日	江西巡抚钱宝琛奏：江西并无谙习铸炮工匠，从前造炮均系委员赴粤东铸造回营。今惟有酌拨铜斤，派委干员押运过岭，于佛山镇境内宽空处所设厂兴铸	鸦片战争档案史料（Ⅲ）. 103

《鸦片战争档案史料》记载的奏折中反映的问题，除广东省工匠铸炮技术娴熟外，清朝许多省份铸炮没有工匠，即使有一些工匠，他们对泥模铸炮技术，尤其对

重型火炮铸造技术十分生疏，当地军政大吏大都请奏，从邻省雇募工匠就地铸炮或运回原料和在邻省招募的工匠在本省铸炮。如此现状，一则影响铸炮质量，二则铸炮成本必然增大。

鸦片战争时期，清军火炮制造主要采用熟铁锻造技术和泥模铸造技术。火器家丁拱辰于1841年编成《演炮图说》，介绍了他改良过的泥模铸炮技术，1842年清政府推广了《演炮图说》所述的方法。由于丁拱辰的工作，我国清时火炮的铸造、使用及理论研究基本齐备，正如番禺人张维屏所说："君所著书，于铸炮、用炮之法，精且备矣。若夫用以克敌，用以奏功，则在乎将能用兵，兵能用命者。"[①]《海国图志》载："至于头尾之粗细，药膛之大小，亦须配造合式。其炮耳安置更要合宜，轰震可期稳固尔。若偏前，炮发则炮身后仰，尔若偏后，则炮头下覆，要在轻重衡平，置耳自宜微后，又须偏下，不宜过高，方为合法。其泥模务须焙干，……故须炮口朝上灌注，则后尾之铁较为坚实，其安引门更要得法，若引门直大，则火气透泄，发火必迟，偏前则必后坐，其孔必须自后微斜，前透入药膛底，不可分毫向前，烘药一燃，炮即发出而不动摇。至于炮膛为炮身之主宰，而受药之处贵乎圆坚，方免涩滞。须按尾径大小，另铸一生铁药膛。其引门用熟铁打就，贯入膛底。将铁心先用青麻或藤皮裹住，后用泥滚圆晒干。先上泥浆，次用白土泥浆敷上。用木柜板限住，转圆俱合尾径之数，晒干用火焙透，外用乌烟擦之。贯入生铁药膛内，上用泥条顶住，使炮心居中不移。将泥模逐层安上。其合缝处，用泥盖护，又用铁箍束住，使其不脱。用火烧红，俟冷时内用乌烟擦之，周围用干土舂实筑之，以固其模。铸时其铁水务须熔炼纯熟，去净渣滓，接续倾铸，不宜延缓间断，至满为度。俟过三四日火气稍退，将图撤卸，去其模，则炮形自露矣。更俟冷透卸下，取出炮心，再用炭火烧过，俾铁性一律纯熟，然后令工匠打磨炮身，务要内外光滑，钻通引门，刻镌字号，试验演放，响亮稳固即可合用。"[②]

泥模铸炮的实质是：制成一个圆柱作为模子的型芯，另造一个更大的中空的用以容纳的型芯，以便于在两者之间留下一个空间，即外芯内壁与内芯外壁之间的空隙，便是炮管的厚度。通常，模具口部都会扩大以形成"炮头"，一个好炮手当然要确证铸工已经正确地放置模具的型芯，以使得炮膛与炮的外部真正地同轴，否则炮的射击效果怎么都不会好。丁拱辰泥模铸炮法的程序如下：

1）制内芯。将铁心先用青麻或藤皮裹住，后用泥滚圆晒干。先上泥浆，次用白土泥浆敷上。用木柜板限住，转圆俱合尾径之数，晒干用火焙透，外用乌烟擦之（图1.37）。

---

① 转引：郭金彬．丁拱辰及其《演炮图说辑要》．自然辩证法通讯，2003，(3)

② ［清］魏源撰，王继平等整理．海国图志．长春：时代文艺出版社，2000.1196～1380

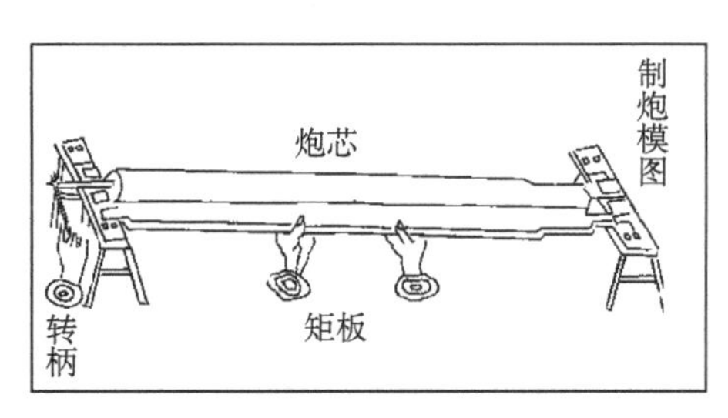

(a) 制炮芯

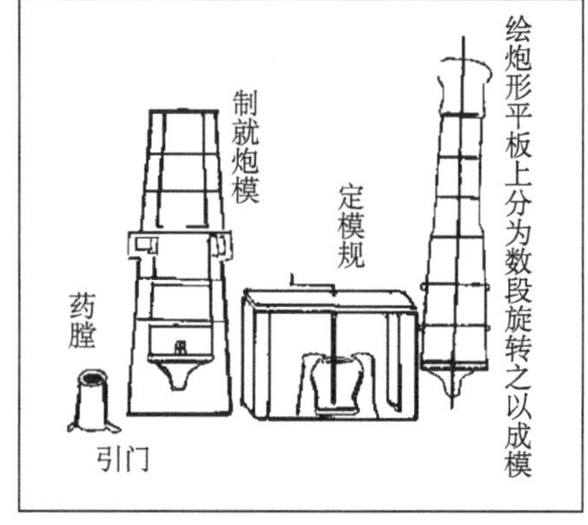

(b) 定内外模

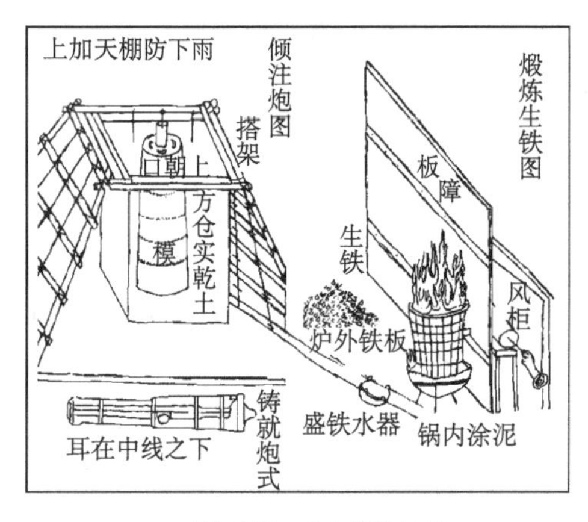

(c) 冶炼生铁，准备倾铸溶液

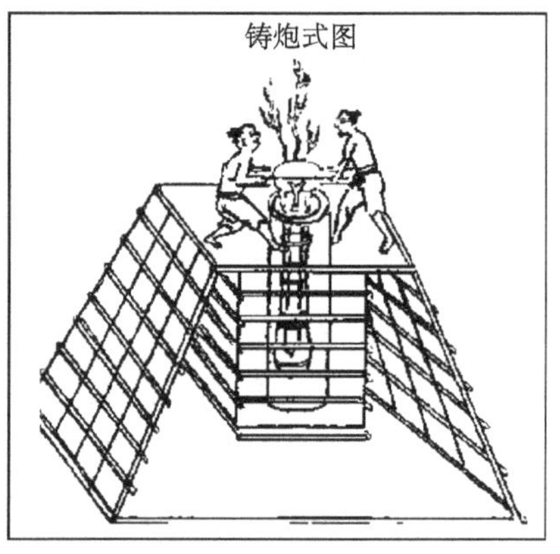

(d) 倾注铁液

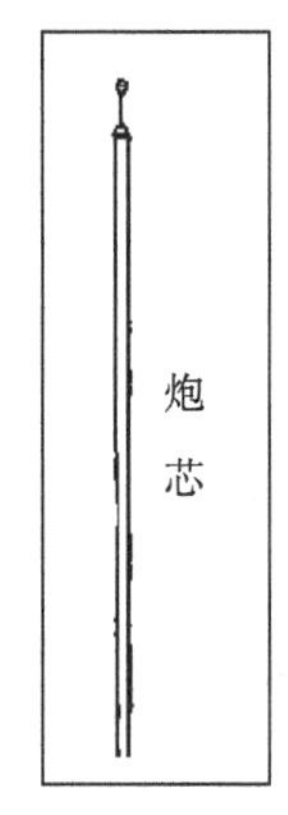

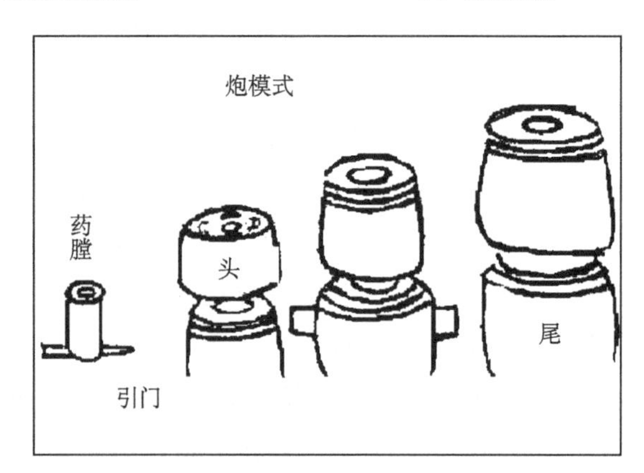

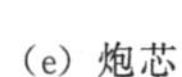

(e) 炮芯　　(f) 药膛、炮头、炮耳和炮尾

图 1.37　清朝泥模铸造法

资料来源：(a) ～ (c) [清] 丁拱辰．演炮图说辑要（卷 3）．中国国家图书馆藏书，1843.16，17；(d) ～ (f) [清] 魏源撰，王维平等整理．海国图志．长春：时代文艺出版社，2000.1281

具体而言：首先制成欲铸大炮的模型。模型在铸造工艺上亦称作模或母范；其次用沙泥土敷在模型外面，脱出用来形成炮体外廓的铸型组成部分，在工艺上称为外范，外范要分割成数块，以便从模上脱下；此外还要用泥土制一个体积与大炮内腔相当的范，通常称为芯，或者称为心型、内范；再次使内外范套合，中间的空隙即型腔，其间隔为欲铸大炮的厚度；最后将溶化的铜铁溶液注入此空隙内，待铜铁溶液冷却后，除去内外范即得大炮物。

2）做外范。做泥芯和外范，即制作铸铁炮的内芯与外范。在整个木模上制作浇注铁炮外部的铸范，它包括炮身、冒口、饰件和炮耳等几个部分。木模先涂上灰或油脂，然后刷上黏土，黏土要求面料极细，以获得光滑的内腔表面。干燥后包上用铁条和铁箍做的外壳，使整个范加固。经过干燥和加热，泥芯烘干焙透，做到不产生气孔缺陷。使范与木模脱开，木模从开口的一端取出，把饰件留下，因为它们只是松松地安置在内模型上。在炮栓或弹膛末端装上一只带臂的铁环，以支撑型芯并确保同心度。炮栓范通常是单独制作的，并成为炮范的第三个组成部分。炮栓范上接炮管范，而且把其外架固定到加固的炮管外壳上，尔后用一个黏土圆盘使型芯中的芯铁在上口即顶部定位。浇道和冒口则接入收缩端的范中。因炮身和炮底是铸接在一起，断裂也很容易。

做外范的具体程序：

①制模：用陶或泥等各种质料制模。

②制范：制范亦要选用和制备适当的泥料，其主要成分是泥土。一般说来，范的黏土含量多些，芯则含砂量多些，颗粒较粗，且在二者之中还拌有植物质，比如草木屑，以减少收缩，利于透气性。范的泥土备制须极细致，要经过晾晒、破碎、分筛、混匀，并加入适当的水分，将之和成软硬适度的泥土，再经过反复摔打、揉搓，还有经过较长时间的浸润，使之定性。这样做好的泥料在翻范时才得心应手。

内芯的制作则有三种方法：一是从模型上翻制好外范后，利用模型来制芯，即将模型的表面加以刮削，刮削的厚度即是所铸大炮的厚度。二是把模型做成空心的，从其腹腔中脱出芯，并使拖出的芯和底范连成一块。三是利用外范制芯。

③化铁浇铸以及起心：“铸时其铁水务须熔炼纯熟，去净渣滓，接续倾铸，不宜延缓间断，至满为度。”[①] 待炮铸成三日之内，将模心摇撼松泛；至五日内，用起重器械将模心起出；至八日内将土挖出，用起重器械引重，将炮放倒，拉至平地，两头垫器二尺余高，将模泥打去，内外扫净，这样，整个炮身即全部显露出来。

具体而言：将已焙烧的且组合好的范可趁热浇注，不然需在临浇注前进行预

---

① ［清］魏源撰．王继平等整理．海国图志．长春：时代文艺出版社，2000.1271

热。预热时要将范芯装配成套，捆紧后糊以泥砂或草拌泥，再入窑烧烤。预热的温度以 400～500℃为佳。焙好的型范需埋置于沙（湿沙）坑中防止范崩引起的伤害，并在外加木条箍紧，也是为了防止铜铁溶液压力将范涨开；范准备好后，将熔化的铜铁溶液（1100～1200℃为宜）注入浇口。器物之所以倒着浇，是为了将气孔与同液中的杂质集中于器底，使器物中上部致密。浇入铜铁溶液时应该掌握好速度，以快而平为宜，直到浇口于气孔皆充满铜铁溶液为止。待铜铁溶液凝固冷却后，即可去范、芯，取出铸件；一次浇注成完整器形的方法叫“浑铸”，或“一次浑铸”，或者“整体浇铸”。凡以此方法铸成之器，其表面所遗留的线条是连续的，即每条范线均互相连接，这是浑铸的范线特征。

④齐口、打磨与钻火门。把模具打破取出火炮，炮头用锯或扦子切割，炮身外部用锤子、扦子和锉刀细致地修整，内膛在镗床上用旋刀垂直或水平旋铣光滑（注：炮膛需十分光滑，以利于炮弹和火药气体出膛迅疾。铜炮质软，可以在膛床上安置旋刀，利用人力或畜力旋膛，白口铸铁材质的铁炮不可旋膛，只能粗清理）。旋刀是刮旋内壁的关键工具，驱动力是人力或畜力等。16 世纪欧洲加农炮制作技术传播到东方，故东方的制模和旋膛技术和欧洲一样。图 1.38 为《技术史·文艺复兴至工业革命》反映的欧洲 17 世纪铜炮模具的制造及镗床水平旋铣炮膛图，

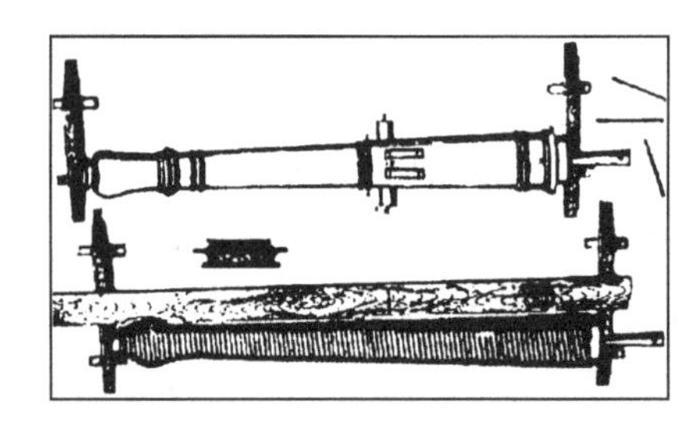

(a) 制型芯

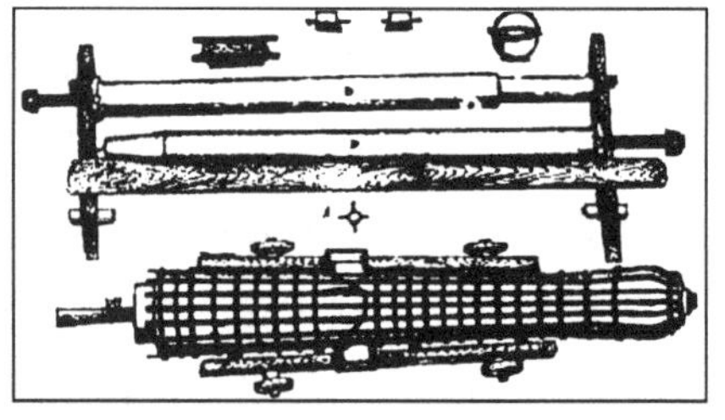

(b) 绑着铁条即将填充的完整模具

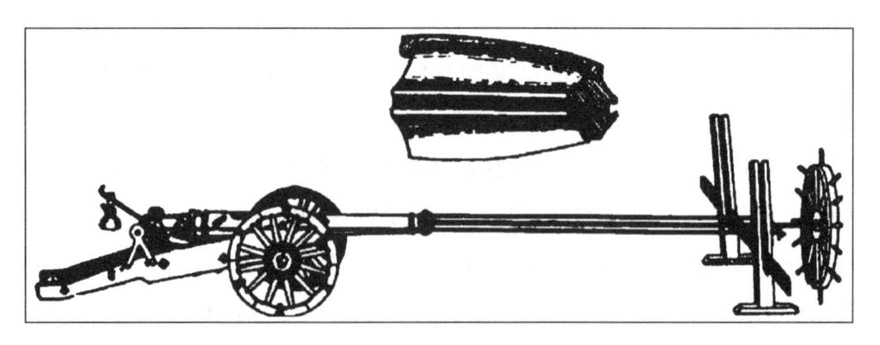

(c) 用一个绞盘操作的简易水平镗床旋铣铜炮膛

图 1.38　欧洲 17 世纪铜炮模具的制造

资料来源：［英］查尔斯·辛格等．技术史（第Ⅲ卷）文艺复兴至工业革命．高亮华，戴吾三主译．上海：上海科技教育出版社，2004.210，253

旋刀是六棱的经过淬硬的钢刀片，安装在旋杆上，高与火炮同齐，插入炮管，转动旋轮，依次旋进，直至内膛光滑。① 鸦片战争时期，清军铸铁炮因铁质坚硬，内膛只能粗清理，自然光滑度有限。

清军铁炮火门的制作是用熟铁缠丝放进火门管，尔后用钻杆钻就。《演炮图说辑要》介绍了火门的制作过程："引门必须另外先铸生铁药膛，用熟铁打就空心，引门二枝安于生铁药膛底下两旁，其通内之小乳，必须自后微斜，前恰至药膛底面，不可进前分毫，庶得烘药紧发炮响不移，若安进前一二分，其炮必能退缩动，故炮照能铸得法，演时不用米袋压之，而引门小孔之中，必用泥塞满，铸好之后，上下两孔之后俱宜钻通，内先将下孔，用生铁倾注入内塞密，只留上孔作引门，所留下孔恐防上孔塞闭，不能钻通也。"② 清军之所以用熟铁单独制作火门，是与铸炮材质相关联的。清军铁炮材质以白口铸铁为主，白口铸铁性脆且硬，不可能直接在上面钻孔形成火门，只能用可以进行加工的熟铁和低碳钢单独制作。

其实，自火炮诞生以来，东西方人对火门位置非常重视。最原始的办法是增加火炮的重量，但此办法对火炮的机动性有严重影响。东西方人也曾作过无数实验和理论上的阐述，试图发现火门位置与倒座幅度的关系。当时中英火炮的火门方向皆为斜管构成，其作用有二：一则可以使火药燃烧时的气体少逸出一些，二则可以使火炮倒座幅度轻一些。如果火门位置开在正底上方，火药气流只能向炮口处逸出，那么倒座力自然很大；如果火门是斜方向的，即火门后方还有少许火药燃烧气体，因它前方有气流阻挡，该气流自然会向后移动，这样就抵消了一部分作用力，从而倒座幅度小一些。今人云：法国人莫阿于 1879 年发明了制退复进机、1914 年美国人戴维斯发明的双头火炮、1917 年俄国人梁布兴斯基发明了直接用火药气体来进行平衡的火炮、后来的人们在火炮后部安装喷管，使流过喷管的气体速度增大，这样，后坐力就被巧妙地转化了。③

⑤试放。泥模法铸就的火炮试放时要比常时火药少一半，令铸匠亲自试放，使之应力平衡。《海国图志》载：林则徐削职留粤期间，道光二十一年（1841）4 月中旬在广州与奕山的信中称："今若接仗，非先筹炮不可；而炮之得用与否，非先演放不可。"④ 按今物理学的解释：盖新铳忽然加药施放，由于炮身各部应力未消，突遭热胀冷缩之强烈牵拉，各处应力因受这种牵拉作用而进一步加剧，自然炸裂。若渐次受药施放，各处应力渐趋平衡消失，炮身当然是坚固而安全。

---

① ［英］查尔斯·辛格等．技术史（第Ⅲ卷）．文艺复兴至工业革命．高亮华，戴吾三主译．上海：上海科技教育出版社，2004.253

② ［清］丁拱辰．演炮图说辑要（卷 3）．中国国家图书馆藏书，1843.11

③ 张道田等．千年十大军事技术．北京：国防大学出版社，2000.34

④ ［清］魏源撰，王继平等整理．海国图志．长春：时代文艺出版社，2000.1199

泥模铸炮整体性好，但它的不足也是显而易见的。第一，铸模的黏土型芯透气性低，在用炭火烘烤时，经常是外干内湿，浇铸时水分蒸成潮气，所铸火炮常有蜂窝状孔穴，无论怎么旋膛，膛壁无法达到非常光滑的程度，发射时容易炸裂。故泥模铸炮铸十得二者，便称国手。《鸦片战争档案史料》载：道光二十二年（1842）二月十七日，靖逆将军奕山等奏："铸造铜铁大炮，在佛山设立三厂，熔铁掺合，必须倾泻数次，始能去尽粗沙，炮模一用不能再用。而广东十日九雨，潮气太盛，炮模稍不干透，经铁汁喷注，热气鼓荡，炮身必起蜂窝，不能打放。"①《海国图志》中载："泥模务须焙干，否则火气下激，水气上蒸，水气大，则蜂窝亦多，蜂窝多则有炸裂之患，故须炮口朝上灌注。"②

第二，每一门火炮都需要一套新的模具，这样就没有两门火炮在尺寸和性能上完全一致，因而重复性劳动很大。《海国图志》载："铸炮向以合土为模，经旬月余，一模始成，一铸即废，不可复用，……泰西汤若望火攻挈要秘要两卷，专讲炮法，颇为详备。然其建炉造模之繁难，甚于内地，内地泥模，层层笋合，虽较汤法简便，泥与水合，非一月不能干透。若值冬令雨雪阴寒，晴霁绝少，则非三两月不能干透。且一铸之后，随即毁之，当军兴紧迫之际，何能咄嗟而办。"③

第三，生铁浇注时铁液常激动炮芯，使得铸模的型芯和外部成为一条直线几乎是不可能的，如此势必影响射程和射击精度。《火器略说》载："韬按中国铸炮，多用泥炮心者，以铸成之后，但须磨洗，不用钻锉法，诚简便。……炮口朝上，何能仍令炮心在中。……别法以铁芯，厚泥传外，用铁条在炮口夹住，使悬空直下，则炮身既长，自口到底决不能准，依中线，且灌注之时，其力不小，能激动炮心，令稍欹侧，炮膛既不准中线，出弹必至弯曲，不能直远，更防炸裂。"④

第四，生铁金属一般是直接从熔炉中浇注的，因为没有进一步的加工，金属会不纯，高度碳化，所以相对脆弱，这样势必增加重量以获得足够的强度。内膛等部件不是精确地钻出来的，而是被绞成形的，所以它可能并且经常会非常无规律。炮手在他能够确保用炮来击中目标之前，必须要了解所有射程中它的火炮的特性。

2. 清朝复合金属炮的制造技术

中国明清两朝的火器家们有制造复合层铁炮的传统。中国明清两朝的火器家们为克服泥模铸炮一次成形，在发射时易炸裂的弊病，发明出复合层（built-up barrel）火炮制造技术。明人在嘉靖年间（1522～1566）已能铸出数万门铁芯铜体

---

① 中国第一历史档案馆．鸦片战争档案史料（V）．天津：天津古籍出版社，1992.115

② ［清］魏源撰，王继平等整理．海国图志．长春：时代文艺出版社，2000.1279

③ ［清］魏源撰，王继平等整理．海国图志．长春：时代文艺出版社，2000.1268

④ ［清］王韬．火器略说．黄达权口译．见：刘鲁民主编，中国兵书集成编委会编．中国兵书集成（第48册）．北京：解放军出版社；沈阳：辽沈书社，1993.25

的佛郎机火炮，此复合层结构，在当时是不小的创举。但此炮管因层层相套，自然内膛不会很大，这虽然减少了炸膛的几率，但发射的炮弹必然相对较小。即该型火炮性能优越，射速方面的威力提高了。清朝子母炮系一种轻型火炮。该炮特征：①炮身前细后粗，有一专门放子炮弹的弹腔，炮口内径较小，子弹药从炮腹装填。②子炮弹是发射弹，上有提手，下腹侧有点放火绳的小口。③该炮有支撑装置或用两个炮耳摆放。

16世纪以来，后膛装佛郎机式火炮再一次被前膛装加农炮式火炮取代。明朝炮匠在仿制的同时并有创新。如在明崇祯元年（1628）造出了许多门铁芯铜体的“捷胜飞空灭虏安辽发贡神炮”，在明崇祯十五年（1642）由地方官员捐资造出了许多门“定辽大将军”、在清崇德八年（1643）造出35门世界最高品质的铁芯铜体神威大将军，在顺治三年、十五年、康熙二十四年清廷均制出成批的铁芯铜体金属炮，在清咸丰六至七年（1856～1857）仍继续制造此类火炮。不过，鸦片战争时期，西方正处于世界第二次技术革命的前夜，制炮技术突飞猛进，铁炮材质日益提高，清朝京师和沿海省份虽造出成批的复合层金属炮，如耀威大将军和平夷靖寇将军等，但其性能无力抵御已进入到近代化阶段英军火炮的强势挑战。至于清朝制炮技术的革命性变更，也于清同治七年（1868）采用了西方的砂型铸炮和实心钻膛技术。今人撰述的《明清独特复合金属炮的兴衰》载：“当然，复合层金属炮并非中国的专利，至迟在16世纪中叶，欧洲和印度也已出现，但它们的铸铁工业逊色于中国，铸复合层金属炮的品质劣于中国。17世纪，欧洲制此炮技术因考虑到成本的缘故，并未持续发展。而印度在此时因征战之需要，于下半叶陆续制造出许多大型的复合层炮，炮芯多为熟铁锻造而成。”①

《红夷大炮与皇太极创立的八旗汉军》认为，明末清初，中国火炮铸造为防止炸膛和耐用的问题，经常采用铁芯铜体的复合结构。此种火炮管壁较薄、重量较轻、花费较少，且较耐用②。多层套铸的火炮技术在清代继续发展。今天都能见到实物。《钦定大清会典》载：“凡制造火器，大者曰炮，其制或铁或铜或铁芯铜体或铜质木镶或铁质饰金。”鸦片战争之际，面对英军船坚炮利的挑战，清廷沿海省份重新启用此制炮技术，制造出不少复合层金属炮。清军红夷大炮有的是内层以熟铁制成，外层则铸以青铜；有的是内层用熟铁制成，外层用生铁铸造；有的是三层体结构。《鸦片战争档案史料》载：“道光二十一年（1841）七月初十，军机大臣穆彰阿等会户部等衙门奏：“铸造大小炮位参用铜铁两样，工力较重，未能照定例核销，应请事竣核实报销等语。”③ 英参战军官 A. Cunynghame 的著作《在华

① 黄一农．明清独特复合金属炮的兴衰．清华学报（新竹），2010，(4)

② 黄一农．红夷大炮与皇太极创立的八旗汉军．历史研究，2004，(4)

③ 中国第一历史档案馆．鸦片战争档案史料（Ⅳ）．天津：天津古籍出版社，1992.23

作战回忆录》载：1842年6月的中英吴淞之战，清军阵地有复合层铁炮，其内部是用熟铁锻造成圆柱体，外层由生铁浇注而成的。[①] 至英法联军之役时期清军所用的铁芯铜体火炮，大多应是鸦片战争前后的制造物。此时期的铁芯铜体火炮如《筹办夷务始末》载：咸丰十年（1860）二月初一，盛京将军玉明奏：详查田庄南北两岸，虽有天津拨来大小铜铁炮12尊，该处河阔岸长，仍不足以资扼守。其天津添铸炮位，尚需时日。奴才上年春间，亲历各海口时，见锦州属之丁关寨，陆路炮库间有存备调之4000余斤铁芯铜炮1尊，可以拨用，复州属之娘娘宫海口，旧设炮9尊，该处炮位较多，内有7000余斤之铁芯铜炮1尊可以酌拨。[②]

苏联火炮专家契斯齐阿柯夫等编的《炮兵》对复合层铁炮设计原理的解释："火炮发射时内膛的气体压力是非常大的，它竟达到每平方厘米3500公斤，而气体的温度也很高，有时竟达到3000度（笔者注：可能是指华氏温标）。因此，仅靠膛壁加厚是不能达到使炮身坚固的目的的，炮身外层距膛壁愈远，其张力愈小。因此把炮身膛壁做得非常厚并没有多大意义。问题并不在于膛壁厚，而是要减轻内层的工作负荷，并使外层金属起到更大的反抗压力的作用。因为构成炮身的层数愈多，其对压力的抗力愈大，各层也就愈能较均匀地分担工作了。然而一个筒要套在另一个炮筒上，而且还要在燃烧的情况下进行，这样炮身的制造非常复杂，需要很多的时间和大量的资金。内筒（Inner tube）和外筒（Jacket）来做炮身，其中外筒的内直径稍小于内筒的外直径，因此用通常的办法就不能使内筒放到外筒中去。这时，要把外筒加热，使其膨胀至足够的程度再把内筒移入。这样，由两个筒合成的炮身便做成功了。然后，使炮身冷却，外筒的冷却却要紧缩，并极力恢复至原先的尺寸，但内筒却阻止它收缩，这样，外筒便紧紧地裹住了内筒，且其本身也有了一些扩展。由两个筒组成的炮身（其中一个筒压缩着另一个筒），较之有同样厚度的普通单层（未紧固）炮身要紧固得多。"[③]（图1.39）

火炮的紧固炮身"人们不仅用两层筒，而且还尝试过用三层甚至四层筒来制造紧固的炮身。构成炮身的层数愈多，其对压力的抗力愈大，各层也就愈能较均匀地分担'工作'。制造紧固炮身，也可以不用将一个炮筒加热后套在另一个炮筒上的方法。这种紧固的方法是这样的，制造炮身时，使其内部受6000～7000个大气压，这比在发射时所产生的火药气体还要大一倍多。这样，炮身自然会扩张，而扩张得最厉害的要算其内层，内层即使当压力在炮身内消失后，也还是处于扩张状态。而其外层急需恢复原来的状态，向内收缩而压缩着内层，这和炮身加热后

---

① Cunynghame A. The Opium War：Being Recollections of Service in China. Philadelphia：G B Zieber & Co，1845. 64～78

② 筹办夷务始末（咸丰朝，册5，卷48）. 北京：中华书局，1979. 1803

③ ［苏］契斯齐阿柯夫. 炮兵. 张鸿久等译校. 北京：国防工业出版社，1957. 10～201，202

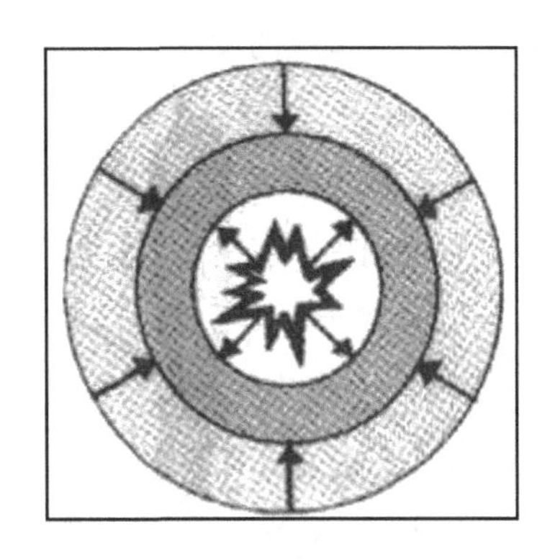

图 1.39　复合金属炮受力图

资料来源：[美] 戴尔格兰姆专业小组．世界武器图典·公元前 5000 年～公元 21 世纪．刘军，董强译，安徽人民出版社，2008.165

套在一起的情形相类似。用这种方法做成的炮身就像是由许多薄筒一个个紧密地套在一起而制成的。这种利用压力从内部压缩的紧固方法叫做自紧法”①。

《火炮概论》对其技术原理也做了解释，即复合层（built-up barrel）火炮会形成内壁受压，外壁受拉的效果，分布均匀的各层体应力都做了功，如此炮体要比同样壁厚的单层体火炮坚固得多。② 此炮制作程序应是：① 把外筒加热至 500℃左右，使其膨胀至足够的程度再把内筒移入。② 炮身冷却，外筒的冷却却要紧缩，并极力恢复至原先的尺寸，但内筒阻止它收缩，这样，外筒便紧紧地裹住了内筒，且其本身也有了一些扩展。③ 发射炮弹时，最初气体极力使内筒扩张，但是内筒却被外筒紧紧地压缩着，由此，内筒在它未被压力扩张到原有的大小以前（即未被外筒压缩以前的大小），对张力是不起反抗作用的，而外筒本来已经扩张，而此时又要扩张，这样一来，内外层金属做了“工作”。④ 在同样壁厚、同样材料的条件下，身管可承受更大的压力，并提高外筒金属的利用率，提高了身管弹性强度极限。⑤ 层数愈多，各筒壁间的应力分布愈均匀，最内层的合成应力愈小。

由此看出，文献记载和实地考察表明鸦片战争前后，中国火炮中有为数不少的铁芯铜体和铁芯铁体的复合层金属炮。此技术为明人在模仿西方铸炮技术基础上的创新，发明时间稍早于南亚的印度和欧洲国家，其性能优越，加快了射速。通过对铁芯铁体金属炮的金相检测，发现其材质外膛为铸铁、内膛主要为熟铁或低碳钢。此型火炮称得上是一种“复合材料”，具有良好的机械性能和力学性能，要比同样壁厚的单层体金属炮坚固得多。不过，其制造技术复杂，成本很高，在鸦片战争前后的中国国内外战争中未得到广泛普及，其性能劣于西方的强势火炮。

---

① [苏] 契斯齐阿柯夫．炮兵．张鸿久等译校．北京：国防工业出版社，1957.10～201，202

② 谈乐斌．火炮概论．北京：北京理工大学出版社，2005.44

随后，因欧洲铁质的提高和后膛装线膛炮的发明，使其辉煌不再。

3. 清朝铁模铸炮法

鸦片战争时期，清军火炮制造技术因没有发生工业革命而呈现出整体落后的态势，但是，个别单项技术却呈现出一些亮点，侵华英军也给予了客观评价。此亮点是浙江嘉兴县丞龚振麟于道光二十一年（1841）八月在浙江镇海炮局发明的铁模铸炮技术。《英军在华作战记》一书中，回忆 1841 年 10 月 1 日，英军再次攻陷定海时，对浙江镇海炮局制造技术也有一断描述："在江岸上的一座炮台上，发现前武装运输船'风鸢'号的一门卡龙炮，旁边还有一个精良的仿造品。的确，这座城市中的黄铜炮铸得很好，金属很厚炮口平滑。有些炮车比在中国见到过的任何一种为优。所发现的炮车模型和铸造时用以刮平沙模的刮型片说明，在战争的用材方面中国人正在克服着他们对于模拟任何外国货的反感。"① 杰克·比钦所著的《中国的鸦片战争》说：1841 年 10 月 10 日的中英镇海之战，"清军的 157 门大炮为英军俘获，一些是旧式火炮，一些是崭新的火炮，还有一门是仿制的英军卡龙炮，此类火炮已经被中国渔夫从失事的'风鸢'号上俘获。"② 此处显然是说清朝铁模炮技术引起了英人的注意。

龚振麟发明铁模铸炮技术，其工艺先由泥型翻制内芯和不同型号的铁范，再用不同型号的铁范对接铸炮构成。其制造的费用比常规大炮相比要少一些。道光二十年（1840）九月，两江总督裕谦（1793～1841）在浙江省城设立铸炮局，由嘉兴县丞龚振麟、余姚知县汪仲洋、镇海粮台鹿泽长等主管铸炮之事。龚振麟痛感泥模铸造的烦琐，于道光二十一年（1841）八月在镇海炮局发明了铁模铸炮术，此技术早于欧洲 32 年，铁范可多次使用，提高生产效率，不用清洗炮膛，消除了泥模铸炮法多蜂窝的缺陷。《海国图志》载："计自开铸以迄八月二十五日以前，共铸大小铜炮一百二十余门。除分拨定海外，余皆摆列港口炮台。"③ 道光二十一年（1841）九月，中英浙东之战前夕，已铸成 117 门铁模炮，1842 年刊印《铸炮铁模图说》分发沿海各地区推广应用。《军机处录副档》（财政类捐输项）载，道光二十四年（1844）三月十九日，浙江巡抚梁宝常在战后称，杭州炮局铸造铜炮，自一百三十斤至三四千斤不等，共一百二十二位；铸造铁炮，自一百斤至四五千斤不等，共九百位。用钱两万一千八百二十三串。《鸦片战争档案史料》载，道光二十四年（1844）六月十九日，梁氏又称："镇海炮厂先经铸成大小铜铁炮一百一

① Bingham J E. Narrative of the Expedition to China: From the Commencement of the War to Its Termination in 1842. *In*: Sketches of the Manners and Customs of That Singular and Hither to Almost Unknown Country (Ⅱ). London: Henry Colburn Publisher, 1843. 261, 281

② Beeching J. The Chinese Opium Wars. New York: Harcourt Brace Jovanovich, 1975. 87～130

③ ［清］魏源撰，王继平等整理．海国图志．长春：时代文艺出版社，2000. 1284

十七位，分拨镇海、定海等处海口军营安设。计铜铁价及运脚工料匠事等项，共用银十万八千五百九十余两，现已入册请销。”[①] 这里每炮合计费用 930 两。图 1.40 为铁模范型。

铁模铸炮的程序如下：

第一，制铁模。铸造炮身的铁范，是按照炮身长短分成几节来造型的，短的四五节，长的六七节。《海国图志》说：“视炮之大小，约分为几节。合土按各节式，做成泥炮以为心（每节上下卯笋，须极吻合）。烘透接成一泥炮，使无偏倚（炮箍炮耳，及照星花纹起线处，悉照式完备）。然后用土按节，合成外模（照铁模本身外线做成车板于内面车旋，务令极圆），烘透。”[②]

第二，固定内外范。“每节于经线分为两瓣（如合瓦式须极正极匀为要），倾铸时，从炮口一节起，首先另做成圆平土托一块（亦极烘干），将炮口一节泥炮，倒竖于托上，次将外模一瓣亦竖于托上，与所竖泥炮遥对务准（中间留出空位，即系炮模地步）。覆用熟泥，补平烘透（与两边瓣线相平直）。再将此一瓣合成一节，用两铁箍箍紧，另用烘透之泥圆板一块（周围与节周相等），覆于一节之上（圆板与节相合，须先做成笋槽，俾第二节之卯笋可以相属）。板上留出铸口范铁倾铸，成一节之一瓣。亦待冰透即将先一之一瓣，轻轻退开，除净所补之泥，仍旧合好箍紧（每瓣相合之缝际，须做小卯笋，扣合俾无参差之弊）。复取泥圆板覆上，范铁倾铸，则一节合瓦式成矣。且缓出模，仍然安置不动，待冰透取去上覆泥圆板，将第二节之泥炮，接于已铸之第一节泥炮上，此将外模一瓣，续于已铸之第一节外模上，亦如前法用泥补好烘透，再加次一瓣接合，用箍箍好，上覆泥圆板。”[③]

第三，化铁浇注。“按次倾铸。凡各节层层悉如前法，次第倾成，务使相属（各节两瓣相合之缝，须令错落如砌砖墙之真缝同式）。凡每节之一瓣，须用口字样熟铁纽两个，相对嵌入，使安放有准。以上各节铸完，即将内外泥胚去净，磨光听用，用后放于干燥处所，不可近潮气，虽用至数百次，完好如初，永无弊矣。”[④]

第四，铸后清理。“先将每瓣内面，用细稻壳灰和细沙泥调水，用帚薄薄刷均，如粉墙状。次用上等极细窑煤调水刷之，两瓣相合（如合瓦形）。用铁箍箍紧，烘热，节节相续，余法皆以用泥模同，至倾足成炮后，立可按瓣次序，剥去铁模（如脱笋壳状），露出炮身，凝结未透，尚属全红，设有不平处所，即用铁丝帚铁锤收拾，是以凿洗之工可省。并可立取炮心，除净泥坯，膛内即天然光滑，亦不费旋洗之工矣。”[⑤]

---

① 中国第一历史档案馆．鸦片战争档案史料（Ⅶ）．天津：天津古籍出版社，1992.478
② ［清］魏源撰，王继平等整理．海国图志．长春：时代文艺出版社，2000.1271～1278
③ ［清］魏源撰，王继平等整理．海国图志．长春：时代文艺出版社，2000.1271～1278
④ ［清］魏源撰，王继平等整理．海国图志．长春：时代文艺出版社，2000.1271～1278
⑤ ［清］魏源撰，王继平等整理．海国图志．长春：时代文艺出版社，2000.1271～1278

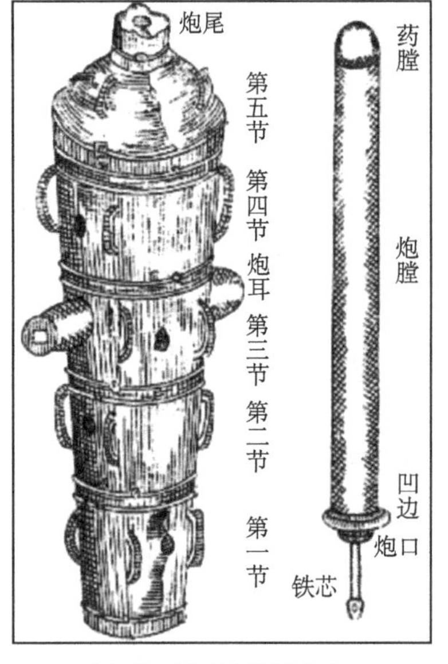

(a) 铁模全式和泥模心式

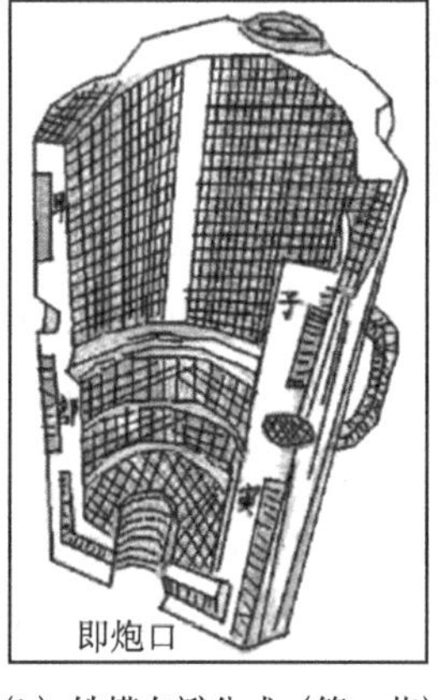

(b) 铁模左瓣分式（第一节）

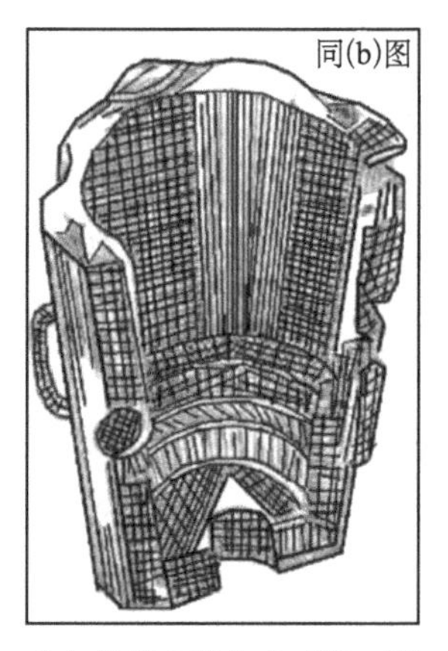

(c) 铁模右瓣分式（第一节）

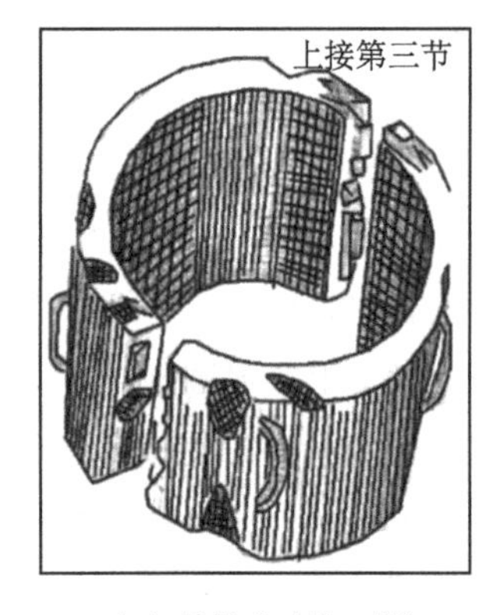

(d) 铁模式（第二节）

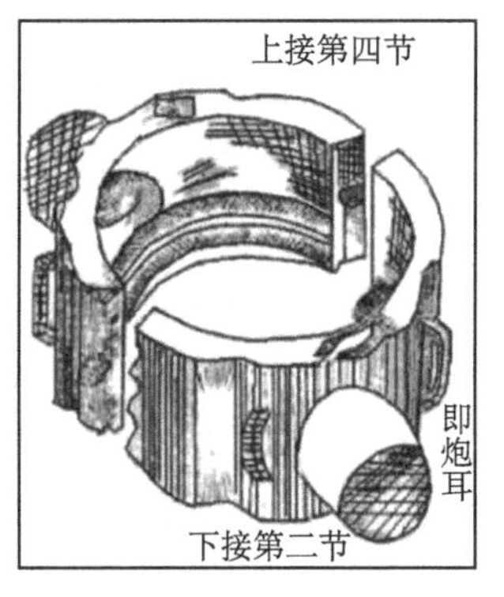

(e) 铁模式（第三节）

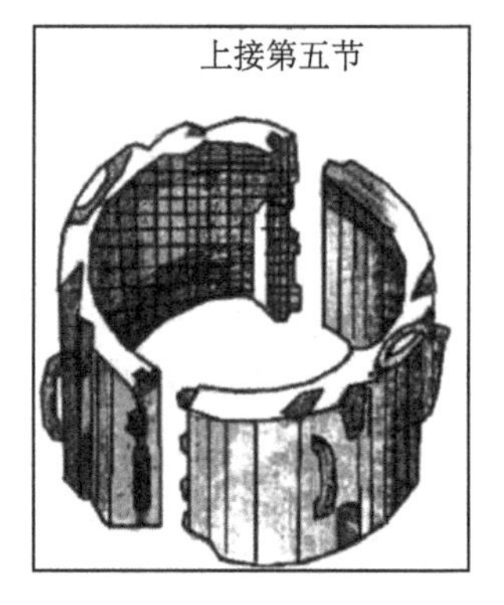

(f) 铁模式（第四节）

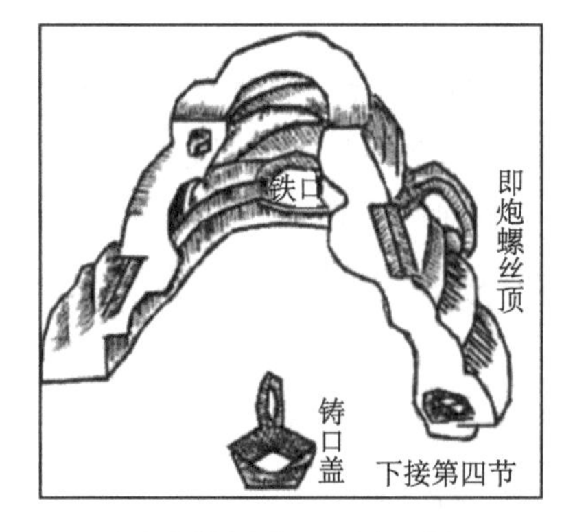

(g) 铁模左瓣分式（第五节）

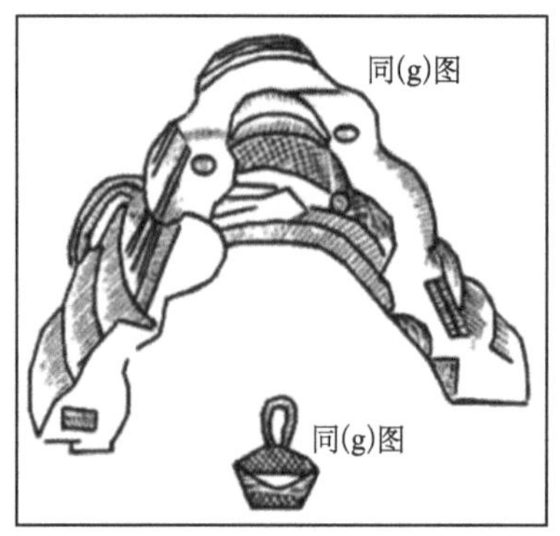

(h) 铁模右瓣分式（第五节）

图 1.40　清朝铁模铸炮的泥模分式

资料来源：魏源撰，王继平等整理．海国图志．长春：时代文艺出版社，2000.1271～1278

《海国图志》介绍了铁模铸炮的工艺过程，主要分三步：第一步用泥范铸造铁范；第二步用合瓦式两铁范对接铸造铁炮；第三步铸后清理。按瓣次序剥去铁模(如脱笋壳状)，用铁丝帚、铁锤收拾内膛。有关工艺过程已有较多学者研究之，在此不再赘述。龚振麟总结了铁模铸炮比之泥模铸炮的五大优点。铁模可就地铸造。泥模法每铸一炮就要做一次泥范，所制火炮型号不一，铁模做一次，就可铸千百次且型号大致统一；用铁模铸炮，如用40人，每日可铸炮3位，若赶工则2日可得炮9位，铸一位铁模炮工银只费数千文，较泥模铸炮可省工银十多倍钱；铁模不计阴晴，可按限完成，泥模在阴天就不能做；铁模铸成的炮可省修整工作，泥模铸炮，炮身粗糙须细加修整；铁模铸炮不易变形。炮膛光滑，上下如镜，施放得远，又不涩滞。泥模铸炮，无论如何旋铣总难一体光滑，发射时易炸裂。

龚振麟发明的铁模铸炮技术，实是在缺乏产业革命条件的情况下提高铸炮效率的创造。英人对铁模铸炮的技术与效率有很高的评价。《海国图志》载："至去冬以来，浙江铸炮，益工益巧，光滑灵动，不下西洋。"英参战陆军军官A. Cunynghame对1841年10月9日中英镇海之战的清军火炮写道："我们刚占领这个城市（镇海），发现了一个巨大的火炮铸造厂，其制造水平为迄今发现最好的，虽然我不能断言它们铸造时的深奥技术，一些被俘获的火炮也制有铁环。"① 英参战军官穆瑞对之写道："英国'凤鸢'号战舰在此海域颠覆，其上的两门卡龙炮被中国人作为模型来铸造他们的卡龙炮，其外形十分相似，不过炮身上有中国特色的铭文。其制造水平为迄今发现最好的。炮模是分离的，可以交替铸同样的炮。在一个炮房，他们制造了许多炮架，其模样也是仿制我们的，做得非常好，可以旋转发射。在这里，我们还发现了两本书，谈论数学、天文、机械和炮术，显然是从耶稣会士传播而来。但他们的书极具中国特色，如球形的物品上装饰了一些帝国龙。"②

中英鸦片战争后的欧洲人对之也给予了客观评价。《中国科学技术史》对鸦片战争时期龚振麟发明的铁模铸炮评论道："中国工程师龚振麟在这个时期完成的一项重大的铸造发明，比西方使用这项发明早大约30年。……此种模具具有产生冷铸、增加硬度和耐磨的优点。为了避免铸件同铸模产生任何胶着的危险，通常要在铸模上敷上一层石墨或灯黑。然而这大概并非必不可少，只要铸模对金属铸件的容量比足够，就可避免铸模过度发热和损坏。这是战国时期冶金技术一项令人

---

① Cunynghame A. The Opium War：Being Recollections of Service in China. Philadephia：G B Zieber & Co，1845. 51～167

② Murray A. Doings in China：Being the Personal Narrative of an Officer Engaged in the Late Chinese Expedition from the Recapture of Chusan in 1841，to the Peace of Nankin in 1842. London：Richard Bentley，1843. 53

吃惊的高度发展，值得注意的是，这种技术在历史的另一阶段再次出现，后来于1873年三位发明家同时宣布他们取得的同种技术成就，拉夫罗夫（Lavrov）在圣彼得斯堡，乌哈蒂乌斯（Uchatius）在维也纳，罗塞特（Rosset）在都灵。当然，铸铁模或‘贝壳模’（Coquilles）在欧洲从1514年以来就已经用来铸铁炮弹，似乎是第戎的弗郎索瓦·日尔贝（Francois Gibert）引进的一种铸法。表层的迅速冷却使表皮成白质（碳化铁），使其变硬，增加其碎片杀伤效果。然而这比铸炮又是简单得多的事。”①

鸦片战争时期的中外史料以及今人对铁模铸炮技术评价甚高，实地考察中见到了一些铁模铸炮，对照战争时期英军的火炮实物，发现该型火炮确系模仿英军榴弹炮而成，口内径大，炮身粗和短，开始铸有圆环围纽和立表装置。由于清朝手工生产方式的技术背景，决定了其制作效率虽高，但炮身加工依然粗糙，炮身各部与口内径比例偏差很大。《鸦片战争时期中英铁炮材质优劣的比较研究》说："从金相组织看，铁模铸炮的材质为白口铸铁，可见其制作效率大为提高，但浇注后铸件冷凝快，容易得到白口铸铁，白口铸铁的脆性使铁炮性能下降。②"

二、英军火炮的制造技术

16世纪中期以来，英国铸炮采用了泥模铸炮技术，至18世纪60年代，铸炮技术发生了两项重大的技术革新：一是在泥型铸范的基础上新创了砂型铸范，砂模透气性好，可以铸出高质量的大炮；二是用镗孔机钻出炮膛，膛杆由水轮或马力驱动，直至蒸汽机驱动。

（一）英国造炮技术的发展

查尔斯·辛格等主编的《技术史·文艺复兴至工业革命》说："（欧洲）从16世纪或者可能早一些时候开始，枪炮已经开始用水力来钻膛。……在给实心火炮钻孔的实践据说开始于1713年，但是在1747年，当荷兰当局为了支持新方法而废除了空心浇注法时，他们采取了非常谨慎的预防措施，以保守有关他们的技术和机器的秘密，以致空心浇注方法似乎在其他地区仍被广泛使用。在伍利奇的皇家枪炮铸造厂，这种方法一直延续到1770年以后。大约这时，英国的铁器制造者威尔金森，开发出一种改进了的给大炮钻膛的机器，也可以切削博尔顿（Boulton）和瓦特（Watt）的蒸汽机上更加精密的汽缸。"③《从早期至1850年欧洲的铸造技

---

① ［英］李约瑟．中国科学技术史（第五卷）．化学及相关技术．第七分册，军事技术：火药的史诗（V）．刘晓燕等译．北京：科学出版社；上海：上海古籍出版社，2005.351

② 刘鸿亮，孙淑云．鸦片战争时期中英铁炮材质的比较研究．清华学报（台湾），2008，(4)：550

③ 查尔斯·辛格等．技术史（第Ⅲ卷）．文艺复兴至工业革命．高亮华，戴吾三主译．上海：上海科技教育出版社，2004.250

术及铸炮工匠》说："16世纪中期以来，英国造炮采用了泥模铸炮技术，海军用新造火炮在1793年已全部改用铁炮，实心钻膛，而商业用火炮为省费起见，仍在此世纪末用泥模铸炮技术。至18世纪50年代以后，英国采用了先铸成实心炮，然后用镗孔机钻出炮膛的技术。18世纪的最后十五年以后，英国又在泥型铸模的基础上新创了砂型铸炮技术。18世纪的最后十年，英国钻炮用的膛杆起初由水轮或马力驱动，改为蒸汽机驱动，大大提高了生产效率。"[①]

（二）火炮制造工具的改进

英国学者泰利柯教授著的《冶金史》说：早期加农炮的炮膛是用Biringguccio所示的原始卧式膛孔机清理的。由于要用型芯而使型芯充分烘干是一个难题，遂导致浇铸实心炮，然后用大功率的钻机钻出炮膛。这样做显然能制造出高质量的武器，因为早先在贴近型芯的炮膛内部会残留有疏松区，现在这种中心的疏松区可彻底地排除了。最早粗膛是用立式膛孔机进行的，把炮架在膛竿的上方，用马拉动膛杆转动。1762年，Ddderot展示的就是这种加工方法。1774年，约翰·威尔金森（John Wilkinson，1729～1808）创制了一台改进型卧式膛孔机（图1.41），开初用水轮机驱动。膛杆是空心的，沿着膛杆的长度有一道槽，槽内有钢片可以滑动，钢片本身又与一圆柱体相连接，圆柱体则可以在管内沿水平方向任意转动。钢片即键与膛孔圆盘想键合，圆盘周边上装有刀片并可沿着膛杆滑动。膛杆由水轮机驱动，以后用蒸汽机驱动，进刀则靠控制膛杆内圆柱体的运动来调节。此种膛杆的直径比旧式的大，不易弯曲，而且当加工敞口汽缸时它可以以两端的轴承为枢而转动，因而可达到很高的精度。

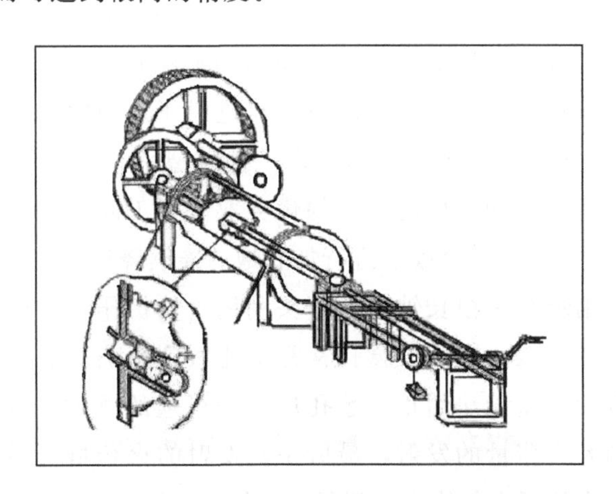

图1.41　J. Wilkinson的改进型卧式膛孔机

资料来源：Tylecafe R F. A History of Metallurgy. London：Mid-Country Press. 1976. 126

① Kennard A N. Gunfounding and Gunfounders：A Directory of Cannon Founders from Earliest Times to 1850. London：Arms and Armour Press，1986. 161，162

今法国人保尔·芒图在《18世纪产业革命》中说："科特在搅拌炼铁之后使用碾压机来工作，这些碾压机部分地代替了水力锤。几乎与此同时，瓦特为约翰·威尔金森的炼铁厂构造一个锤：锤重120磅，每分钟打150下。过去已有了拉长金属、切削金属和对金属加工等机器，现在又添上新的机器：钻枪炮口径的钻空机和金属旋床，旋床的主要改良是莫兹利所发明的滑动台架，同时也不可不提到那些比较复杂的比较专门的机器。例如，制造钉子的机器和旋螺丝钉的机器。这些发明有加速工作和节约劳动力的效果：首先，它们保证制作上的完全精确，形式上的绝对一律。人们以前可以没有这些东西，但现在它们是必不可少了。这些机器可以用来制造别的机器。冶金工业在发展其自己的设备的同时，也帮助改善一切其他工业设备。但是，这种带有不可胜数的后果的巨大进步，只有提高机械化以前的、另一性质的若干发明，如高炉里使用的煤、搅拌炼铁法、制钢用的亨茨曼方法等才有可能。正是这些发明为全世界开创了大规模的冶金生产的时代。"①

1. 欧洲泥模铸炮法

16世纪至18世纪末期的欧洲泥模铸炮技术。《武器和战争的演变》载："欧洲最早出现的是青铜铸炮，根据记载，15世纪中叶之前已在法国第戎炼出了铸铁块，显然这是仍处于初级阶段而不太成功的一项孤立的技术成果，英国都铎王朝初期，这种铸铁新技术传到了英国，从而为苏塞克斯的炼铁业奠定了基础。……在此之前，苏塞克斯的炼铁业在欧洲的枪炮制造业中占据着统治地位。铸铁的优点在于价格便宜，而不是它的性能优于别的金属，无论是黄铜或者青铜，虽然价格昂贵，但质地坚韧，不易爆裂。大型炮的铸造吸取了钟的铸造技术。它是将金属溶液注入一个黏土模子而成的。模子由模（注：由附着在铁条上的沾土形成，一般呈圆柱体，但是在装火药的弹膛部位可能会形成一个特殊的形状）和横壳构成。黏土模型放在一个凹坑里，熔铁炉有一出口，以便铁水流进模子。当铸件冷却后，便打碎模子，再取出铸件。这样铸成的每一门炮就像一件雕塑品一样都是各自独立的产品，上面的精细饰纹也是相同的。炮的质量的优劣取决于工匠浇注技艺的高低。过了200年之后，人们才设法用一个模子进行加农炮的连续浇铸。在打碎模子取出炮的铸件毛坯后，就要用装在一根长轴上的钻头利用水轮机作动力进行膛孔。因为装钻头的轴只是一头有支架，因此，膛孔常常不能做到精确，而且由于膛孔工序的问题，模子上原有的误差无法纠正。膛孔后要进行炮的测试，包括目测，用铁锤敲打，进行逐步加大火药量的发射，最后一次发射的火药量与弹丸重量相等，如果实验合格，这门炮就可交付使用。到了18世纪，荷兰在整体浇铸炮管的膛孔技术方面占据了领先的地位。"②

---

① ［法］保尔·芒图．18世纪产业革命．杨人楩等译．北京：商务印书馆，1997．238

② ［美］杜普伊 T N．武器和战争的演变．严瑞池，李志兴等译．北京：军事科学出版社，1985．124

欧洲人 C. Bernard 著的《军事材料》说：欧洲泥模铸炮，“首先需设计好加农炮的形制，尔后用绳子捆紧一根木轴，慢慢缠绕使之变粗。这粗糙的分层范体能被细细修理，用木刮板修整内外模以形成完好的形状，利用炮耳将之放在炮架上，在炮尾上方雕刻皇冠或别的装饰。用塑性好的泥土涂抹内外模，下用炭火烘烤，外层因暴露在空气中最先干燥，一旦内外模到了所需要的厚度，用可收缩的熟铁环加固内模，用燃烧的木块和马粪继续烘烤，除掉绳子以及玻璃化了的泥土，留下烧结表面以便让湿气逃逸。用起吊装置将之悬挂在外模上面，用此轴做火炮的轴心。泥模后尾及底纽用同样的过程制造。一旦泥模干透，将炮尾埋入地下，将内外模放在炮尾上，利用熟铁棒或熟铁环将慢慢降低放进外模内的内模加固。这一步很关键，既然模芯偏离中心是危险的，考虑到泥模的脆弱性，这工艺是很非凡的。一切安置完毕，就可以将壁炉中的溶液倾注到内外模间。倾注完溶液后，火炮等待冷却，此步骤也十分关键，涉及金属的结晶结构以及力量，随后挖开炮尾旁的泥土，打碎模子，锯去多余的冒口。最后，称重和雕刻装饰。”图 1.42 为该书绘制的欧洲 17 世纪泥模铸炮的内外膛、膛内的十字中穴的固定环、冒口的转动装置及溶液浇注时的结构图。

欧洲制造泥模的内外范、钻膛和钻火门技术。辛格等的著作《技术史》[①] 和 R. F. Tylecote 著的《冶金史》对欧洲 17 世纪泥模铸炮的工艺做了概括：①制型芯（黏土涂在铁芯棒上制成）和外范。翻造黏土范的模型可能是木质的也可能是黏土的，但不管用哪种材料，炮檐、炮耳和其他凸出部分都要涂上一层蜡，以便模型能从范内纵向脱开，便于以后用手工把余下的部件取出，模型的两端加以延长，用作轴颈，以便支撑在适当的架上，并可以转动。模型转动时涂上黏土，用设置在支架上的造型刮板刮出形状。②做外范。浇道和冒口接入收缩端的范中。内用十字中穴（芯撑）固定型芯，外用十字铁栓摆幅固定。③浇注铁液。浇注时以立浇为宜，可以利用金属自重，使炮身充型力强，并易脱型。④起心与齐口。⑤钻膛时，把炮口朝下的火炮垂直悬吊在旋床上，利用马力或水力旋膛与看膛。⑥钻刀钻火门（位置在炮尾上方靠近底膛处，火门管通常以 70°或 80°的垂直角度放置，也有 30°或 40°的角度放置）与试放[②]。图 1.43 为《14～19 世纪英国及欧洲大陆的铸炮技术和匠工》刊载的图片，反映了造炮的全部过程[③]。

泥模铸造的技术水平，《竞逐富强》有相关评论：“（泥模铸炮）每一门炮都需

① 查尔斯·辛格等. 技术史（第Ⅲ卷）. 文艺复兴至工业革命. 高亮华，戴吾三主译. 上海：上海科技教育出版社，2004. 254

② Tylecote R F. A History of Metallurgy. London：Mid-Country Press，1976. 125～126

③ Ffoulkes C. The Gun-Founders of England，with a List of English and Continental Gun-Founders from the XIV to the XIX Centuries（《14～19 世纪英国及欧洲大陆的铸炮技术和匠工》）. London：Arms and Armour Press，1937. 19～22

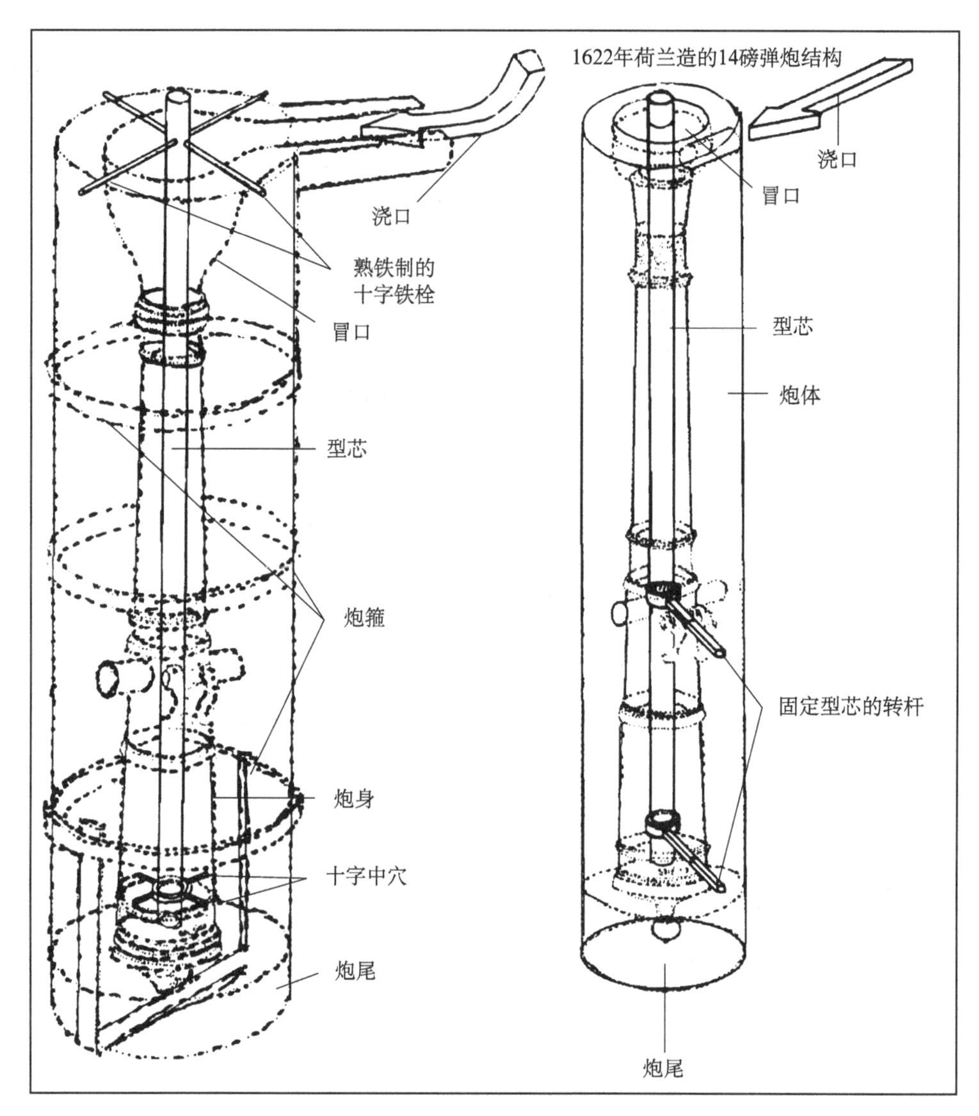

图 1.42 欧洲 17 世纪泥模铸炮的内外膛、膛内的固定环、冒口的转动装置及溶液浇注时的结构图

资料来源：Bernard F，Bart H. Materializing the Military. London：Science Museum，2005. 5～13

要在独特的、个别的模子里铸造，这种标准化就只能达到近似的水平。要使铸模的型芯和外部成为一条直线几乎是不可能的，因为在浇铸时，中心定位不精确、支撑又不牢固的型芯几乎总是由于滚烫金属的冲击而稍稍离位。因此，根据型芯成形的炮膛和炮管，常常和炮身外部不绝对平行；内部一些尺寸不规整的小毛病被看做是理所当然的。"①

① McNeill W H. The Pursuit of Power：Technology，Armed Force，and Society since A. D. 1000. Chicago：Universiy of Chicago Press，1982. 167

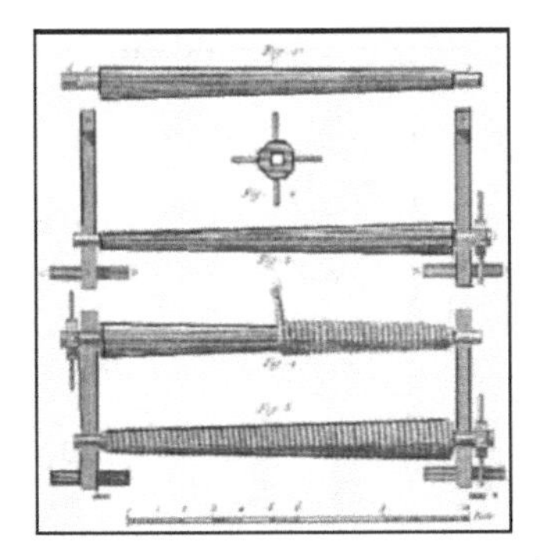

(a) 制泥范的内芯图

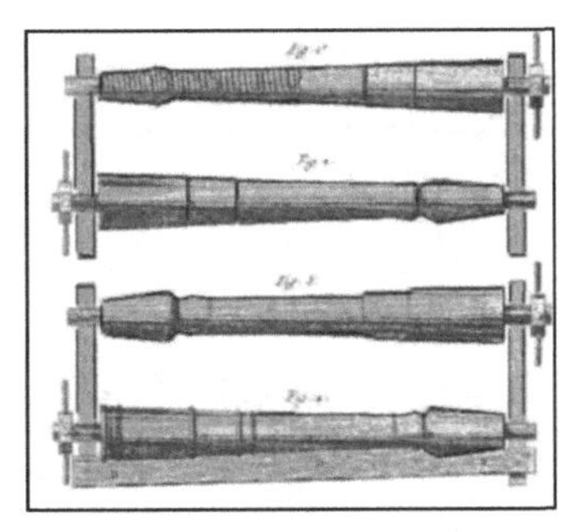

(b) 用绳、铁丝和黏土组装好泥范图

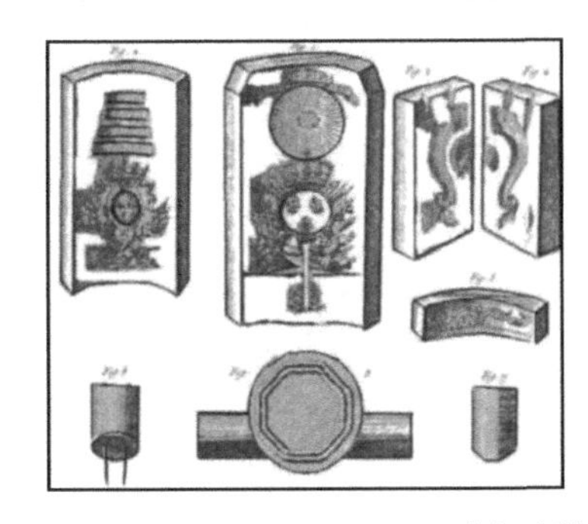

(c) 安装炮耳、饰件和把手图

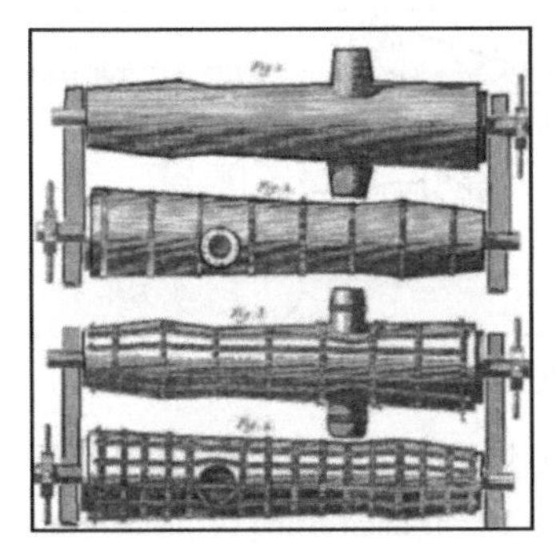

(d) 用铁丝加固泥范图

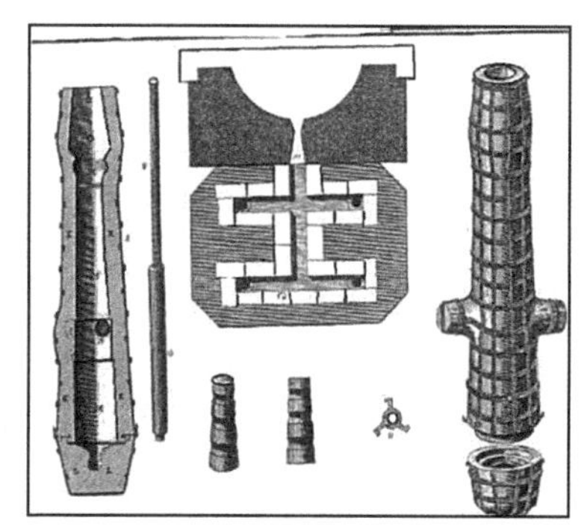

(e) 烘干泥范，在地穴槽道准备浇铸4门成型的泥模炮图

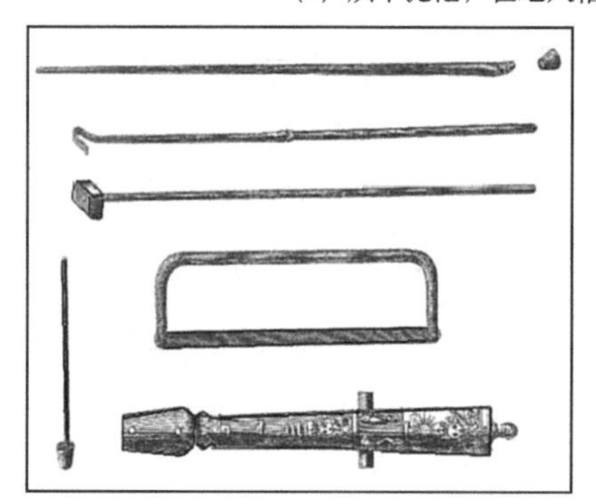

(f) 看火焰颜色，倾倒溶液，准备切除多余的冒口图

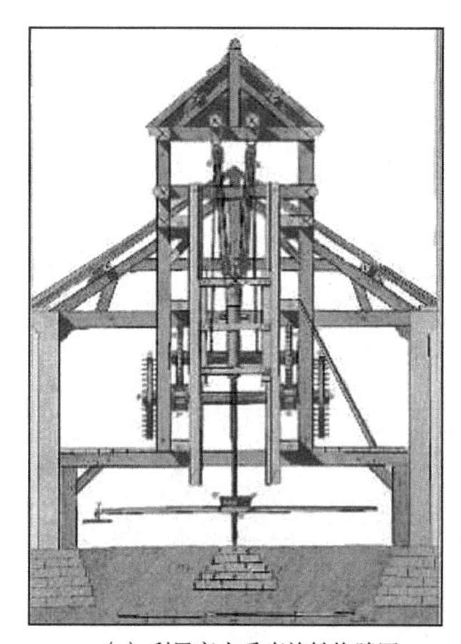

(g) 利用畜力垂直旋铣炮膛图

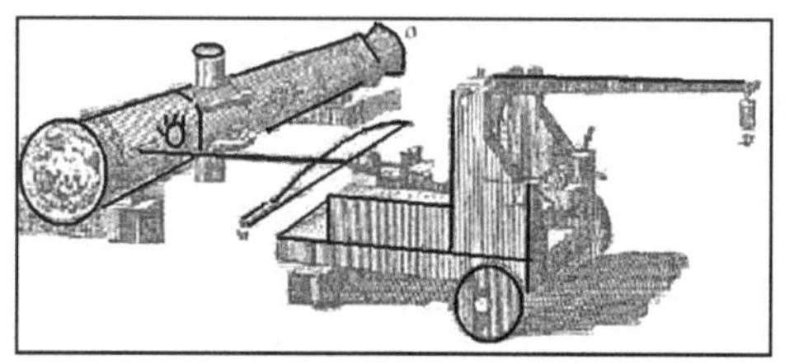

(h) 水平放置钻刀，钻出火门图

图 1.43　欧洲泥模铸炮法制内外范、安装炮耳、烘干泥范、旋膛及钻火门等图

资料来源：Ffoulkes C. The Gun-Founders of England，with a List of English and Cotinental Gun-Founders from the XIV to the XIX Centuries. London：Arms and Armour Press，1937. 19～22

2. 砂型铸炮技术和欧洲实心钻膛技术

（1）欧洲砂型铸炮技术。

砂模透气性好，可以克服泥模铸炮时的蜂窝状孔穴的缺陷，且可以成批铸造和开启钻床修整炮膛。《从早期至1850年欧洲的铸造技术及铸炮工匠》载：欧洲早在1707年就用于铸造铁锅，1758年铁器制造商 Isaac Wilkingson（1695～1784）申请了一项用砂型法铸造加农炮和气缸圆柱体之类的长管形器的专利，18世纪的最后15年内，为了简便泥模铸炮的冗长和复杂的过程，开始了砂型铸炮技术。①

《火器略说》对欧洲砂型铸炮的记载如下："西洋始亦用泥模法，虽简捷而费磨洗之工甚巨，炮之外体未免积薄，薄则不坚，每虞其炸。故近时皆以沙模。其沙须拣光细又有尖锋椎角之形。先用泥少许，以水熔化后放沙入，搅匀团练使韧，以手搓成团为度，至好之沙，熔铁搀入，而沙不熔化。若一经熔铁，而沙亦随铁俱熔，则炮身外面必粗，号数年日等，字必不明晰。凡做沙模，须先拣沙，以尖锋椎角之形为上，若粒圆而滑，模必不成。抟沙勿多，用泥练泥，多则模干之后，必至碎裂。做模须用泥和净沙，则不能相入，断难成模。作模先须做模心成一炮样，或以铜锡或以木长短大小一如炮式，分作数节，斗铆之处销一铁闩，合之为一。炮耳分作两件，用螺丝钉镶入炮身，模心用木，不如用铜锡，木样一经实模之后，难于退出。铜锡光滑易退，模心炮样必分数节，铜锡合之无隙，木样不能无空缝，且极寒盛暑木质亦随时涨缩，作铜锡模心，其样宜较长于炮少许，方可合用，因熔铁倾入炮模之时，炮身长大与模同，冷定质凝，必稍短缩，凡铁一丈，冷定后短减一粒米许。夫物受热气则体涨，感寒气则质减，此一定之理也。沙模干时比湿时亦少短。凡作沙模，必先作外模，用生铁铸成，分作数节，斗铆之处，其外起旁管，以铁闩合之为一，当炮尾二处，俱为整节，余五节中分，每节要有铁耳，以便脱卸。"②

砂型铸炮的优点在 R. F. Tylecote 著的《冶金史》（1976）说："以前铸件是用黏土范或泥砂范铸造的，这种范必须彻底烘烤或者表面烘干，很不方便。如果金属所浇入的介质含有水分，如黏土或湿砂，那么铸范的透气性必须很高，发展当灼热的金属与铸范一接触，生成的蒸汽就会影响金属，使之变成疏松状。18世纪以前，在泥砂混合料中大量使用黏土，这降低了透气性，因此必须进行干燥和烘烤把极大部分水分驱除掉。若采用黏土低达5%～10%的天然砂，并把砂弄湿，就

① Kennard A N. Gunfounding and Gunfounders：A Directory of Cannon Founders from Earliest Times to 1850. London：Arms and Armour Press，1986. 159

② ［清］王韬．火器略说．黄达权口译．见：刘鲁民主编，中国兵书集成编委会编．中国兵书集成（第48册）．北京：解放军出版社；沈阳：辽沈书社．1993. 26

能使它具有足够的强度和透气性，可不费事地把铁水直接浇入湿砂范中，浇铸实心炮，然后用大功率的钻孔机钻出炮膛，疏松区可彻底地排除。”①

（2）欧洲实心钻膛技术。

18世纪末，欧洲铸造实心枪炮技术随卧式钻孔镗床一起被引入英国及欧洲大陆的铸造厂。今国人编的《世界全史》载：英国机械师莫利兹二世的后代在1794年发明了车床上的移动刀架，于1797年制成了安放在铁底座上带有移动刀架的车床。莫利兹在工程实践的特点包括：精确平直平面的加工、滑动刀架的使用、全金属结构的采用以及精密丝杠的加工。他把原来用手握持的刀具安装在机架上并使之沿着车床的中心轴线平行滑动，这种自动刀架车床可以方便、迅速、准确地加工直线、平面、圆柱形、圆锥形等多种几何形状的部件，使车床真正成为机器制造业自身的工作机。②《从早期至1850年欧洲的铸造技术及铸炮工匠》载：实心钻膛技术的发明与让·莫利兹（Johann Maritz，1680～1743）有关，他用铸实心铸件的方法代替传统的由型芯和外范铸造空心铸件的方法，时间大致在1714年。接着他引进了3英尺高的卧式钻孔镗床（Maritz's horizontal cannon-boring machinery），炮体围绕钻头转，膛床水平旋膛代替原先的垂直旋膛模式，此铸炮方法在1773年以后被许多英国铸炮厂和欧洲大陆国家所采用。使用卧式镗床代替竖式的镗床，用枪炮铸件转动代替转动的钻头，此技术可使炮管加工得更准确，火炮的游隙（windage，指炮管内径与弹径的差值）达到炮弹直径的1/20，炮管更坚固，也使旧有的泥模铸炮技术显得过时。钻孔机起初靠马力和水轮机驱动，后在18世纪末期的最后十年改用蒸汽机驱动。③ 图1.44为炮用钻头和钻孔机钻膛时的情景图。

《竞逐富强》对实心钻膛历史的说明：“1734年在里昂受雇于法国人的瑞士工程师兼铸炮匠让·莫利兹改变了这一状况。他发现，如果先将大炮铸成一块实心金属，然后钻出炮管，那么，造出的炮就可能远比旧炮准确一致。制造一架比以往任何旧机器更大、更稳定而且力量大得多的钻空机花了莫利兹许多时间；同时，由于他极力为新方法保密，关于他成功的确切时间和成功的程度，都没有明确记载。不过，到18世纪50年代，他的儿子和继承人——也叫让·莫利兹（1711～1790）进一步完善钻孔机。1755年，他成了所有铸工和锻工车间的监察主任，奉命在法国所有的皇家兵工厂安装他的钻空机（莫利兹的机器钻炮膛，秘密在于整个火炮保持一个稳定的压力，让火炮利用自重绕钻刀旋转，齿轮逐渐向前推进，以不损坏炮膛的精确性）。欧洲其他国家很快对之发生了兴趣，到18世纪60年代

① Tylecote R F. A History of Metallurgy. London：Mid-Country Press，1976. 125～126

② 史仲文，胡晓林．世界全史．北京：中国国际广播出版社，1996. 193

③ Kennard A N. Gunfounding and Gunfounders：A Directory of Cannon Founders from Earliest Times to 1850. London：Arms and Armour Press，1986. 1～24，155，159

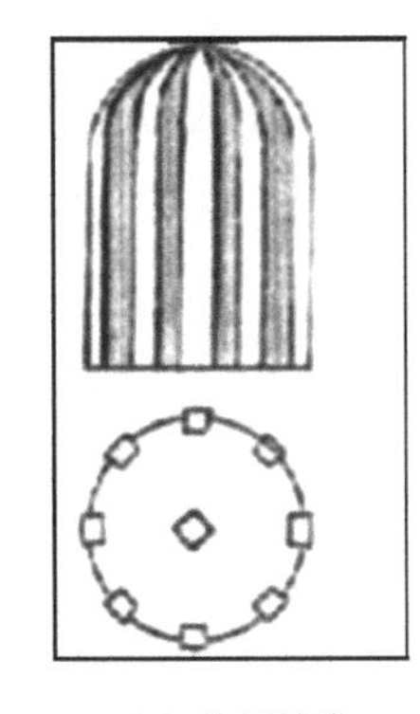

(a) 炮用钻头

(b) 欧洲钻孔机在钻床上利用蒸汽机驱动钻炮膛的情景

图 1.44　欧洲实心钻炮膛的情景图

资料来源：(a) Ffoulkes C. The Gun-Founders of England, with a list of English and Continental Gun-Founders from the XIV to the XIX Centuries. London: Arms and Armour Press, 1937. 18; (b) McNeill W H. The Pursuit of Power: Technology, Armed Force, and Society Since A D 1000. Chicago: University of Chicago Press, 1982. 168

这项新技术远传至俄国。1774 年约翰·威尔金森在英国建立起一架类似的机器(威尔金森的大炮镗床提高了瓦特蒸汽机的效率，因为这种镗床提高了活塞和汽缸之间的密合度)。笔直和一致的炮膛有极大的优越性。炮膛始终准确一致，炮手们就无须掌握各门炮的变化莫测的特性，而且可以指望炮弹不断击中目标。炮膛中心定位准确，爆炸点四周的炮筒强度和厚度相同，大炮就更安全。更重要的是，大炮可以造得更轻、更容易操纵，而又不减少威力。之所以有这些优点，主要是由于钻出来的炮管里的炮弹和炮管结合紧密得多；而在以前，一般认为那是不安全的，因为铸模的差异造成各门大炮的内壁不规整，这就需要在炮弹和炮管之间留出充裕空间‘游隙’，以避免灾难性的阻塞。减少了游隙，用少量的火药即可更快地使炮弹加速，而以前则有更多的膨胀气体从炮弹四周逸出。这样，即使在炮筒缩短的情况下，减量的火药仍然可以做等量的功。况且火药减量又可令人安全地减少爆炸发生处——弹膛周围金属的厚度。炮筒缩短，炮壁厚度减少，大炮重量就减轻，移动就更容易，产生反冲力后恢复到射击位置也更快。一切都取决于制造的精确程度以及武器样品的测试，以确定炮筒可以缩短到什么程度，炮壁厚度可以减少到什么限度，才可以既确保安全，又能达到理想的速度和炮弹的发射力。”[①] 图 1.44 右为该书的附图。

实心钻膛造炮法比泥模造炮法的质量要好。《1700 年全球火器史》载：“18 世纪的加农炮的设计与以前相比改变很少，但在质量上已得到了显著的提高。1715 年瑞士的莫利兹引进了新的造炮技术：先将火炮浇注成实心的，再用水平钻孔机

① McNeill W H. The Pursuit of Power: Technology, Armed Force, and Society since A. D. 1000. Chicago: University of Chicago Press, 1982. 167, 168

钻出炮膛，这可使炮膛直径更大，也提高了可靠性和精确性，大的炮膛意味着使用金属更少，也使火炮造得更轻和增加其机动性。莫利兹的儿子负责法国皇家兵工厂的铸炮任务，他在法国所有的皇家兵工厂安装了钻孔机，此种技术不久传遍了整个欧洲。"①《1763～1815 年间的工程革命》载："法国炮兵总监 Jean Baptiste Vacquette de Gribeauval（格里博弗尔，1715～1789）的改革的核心是在新的野战炮上。此炮比先前攻城炮小和轻，利用莫利兹的钻孔技术生产。瑞士人莫利兹家族在法国东北部城市斯特拉斯堡、杜阿拉、里昂铸造厂里制造的火炮主宰了 18 世纪中期法国火炮的生产。先前，每一门火炮利用独自的泥模，围绕型心铸造出来，尔后用垂直的巨大的旋刀加工炮膛。现在（1740 年）的火炮被铸成实心，尔后利用莫利兹水平镗床钻出炮膛（见图 1.45，在石头台基车床上加工一门 12 磅弹炮膛的情景，格里博弗尔在 18 世纪 60 年代采用，此机器要求火炮被铸成实心，炮膛精确，火炮围绕钻刀旋转），此法可使火炮游隙值减少一半和提高射击精度。由于许多火炮能在同一砂型模子里铸造，不同的火炮可能在不同的模子里完成。它也意味着能同时开启钻床去修整炮膛，这有利于安置支撑火炮的两个炮耳的精确性。同时，所有这些变化排除了法国人瓦利叶（Valliere，1677～1759）火炮式的装饰，技术变迁已使个性化制造火炮技术变得毫无必要。

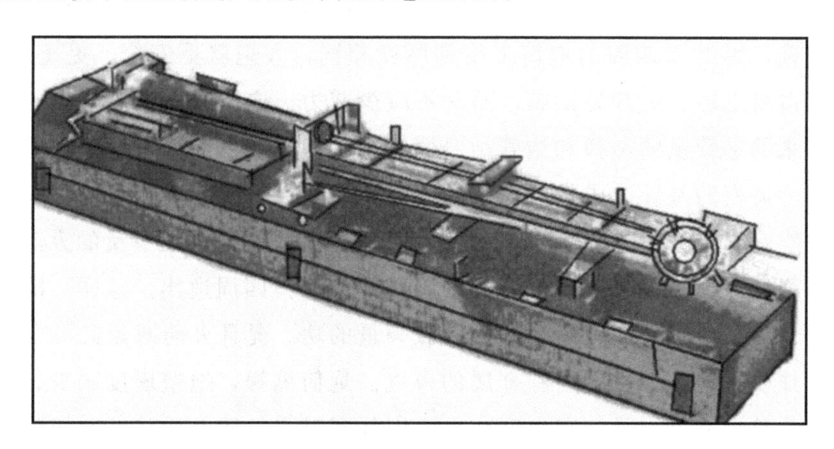

图 1.45　瑞士人莫利兹发明的炮用水平钻孔机钻炮膛时的情景

资料来源：Alder K. Engineering the Revolution：Arms and Enlightenment in France，1763～1815. Princeton，N J：Princeton University Press，1997. 41，42

以上几则史料探讨了实心钻膛法的优点：认为此种方法可使炮膛直径更大，提高了可靠性和精确性，同样体积的大炮，大的炮膛意味着使用金属更少，也使火炮造得更轻和增加其机动性。此法可使火炮游隙值减少一半和提高射击精度。

清人对欧洲实心钻膛造炮技术的叙述见《演炮图说辑要》："其铸炮之法，

① Chase K. Firearms：A Global History to 1700. Cambridge：Cambridge University Press，2003. 201

大略有二：一系短炮，熟铁铸就，然后规膛口；一系长炮，用生铁浇就，其铁锻炼极净，用蜡制成一炮，内外用细土封塞，俟干用火烧去蜡油，以成炮模，然后一气倾铸，故光滑无痕迹。倾铸之时，将铁水数十锅同时倾入一沟流入，炮模得一律纯熟，不致炸坏。铸就之时，再用钢刀规圆炮腹，其定模尺寸各有度数，不拘头尾周径、炮耳、后蒂、膛口内外尺寸，各照配合铸就，后必择地将炮入药弹，演试一出，如照常用弹十八斤，配药六斤，欲试之必用药十二斤。令铸匠亲自演试不炸者，方敢用之，至耳火腹多生锈，剥蚀已浮，则弃而不用，故夷炮不闻炸裂。”① 《火器略说》：“炮身铸成，取出放置车床，车床一头有四方小箱一，四面皆有螺丝将炮尾嵌入，用螺丝旋紧，放炮务须极正，车床近炮口之位有大铜圈一，运动火机，使炮身自转，其转须依中心线，不可稍有偏倚，先用纯钢利锯将炮头无用之铁截去，凡截铜炮可用人力，截铁炮必用火机，或藉水势人力，则断不能施也。既截炮头，然后去锯，用钻须炮身自转，而钻铁不转，则钻铁逼入，乃能得力得势，车床钻炮之式如下：甲巳为钻杆，乙为有齿铁杆，钻杆须嵌入有齿铁杆，则与上轮相比而行，庚为有齿之轮，丁为轮头，四周有孔，戊为铁棍，插入轮头之孔，辛为杈，使有齿之轮转动，逼钻入炮，钻杆较炮心之孔稍小，以便能出铁屑，钻杆近尾数寸宜稍增大，其式如图：钻杆有槽在心，即藏钻嘴之所，钻嘴须用坚钢所造，其用宜分三等。初用细于炮口少许，次用大与炮膛相同，以光滑其里，最后用圆头钻嘴使炮底药膛十分圆滑。如炮身外面或稍有粗滞之处，则用钢刨，刨其四周，炮之火门可用手钻钻开。”② 图 1.46 为欧洲铁炮钻膛图。

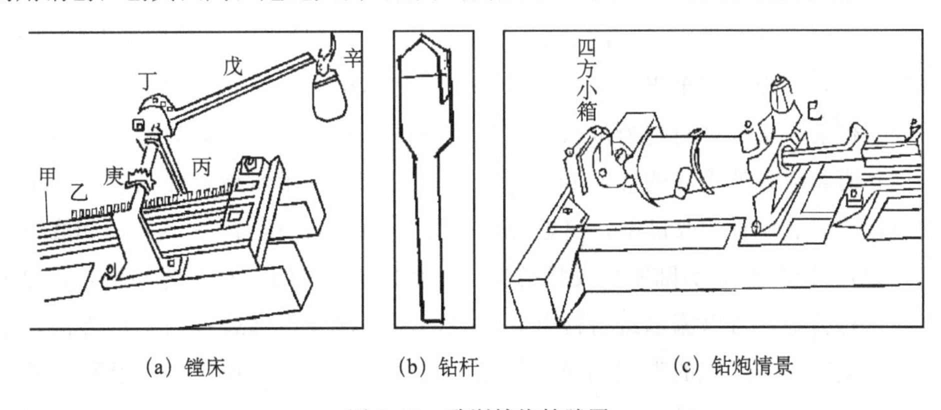

(a) 镗床　　(b) 钻杆　　(c) 钻炮情景

图 1.46　欧洲铁炮钻膛图

资料来源：[清] 王韬．火器略说．黄达权口译．见：刘鲁民主编，中国兵书集成编委会编．中国兵书集成第 48 册．北京：解放军出版社；沈阳：辽沈书社，1993. 33～35

① [清] 丁拱辰．演炮图说辑要（卷 3）．中国国家图书馆藏书，1843. 12

② [清] 王韬．火器略说．黄达权口译．见：刘鲁民主编，中国兵书集成编委会编．中国兵书集成第 48 册．北京：解放军出版社；沈阳：辽沈书社，1993. 33～35

鸦片战争时期，清人对英军火炮制作工艺多表赞许态度。《鸦片战争档案史料》载：道光二十二年（1842）十月初九日，台湾镇总兵达洪阿（？～1854）奏：道臣安徽桐城人姚莹（1785～1853）等人本月初三日亲上英船，“详观其舟，约长二十丈，宽四五丈，两艘各有铜炮八门，炮长仅四尺许，腹围宽约五尺许，炮口围宽二尺许，膛口内外光泽殊甚，进退有机，不以人力，亦用自来火。”[①]《海国图志》对此称赞道：“西人铸炮用炮之法，极尽精微，不同于中华之草率。”[②]

欧洲铸造复合层铁炮的史实，是19世纪50年代的事了。今美国人J. Helfers著的《美国海军》中说：“达尔格仑（注：美国海军少将，1809～1870）的实验包括首次测量了炮管内的压力以及试验将炮弹打在装甲板上。他的研究导致了一种全新的火炮设计。达尔格仑改变了火药的装填量，以最小的火炮压力取得最大的炮弹速度，同时还增加了这种新型火炮的射程和火力。形状像汽水瓶的炮管被铸成一个整体，然后在特定的条件下从外部对其进行冷却。达尔格仑把每一件事情都计算到非常精确的程度，从炸药配料和火药的放置到如何装填炮弹，每一个细节都不放过。这种新型的无膛线炮能够打得更远，其威力比任何其他炮都要大。美国海军于1850年采用了达尔格仑炮并于1856年将其装备到所有的舰船上。”[③]

《世界近代海战史》说：英国在“19世纪40～50年代首先朝着使炮管更加坚固方面改进。由于铸铁炮管在加大火药时很容易炸碎并危及炮手的安全，埃里克森所设计的‘普林斯顿’号的火炮炮尾上便加固了熟铁箍（注：瑞典发明家，1842年为美国海军建造了第一艘螺旋桨军舰‘普林斯顿’号，也是第一艘将轮机安放在水线以下的军舰）。50年代初一名美国海军军官设计了一种瓶子形的舰炮，炮尾管很粗，至炮口逐渐形成锥形，被称为‘达尔格仑’炮。这种炮曾被美国海军采用，但后来又被套筒炮所取代。最先由美国所制造，这种炮的炮筒由两根或两根同轴管组成，外管趁灼热时套在内管上，冷却后就紧紧地箍住内管。后来英国又设计出了套筒管的改进型，使炮管能承受更大的射击压力。”[④]《武器和战争的演变》说：“1860年，美陆军少校托马斯丁·罗德曼，发明了空心铸件工艺，即围绕型芯进行铸炮，再以流水进行冷却，这是一个使炮膛内部先行硬化的方法，是早套筒炮实验合乎逻辑的发展结果。外层金属冷却时向内缩拢，向已经硬化的内层继续加压。这样，发射药的爆炸力就为炮膛四周的整个厚金属层所吸收，而不是层层向外扩张。空心铸件工艺曾应用于制造达尔格伦炮。”[⑤]

---

① 中国第一历史档案馆．鸦片战争档案史料（Ⅵ）．天津：天津古籍出版社，1992.435
② ［清］魏源．海国图志（卷88）．中华用炮变通转移法．2000.1309
③ ［美］赫尔弗斯．美国海军．高婧译．南京：南京出版社，2004.15
④ 丁朝弼．世界近代海战史．北京：海洋出版社，1994.170
⑤ ［美］杜普伊TN．武器和战争的演变．严瑞池，李志兴等译．北京：军事科学出版社，1985.231

小结

鸦片战争时期，清朝火器界仍是用封建的手工生产方式和传统的泥模铸炮工艺制造火炮，加工采用铁帚、铁锤等工具，利用人力或畜力加工，生产效率低，制作加工精度不高，火炮内外表面粗糙。此时期清军火炮制作也有一定改进，一是早于欧洲约32年的铁模铸炮法的采用，但仅限于部分新铸的铁炮使用，二是复合层铁炮的制造，但在鸦片战争时期未得到广泛推行。英国利用泥模铸炮一直持续到1770年以后，18世纪以后，英国造炮已进入到机器制造机器的时代。如采用了砂型铸炮，钻孔机实心钻膛技术、钻杆驱动力为人力、马力、蒸汽机等，大大提高了生产效率。英国的铸炮质量和加工精度远远超过清军铁炮。

第四节　中英火炮的炮弹技术

火炮的威力如何，能否击远，除了炮筒制造是否合理外，与炮弹的制造关系甚大。狭义上讲，炮用弹药即指炮弹。炮弹一般是指口径等于或大于2厘米，利用火炮将其发射至对方，以完成毁伤作用或其他战术目的的弹药总称。通常由引信、弹丸、药筒（药包）、发射药及点火具等组成，除金属药筒外，其他部分只供火炮一次使用。自从金属管形火器出现以后至19世纪中叶，中国和西方都发展使用了三种炮弹，即球形实心弹、霰弹和空心爆炸弹。至鸦片战争之时，霰弹和爆炸弹有一个共同的缺点，大多使用短管火炮发射，不能被用来打击远距离目标，再加上成本和技术上的安全性等原因，它们都不曾动摇球形实心弹在战场上的统治地位。如恩格斯在1857年的著作《爆炸弹》中说：欧洲“从14世纪初起就用火炮发射爆炸弹和燃烧弹，但是空心弹由于价格昂贵和不易制造而长期未得到广泛采用。只是从17世纪中叶起，它才成为攻城炮的重要组成部分。”①

一、清军火炮的炮弹技术

此时期的清军炮弹种类从材质看，分石弹、生铁弹、铅弹和熟铁弹四种。从外形来看，分圆球形和长体形两种。从性能来看，分实心和空心爆炸弹两种。

1）清军火炮发射石弹的记载。此材质取料容易，但常不规整，易增加炮膛内径和弹体之间的游隙值，炮弹出速无力，且易对炮膛造成损害，其性能在炮弹种

① 恩格斯．爆炸弹．见：马克思，恩格斯．马克思恩格斯全集（第十四卷）．中共中央马克思恩格斯列宁斯大林著作编译局编译．北京：人民出版社，1995．145

类中为最差。此问题应归咎于清廷政治腐败、军备废弛、财政困难等综合原因，军士只有拿石弹应付差使。英军对清军石弹的记载，刊发于 1841 年 9 月的《中国丛报》：1841 年 7 月 5 日的中英第一次定海之战，英军看到，最引人注目的是那些炮座非常大的大炮，炮口上塞满了石头和弹丸。[①]

2）中国传统型火炮如神机炮、神枢炮多用铅丸炮弹。这里的铅弹、铁弹一般可以混用。西洋加农炮型的红夷炮，其炮弹铅铁弹子皆用。《鸦片战争档案史料》载：道光二十年（1840）十二月二十四日，山海关副都统扎拉芬泰奏：山海关“至备红夷子母炮二十三位，鸟枪二百杆，奴才衙门现有应用火炮子一万二千有奇，铅子五万四千余粒，只存火药八百多斤。”[②] 大口径火炮需用铁弹而不用铅弹。因为铅虽有熔点低，杀伤力大，铸造与修复容易的优点，但其操演日多，屡经火炙，易于炸裂，且较铁弹为软，磕碰、挤压会出现凹凸不平，打放时常常需缠裹棉布，密封炮膛，影响射程。不过，铅比铁的比重大，价值高，同样重的炮弹，铅弹的形体要小些，因此炮口径及各部尺寸都可相应缩小，有利于火炮的轻便化。同理，同直径的铁弹与铜包铅弹相比，铜包铅弹斤两要重，打击力自然要比铁弹大得多。如《嘉庆大清会典事例》卷 687《工部·军火》载：乾隆三十三年（1768），“京城所有炮子，纯铁者仅重一斤八两，其铜包铅子，虽大小一样而分两重至二斤八两。若川省三斤以上炮子，原系纯铁，则依铜包铅法制造，分两自可更重。”鸦片战争时期，关于清军使用铅丸的记载，见《鸦片战争档案史料》：道光二十二年（1842）六月十九日，钦差大臣塞尚阿奏：“由京运赴天津之神机、神枢炮位二百门，需用铅丸，每丸重五钱，每出八十丸，每炮以三十出为度，共需四十八万丸，计重一万五千斤。现在天津赶办不及，应请饬下工部照数支给，迅速解赴天津，以备应用。”[③]

3）清军火炮主要发射斤两偏小的球形实心铁弹。其用法是炮手利用“打水漂”的原理，让它在平地上弹跳，高速横扫敌方的密集纵列，它攻击的效果取决于炮弹的反弹、碾压和撞击效果。清军炮体庞大，生铁材质的球形实心炮弹却很小，一般重则 1.5～15 公斤，而英军木帆船的甲板和舷侧板一般是按照能够抵抗最重的 68 磅实心弹的冲击设计制造的，故在战争中常有“碰回”之说。如《鸦片战争档案史料》载：道光二十二年（1842）五月十一日，两江总督牛鉴奏：陈化成督战时，“连用大炮击中火轮船三后只艄，提臣以为可以沉没，阅时竟然无恙，后又击断大船高桅一段，亦竟无恙。我兵用炮击中大船正身，反将炮子碰回，毙我守炮之兵。”[④]

---

① 转引：广东省人民政府文史研究馆．鸦片战争与林则徐史料选译．广州：广东人民出版社，1986.188

② 中国第一历史档案馆．鸦片战争档案史料（Ⅱ）．天津：天津古籍出版社，1992.755

③ 中国第一历史档案馆．鸦片战争档案史料（Ⅴ）．天津：天津古籍出版社，1992.729

④ 中国第一历史档案馆．鸦片战争档案史料（Ⅴ）．天津：天津古籍出版社，1992.430

鸦片战争前后，清朝也曾制造了一些特大型的红夷巨炮，最大炮弹有如西方的68磅炮弹和80磅炮弹，不过数量不多。表1.11为戴志恭等撰的《镇江圌山关江防炮台遗址与出土炮弹考述》附的铸铁球形实心弹的斤两。

表1.11　鸦片战争时期江苏镇江湍山关江防炮台遗址出土的炮弹

型号	炮弹直径/厘米	炮弹重量/英磅	特征
最大	22.5	约80	生铁合模浇铸，中部有一周微凸起的合范线
中型	11.5	约10	
小型	8.5	约4	

资料来源：戴志恭．镇江湍山关江防炮台遗址与出土炮弹考述．中国历史博物馆馆刊，1984，(6)

炮位及炮弹需要保护，否则影响其性能的发挥。清人对铁炮生锈需要保护的状况是知道一二的。如《演炮图说辑要》载："炮为久远之器，不特用兵之时，须不时照顾，即戢兵之后，更宜珍重各营炮，或安于台上，或安于船中，或贮于军局，均须用沥青和乌烟饰之，引门用铅片盖密，膛口用木盖塞之，庶不受湿生锈。若戢兵之后，将膛口用蜡封密，使外气不入，每年春秋二季，用沥青饰之，永不生锈。而炮位之当逐一用蔑帆遮护，炮架不为风日所损，而炮弹亦须用油饰之，方不生锈。戢兵之后，虽已收贮军局，弹限三年，当用铁槌敲去铁锈，大炮限五年，亦当修饰一次为秒。"① 但是，清军实心生铁弹总有合范线的问题，史料对之记载较多。如《演炮图说辑要》载："炮弹之致远，全在圆正不稍偏，设若弹体有凹，其行必似旋风，鼓去而不能一直而往，或如卵行，则势难致远，空心有口者，必帆风难行，须用木塞密向者。铸弹皆用泥模，两面合之，上留一孔，倾铸不特不能浑圆，而腰间更生一线，大不合用。"②《鸦片战争档案史料》载：道光二十二年（1842）十月初一日，靖逆将军弈山等奏："旧式炮子合缝处，总有线痕一道，横亘中央，轰击时不无窒碍。现在饬匠铸造，务须磨光无线，此等名目做法，例所不载其工料价值，亦非寻常所铸炮子可比。"③ 即解决此问题的办法，就是采取人工磨光，不记工料价值，这不是寻常炮子所用的方法，故使用范围有限。

4）有关蜂窝弹在鸦片战争中的记载。清军火炮发射的蜂窝弹渊源于明末之时中国引进的欧洲红夷炮弹。其时的火器著作《火攻挈要》载：蜂窝弹："大弹一枚，带小弹碎铁碎石及药弹诸物，多寡不等。装时先以诸物装入，末用大弹压口，是名蜂窝。"④ 蜂窝弹包括与口内径吻合的圆形主弹——封门子、以及碎铁碎铅组成的群子。主弹对准所要目标，靠撞击攻坚，群子被包裹在细长的口袋里，口袋在发射的瞬间即行破碎，一群弹子形成一股巨大的弹束从炮口中飞出来。这些弹

① ［清］丁拱辰．演炮图说辑要（卷3）．中国国家图书馆藏书，1843.2

② ［清］丁拱辰．演炮图说辑要（卷3）．中国国家图书馆藏书，1843.7

③ 中国第一历史档案馆编．鸦片战争档案史料（Ⅵ）．天津：天津古籍出版社，1992.397

④ ［德］汤若望口授，［明］焦勖撰．火攻挈要．北京：中华书局，1985.16

子对生动力量（进攻的步兵和骑兵）的杀伤力是很大的。但其缺点是：其速度丧失得很快，所以只在距大炮150～500米的距离上有效。至鸦片战争时期，清军火炮发射的蜂窝弹变化不大。每门火炮除配火药外，通常配有封门子40个，群子400个。《筹海初集》载：道光十六年（1836）三月初七，关天培奏：虎门水师，“新炮五十六尊，业经每炮铸有封门子四十个，群子各四百个，即以此项留为储备。”[①] 群子、封门子统称为铁炮子，它的大小要和炮膛口径密切配合，过大则药力被闭塞，易于引起炮身炸裂。过小则药力泄气，炮弹射出无力。《鸦片战争档案史料》载：道光二十二年（1842）年六月初十，钦差大臣赛尚阿等奏：“臣等伏查前折内奏，夷船如果驶进，度我炮可及彼船，然后连环施放，以重子击其船，以窝蜂子击其人，决不可一见船影，一闻炮声，即行开炮，以致敌船逼近，转有大炮热难施之虑一条。仰蒙皇上于窝蜂子击其人句旁朱批：应再申明。……臣衲尔经额以夷船稍大者，质必坚厚，必须大炮重子方可击损，其板杉小船入则必多，船多则贼多，窝蜂炮子一发有数十枚，用此击之所伤必多，此以重子击船以窝蜂子击人之本意。”[②]

英参战军官Ouchterlong在1844年出版的《中国的战争》中说：1842年7月镇江之战，“及至敌军察觉我军先头部队，已经进抵他们炮火的目标之内，他们乃和往日一样，大声叫嚷起来，并从他们阵线的左右两边，发出圆形炮弹和葡萄弹，他们的射击的确是很敏捷的。……（英军）攀城云梯带到岸上，同时还配备着18磅弹和及32磅弹的火箭。……（英军）第55团确实将城东一些高地占领，他们又将大炮及火箭筒管安置于高地顶端以后，敌军这才发觉他们在城东方面所面临的危机，开始有所恐惧。这时，敌军乃开始向55团所占领的山上发来强烈的炮火，射出圆形炮弹及葡萄弹。”[③]

群子、封门子统称为铁炮子，封门子要和炮膛口内径密切配合，对炮弹尺寸、光洁度要求较高，需经测试。《海国图志》说：凡炮口配弹子，以九折为率。试弹之法用铜板，或纸皮规一孔周围符之（图1.47），便知圆否。又当光滑，腰间一线，宜敲平贴。[④] 今人撰文《鸦片战争虎门战场遗迹遗物调查记》中附有清军封门子和群子的铁炮弹图片（图1.48）。

5）有关清军火炮发射链弹的记载。链弹（图1.49）是用铁链或铁杆连在一起的两个半铁球，发射后铁链在飞行中会被两个铁球拉开，专门对付敌方桅杆。其历史由来已久，明末的火器著作《火攻挈要》载：“链弹，亦名鸳鸯弹。其形中分

---

① ［清］关天培．筹海初集（卷4）．台北：文海出版社，1969．677

② 中国第一历史档案馆．鸦片战争档案史料（Ⅵ）．天津：天津古籍出版社，1992.633

③ Ouchterlony J. The Chinese War：An Account of All the Operations of the British Forces from the Commencement to the Treaty of Nanking. London：Saunders and Otley，1844. 358～362

④ ［清］魏源撰，王继平等整理．海国图志．长春：时代文艺出版社，2000.1308

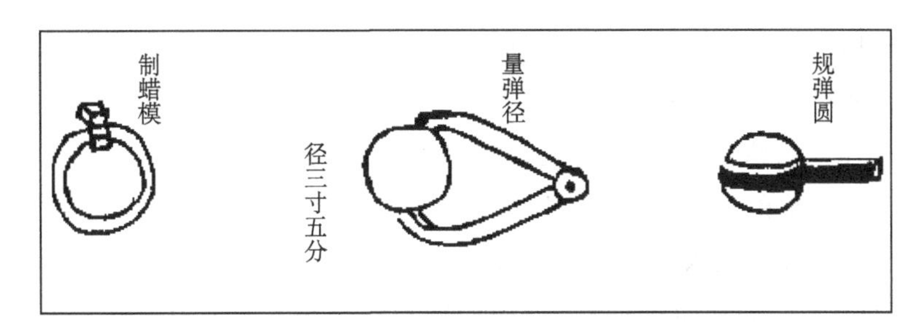

图 1.47　清军测量炮弹圆否的工具

资料来源：[清] 丁拱辰．演炮图说辑要（卷 3）．中国国家书馆藏书，1843．9

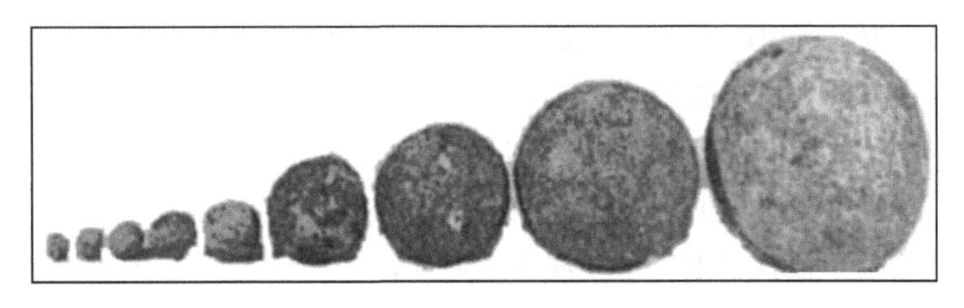

图 1.48　虎门炮台铁炮的封门子和群子

两半，弹心铸存销钉，长大各五分，如磨心相似，以便销合浑圆。弹之边际，各铸鼻。联以百炼钢条或四、五尺或七、八尺不等。放时先以钢条入口，此以铁弹合圆装入，弹出之际，两头分开，横拉往前，所过无敌。”《筹海初集》载：道光十四年（1834）年十二月，关天培上奏折说：“炮子则有封门子、群子、交杯子、担杆子之分。封门、群子用以击船打贼，担杆、交杯专用打桅，均宜添备各营师船。”[①]

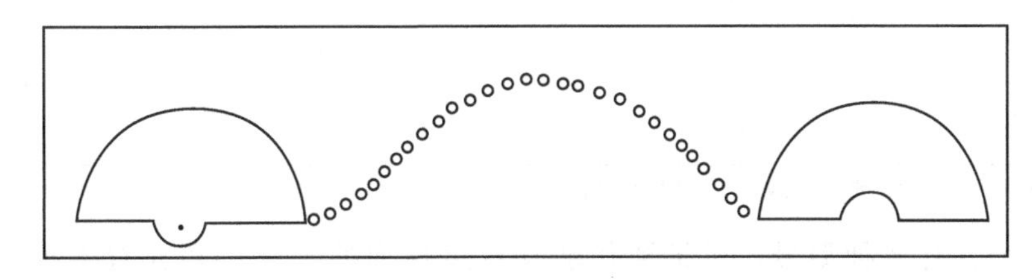

图 1.49　链弹

资料来源：[德] 汤若望口授，[明] 焦勖撰．火攻挈要．北京：中华书局 1985．16

至鸦片战争之际，清军大量使用之对敌。《英军在华作战记》载：英国宾汉对中英虎门炮战中清军的链弹的描述：“他们的铁链锁弹特别优良，乃是一个空球，切成两半，用药十八寸的锁链盘在中空部分，使半球相连紧，因此当半球拴紧在一起，以便装进去时，就像一个炮弹一样。”[②] 1840 年 4 月随军来华的英国军医麦克法森著作

---

① [清] 关天培．筹海初集（卷 1）．台北：文海出版社，1969．115

② Bingham J E. Narrative of the Expedition to China：from the Commencement of the War to Its Termination in 1842. *In*：Sketches of the Manners and Customs of That Singular and Hither to almost Unknown Country（Ⅱ）. London：Henry Colburn Publisher，1843. 61

《在华二年记》[1] 以及英参战陆军军官加里康宁（A. Cunynghame）的著作《在华作战回忆录》都有清军使用链弹的记载。[2]

6）有关清军火炮发射空心爆炸弹和仿制的英夷爆炸弹的记载。爆炸弹需先后点燃预留出的火绳和火门处火药，发射程序复杂，若偶发不出，危险系数一定很高。1488～1505 年，明人在传统爆炸性火器的基础上发明了被称为“毒火飞炮”、“击贼神击石榴炮”等早期爆炸弹，这一时间不晚于西方同期出现的开花弹。时至 17 世纪末期，中国方面开始使用“开花炮弹”。如康熙二十九年（1690）铸成的臼炮型“威远将军铜炮”，即配置了开花炮弹。《清朝文献通考》卷 194《兵考 16》详细记有“冲天炮”所用爆炸弹的有关情况：“生铁弹，重二三十斤，大如瓜，中虚仰穴，两耳铁环，其法：先置火药于铁弹内，次用螺狮转木缠火药捻入于弹内，下留药捻一二寸以达火药，上留药捻六七寸于弹外，临时施放，先点弹口火药捻，再速点火门烘药。”遗憾的是，这种炮弹出世后不久，用于实战的次数不多，就连同与之匹配的“威远将军”炮一起存贮武库，不再使用。现存北京故宫博物院的清代球形炮弹，全部是空心爆炸弹，准确地说应该叫做未装火药的铸铁弹壳。弹面中留一孔，20～40 厘米，大者旁出火门，高 20 毫米左右，便于穿插引线，另置铁耳环，以利提携，小者只有一孔穴。表 1.12 为举的四种型号的爆炸弹丸各一例。

表 1.12　清朝四种型号爆炸弹丸的重量

序号	重量/斤	直径/毫米	容量/毫升
1	33	200	2075
2	22.6	182	925
3	2.75	10.8	450
4	1.75	7.96	100

资料来源：胡建中．清代火炮．故宫博物院院刊，1986，(4)

由于弹丸有多种型号，可证清代能发射爆炸弹的火炮口径亦有多种。当然，这里爆炸弹中的火药应不同于一般的发射药，应称为炸药，即硫磺含量比通常火药的配比高些（火药与炸药在能量释放的形式上有一定的区别：火药释放能量的典型形式是爆燃，其燃速小于 340 米/秒，在亚音速范围内；炸药（explosive）释放能量的典型形式是爆轰，其爆速超过 340 米/秒，进入超音速范围。炸药在爆炸过程中能于瞬间产生几万兆帕压力的高温气体，向炸点周围迅速膨胀而做功）。中国明末火器著作《武备志·火药赋》所说的“硝性竖”而能直击的现象，是由于

① McPherson D. The War in China: Narrative of the Chinese Expedition, from Its Formation in April 1840 to the Treaty of Peace in Angust, 1842. London: Saunders and Otley, 1843. 136

② Cunynghame A. The Opium War: Being Recollections of Service in China. Philadelphia: G B Zieber & Co, 1845. 27

火药中的硝在点燃后能产生巨大的推力，将弹丸射至远方，命中目标，所以硝是火药能够直击即射远的关键。所谓“硫性横”能爆击的现象，是由于火药中的硫磺能迅速迸爆，所以硫磺是火药能够爆炸的关键。中国明末火器家苏州人何汝宾在其《兵录·火攻药性》也认为硝性竖而硫性横，同时又进一步明确提出了与现代“发射”和“爆炸”大致相当的“直击”和“爆击”两个概念。他写道：“硝性主直，硫性主横，灰性主火。性直者主直击，硝九而硫一。性横者主爆击，硝七而硫三。”《嘉庆大清会典事例》卷687《工部·军火》载：“康熙三十四年奏准，……冲天炮……所需炸药一项，与寻常火药不同，滇省匠工未能如法配合。令营造司制造炸药匠人同赴军营，以便随时修合。”《海国图志》载：“洋炮有空心弹子之法，名为炸弹，因密授匠人做法，即在臣行署，密令试铸。虚其中留一孔，此中半装火药，杂以尖利铁棱，仍将其孔塞住，纳于炮口。将孔向外，一经放出，其火力能到之处，弹子即必炸开，弹内之药，用磺较多，可以横击一二百步，其弹子炸成碎铁，于内贮之铁棱，皆可横冲直撞，穿肌即透，遇物即钻，一炮可抵十数炮之用。”①

鸦片战争时期，清军所用爆炸弹的情况。《道咸宦海见闻录》载：“炸弹不过一二里，亦不能及其船只；且炸弹有炸有不炸，或掷出而终不炸，或甫然而即炸，分寸时刻最难定准。”②《中国古代兵器图集》有鸦片战争时期清军爆炸弹的形制（图1.50）。该炮弹上有便于提携的铁纽。

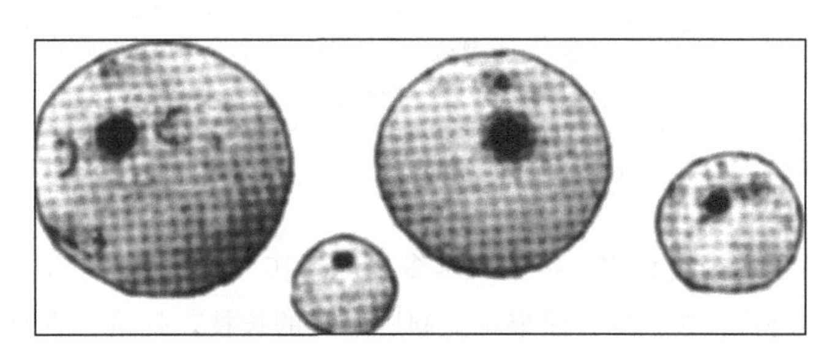

图1.50　清代球形爆炸弹

资料来源：成东，钟少异．中国古代兵器图集．北京：解放军出版社，1990.266

清军对在战争中英军使用的几种空心爆炸弹，感到非常惊奇，后来，在战争中也很快学习、模仿、试制了英夷的爆炸弹。军政大吏林则徐曾搜集过开花炮弹样式，但未及仿制就离开广州。随后广东大吏弈山、祁贡、钦差大臣裕谦、山东巡抚梁宝常和直隶总督讷尔经额等人在战争中命匠人制造了这种炮弹，详况见表1.13。

① ［清］魏源撰，王继平等整理．海国图志．长春：时代文艺出版社，2000.1285

② ［清］张集馨撰；杜春和，张秀清整理．道咸宦海见闻录．北京：中华书局，1981.30

表 1.13　鸦片战争时期清朝沿海各省清军火炮爆炸弹的概况

省份	时间	奏者	爆炸弹概况	史料出处
广东	1842 年十月一日	靖逆将军奕山等奏	查夷人所用大炮子多用通心，亦有空心者，今仿照制造，庶几模大质轻，可期攻坚致远。	鸦片战争档案史料（Ⅵ）.397
浙江	1841 年二月二十六日	钦差大臣裕谦奏	（清军）所用空心飞弹，是以将铁弹挖空，实以火药，以配合膛口之大小受药之重轻。我中土本有此法，现在福建省因新炮膛口过大，即用此弹，浙江军需局亦有之，不足为奇各缘由。明白通饬沿海地方文武官兵，以破其惑而壮其胆。……若用空心飞弹，适能如法，查空心飞弹究不若实心铁弹之力能摧坚，且英夷于攻占广东之沙角炮台时曾用此弹，亦不值再用。	鸦片战争档案史料（Ⅲ）.244
	1841 年四月一日	钦差大臣裕谦奏	奴才到浙后，改用空心飞弹试练准确，另制加工火药，按炮配准药弹，编号存贮，以备轰击缘由，明白通饬。又经督抚提臣严饬先行演试。	鸦片战争档案史料（Ⅲ）.443
江苏	1842 年六月十六日	英参战军官穆瑞	我们攻击吴淞，战舰对着炮台开火，清军的一些实心弹和爆炸弹落到了我们当中，但是没有造成伤害。①	从舟山到南京的远征
山东	1843 年五月二十九日	山东巡抚梁宝常	广东所造大炮子多用空心，模大质轻。又有将空心炮子炼成熟铁，分作两开，中纳碎铁火药，仍旧折合，无异寻常炮子。应由臣遴委细心武弁，授以做法，如式制造。所需工价多为则例所不及，应与添造炮架工料，按照时价另行核实估计报部，请于观绅捐输海疆经费内支销。	鸦片战争档案史料（Ⅶ）.186
直隶	1842 年五月二十二日	直隶总督讷尔经额	监制火箭两万枝，铸造炸炮百余个，围圆五寸，装药二斤，余同火箭，均可致远。三百数十弓箭，其平直炮至落处始行炸裂，水陆用之，均可得力。臣现将火箭分拨海口各营备用，炸炮拟届时分给水勇作为烧船之具。	鸦片战争档案史料（Ⅴ）.518

资料来源：①Murray A. Doings in China：Being in Personal Narrative of an Officer Engaged in the Late Chinese Expedition from the Recapture of Chusan in 1841，to the Peace of Nankin in 1842. London：Richard Bentley，1843. 161

不过，在战争的全过程中，清朝火炮多以球形实心铅铁弹为主，故魏源在《筹海篇》中说，当时英人在火器方面唯一能制胜于我的长技，就是“飞炮”。所谓飞炮或炸炮，指的是包括榴霰弹在内的新式爆炸弹。表 1.14 对此时期清军炮弹做了总结。

表 1.14　鸦片战争时期清军火炮使用的各类型炮弹总结

	炮弹种类	清军火炮炮弹的具体情况
清军火炮	实心弹	此类炮弹占压倒地位。一般重 1.5～5 千克，大者也不过 10 千克。也有西方的 68 磅炮弹和大于此的 80 磅炮弹，不过比例不大。从材质看，分石弹、生铁弹、铅弹和熟铁弹四种。从外形来看，分圆球形和长体形两种。
	霰弹	清军火炮发射的蜂窝弹，包括封门子和群子，统称为铁炮子。每门火炮除配火药外，通常配封门子 40 个，群子 400 个，1 门炮的弹药才算齐备。清军也试制了英夷的霰弹。
	链弹	此是专门用来对付敌方桅杆的炮弹，是用铁链或铁杆连在一起的两个铁球，发射后铁链在飞行中将会被两个铁球拉开，如果遇到桅杆就会将桅杆击断。清军也试制了英夷的链弹。
	爆炸弹	清军在战争中除了将以往发明的双点火法的开花弹技术学习、传承和用于战阵，也试制了许多英夷的炸弹。
	所占比例	清军火炮发射以实心铅铁弹为主导，其他炮弹所占比例极小。

二、英军铁炮的炮弹技术

鸦片战争时期，英军火炮使用的炮弹分类及其用法。《海国图志》载：江苏候补知府黄冕对战争之际英军的炮弹评价道：“伏查夷变以来，历见各省章奏，虎门、厦门、宝山，皆为夷船飞炮所溃。其炮弹所到，复行炸裂飞击，火光四射，我军士多望风胆裂。其实夷船亦不尽飞炮，大抵攻坚城，沉敌船，则用实心之弹。惊敌阵，溃敌众，则用空心之炸弹。而内地大炮，则惟有实心铁弹，故止能透一线，洞一孔，而无益于行阵变化之用，有正无奇，非善策也。”①

对于炮弹的类别，《英国档案》载：1841 年 11 月 3 日，斯坦利勋爵致印度管理局局长函中云：“1842 年提供在中国使用的军事补给品的性质和数量，应作某些改变。下列军火由军械署提供：6 门发射 24 磅重炮弹的铁制大炮，带有木制炮车和旋转的木制炮手站台，枢轴在前部；2 门发射 18 磅重炮弹的铁制大炮，带有可移动的炮车和前车；供这两种炮使用的每门炮各 300 枚炮弹；载运 2 门发射 18 磅重炮弹大炮和马车；供发射 24 磅重炮弹大炮使用的 200 枚霰弹火箭和 100 枚炮弹；供发射 12 磅重炮弹大炮使用的 200 枚霰弹火箭和 100 枚炮弹；供发射 6 磅重炮弹大炮使用的 200 枚霰弹火箭；供发射 3 磅重炮弹大炮使用的 100 枚霰弹火箭；供发射 1 磅重炮弹大炮使用的 100 枚霰弹火箭；供发射火箭使用的 4 个管子。因为据了解圣乔治炮台的最小口径的骑兵大炮是发射 6 磅重炮弹的大炮，所以将运去供发射 6 磅重炮弹大炮使用的 1000 枚球形开花炮弹以及弹药。”② 即鸦片战争时期，英军大炮所用炮弹重量有：24 磅、18 磅、12 磅、6 磅、3 磅、1 磅以及一些球形开花炮弹。《演炮图说辑要》载：“西洋各国用炮皆如是耳。圆弹而外又有菠萝弹及立圆铁盒弹、双运大弹、空腹火弹等法。而斤两当秤合，圆弹之重数各式，群弹之径亦照圆弹之径配合，分寸不可大。小炮皆用一律之群弹，然弹之所以能致远，皆恃其圆整不偏。……西洋战船如是用法，若击近则半用群弹，出口必散，如群鸟齐飞，发无不中。……其用弹之法，击远用大弹，近用菠萝弹，逼近用铁盒弹。……西洋用各式火弹图说。交锋对敌圆弹、菠萝弹、铁盒弹，而外又有火弹、塔弹、炸弹。”③ 即英军火炮单计有球形实心弹（圆弹、灼热圆弹）、链弹、霰弹（菠萝弹、铁筒弹、塔弹）、球形开花爆炸弹（炸弹、火弹）。

1）重量大小不等的定装球形实心弹（round cannon shot）。和清军泥模铸的炮弹不同，英军铸铁弹采用蜡模铸造，其形制规整，自然与炮膛间的游隙值降低，

---

① ［清］魏源撰，王继平等整理．海国图志．长春：时代文艺出版社，2000.1286

② 胡滨译．义律海军上校致两广总督照会．英国档案有关鸦片战争资料选译（下卷）．北京：中华书局，1993.1015

③ ［清］丁拱辰．演炮图说辑要（卷 2）．中国国家图书馆藏书，1843.16；卷 3.24

可提高炮弹的初速和杀伤力。《演炮图说辑要》载："（英炮）弹亦系蜡模铸就，其体极圆，如膛口四寸，用弹三寸九分，不拘弹之大小，必膛口总要小一分而已。如弹十二斤，用药四斤，谓之一送三。——用黄蜡规成一圆球，八面皆中规，上留一孔，然后整一小盖，用泥封护，荫干再用微火烘焙，使蜡泄出，对口倾铸，水一满用，小盖盖之，则浑圆无一线痕迹。用时犹恐有一二不能十分圆正，须用一铜板，规一空径与弹体等同，围以不偏不塞，方好用之。"①

球形实心弹的材质及其形状。《野战炮历史和原始资料》载：1815～1865 年，"此时，弹药和引信也发生了显著的进步，到 19 世纪 40 年代炮手在定装和分装弹药之间，更喜欢定装实心弹、爆炸弹、筒霰弹和榴霰弹等，因为它增加射速和简化弹药装卸程序。"②《1815 年的滑铁卢之战》载：英法在滑铁卢作战时，"所使用的圆形炮弹是用熟铁锻制而成，其比例占到了 80%。它的杀伤力依靠其弹跳，触地以后重新弹起，其高度小于 1.8 米，自然可撞击士兵和马匹。"（图 1.51）

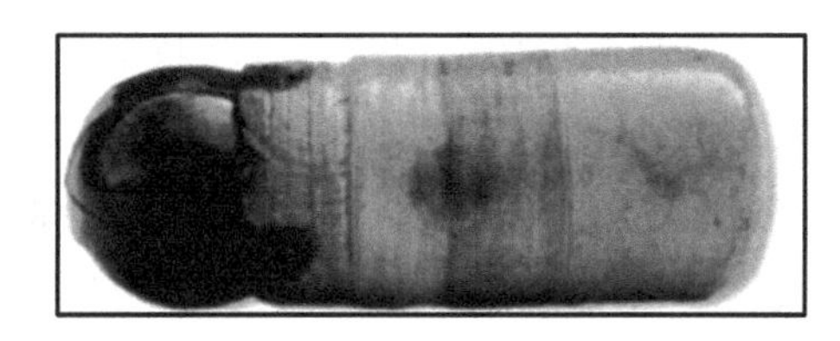

图 1.51　完整的 4 磅弹加农炮球形实心弹。此炮弹是由熟铁锻制成实心球形，直径 8.2 厘米，重 1.96 千克，每门炮弹所用的黑火药为其弹重的 1/3，即 0.65 千克。炮弹被包含在同直径的圆柱体丝质的布袋中，中间用两个细小的在其上涂有漆的木质鞋样的中空底座上固定

资料来源：Logie J. Waterloo：The Campaign of 1815. Stroud，Gloucestershire：Spellmount Ltd.，2003. 26

再如《海下 200 年沉炮的保护》考证出了英国一艘舰船在澳大利亚东海岸沉没，船上 6 门加农炮于 1970 年打捞出来，发现炮身上面有一"皇冠"标记，下面字母为"GR2"，"GR2"为英王乔治二世（1727～1760 年在位，George II）字母的缩写，证明此炮造于乔治二世统治以后（图 1.52）。在该炮附近发现有一实心球形炮弹和火药的块状凝集物，把其放一起，可判断出其为一定装炮弹。

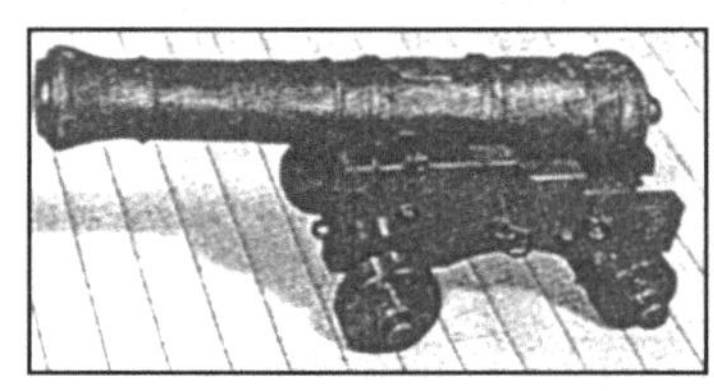

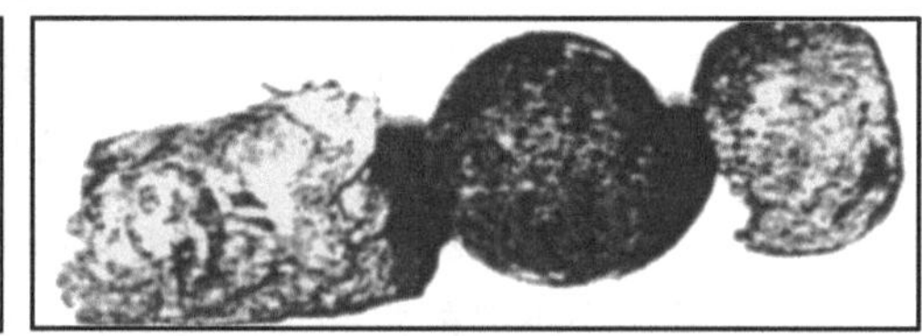

图 1.52　英国"皇冠"标记下面有字母"GR2"的 1760 年左右的铁炮

资料来源：Pearson C. The Reservation of Iron Cannon after 200 Years under the Sea. Studies in Conservation，1972，(17)：91～110

---

① ［清］丁拱辰．演炮图说辑要（卷 3）．中国国家图书馆藏书，1843. 7

② Boyd L. The Field Artillery：History and Sourcebook. Westport，Conn：Greenwood Press，1994. 29

鸦片战争之时，英军火炮发射最大 68 磅重炮子的记载。《英军在华作战记》载：1840 年 11 月 21 日，英“王后”号轮船和一只悬挂着白旗的木船向清军的沙角炮台投递公文，欲送至刚到达广州的清方军政大吏琦善。英军曾经发射重达 68 磅的炮弹，报复向插有白旗的英方船只射击的沙角炮台，据说这种炮弹被送交广州当局官员们参观时，他们见弹形之大，无不为之“嘿呦”①。《英军在华作战记》载：道光二十一年（1841）九月二十九日，英军再次攻陷定海时，占据城南五奎山，构筑了“一座可以安置一门可放 68 磅弹和 2 门可放 24 磅弹的臼炮的炮台。”②

2）灼热的实心弹。一个球形实心弹被加热到高温，发射到木质舰船上，击穿舰体，其碎片可使战船燃烧。G. G. Lepage 著的《西欧中世纪的军队与武器》载：“15～19 世纪中期的球形实心弹发射时，可以在火炉中将其加热，尔后用钳子将之放进炮筒里。它制作的意图是希望落进敌人堡垒或战船里的火药库而引起爆炸。”③《武器与战争的演变》说：“美国独立战争时期，……英国在技术上素有突出的创造性，……一项技术是向木制的敌舰发射炽热的加农炮弹，英国于 1782 年在直布罗陀海峡海战中采用了这种技术。这种炮弹极易燃烧，命中目标也比较精确，与过去效果没有把握的漂浮式火攻船和火攻筏相比，确是一项很大的改进。”④恩格斯在成书于 1858 年的著作《燃烧弹》中说：“一个铸造的金属球被加热后就具有纵火能力，在加热的炮弹与火药之间放置浸湿的毡垫，就能够发射这样的抛射物而不会让它过早地引燃火药。”⑤

鸦片战争时期，英蒸汽轮船“硫磺”号参加了 1841 年 2 月 27 日的虎门之战，使用的炮弹就有灼热的实心弹。《英战舰“硫磺”号 1836～1842 年间环游世界航行纪事》载：“‘硫磺’号停在前面，帮助其他蒸汽船，并考察一些灼热的实心弹的杀伤效果。”⑥

3）链弹（chain shot）。发射特殊的物品可以将绳索、风帆和人击成碎片，这

---

① Bingham J E. Narrative of the Expedition to China，from the Commencement of the War to Its Termination in 1842. *In*：Sketches of the Manners and Customs of That Singular and Hither to almost Unknown Country（Ⅱ）. London：Henry Colburn Publisher，1843. 240

② Bingham J E. Narrative of the Expedition to China，from the Commencement of the War to Its Termination in 1842. *In*：Sketches of the Manners and Customs of That Singular and Hither to almost Unknown Country（Ⅱ）. London：Henry Colburn Publisher，1843. 257

③ Lepage G G. Medieval Armies and Weapons in Western Europe：An Illustrated History. Jefferson，NC：McFarland & Company Inc，2005. 251

④ ［美］杜普伊 T N. 武器和战争的演变．严瑞池，李志兴等译．北京：军事科学出版社，1985. 215

⑤ 恩格斯．燃烧弹．见：马克思，恩格斯．马克思恩格斯全集（第十四卷）. 中共中央马克思恩格斯列宁斯大林著作编译局编译．北京：人民出版社，1995. 251

⑥ Belcher E. Narrative of A Voyage Round the World：Performed in Her Majesty's Ship Sulphur，during the Years 1836-1842，including Details of the Naval Operations in China from Dec 1840 to Nov 1841（Vol Ⅱ）. London：Henry Colburn Publisher，1843. 155

在后来的射术中被称为“致残性射击”。石头弹丸可以破碎成致命的碎片，而铁质弹丸能够射得更远，制造起来也更简便便宜。横杆炮弹和锁链炮弹在发射时旋转着击中目标，在近距离上可以撕裂船帆，从而降低敌舰的机动性能。恩格斯在脱稿于1857年的著作《炮兵》中说：“大约在1600年，……大约在同一时期，还有一项重要的发明，即链式霰弹和普通霰弹的发明。而能用来发射空心弹的野炮，也是在这一时期制造出来的。”① 《世界武器图典·公元前5000年～公元21世纪》载有欧洲几种链弹图。（图1.53）

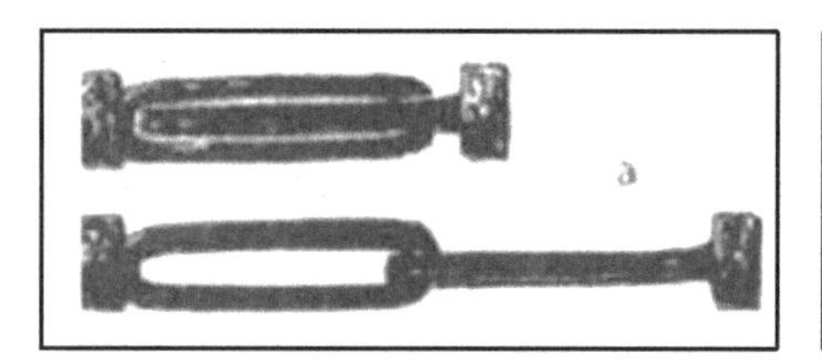

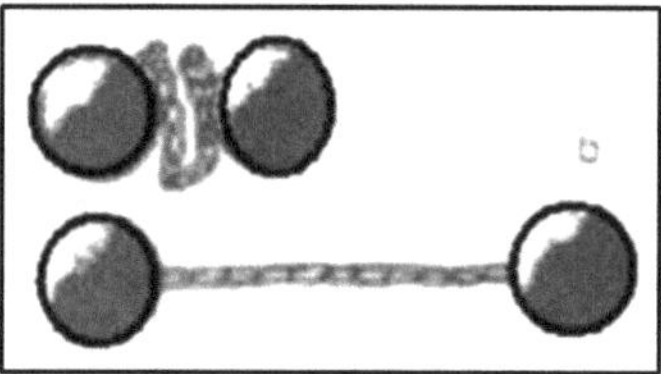

图1.53　欧洲17～19世纪中叶的三种链弹

资料来源：[美]戴尔格兰姆专业小组．世界武器图典．公元前5000年～公元21世纪．刘军，董强译．合肥：安徽人民出版社，2008．173

《演炮图说辑要》称链弹为并蒂弹、双运之弹（图1.54），发出两头旋转，桅绳被碍，无不折断。

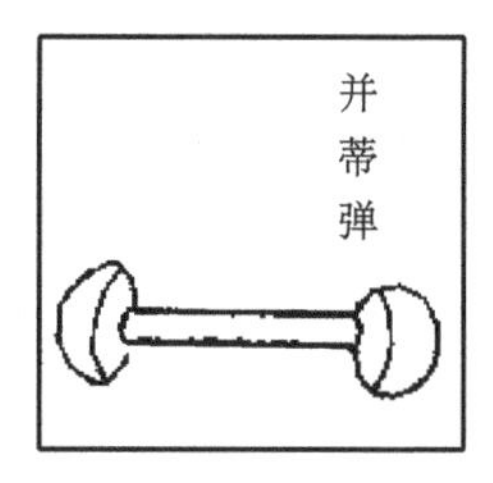

图1.54　鸦片战争时期的英军链弹（并蒂弹）

资料来源：[清]丁拱辰．演炮图说辑要（卷3）．中国国家图书馆藏书，1843．9

英军所用链弹在《鸦片战争档案史料》载：道光二十二年（1842）七月十一日，扬威将军奕经进呈英人军械单中记载：清军缴获英军炮弹有，“子母炮弹二个，响弹一个，炸炮弹两个，九连炮弹二个。”② 这里的九连炮弹应是链弹。《鸦片战争档案史料》载：道光二十二年（1842）年十月一日，靖逆将军弈山等奏：“查夷人所用大炮子多用空心，亦有空心者，今仿照制造，庶几模大质轻，可期攻坚致远。又将空心炮子，分作两半，炼成熟铁，中系铁链，约长尺许，用时将铁链

① 恩格斯．炮兵．见：马克思，恩格斯．马克思恩格斯全集（第十四卷）．中共中央马克思恩格斯列宁斯大林著作编译局编译．北京：人民出版社，1995．251

② 中国第一历史档案馆．鸦片战争档案史料（Ⅵ）．天津：天津古籍出版社，1992．68

收入空心，仍旧折合，无异寻常炮子。一经轰击出口，则两半飞舞，形如蝴蝶，击中夷船桅索，即行钩挂焚烧，名为蝴蝶炮子。”①

4）霰弹。恩格斯在1858年的著作《霰弹》中说：“霰弹——装入圆柱形白铁弹壳中的一系列由锻铁制成的球形弹丸。供野炮使用的弹丸通常是一层一层地装的，但大多数攻城炮和海军炮使用的弹丸只是倒入圆筒，装满以后把盖板焊接上。在圆筒底部和装药之间插放木弹座。弹丸的重量根据炮的类型和各国军队规定的标准而有所不同。英国人在重型海军炮上使用的是重量为8盎司至3磅的弹丸；在9磅野炮上使用的是重量为1.5盎司和5盎司的弹丸；而且用这种炮发射1次，圆筒内需相应地装126颗弹丸和41颗弹丸。……普通霰弹在200码以内的距离上具有最大的威力，但在500码以内的距离上也可以使用；在近距离上用它对付横队进攻的步兵或骑兵，它的杀伤作用极大；但用它对付散兵线，效果很小；对付纵队用得更多的是球形实心弹。”② 它分为普通霰弹（canister shot）、改良的葡萄弹（grape shot）和榴霰弹（sharpnel shell，即谢尔弹）三种。

普通霰弹。《1815年的滑铁卢之战》载：“霰弹的射程通常在250～500米变动，主要用来保护步兵和骑兵。90米以内，杀伤面积可达10米，180米内，由一门6磅弹加农炮发射的霰弹杀伤人数可达100～150米，相当于90米开外的一个排。”（图1.55）《演炮图说辑要》（卷3）载：“铁盒弹乃用薄铁制就，圆盒下装如龙眼大之小弹，上装如葡萄子之小弹，不下数百，上用铅粘密，此击之六七十丈内，盒弹一出口，薄铁碎裂，群子如瓦雀群飞。以上菠萝弹、筒弹、并蒂弹之径皆当照圆弹

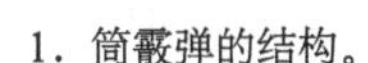
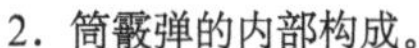

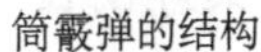

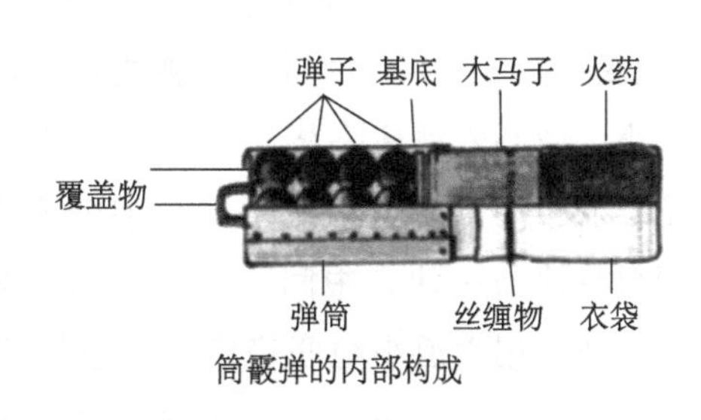

图1.55　法国1815年前后使用的筒霰弹

资料来源：Logie J. Waterloo：The Campaign of 1815. Stroud，Gloucestershire：Spellmount Ltd.，2003.27

---

① 中国第一历史档案馆．鸦片战争档案史料（Ⅵ）．天津：天津古籍出版社，1992.397

② 恩格斯．霰弹．见：马克思，恩格斯．马克思恩格斯全集（第十四卷）．中共中央马克思恩格斯列宁斯大林著作编译局编译．北京：人民出版社，1985.250

之径，配合勿紧勿松，方能有准。俟各弹送入炮膛之后，宜加麻弹，所谓麻弹者，乃用粗麻绳解散扎就成丸，而径必满合膛口，庶弹发有力而不碾出。”①

鸦片战争时期，英军霰弹的使用在中英史料中多有记载。如《英军在华作战记》② 和《“尼米西斯”号轮船航行作战记》③ 多次提到，英军使用了铁筒弹、葡萄弹和箱弹杀伤清军。《演炮图说辑要》说：英“每炮另备菠萝弹、铁盒弹各一具，以防迫近之用。长炮每位10人，短者8人管领。其看准头及洗炮入药者各司其事，约每丈安炮一位，皆施滑车。”④ 图1.56为《演炮图说辑要》绘制的英式霰弹技术。

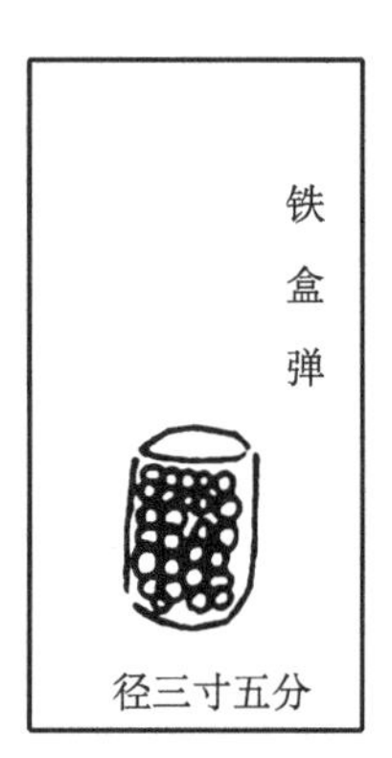

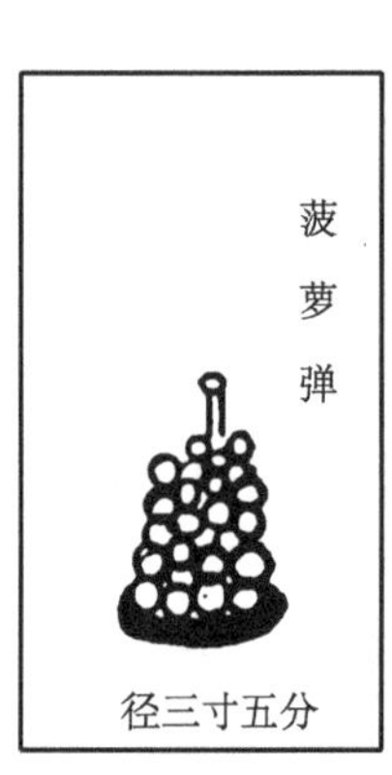

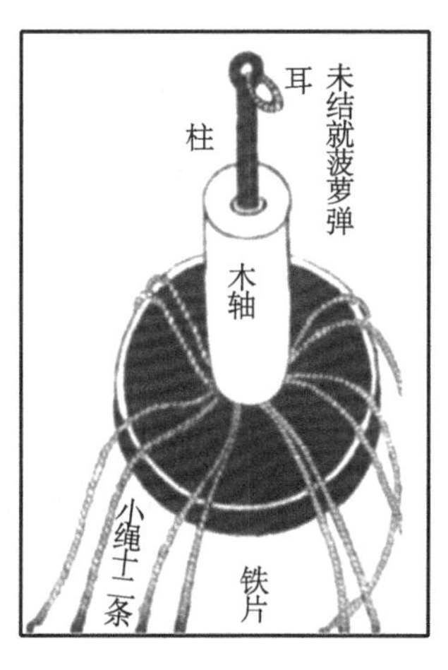

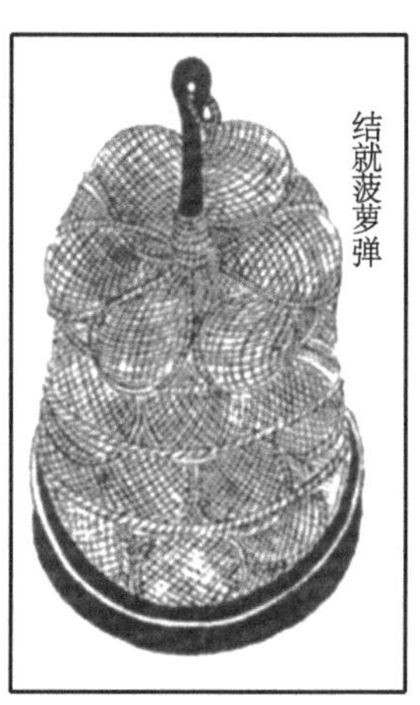

图1.56 鸦片战争时期的英夷霰弹形制

资料来源：[清] 丁拱辰．演炮图说辑要（卷3）．中国国家图书馆藏书，1843．9

葡萄弹实质上也是筒霰弹，只不过所装的生铁球形弹子比榴霰弹（内装50～60个）少一些，但弹子要重一些，是当时攻城炮或要塞炮对付近距离集结人员的武器。《演炮图说辑要》载：“铸菠萝弹之法，用圆铁板一片，厚约三四分径与膛口相等而宜小，中心安铁柱一枝，套木轴一节，木轴之孔宜加宽松，使得旋转轴之径与群子之径相均，下用小绳十二，杂分六道，总结于柱，下分为六分，每各两条，又用粗厚棉布一块，中间一孔，由木轴套下轴平，次将弹子二十四个分为四层，每弹如圆，用六道小绳联络绕之，总结于柱上，然后用小绳逐层系之，使其坚固不动，再用桐油上布之，使绳布渍水不坏，而柱之上有一孔，可用小绳穿之，下一小耳，便于携取，二十四弹合而为一，其外皮径比圆铁板之径，宜异小，功用

① [清] 丁拱辰．演炮图说辑要（卷3）．中国国家图书馆藏书，1843．9

② Bingham J E. Narrative of the Expedition to China: from the Commencement of the War to Its Termination in 1842. *In*: Sketches of the Manners and Customs of That Singular and Hither to Almost Unknown Country（Ⅱ）. London: Henry Colburn Publisher，1843．69，293

③ Bernard W D. Narrative of the voyages and Services of the Nemesis from 1840 to 1843, and of the Combined Naval and Military Operations in China（Ⅱ）. London: Henry Colburn Publisher，1844．353

④ [清] 丁拱辰．演炮图说辑要（卷3）．中国国家图书馆藏书，1843．20

甚大，其形既长，不能十分致远，一百丈内击之，二十个子弹半途散开，必有一中。”[①]《武器和战争的演变》说：它“是18世纪晚期和19世纪初期主要用以杀伤人员的炮弹。把小铁珠用布、网状织品或木匣子包装在一起，用炮射击出去，就是葡萄弹。用这种炮弹杀伤开阔地形上行进的步兵，往往产生灾难性后果，其主要缺点是射程近，对利用起伏地形之敌，杀伤效果不大。”[②]

霰弹和葡萄弹在中英对敌中发挥了重要作用。《英军在华作战记》载：“(1841年2月27日中英虎门之战余波。)轮船（指“尼米西斯”号和“马达加斯加”号）开到前面去测量水深的时候，开到中国人的大炮射程之内之地。炮台开火，轮船用炮弹和火箭弹回击。这时“摩底士底”号开到了，到达距岸300码的地方，偏舷扫射毁灭性的圆弹和葡萄弹。……（1842年3月10日的中英宁波之战，清军）退却时候，在狭窄的街上挤成密丛丛的人团。这时小马拉着大炮到来，距群挤的难民不到100码时，把炮架的前部卸下，倾射葡萄弹和铁筒弹的毁灭性的炮火。”[③]《“尼米西斯”号轮船航行作战记》载：1842年6月16日中英吴淞之战。“‘尼米西斯’号进一步开近兵船，到了短兵相接，可以用一种葡萄弹及箱弹和中国军队交锋的时候，……（清军）由于明轮每小时能行3.5海里[④]，因此到了逃走的时候，它就具有决定性的便利。这时候，只要炮弹能够装进大炮去，葡萄弹和箱弹就不停地向中国的兵船发射出去。”[⑤]

榴霰弹。1784年英国皇家海军中尉亨利·施拉普耐尔（Henry Shrapnel，1761～1842）在伍尔维奇兵工厂发明了里面装满铅铁丸，铅铁丸的四周满是火药的铸铁球形霰弹。由于它的弹子被装在一个球形弹壳内，其射程比筒弹、葡萄弹要远，可达700～1500码，大多火炮都可使用。这种弹药的木质引信（起爆信管）通常是在发射前依距离设定其长度，火炮发射时，热气流点燃炮弹引信。不过，它的弹药容易积在一起使炮弹飞行中产生的摩擦热多，促使它提前爆炸，只有10%的弹子到达预定目标。图1.57为《演炮图说辑要》绘制的英式榴霰弹形制，称之为塔弹，并说：“用圆铁板三层，各系小弹于内，中有一圆柱，空腹实火药密上，作一耳下通一引，其径若干配合膛口，入在炮腹，平放，此系登陆对阵，兵马众多，迫近用之，一遭轰击，火发弹炸，群子飞散，极能伤人。此二式皆系平

---

① ［清］丁拱辰．演炮图说辑要（卷3）．中国国家图书馆藏书，1843.9

② ［美］杜普伊 T N. 武器和战争的演变．严瑞池，李志兴等译．北京：军事科学出版社，1985.268

③ Bingham J E. Narrative of the Expedition to China，from the Commencement of the War to Its Termination in 1842. *In*：Sketches of the Manners and Customs of That Singular and Hither to Almost Unknown Country（Ⅱ）. London：Henry Colburn Publisher，1843.69，293

④ 1海里＝1.852千米

⑤ Bernard W D. Narrative of the Voyages and Services of the Nemesis from 1840 to 1843，and of the Combined Naval and Military Operations in China（Ⅱ）. London：Henry Colburn Publisher，1844.353

放，入在寻常大炮。”[①] 图 1.58 为契斯齐阿柯夫所编《炮兵》里绘制的英国榴霰弹的爆炸图。

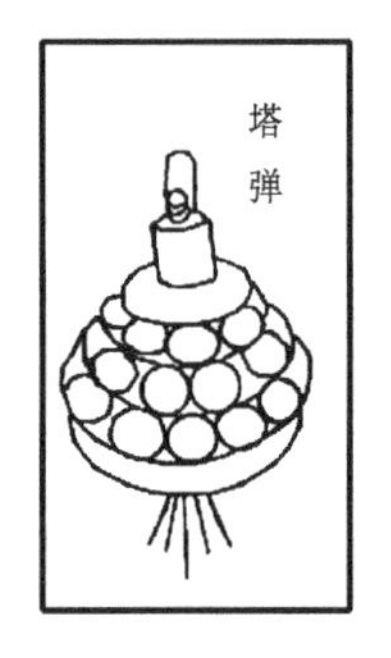

图 1.57 英军榴霰弹的形制

资料来源：[清] 丁拱辰．演炮图说辑要（卷 3）．中国国家图书馆藏书，1843.3

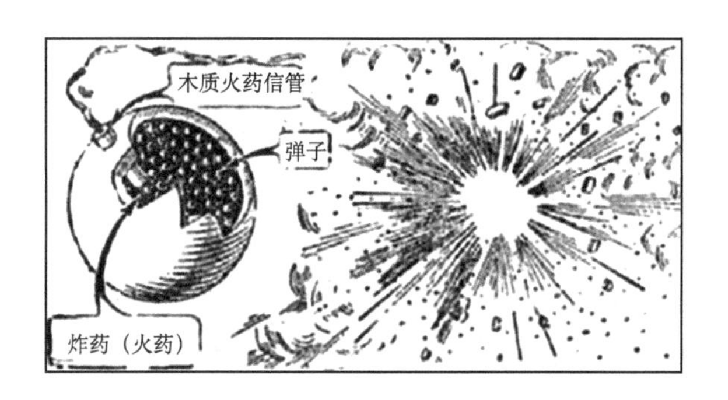

图 1.58 榴霰弹爆炸图

资料来源：[苏] 契斯齐阿柯夫．炮兵．张鸿久等译校．北京：国防工业出版社，1957.118

5）爆炸弹，分为内装缓燃药和信管的铸铁爆炸弹、内装纵火约剂的燃烧弹两种。15 世纪下半叶，欧洲出现了球形爆炸弹，重炮和臼炮使用的一种内装火药的空心铁弹，是使用炮弹中最大的一种。

欧洲陆地炮兵早已使用了爆炸弹，因为榴弹炮和臼炮的发射角较高，所需的炮弹初速不高。但舰炮需要平射弹道来击穿敌舰外壳，因此要有较高的初速和膛压。1823 年一位名叫亨利・佩克桑（H. J. Paixhans，1783～1854）的法国炮兵军官解决了用舰炮发射爆炸弹的技术难题（即设计了一种炮尾部有狭下药室的大口径火炮）。19 世纪 30 年代后期，英国和法国都采用了发射爆炸弹的舰炮。恩格斯在 1857 年的著作《爆炸弹》中说："爆炸弹，或爆炸的炮弹——重炮和臼炮使用的一种内装火药的空心铁弹；它以大射角发射，具有降落的力量和爆炸的力量。爆炸弹是所使用的炮弹中最大的一种，因为臼炮比其他任何一种火炮短，可以有相当大的直径即口径。目前爆炸弹的直径通常为 10、11、13 英寸；……爆炸弹内的火药由炮弹信管引起爆炸，炮弹信管是装满缓燃药的空心圆管，在臼炮发射时着火。这种信管的作用是使爆炸弹在到达目标时尽快爆炸，有时使爆炸弹着地之前爆炸。”[②] 恩格斯在 1860 年的著作《海军》中说："约在 1820 年，法国将军佩克桑有一项对于海军的武器装备具有很大意义的发明。他设计了一种炮尾部有狭下药室的大口径火炮，并开始用这种'发射爆炸弹的加农炮'（cannon obusiers）以小射角发射空心弹。……佩克桑的发射爆炸弹的加农炮的出现，就使军舰能装备这样一种火炮，这种火炮以最低伸的弹道发射爆炸弹，因而能在舰对舰的海战中使用，并能

---

① [清] 丁拱辰．演炮图说辑要（卷 3）．中国国家图书馆藏书，1843.9

② 恩格斯．爆炸弹．见：马克思，恩格斯．马克思恩格斯全集（第十四卷）．中共中央马克思恩格斯列宁斯大林著作编译局编译．北京：人民出版社，1995.144

保证与发射实心弹的旧式火炮相同的命中率。新式火炮不久就被各国海军用作武器，经过各种改进之后，现在已经成为所有大型军舰武器装备中的重要部分。”①

《演炮图说辑要》有关于内装缓燃药和信管的铸铁爆炸弹的形制（图 1.59）描述：“形如西瓜，其体极圆，大小不一，大者径盈尺，小者径有五寸二分，厚九分者，中虚实药，上留一嘴，可容螺旋，另一制螺旋管形如笔管，钎入嘴口，旋转而入，管长不及弹底，中入烘药，系入在一种阔口短炮，或如葫芦炮。”这种炮弹性能：“弹凌空坠落，不甚致远，火不连一响，炸裂实不堪利害，且不能准，此系在平地所施，如在船上左右，攲侧难施，仪器差之分秒则不能中，故夷船上实不重此。”②

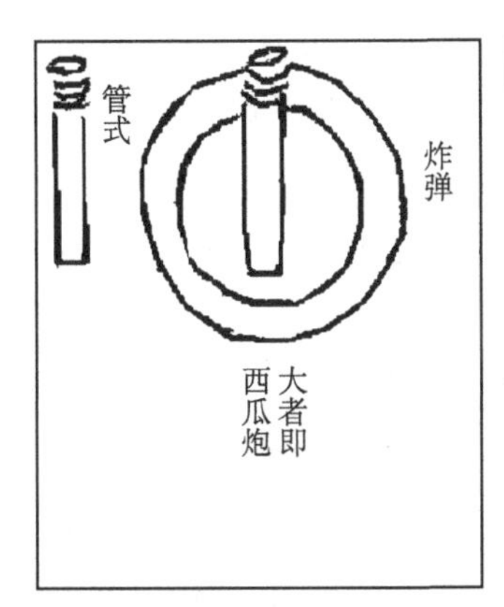

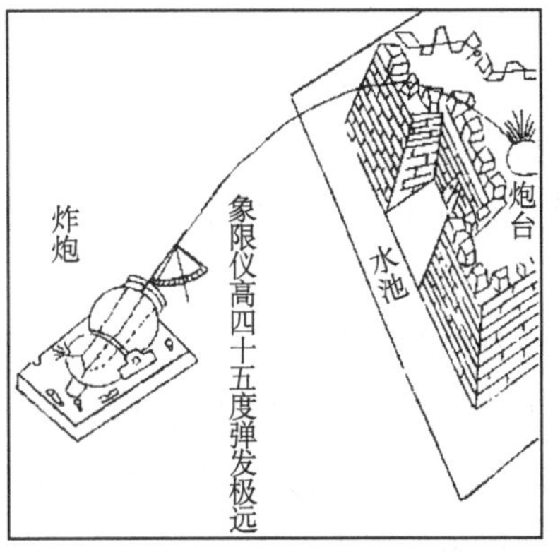

图 1.59　英军爆炸弹示意图及臼炮向城墙内发射爆炸弹时的抛物线的轨道图

资料来源：[清] 丁拱辰．演炮图说辑要（卷 3）．中国国家图书馆藏书，1843.3

《五千年的征战·中国军事史》有鸦片战争时期英军使用过的球形爆炸弹的实物图片（图 1.60）。

图 1.60　鸦片战争中英军使用过的开花炮弹（爆炸弹）

资料来源：蓝永蔚等．五千年的征战中国军事史．上海：华东师范大学出版社，2001.179

① 恩格斯．海军．见：马克思，恩格斯．马克思恩格斯全集（第十四卷）．中共中央马克思恩格斯列宁斯大林著作编译局编译．北京：人民出版社，1995.387

② [清] 丁拱辰．演炮图说辑要（卷 3）．中国国家图书馆藏书，1843.9

《火器略说》对爆炸弹所述："其弹体圆中，通口有小孔，径约五六分许，镶入引筒，筒质或铜或木皆可合用，入药之后，以螺丝旋紧，防其药拽四迸，筒顶有盖，用时乃开，弹中满实火药，筒内入以药末，再加硝磺，法须硝少磺多，以硝性直射，磺性横击故也。舂至坚结为度，筒底有数小孔，与弹子药房相通，筒口塞以火绒，上糊以缪，使不脱落，其绒预将火药末包染，在硝水、火酒中浸透，晒之极干，务求遇火即着，如欲计弹去远近，则以引筒旋入之长短为准，送弹入炮之时，须将筒口外向，燃时弹出，火势发越滚绕弹身，而弹口引药自能燃烧，引药烧尽，由筒底小孔透入药房，立时轰裂，若弹入营到地即炸，虽知其来，亦莫可措手，倘或一弹飞落药局之中，全营立毁，弹中更有以铅为小弹，或纳以尖利铁棱，炸裂四散，横穿直透，人遇之鲜不伤损。亦有不炸者，则弹身通有五孔，火烟毒气由孔喷出，当之立致晕毙，其害尤难胜言。按西人炸弹制法不一，放火、放烟、放光、放毒气，惟其所用，苟制之精，发之准真，为破敌之良法而操必胜之权也。"①

爆炸弹装备的时间及比例。《转变中的英国龙头海军》载："1841 年英海军在战列舰和护卫舰上刚开始安装能发射爆炸弹的大炮，法国在 1824 年已成功验证之，英国于 1829 年实验之。发射爆炸弹的火炮限定在一些蒸汽船上，然而，1837 年法国军舰已普遍安装，英国军方于 1839 年在 30 艘战舰和 40 艘护卫舰上安装之。到 1841 年，发射爆炸弹的火炮安装在蒸汽船——5 艘已用于 1840 年英国和叙利亚的战争中，而且战舰上的常规火炮已普遍发射爆炸弹。早期发射爆炸弹的海军火炮比实心弹射程要近，这是因为它们古怪的保险丝和它们通常的小弹药容量，但是，一艘装备发射爆炸弹的舰炮的杀伤效果要比许多舷侧炮要好。1838 年在三层甲板的战舰上发射爆炸弹射程可达 1280 码，1841～1846 年此火炮存在的问题是在较远的目标上如何提高射击精度的问题。"② 英国人 J. Robert 的《战列舰》说："法国于 1824 年下令其 55 磅型火炮使用新型炮弹，仅仅两年后，英国也开始对其性能优良的 68 磅型火炮配备这种新型炮弹。与此同时，英法双方海军继续使用实心炮弹。然而，由于加农炮具备射程远、射击精度高等优点，因此，到了 19 世纪 30 年代末期，大部分的三层甲板战舰均配置了 60％的实心弹加农炮和 40％的空心爆炸弹火炮。由于爆炸弹安装有一个木质保险丝，在火炮射击时，黑火药所产生的火花将该保险丝引燃，从而产生一个很短暂的时间延迟，确保该射弹在击中目标前不会

---

① ［清］王韬．火器略说．黄达权口译．见：刘鲁民主编，中国兵书集成编委会编．中国兵书集成（第 48 册）．北京：解放军出版社；沈阳：辽沈书社，1993．40

② Roger Morriss. Cockburn and the British Navy in Transition：Admiral Sir George Cockburn，1772～1852. Columbia：University of South Carolina Press，1997. 253

提前发生爆炸。”①

爆炸弹的缺点在英国人 E. B. Potter 的《世界海军史》载：“至 19 世纪中叶，爆炸弹和实心弹一样都是球形的。引信管是一个装满了硬制火药的空心圆柱体。根据目标距离将引信管剪成与燃烧时间相应的长度，然后塞进或旋进炮弹的引信管里，直到引信管尾部与炮弹外表一样平。然后将炮弹从炮口塞进炮管，一个环形状衬套将其顶住，引信管头朝外。当发射时，火焰围着炮弹，在炮弹沿炮管运行时将引信管点燃。可以理解，这样的定时爆炸弹会过早或过晚爆炸。后来就改用了在撞力作用下起爆的着发引信，但这种炮弹在撞击目标时必须保证引信朝前，然而这对球形炮弹来说是无法控制的，而长弹会翻滚——除非能让它绕着炮轴旋转。在炮管里刻制膛线能够获得这种旋转，轻武器的制造者早就证明了这一点。为了使膛线有效，炮弹将不得不紧贴着炮管，但这样产生的压力会炸毁 19 世纪初的火炮。”②《鸦片战争档案史料》载：道光二十三年（1843）七月二十七日，道光帝给山东巡抚梁宝常的上谕：“所奏空心炮子炸裂飞击一条。亦恐无裨实用，缘炮子既出炮口，空中炸开，飞击何处，并无定准。即如英夷善于飞炮，其所用炸炮亦多有不能炸击者。该抚前在广东，当已目击其事，着即另行妥议办理。”③

内装纵火剂的燃烧弹（carcass shot）。英国人 H. Richard 的《铁甲舰时代的海上战争》说：68 磅前膛装滑膛炮发射的第三种开花弹是被称作马丁弹的纵火弹，“它也是中空型炮弹，但里面装的不是炸药，而是熔融的金属液，在命中目标之后外壳会碎裂，里面的金属液就会飞溅出来。据说比作用相似的热弹要安全。”④ 但这种炮弹在鸦片战争中用的很少，《演炮图说辑要》（卷 3）有插图（图 1.61），并说：“诸式火弹，惟法兰西人能造，径有五寸零五厘者，用生铁铸就，外皮颇薄，内装子弹无数，兼用火药及引火之物，上有一引门，用沥青涂密，上下周围用铁线二圆束之，旁络白铁片四道，下附一瓦盆作座，上用小绳作耳，便于携取，此系入在编中，加表考内法兰西尖四角表。长炮内之用与大炮用法相同，视此弹合，此炮膛口而弹重，如十五斤用药五斤，入药之后，用刀挖开引门，使炮药露出手，对小绳取起，将瓦盒底，送入炮腹，使引门向外，视敌船迫近，约在九十丈以内击之，一遭轰击，其弹碎裂，发火粘在船旁焚烧，水浇愈炽，一船不堪一弹，甚为利害。惟法兰西人能制此弹，英夷亦甚少有，间或购求一二而已，不可多得。”⑤

---

① ［英］杰克逊．战列舰．张国良译．北京：国际文化出版公司，2003.37，38

② ［美］波特 E B. 世界海军史．李杰等译．北京：解放军出版社，1992.37

③ 中国第一历史档案馆．鸦片战争档案史料（Ⅶ）．天津：天津古籍出版社，1992.259

④ ［英］理查德・希尔．铁甲舰时代的海上战争．谢江萍译．上海：上海人民出版社，2005.54

⑤ ［清］丁拱辰．演炮图说辑要（卷 4）．中国国家图书馆藏书，1843.3

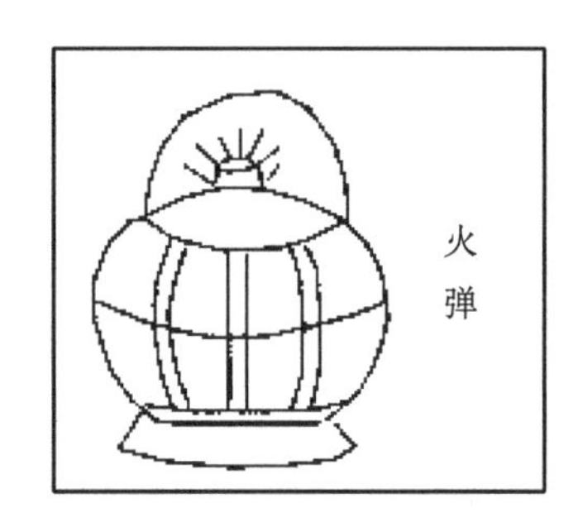

图 1.61　英军的燃烧炮弹

资料来源：[清] 丁拱辰．演炮图说辑要（卷 3）．中国国家图书馆藏书，1843.3

6）康格里夫火箭炮发射的炮弹。今美国人评论："康格里夫于 1799 年试制了一种性能优越的军用火箭。……他的成就促使 1804 年一个武器族问世。……它们制造简单，用铁皮制成，可以携载两种弹头，一种为燃烧弹，另一种为爆破弹。携载燃烧弹的火箭前端非常锋利，能够使火箭钉在敌方舰船的木制装具上。尖帽凿有小孔，可使弹头向外喷火，从而将舰船点燃。长棍为火箭提供一种引导措施，引导火箭从大致的方向冲向目标。携载爆破弹的火箭将炸药装入固体铁制弹头中，其导火索是一种定时引信，而火箭推进装置则用作首级延时装置。在其燃烧完毕后，一个由细碎火药组成的导火线就被点着，经过一段时间的燃烧引爆弹头。奇怪的是，这种火箭与战场上使用的其他武器一样非常有效。……康格里夫火箭有 3 种型号，即 10.89 千克、14.51 千克和 19.05 千克，它们受到英国皇家炮兵的青睐，常常在战场上使用，一直到 1850 年。"① 康格里夫火箭具体形制及海上作战情形，今欧洲学者著作中对之有详细介绍，具体见图 1.62～图 1.63。

鸦片战争中英军火箭炮弹的杀伤力。J. Ouchterlony 在《中国的战争》中说：1841 年 1 月 7 日的中英大角、沙角之战，"英战列舰发射出的康格里夫火箭，效果是惊人的。"② 英参战海军军官贝尔舍指挥蒸汽船"硫磺"号，作环球探测航道工作，于 1841 年 12 月至 11 月参加侵华战争，书中附有 1841 年 1 月 7 日英舰进攻沙角炮台时发射的火箭弹的图片（图 1.64）。

《"尼米西斯"号轮船航行作战记》载："（中英大角、沙角之战，1840 年 1 月 7 日后的几天，）蒸汽船利用康格里夫火箭表现出对中国船体极大的破坏性，被运用起来非常可怕，特别对易燃物效果明显。从'尼米西斯'号发射出的第一支火箭径直飞向清军一只大船，旗舰附近顿时烟雾弥漫，爆炸声震天，船体碎块飞往各处，令人胆战心惊。"③

① [英] 哈伯斯塔特．火炮．李小明等译．北京：中国人民大学出版社，2004.28

② Ouchterlony J. The Chinese War：An Account of All the Operations of the British Forces from the Commencement to the Treaty of Nanking. London：Saunders and Otley，1844. 99

③ Bernard W D. Narrative of the Voyages and Services of the Nemesis from 1840 to 1843，and of the Combined Naval and Military Operations in China（I）. London：Henry Colburn Publisher，1844. 271；（Ⅱ）. 6

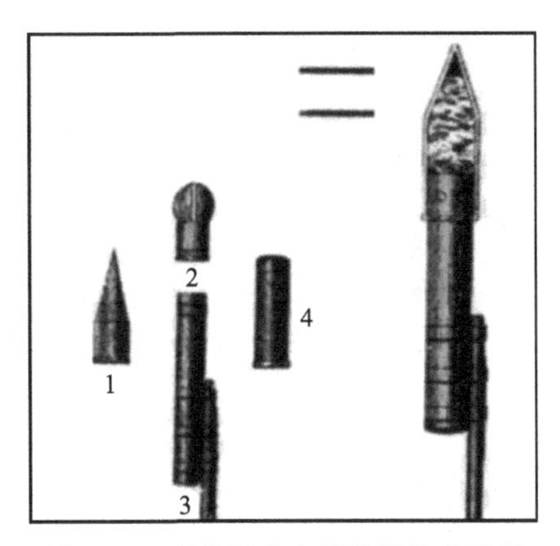

图 1.62　康格里夫火箭的爆炸弹形制

1. 箭头（尖头）；2. 导杆和弹体的组合；3. 球形爆炸箭头的分体；4. 箭头的筒体

资料来源：Johnson W. The rise and fall of early war rockets；Congreve's details of the rocket system and the artillery museum in the Rotunda at Woolwich（《战术火箭的升落：英军康格里夫火箭的细节以及英国伦敦伍利奇博物馆里的火器》）. International Journal of Impact Engineering（《工程影响国际杂志》）. 1994，15（6）：839；（4）：377

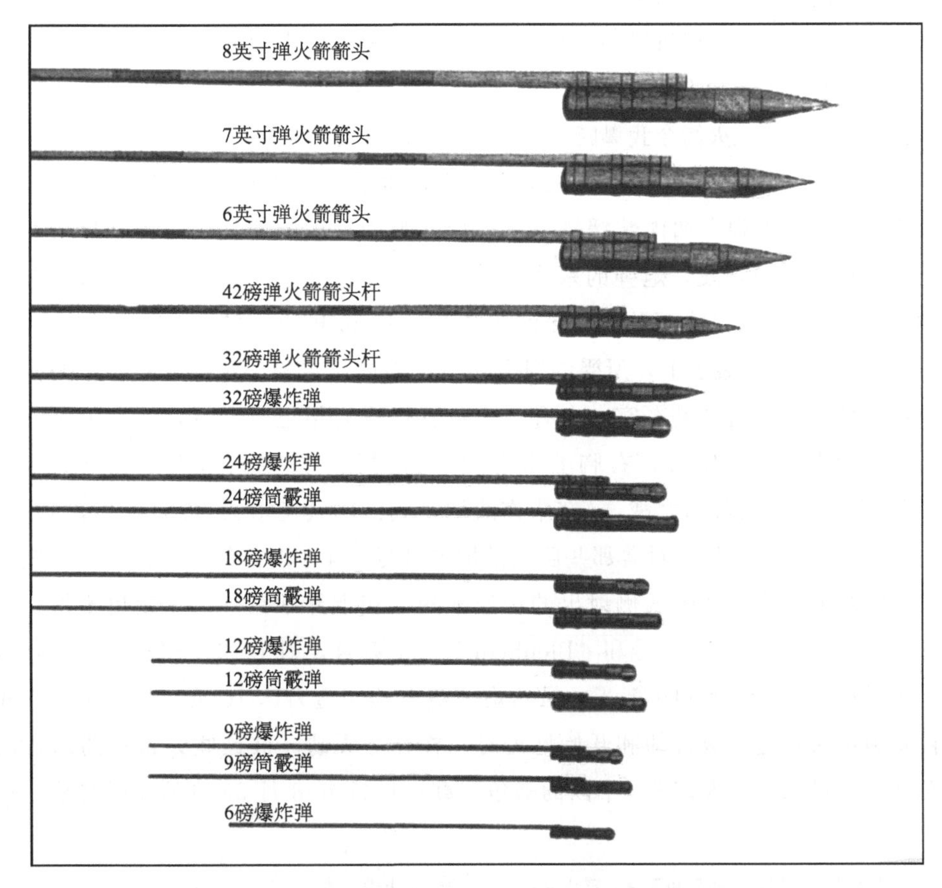

图 1.63　康格里夫 6～300 磅弹火箭家族的形制

资料来源：Johnson W. 战术火箭的升落：英军康格里夫火箭的细节以及英国伦敦伍利奇博物馆里的火器，工程影响国际杂志. 1994，15（6）：839；（4）：377

图 1.64　鸦片战争时期英军火箭弹的情景

资料来源：Belcher E. Narrative of a Voyage Round the World：Performed in Her Majesty's Ship Sulphur，during the Years 1836-1842，including Details of the Naval Operations in China from Dec 1840 to Nov 1841. London：Henry Colburn Publisher，1843.

《鸦片战争》中的《英夷入粤纪略》记载：中英镇海之战，“英夷火箭，是其长技，能射数百丈，状如中华之起火。起火以竹为尾，火箭以坚木为尾，长八九尺，或丈许。受药之筒，长二尺，大三寸，以薄铜或马口铁为之，筒下旁环六孔以引火，箭尾之木，以铁罗丝紧惯于筒中，筒上又惯锐木尺许。木末或用铁如枪筒，内三之二受起火之药，三分之一受爆竹横药。箭到药燃，筒轰迸裂，火即散飞，延烧营帐房屋，四月之役，逆从永宁台发火箭数百枝，射入城中，攒集于火药局。……夷人火箭厉害，自昔然矣。然此火箭今我粤匠亦能够仿造，但放发无准”[①]。

鸦片战争时期，中英军炮弹在战场上的具体效用。从武器发展的水平来看，英军当时所用的炮弹，如内装缓燃信管的爆炸弹同后来的着发爆炸弹相比较，其实还处于相当原始阶段，炮弹的杀伤力还很一般。因此，英军“炮利”乃是有限度的。1841 年 3 月，《中国丛报》载：1841 年 2 月 26 日的中英虎门之战，“中国人在 74 门重型舷炮的轰击下，所受的损失并不像人们所想象的那样惨重。他们仅二十人被击毙，其中两名是军官，内有一个身躯魁梧的年纪较大者，倒在位于大阿娘鞋炮台中央的官署附近，右胸上带有刺刀的创伤，一些人认为他就是关（天培）。”[②] 如关于中英厦门之战，《在华作战记》载：1841 年 8 月 26 日，“厦门的攻守主要是一次海战，兵舰对着那些巨大的炮台进行了 4 小时连续不断的炮击。炮击确实是壮观的。从战列舰两侧射出的一连串的火和烟异常猛烈，一刻也不停。仅载炮 74 门的‘Wellesley’号和‘Blenheim’号就各自发射了 12000 发以上的炮弹，更不用说快速舰、轮船和小船了，虽然炮弹最大的穿透力达 16 英寸，但是，当我们停止炮击时，这些炮台却和开始炮击时一样完好无缺。被这些大量弹药杀死的人总共也不过二三十人。”[③]《中国的战争》载：1841 年 8 月 26 日的厦门之战，他

---

① 中国史学会编辑，齐思和等编．鸦片战争（第三册）．上海：神州国光社，1954. 18

② 广东省人民政府文史研究馆．鸦片战争与林则徐史料选译．广州：广东人民出版社，1986. 188

③ McPherson D. The War in China：Narrative of the Chinese Expedition，from Its Formation in April，1840，to the Treaty of Peace in August，1842. London：Saunders and Otley，1843. 204

对厦门鼓浪屿的炮兵阵地遭轰炸情况时云："虽然两只各有 74 门炮位的兵舰对该炮台持续发射了足足两小时的炮火，但一点效果也没有，也没有使一门大炮失去效用。当我们的士兵们进了炮台之后，我们发现敌人在炮台内被打死的很少。他们建筑炮台的原理就是使平射的炮火对它几乎不能发生穿透的效力，就是对两只各用 74 门炮位，发射 32 磅炮弹的炮也是枉然，因为整个炮台除用坚硬石条砌成外，还加上矮墙，炮台的外面又抹了泥土，铺了草皮，仅仅留了狭窄的炮眼。"[①] 此段话一方面说中国炮台非常坚固，另一方面揭示出当时英军火炮炮弹威力确实一般。

《海国图志》对英军火炮的杀伤力评价道："自用兵以来，夷兵之伤我者，皆以鸟枪火箭，从无携炮岸战之事。惟我兵之扛炮扛铳，则跋涉奔驰，所至可用，且较彼鸟枪火箭，更远更烈，其可无惧者一；若夷从船上开炮，则无论数千斤之炮，数十斤之弹，遇沙即止，而我兵得于沙垣中炮击其舟。故厦门、定海、宝山屡为我炮击破夷船，而厦门、定海之土城、宝山之土塘，皆未尝为炮破，即镇海、镇江之城墙，亦未尝为炮破。松江夷船开炮两日，我兵列阵城外，伏而避之，炮过后起，毕竟未伤一人。其城破者，皆小舟渡贼登岸，攻我背后，我兵望风辄溃，及夷至，则城中已无一人，何尝与炮事哉?" 魏源此论，大体反映了英军炮弹威力的概况。

欧洲史料对之的介绍。《武器和战争的演变》载：19 世纪中叶以前的火炮，"炮弹破片杀伤系数是 12500，霰弹、葡萄弹和炮弹杀伤系数是 359，炸裂弹杀伤系数是 139，带刃武器（大多数是马刀）杀伤系数是 7002。总而言之，轻武器（大多数是步枪）造成的伤亡占 86%，火炮 9%，带刃武器 5%。"[②]《1815 年的滑铁卢之战》载："霰弹的射程通常在 250～500 米之间变动，主要用来保护步兵和骑兵。90 米以内，杀伤面积可达 10 米，180 米内，由一门 6 磅弹加农炮发射的霰弹杀伤人数可达 100～150，相当于 90 米开外的一个排。"[③]

但是，战争之中，英侵略军在海陆作战时十分重视发挥火力，往往在猛烈的炮火准备和排枪齐射阶段，就把排成堂堂正正之阵、进行正面交锋的清军杀伤大半，然后以侧翼迂回包抄战法将仍坚持在阵地上的清军残部逐走。而在整个战争过程中，英国主要舰只没有一艘被清军击毁，甚至连重创都是罕见的，此给清朝官员留有深刻印象，关于英军炮利之说正是由此而生。《海国图志》载："夷船攻我则于十里内外，遥升高桅，用远镜测量，情形嘹悉，一面先用大炮飞弹遥注轰

---

① Ouchterlony J. The Chinese War: An Account of All the Operations of the British Forces from the Commencement to the Treaty of Nanking. London: Saunders and Otley, 1844. 174

② ［美］杜普伊 T N. 武器和战争的演变. 严瑞池，李志兴等译. 北京：军事科学出版社，1985. 217

③ Logie J. Waterloo: The Campaign of 1815. Stroud, Gloucestershire: Spellmount Ltd, 2003. 26

击，使我兵惊溃，即一面分兵绕出炮台后路，使我水陆腹背受敌，此虎门、厦门、定海、镇海、宝山失事情形，如出一辙。”① 战争之时，就炮弹而言，中英炮弹的差距应属于实质性的差距。英舰炮发射的筒形霰弹、葡萄弹、榴霰弹、新式爆炸弹、燃烧弹和康格里夫火箭弹，就是英人“炮利”的一些秘密之所在。我们知道，在战争中，士兵的抵抗力是两个不可分割的因素的乘积，这两个因素就是现有手段的多少和意志力的强弱。在中英鸦片战争中的多次战斗中，英军先进的炮弹技术让中国士兵产生了失败主义的思想倾向，清朝船炮和炮弹技术等种种不利因素打击着作战官兵的士气，在英战列舰和蒸汽船的残酷的杀伤力面前，清军对英军似乎有了对神灵鬼怪的恐惧，此种宿命的认输令军队毫无建树，而且使这场本来就力量悬殊的战争更加倾向一边。例如，林则徐在奏折《清道光朝留中密奏》中说：“我兵本非素练，自闽、广、江、浙屡经败仇之后，业已闻风胆落，势常不敌，且彼之长技在于大炮、火箭二项。”②《海国图志》载：“其炮弹所到，复行炸裂飞击，火光四射，我军士多望风胆裂。”③ 表 1.15 为鸦片战争时期英军使用的火炮炮弹的总结。

表 1.15　鸦片战争时期英军使用的火炮炮弹总结

炮弹种类		详细状况
球形实心弹		占压倒地位的此类炮弹，分为普通的生铁、熟铁弹和灼热的实心弹三种，最重的达 68 磅
链弹和杠弹		舰炮发射的炮弹中占有一定比例
霰弹		分为普通的霰弹、改良的葡萄弹和内装定时引线的榴霰弹三种
爆炸弹		分内装装有缓燃药信管的爆炸弹、内装纵火药剂的燃烧弹
各弹所占比例	陆军	大抵攻坚城，沉敌船，则用实心之弹。惊敌阵，溃敌众，则用空心之炸弹
	海军	19 世纪 30 年代末期以来，英国大部分的三层甲板战舰均配置了 60％的实心弹加农炮和 40％的空心爆炸弹火炮

小结

鸦片战争时期，中英双方火炮使用的主导炮弹都为球形实心铅铁弹。在以封建生产方式主导下的清王朝，一则没有发生工业革命，缺乏近代机器工业和先进科技，二则在本应该达到的制作工艺水平上，由于受落后的社会制度以及种种军事积弊的影响，存在着严重的问题。两方面因素的综合作用，最终使清军自铸的火炮炮弹技术关键之处普遍存在着加工粗糙、费工费时、质量粗劣的问题。战争中，清军火炮炮弹分类稀少，技术关键之处改良缓慢。从材质看，分石弹、生铁弹、铅弹和熟铁弹四种。从外形来看，分圆球形和长体形两种；从性能看，分实

① ［清］魏源撰，王继平等整理．海国图志．长春：时代文艺出版社，2000.1329

② 中国史学会编辑，齐思和等编．鸦片战争（第三册）．上海：神州国光社，1954.471

③ ［清］魏源撰，王继平等整理．海国图志．长春：时代文艺出版社，2000.1286

心和空心爆炸弹两种。重量偏小的球形实心铅铁弹用生铁或铅铸造，腰间有缝线，极光溜的炮弹比例有限；霰弹是传统的蜂窝弹；开花弹除制造了17世纪以来的双点燃法的爆炸弹外，也仿制了许多英夷的爆炸弹。

在工业革命已发生了60多年的英国，火炮除了还在使用老式的球形实心生铁或熟铁弹之外，炮弹技术的关键之处已进行了一些改良，其分类众多，已大量地使用链弹、杠弹、霰弹、葡萄弹、榴霰弹、新式爆炸弹和燃烧弹等。重量偏大的球形实心铅铁弹分普通的生铁和灼热的实心弹两种；霰弹有筒形弹、葡萄弹和榴霰弹三种；开花弹分内装黑火药的爆炸弹、内装缓燃药和信管的爆炸弹以及内装金属液的燃烧弹三种。至于爆炸弹所占的比例，如此时的英军三层甲板战舰均配置了60%的实心弹加农炮和40%的空心爆炸弹火炮。战争之时，英舰炮发射的筒形霰弹、葡萄弹、榴霰弹、新式爆炸弹和燃烧弹等，就是英人“炮利”的秘密之所在。在战争中，当尚未深入了解英方炮弹的构造原理的时候，所能直接感受到的就是他们火炮炮弹的威力。也恰恰是这些关键之处的差异，往往导致清军产生失败主义的宿命倾向。

第五节　中英火炮发射炮弹用火药的技术

一、鸦片战争前后东西方火药总体技术概况及清朝火药制作技术

火药是火器的能源，它的种类、质量、形状、尺寸及其在药筒或药室中的配置形式对火炮的内弹道性能起着决定性的作用。鸦片战争时期，中英火药质量大致还处于同一发展阶段，皆为黑色有烟火药，都同19世纪后期所发明的无烟火药（硝化棉和硝化甘油两种）有本质的区别。黑色有烟火药是由硝石、硫磺和木炭混合而成的。炭作为燃料，硝石中含有氧气，而硫磺是用来助燃的。此外，硫磺还是一种黏固剂，它能使炭和硝石结合在一起。这种火药在爆发时并不是全部都变成气体，有很大一部分变成坚硬的微粒（渣烬），留在膛面上并且像一股烟被喷射到空气中。残渣需反复擦拭，才能使枪炮内膛恢复光洁，否则就会使枪炮膛受损而缩短使用寿命，甚至会发生严重的后果。大量烟雾会严重影枪炮手再次射击时对目标的瞄准，降低了命中精度。它燃烧时产生的化学性能低，燃速过快，产生的推力小，自然杀伤和摧毁能力有限。19世纪后期出现的无烟硝化棉火药就是在枪炮发射后不产生烟雾和残渣的火药。它是将植物纤维素浸泡在硝酸溶液中，经过化学反应后生成的化合火药，不同于用硝、硫、炭三种原料拌和的混合火药。它于1884年由法国工程师维列（P. Velle）首次制成。它和有烟火药一样，含有氧

气，爆发时氧气散发出来使火药燃烧，全部都变成气体和水蒸气，而不发烟和遗留残渣，可减少清除枪炮膛的时间，提高射速。燃速较慢，形成推力型动力，产生的气体较之同等数量的有烟火药要多2～3倍。用于线膛炮，效果最好。此成果于1886年被法国军方用作莱贝尔（Lebell）步枪的发射火药。1886年瑞典的诺贝尔将硝化棉和硝化甘油放在一起，制成角状或所需形状的大小颗粒，用作枪炮的发射火药。

黑色有烟火药质量的优劣取决于硝、硫、炭原料的提纯度，组配比率的合理度，弹药组配比率的合理度。有烟火药的配制工艺主要包括：一是对硝、硫、炭等原料的精选、提炼，以及对火药的配制、检验等方面。其方法和步骤，大致是先将硫、硝、炭分别制好，然后按比例配比合成，或碾磨或捣捶，经过数十道工序，最后精心筛选，成品呈粉末颗粒状。小颗粒状可以使点火更快，因为每个颗粒的暴露面可以全部立即燃烧，爆炸威力因此更大。一是根据使用的不同用途，分为发射火药（又可细分为炮用和枪用两种）、火门火药、火线火药等几十种配方。

19世纪中叶以前，东西方火药根据混合的成分和比例不同，皆可分为粉状黑火药、大粒黑火药和小粒黑火药。因为，选择发射药颗粒体积的大小是根据这样的要求，使发射药在炮弹飞出炮口前的瞬间全部烧完。《黑火药》载：“火炮的长度各不相同，炮管愈长，弹丸在膛内的运动时间愈长，火药的燃烧时间也应当愈久，所以各种不同的火炮应该用不同的火药来装填。炮身很长的火炮，便应当用有较厚的燃烧层的大颗粒火药来装填，因为火药颗粒燃烧时间的长短是和火药的燃烧层厚度有关系的，改变火药颗粒的厚度，就改变了它燃烧的持续时间（粒状火药可提高10%～20%的能量）。所以，粉状黑火药用作导火索芯药；大粒黑火药，颗粒均匀，坚硬明亮，无粉末，用作发射药和点火剂，求其缓燃；小粒黑火药用作传火药、抛射药、底火和点火剂，求其速燃。”[①] 黑火药容易受潮失效，因此在保管中要特别小心，它感度灵敏，遇火花、火焰或经撞击、摩擦会引起燃烧或爆炸。黑火药性能的一些数据，《黑火药》载：“其反应的方程式 $74KNO_3+6C_{16}H_{10}O_2+30S = 52CO_2+18CO+3CH_4+2H_2S+18H_2+35N_2+19K_2CO_3+7K_2SO_4+2K_2S+8K_2S_2O_3+2KCNS+(NH_4)_2CO_3+C+S$。此方程式中黑火药三种成分的配比：硝酸钾（$KNO_3$）75%，硫磺（S）10.3%，木炭（$C_6H_2$）14.7%。按此方程式，1千克黑火药爆炸后可产生56%的固体产物和44%的气体产物。粒状黑火药的爆热是736.6千卡/千克；普通延期药的爆热是744.4千卡/千克；缓燃延期药是769.7千卡/千克；粉状黑火药的爆热是620.9千卡/千克。如果平均起来，黑火药的比容

① 晋东．黑火药．北京：国防工业出版社，1978.35～48

是 260 升/千克，爆热是 736 千卡/千克，爆温是 2300℃。其威力是 30 毫升扩张值，火药力是 2726 标准大气压/千克。”①

（一）清朝发射炮弹用火药的管理和生产概况

清朝除中央造火药外，各省都设火药局，自行开采硝磺或向邻省购买硝磺，大量制造贮存火药，以满足本省的军需。战争前后，清朝火药、火绳的制造是以手工操作为主，但已达到手工制造火药的高级阶段。清朝历代对火药原料实行严格的管理制度，包括官办采买机构、照商采买、在产地设炉煎熬、及时开采与封存、沿海硫磺准进不准出、控制产地的产量与用户的消耗量等。与英国相比，此制度最突出的缺陷是：药局无专门的研究机构，炮匠只能按照样品凭经验生产。倘若火药工匠技艺高超，所配置的火药品质是不错的。倘若工匠技艺欠佳，所配置的火药品质将无从谈起。据《嘉庆大清会典事例》卷 686《火药》载：清“顺治初年，工部设濯灵厂，委官制火药，特命大臣督理。厂设石碾二百盘，每盘置药三十斤为一台，每台碾三日者以备军需，碾一日者以备演放枪炮。预贮军需火药，以三十万斤为率，随用随备。……；（康熙）三十一年题准，八旗试演枪炮火药移濯灵厂收贮取用，又题准濯灵厂每岁造演放火药二十余万斤，烘药二三千斤，外备贮军需火药三十万斤，烘药四千斤。……；雍正二年奏准，军需火药存贮已过十年者，许改作演放火药，陆续取用，其额贮之数，即行补造。三年，特命大臣管理火药事务，核定价值，军需火药每斤工料银二分六厘，演放火药，每斤银一分八厘，烘药均每斤银一钱五分。……计火药每万斤，用硝八千斤，硫磺一千五斤十两，广胶六斤四两。烘药每百斤，用硝八十三斤十两八钱，硫磺十有四斤七两五钱；（乾隆）五十七年奏定，各直省制造火药铅丸火绳三项，为军需紧要之物，所用工料价值，未便听其浮冒，虽各省物料价值不同，而所需硝磺木炭匠工等项斤重多寡，自应归于一致。今查京城制造火药铅丸火绳，久有成规，施放甚属利用。应将配造火药所用硝磺木炭人工等项数目，均照京城做法核定；嘉庆七年奏准，各省及京城八旗各营额设兵丁枪炮额数，俱隶兵部，向例各省操演药丸，系报工部核算，其兵丁名数枪炮数目应咨查兵部核准始由工部核销。”② 此则史料看出，清朝的军需火药、演放火药和烘药含硝量明显偏高。如烘药配方，由于缺炭的用量，计算硝、硫、炭的配比自不能精确，但大体可以看出，硝的含量不低。

（二）清朝发射炮弹用火药生产之法

《火器略说》有对鸦片战争前后国人所制火药方法的探讨。该书记载：“造药之先，务在选料，一曰提硝，二曰炼磺，三曰烧炭，质料既纯，乃讲舂杵，配合

---

① 晋东．黑火药．北京：国防工业出版社，1978．35～48

② 彭泽益．中国近代手工业史资料：1840～1949（第一卷）．北京：中华书局，1962

既就，始加验放，今以平甫所译，参以鄙见，详列如左：一提硝。硝由地取出，多带盐卤之味，须用雨水或长流水同硝置于锅中，炭火熔化，用布隔去渣滓，倾在有釉磁缸，盖严俟其冷定，将硝牙取出，次将硝牙照前法再炼，如是数次炼成纯硝，以舌舐之，绝无盐味。试硝之法，取各息的少许，投入硝水之内，如硝不即结成为团而渐沉于底，则纯硝也。晒干称过，研为细末听用，各息的西国药名，以纹银投硝强水中所化。二炼磺。中华之磺，出自台湾、山西两处为多，或来自日本、小吕宋。产于日本者号为倭硫磺，最称上品，原来之磺不可，即用亦须如法炼制，先以炭火熔开，沥清污秽渣滓，再用水飞过，方得纯净，晒干称过，研为细末听用。三烧炭。中国炭灰，但用柳条杉木或沙藤，其余俱不可用。英国所用为黑狗木，但中国无此木名，或以为即水翁是也。丁拱辰西洋火药造法，以为麻秆，未知孰是。西人造药曾历试诸木，多属不佳，惟黑狗木为上，其次柳木尚可，用烧炭之法，宜用铁筒，将木纳入，其内用火煅成炭灰，火色勿太猛，亦勿太文，必须火候得宜，火候不到，力不猛烈，火候太过，不能致远，木须烧透，不存木性，炭须无盐卤之味，方可合用，尤必碾之极细，重箩成粉，烧炭更有一法，穴地置木，用火煅之，但不及用铁筒烧成之更妙。

造火药法。先将纯硝、净磺、木炭各研细末，然后称硝 75 斤，磺 10 斤，炭 15 斤，配合搅匀，用雨水些少湿透，然后用磨磨研，或入臼舂捣，须先湿透者，则舂磨之时，尘不复起，凡硝、磺、炭三物和均，必须加功研捣，经三时许，乃可取出作成药饼，厚或半寸或八分，上用重物压之，务极结实，后将药饼槌碎，均成小粒，用圆眼筛筛过，分出粗细粒二种，粗者用于大炮，细者用于军枪、手枪，其末仍用雨水湿透，再行舂磨，一如前法。打破成粒之药，其粒必不能圆整光滑，可将药粒放入圆筒中，令筒身千百绕转，药在筒内滚走不停，自然粒粒珠圆，然后取出，用筛去其粉末，择成粒圆滑者装贮备用。前后皆有细孔，可以通气，一燃即便齐着，有粉之药，装入炮内，即能将通气小孔添塞，每至燃时，火门近处之药先已着火，火势即刻发攻，弹已震动，而近弹之药，因粉末填孔，不能前后相通，尚未得燃，必得二三秒许，才能齐着，屡见古炮火门太阔，有粉末燃时，药向火门处喷出许久，然后炮响，其弹必不能远去，又见燃炮之后，间有未着之药，仍行向口喷出，此亦粉末未净之故，西国计时之法，以每六十秒为一敏尼（minute)，一百二十敏尼为一时。火药着火即燃，顿化为气，冲力之大，有二百四十倍热时，其力有千倍之多，盖非有千倍之重，但要千倍之地，乃得乘载，一倍之药，假如火药一斗，燃之即化成热气千斗，火药一升计重一斤，燃之即化成热气千升，若于造药时，将药用重物压实，则升药重一斤，有半燃之……大炮须用压实之药，功效加半，力足发远。

凡制火药要法，舂捣须得用水和均作粒，须得圆整光滑，盖炭灰性轻上浮，硝磺性重沉底，非捣之极，合圆之极整，则装盛药筒中，在身终日撞筛，必至炭上而硝磺在下，误事不小，粉末多者，每有此弊。纯净上等之药，用于松薄下等之炮，则火势太猛，炮必炸裂，不能伤敌反害己兵，即或不炸，弹亦不能远去。何者，炮膛粗滞，弹不光滑，又不能全封炮口，燃药之时，势即旁拽，力不能全注于弹，故发不及远。如火药储放日久，收藏不密，经受风湿，硝气走拽，或为雨水淋浸，则不可复用于军营，必须再为舂磨，加足纯硝，仍如法配置，方可合用，若已浸入盐水，即加硝亦不可用，须用雨水洗净盐味，去其磺炭，提取纯硝，则供造药之用。”[①]

二、鸦片战争时期清军火炮炮弹使用火药的技术及其实战概况

鸦片战争时期，从总体上看，清军火药生产纯度不高，威力不能加大。此时期的炮弹发射用火药以手工业作坊或工场生产，亦无其他先进的工艺设备进行粉碎、拌和，压制、烘干、磨光等工艺，只靠石碾等工艺，故造出的火药中硝和硫纯度不高，颗粒粗糙，大小不一，不能充分燃烧，威力十分有限。1836 年 8 月《中国丛报》（美国传教士裨治文于 1832 年在广州创办）刊发的文章，对鸦片战争前夕中国的火药质量作了这样的评论：“中国火药的粒子粗糙，大小不一。它发射后留下臭味，这显然是含有的很多硫磺，在受到空气的影响后很快就分解，发射后留下的黑点和湿气仍在纸上。根据这种原因，我们就能理解中国大炮缺乏扩张力，这是凡看过它的发射的人都注意到的。当英王陛下的战舰‘安德罗马奇’号和‘伊莫金’号驶进虎门时，中国大炮的子弹虽然是向着一个近的、有时只有一条缆那么远的距离施放，却没有几颗具有足够的动力能穿过两边的舷墙，许多或从船的外部腰板无声地滑了过去，或射到半途就跌落水里，有些几乎一离炮口就掉下来。曾经有人说，中国政府不为要塞炮台及部队制造火药，而让军官或兵士去制造，其费用则由他们的饷钱扣除。这无论是真是假，中国的火药劣得可怜，这个事实是无可争辩的。”[②]

《筹海初集》载：道光十四年（1834）二月初六，关天培奏：“惟是各处炮台恃炮为威，必须添储火药，多备炮子，火药以硝、磺、炭配合而成，磺去根渣，硝务提净，炭以栎木、桑条为佳。纵用衫木，亦必烧透存性，碾灰细箩，舂力要足，制成晒干，色宜带白，粒粒如珠，仍令监造者撮药于手，燃火试之，手无点迹，火力高冲，烟系白色，以此为最。”[③]《筹海初集》又载：道光十五年（1835）十月二十五日，关天培的奏折《火器所以不堪久贮覆稿》云：“惟是制造火药，每

① ［清］王韬．火器略说．黄达权口译．见：刘鲁民主编，中国兵书集成编成编委会编．中国兵书集成（第 48 册）．北京：解放军出版社；沈阳：辽沈书社，1993.35

② 广东省人民政府文史研究馆．鸦片战争与林则徐史料选译．广州：广东人民出版社，1986.67

③ ［清］关天培．筹海初集（卷 1）．台北：文海出版社，1969.115

百斤向配净硝八十斤，净磺十斤，炭粉十斤，于造成晒干后，即贮于磁缸之内，封固严密，不使透气，是以虽存贮日久，药性仍旧，此火药久贮尚堪应用之原委也。若各项火器配料，本殊用法各异，其不堪久贮缘由，谨为本部堂陈之，查硝性主直，磺性主横，炭粉之性主燥，其造大小火箭火号，每筒净硝十六两，止配磺一两，配炭粉一两五钱，合制成药，分装纸筒之内，加以药线，贮于木箱之中，盖硝多力能致远，磺少不致炸裂，但硝性司卤，木箱纸筒不能闭气，硝多易于回潮，透气即能招湿，每次造成火器，收贮两三月之后，即不能致远，不独粤中湿重，亦硝性使然耳对此。……粤省性斥卤，造成火药不堪久贮，虽安置在高燥之地，两月后即行回潮，不能致远，必须季季置办，亦能得力。”①

关天培在这里是说：广东沿海地区湿度大，盐分多，火药容易回潮转湿，导致火炮射程不远，甚至全然失效。更有贮存火药的容器密封技术不好，火药不便久贮，故必须随用随造，这必然给突兀而来的战争带来了困难。他在这里为广东水师所用火药确定了两个基本配方：一是枪炮发射火药配方，硝 80 斤，硫 10 斤，炭 10 斤；二是大小火箭所用的燃烧性火药配方，硝 16 两，硫 1 两，炭 1.5 两。两种火药的硝、硫、炭的组配比率分别是：80％∶10％∶10％、86.5％∶5.4％∶8.1％。此处看出，鸦片战争时期的清朝火箭用火药含硫量在下降，含炭量在提高，其必然会加强火箭的性能的。

战争前后，清军铁炮除仿制英军的极少数的燧发机外，都为慢速火绳点火装置。所需的火药袋、火绳向系兵丁自备，如此缩减军费开支，肯定不利于火炮及火药性能的改良。火绳的效用，《海国图志》载：“其不便有二：临阵忙乱，倘装放偶疏，则贻害甚巨。又纸信恐雨淋湿，烘药恐风吹散，晦夜尤为不便。”② 火绳一般是用药水（硝酸钾溶液）熏煮晾干而成，也有用榕树等树皮制成。火绳点火由士兵手工操作，本身就不会快；《筹海初集》载：道光十六年（1836）三月初七，关天培奏：“每年两季操练炮准、水操，共需火药三万三千五百三十余斤，每药二斤八两配装布袋一个，应用粗红布一尺，岁需布一千三百四十一丈五尺，红布每丈银一钱八分，共需银二百四十一两四钱七分。查常年演洗大炮，所用布袋因为为数不多，向系由营捐办。今递年操练，所用十倍于前，营员捐办，力有不逮。……关天培议称，查每年按期演试炮准，需用火绳四百六十八丈，以榕树根成造。每丈价银五分。应请每年添置大炮火绳五百丈，计银二十五两。如有余存，即留为储备。向来火绳由兵自备，今用数较多，应由官备，以恤兵银。”③《光绪大清会典》卷 59《工部》对此段历史载：清兵“凡火绳用麻煮以药，惟广东、广西

① ［清］关天培．筹海初集（卷 3）．台北：文海出版社，1969．545

② ［清］魏源撰，王继平等整理．海国图志．长春：时代文艺出版社，2000．1335

③ ［清］关天培．筹海初集（卷 4）．台北：文海出版社，1969．690～696

用榕树皮，云南用榕树椰树皮，每马枪一出，用火绳二寸，步枪一出，用火绳一寸。各省旗营绿营火绳，均系兵丁自备，遇有军需动用，令督抚制造报销。”如此，火绳质量难以保证。再加上火绳容易受潮等因素的影响，以及铁炮炮管质量问题，致使清军火炮射速较慢。

不过，此时清朝国内也有一些火器家们注意到了火药的配料和比率的合理度。如《军机处录副奏折》载：道光十六年（1836）八月初六安徽泗州人两广提督陈阶平在（1766～1844年）折中说，因他是水师宿将，早在1835年，他俘虏了10余名海盗，间接得到了西洋人的火药制造法。[①] 他所配制的火药中，硝、硫、炭的配比是74%：11%：15%，使用效果较先朝为猛烈。具体而言，就是碾捣次数多，使火药内的几种物料拌和均匀，制成的火药燃爆时各向均匀性好。此引起了道光皇帝的注意，谕令广东和广西两省督抚向他学习。《清宣宗实录》中载：道光十六年（1836）十月丁巳，“谕内阁，陈阶平奏，加工制造火药试有成效，并开列条款，请饬永远遵行等语，军储利器，枪炮为先，全在提拣硝磺精造火药，方能致远摧坚。据该提督奏称，自到任以来，督率将备讲求加工制造之法，火药较前猛利，现在该省各营枪兵打靶，均已一律加远，但恐将来短少力作，药力仍有减缩之弊，着两广总督（注：时为顺天涿州人的卢坤，1772～1835）广西巡抚督饬各营，查照该提督所奏条款，实力办理，毋得日久懈弛，以储军实而重边防。”[②]

此时期的清朝火器家们局部性地改良了一些火药配方。当时火器家丁拱辰、广东驻军、福建驻军研制的火药配方，已吸收了西方当时所用火药配方的优长，堪称当时最佳的火药配方。广东内地人因学习澳夷的造药之法，所造火药的药力可敌逆夷。《鸦片战争档案史料》中载：道光二十一年（1841）三月初四，江南道监察御史骆秉章（1793～1867）奏：“火药宜精制也。制药之法须多加硝磺，杵舂万余，始在掌上烧验。内地积习相沿，偷减工料，除烧验外，俱不如式。药力不济，是以不能致远。逆夷制造硝磺固精，而用炭尤美，文以米藤为炭，故药力较猛。澳夷造药，内地多有明习之者，能如法认真监造，不许偷减，则药力可敌逆夷。”[③]

福建水师提督陈阶平配置火药质量的概况。《海国图志》对此有详细说明：“臣昼夜思维，夷炮甚短，何以猛烈较甚于内地之长炮，其为火药精工无疑。因多方购得夷炮火药一小包，用鸟枪试远，实有二百四十弓之数，是以臣造药时，照提硝复加一次，共提三次，愈舂愈细，加至三万捍，试远亦能到二百四十弓。药力与之相等，内地大炮，本长加倍，倘遇使用，权操必胜。是加工造药，非比别

① 军机处录副奏折．03-3020-014（中国第一历史档案馆的档案号）

② 清宣宗实录（册37，卷290）．471

③ 中国第一历史档案馆．鸦片战争档案史料（Ⅲ）．天津：天津古籍出版社，1992.274

技，两相用则远者胜，别自为用，则精者远。宜乘此闲暇之时，备不虞之用，可否仰恳敕下各直省督抚，预先添办硝磺。嗣后凡各营请领硝磺，如领硝十斤，另加三斤，领磺十斤，另加一斤，以备折耗，同额一并给发至。炙硝柴薪舂工口粮，约计每造万斤，加工火药，需用经费银五百两。各省物料夫工贵贱不一，亦有用至七百两者。由督抚筹数，或作正开销，责成营员办理工料既真，俟药造成，禀验以鸟枪二百四十弓远打靶为准。如有再减料偷工，察出立予严惩，自此营员得免赔累，造药必能加远，各省一律照备，于武备实有裨益。……每臼用牙硝八斤，磺粉一斤二两，炭粉一斤六两，搀扣入臼，三人轮替舂踏不歇，与舂米无异，以三万杵为率。”① 这里，陈阶平利用封建的手工生产方式所配置的火药硝、硫、炭的比率大致是：76.19：10.71：13.1。其实陈阶平所精制的火药并无多大技术创新，无非加大了劳动强度。即在制造火药时，将硝比平时加煮一次（共三次），将硝、硫、炭的搅拌物加舂若干杵（计三万杵），其效果就远远超过了清军原有的火药，并基本达到了英军火药的水平。多煮少煮、多舂少舂的问题绝不是技术上的问题，而只是工艺问题。

陈阶平配置的火药在战争中发挥威力，《鸦片战争档案史料》载：道光二十年（1840）九月十四日，福建水师提督陈阶平奏：“奴才督造加工火药，于六月初二竣工。初四有英夷兵船闯入厦门。初五，官兵即以新药轰击。该夷不防内地火药如此猛利，猝遭创毙多命，立时惊窜。”②

鉴于陈阶平所配置的火药效力好的状况，道光皇帝谕令各直省一体照福建水师提督陈阶平所制火药如式制造。

《鸦片战争档案史料》载：道光二十年（1840）九月十四日，（剿捕档）中载，道光皇帝着各直省一体照福建水师提督陈阶平所制火药如式制造事上谕云：“陈阶平奏加工制造火药，并将煮炼硝斤各条开单呈览。福建制造火药，现经该提督督造加工，轰击颇为得力。着各直省一体照单如式制造，以资利用。”③

至于陈阶平所配置的火药清单，《鸦片战争档案史料》载：道光二十三年（1843）正月十八（此系朱批日期），前任福建水师提督陈阶平奏为将制造火药各法开单呈览折云：“前任福建水师提督陈阶平奏，请旨加工制造火药，谨缮清单，恭呈御览。一、加工造药，全在煮炼硝斤。前在广西、江南提煮二次，鸟枪试准一百六十弓，厦门添煮一次，鸟枪试准二百四十弓。硝惟劲直，必须煮炼如法，方能收猛力直前之效。先用大锅盛硝四十斤，清水十五斤，熬煮半炷香时候，加入牛皮胶水一茶钟，渣滓浮起，用笊篱捞去，用铁铲不住铲和，以防滞底。另用

---

① ［清］魏源撰，王继平等整理．海国图志．长春：时代文艺出版社，2000.1339

② 中国第一历史档案馆．鸦片战争档案史料（Ⅱ）．天津：天津古籍出版社，1992.464

③ 中国第一历史档案馆．鸦片战争档案史料（Ⅱ）．天津：天津古籍出版社，1992.465

瓦钵，以白布幔盖，将煮成硝水滤入钵内。凝结成饼，簪牙玲珑半尺许，洁白如雪，以舌试咸淡，绝无卤气为虑。一、硫磺拣净渣滓，石杵捣末细研，重罗成粉。一、柳树烧炭成性，捣碎细研，重罗成末。一、造药万斤，需用石臼二十个，外方内圆，深一尺四寸，径宽一尺三寸，厚五寸，视造药多寡，为置臼之增减。一、杵用鬼树坚木，长六尺，杵嘴长一尺六寸。杵尾下挖土深一尺，俾扬高有力。一、每臼周牙硝八斤，磺粉一斤二两，炭粉一斤六两，搀和入臼。三人轮替舂踏不歇，与舂米无异，以三万脚为率。一、用清水百斤，新大麦三斤，入锅同煮，捞去大麦，水入缸盛贮。每日用臼药舂三万杵足数，用蔑筛将药摊平，口喷麦水，用力推筛，旋推药即成珠。筛下之药再喷再推，上下一律成珠。其珠类似黍米，晒干甚坚，收贮干燥处，永无日久散碎成灰之弊。先用手掌燃试，以不灸手为度。造药处所，匠作舂工人数众多，勿存成珠药，以期慎重。一、提炼硝磺宜于春季，造药必在夏初，取其昼长，春造晒晾即易于见功。如遇缓急需用，则长夜亦可造办，无须拘定夏季。而提煮三次，舂杵三万，慎无减少。一、以上各条简便指明，并无奇巧揣摩之处，照办甚易。配造一次，立见效验，下届承办者亦不愿再事草率，奖严操练，不难与八十弓，例靶准头相等，药力增加两倍，与军储有俾。”①

丁拱辰所制火药。主要包括两种加工工艺。一是仿效西方的加工工艺，即配置100斤火药，用硝75斤，硫磺10斤，衫木炭15斤，三者比例为75∶10∶15。二是适用于广东沿海地区的加工工艺，《海国图志》载：“西洋人用药，极意精细，其力足以击远，其烟多系白色。我但加工加料制造，即可敌彼洋药。粤东有精制火药，其药力竟与洋药相等，烟亦白色，见火即燃，毫无渣滓。曾制数千斤，颇得其用，自宜广推其法。其制造之法，每药一百斤，须用提净牙硝七十六斤，半净硫磺十二斤，麻杆炭十二斤，葫芦壳炭半斤，汾酒二十斤，顶好大梅片二两，麈犀公角二两，煅炭配合而用。惟提硝之法，总以洁净为率。煎至二三次，用白糖以去尽其泥，用萝卜以去尽其盐，用雪水以清净其矾，必至于极净而止，慎勿草率。然后取其面上之牙为用，其底再以清水漂之。必如棉花雪体，用其净而去其渣。其硫磺则用茶油煎之以去其面，牛油煎之以去其底，至于麻杆先去其皮，并头尾两段，取中节用明火煅炭，务令火候得宜。倘火候不到，其力不猛烈，火候太过，又不能致远。烧煅葫芦壳炭亦然。其制麈犀公角，打碎以铁锅煅之，使其烧透烟尽为止。复以芭蕉树取汁多煎之，次日澄清去水，加大梅片二两，共入锅内。锅外以滚水泡之，使熔化为糊，以硝磺及炭灰汾酒合而同舂，愈舂愈好，碾炼极工而后罗筛细粒制成。以少许置之手掌中，用火点试，以不烧手为佳。果能依法制造，尚可较胜洋药。切勿轻忽减工减料，此配精药之良法也。如炮中用

① 中国第一历史档案馆．鸦片战争档案史料（Ⅶ）．天津：天津古籍出版社，1992．16

药，平时须先校准分量。某炮某炮食药若干一一记明，用红布袋盛之，配合药膛大小装入，再用引门铁锉探入，刺破布袋，然后下烘药点放，方为合法。”[①]

这里，丁拱辰是将硝溶解后加入白糖、萝卜、淡水，进行煎煮，以除去泥沙、盐分，使硝液净化，最后取其面上的纯硝结晶；将硫用茶油和牛油煎之，冷却后除出渣面和渣底，尽取中间纯硫；选用去皮的中间段麻杆，用明火煅炭；将混合物一起放入臼中均匀拌合反复锤捣成千上万次，制成百斤火药，筛成细粒。这里所配置的火药中，硝、硫、炭的比率大致是：75.7％（1224 两）：11.9％（192 两）：12.4％（200 两）。

清军火炮弹药用量的比例，一则视炮身轻重不同而定，规定每百斤炮重配火药四两。如《演炮图说辑要》载：“炮中用药，平时须先配定，若用寻常药，每百斤用药四两，用好药酌减用之，而某炮食药若干，一一预先称便，用红布袋子盛之，袋之径约与药膛之径相等。”[②] 如 6000 斤大炮，每发应装配火药 240 两。《海国图志》载：“凡中西大小炮位，自五百斤至五千斤止。每百斤用营制火药四两，而炮弹用薄棉先裹，外加红布包缝周密。……中华炮式，如炮身重每百斤，用火药四两。如夷炮四千斤，乃四千磅，实重三千斤，用药七斤八两。中有身短而口大者，则加用十分之二亦无妨。惟演放时听声用药，临演之际，预用红布袋，每包二斤或三斤，可以写明，用时送入炮腹逐包舂实，用引门锥，用力插看，以实为度。”[③]

二则有按一药二子之法装填 。如《鸦片战争档案史料》载：道光二十一年（1841）八月二十九日，江苏巡抚梁章钜奏：“至上海炮局续铸有四千余斤大铜炮十尊，已解至吴淞，臣亲历海口，妥为安设，即会同提臣照一药二子之法，逐加演试，均能致远有准。”[④]

三则按弹药比例 3：1 配药，而炮弹重 40 斤或 50、60 斤者，按应配药的八折算。《海国图志》载：“中华论炮身重数，每百斤用火药四两。乃系论炮口入弹，就弹配药，大率以弹三斤，用药一斤，惟弹至四十斤或五十六十斤之大就应配之药八折算。如中华新铸四等生铁炮五千斤者，我用药十二斤半。口径五寸三分，彼就口九折算，应用弹径四寸八分。重三十一斤，应配药十斤零五两。又三千斤者，我用药七斤半。口径四寸五分，彼就口九折算，应用弹径四寸。重十八斤，应配药六斤。又两千斤者，我用药五斤，口径四寸，彼就口九折算，应用弹三寸六分，重十三斤，配药四斤五两。又如八千斤者，我用药二十斤，口径六寸六分，

---

① ［清］魏源撰，王继平等整理．海国图志．长春：时代文艺出版社，2000.1337

② ［清］丁拱辰．演炮图说辑要（卷 3）．中国国家图书馆藏书，1843.20

③ ［清］魏源撰，王继平等整理．海国图志．长春：时代文艺出版社，2000.1304

④ 中国第一历史档案馆．鸦片战争档案史料（Ⅳ）．天津：天津古籍出版社，1992.193

彼就口九折算，应用弹径六寸。重六十斤应配药二十斤，其弹过大，不堪照配，当再八折算，堪用药十六斤。凡此四等用药，彼少我十分之二，可知彼药性胜我十分之二也。彼就炮弹配药，而我论炮身用药，各从惯熟，不必更改。”① 表 1.16 为笔者整理的简表。

表 1.16　鸦片战争时期清朝铁炮弹药量装配原则

炮重/斤	炮口径/寸	弹径/寸	炮弹重/斤	弹药之比	火药重
5000	5.3	4.8	31	3∶1	10 斤 5 两
3000	4.5	4	18	3∶1	6 斤
2000	4	3.6	13	3∶1	4 斤 5 两
8000	6.6	6	60	再八折算	16 斤

注：弹径是炮口径 9 折，炮重百斤配药四两，炮弹斤数是火药的 3 倍，炮弹重至 40 斤或 50 斤、60 斤者，按应配药的 8 折算

但是，从整体上看，在东西双方的火炮皆用黑色有烟火药的大背景下，清军沿海大多省份手工方式制作的火药以及火药赔累制度弊端的影响，其火药质量逊于英军火炮发射火药，这自然导致火炮射程短于英军火炮。此种状况必然导致中英军队在沿海的许多战争中，清军仍然使用质量粗劣的火药与英军作战，使其原本较落后的枪炮，在实战中效能更减。《火器略说》载：“近日中国官药，所用硝、磺、炭，其数多寡与英国官药相同，所不可知者，质欠精纯，匠役偷减，局疏查验，草率从事，遂至物料遂同而功效相去悬殊。”② 表 1.17 为中外时人对清军火药品质不佳的评论。

表 1.17　中外时人对沿海一些省份清军火药质量不好的评论

省份	时间	相关人	火药质量状况	史料出处
广东	1841 年一月七日	英参战军官宾汉	中英大角、沙角之战：中国“火药库里面存着几千磅粗火药，装在木桶或泥罐中，我们全部投之于海。因为虽然中国火药的成分几乎和我们的相同，却是一种粗劣的东西”	英军在华作战记（Ⅱ）. 28
		英参战军官伯纳德	中国火药效果不强，与英军相比，虽然制作原料和比例差不多相同，但是制作粗糙，加大了为完成某种任务的困难	“尼米西斯”号轮船航行作战记（Ⅰ）. 347
	1841 年四月七日	监察御史骆秉章	1841 年英军进犯虎门、广州：“逆夷炮无虚发，我炮虽发无准，火药半杂泥沙轰击无势，不能及远”	鸦片战争档案史料（Ⅲ）. 449
浙江	1840 年七月五日	杰克·比钦	中英第一次定海之战，“此地的火药质量不好，使得中国火炮炮弹有时仅滚下炮口和翻一些筋头”	中国的鸦片战争

① ［清］魏源撰，王继平等整理．海国图志．长春：时代文艺出版社，2000. 1311

② ［清］王韬．火器略说．黄达权口译．见：刘鲁民主编，中国兵书集成编委会编．中国兵书集成（第 48 册）．北京：解放军出版社；沈阳：辽沈书社，1993. 37～44

续表

省份	时间	相关人	火药质量状况	史料出处
江苏	1842年一月二十二日	江苏巡抚程橘采	仿照前任福建水师提督陈阶平奏订通行之案，认真制造备用，不特提煮硝斤折耗较大，即磺炭二项亦须拣炼精良，因之物料人工均有增益。核计制药百斤较营中常用之药多用银两五两不等，若照常请销，不敷甚巨，且恐有名无实，仍不能致远有准	鸦片战争档案史料（Ⅴ）. 41
	1842年八月八至十二日	钦差大臣伊里布的家人张喜	张喜所撰的《抚夷日记》中载有英人的评论："中国大炮亦好，但火药无力"	鸦片战争（Ⅴ）. 338

资料来源：Beeching J. The Chinese Opium Wars. New York：Harcourt Brace Jovanovich，1975. 114

鸦片战争前后，清军新式火药在实战中的使用概况。福建沿海的清军新式火药在此表现得比较明显，《鸦片战争档案史料》载：道光二十年（1840）六月十二日，福建水师提督陈阶平奏："查此次攻击夷船，用去新造加工火药五百余斤，甚为得力，虽未能通创，而枪箭炮火，歼毙夷匪多名，抢获物件，夷船丧胆远窜，办理伤属认真。但其炮火猛利，我兵毙伤九名。"[①]《鸦片战争档案史料》载：道光二十年（1840）七月十二日，陈阶平又奏："七月廿四日复有夷船阑入。阶平亲督水陆官兵连环轰击。二十五、六两日接连两仗，击毙逆夷甚伙。至廿九日方始窜去。计厦门二次攻夷，全赖炮火得力。倘能处处制造加工火药，再添铸万斤大炮，不难击沉夷船。……附进火药清单，录稿呈求钧政。"[②]《鸦片战争档案史料》载：道光二十年（1840）八月二日（军录），闽浙总督邓廷桢奏："（七月）二十五日卯辰之间，该夷船悬挂红旗驶进青屿，直趋水操台，守口师船并力拦阻，该夷船即行开炮。……该处距水操台约在二十里内外，提臣（陈阶平）存有亲自监造加工火药，其力极猛，即亲督署中军参将孙云鸿等相度远近，传令开炮，叠中夷船舵尾，并击碎其衫板一只。该夷船力不能支，始行退出厦港。"[③]

三、鸦片战争时期英军火炮炮弹使用火药的技术及其实战概况

从18世纪60年代开始，英国实行了以蒸汽动力和机械操作代替手工操作为主要标志的"产业革命"，到19世纪30～40年代，各主要工业部门已普遍采用机器生产，大大提高了生产率。这些先进技术的采用，保证了英军火药的优良品质。俄国人H. A. 施林格说："大约自1650年到现在，军用有烟火药的组成变化很小：75％的硝酸钾，15％的炭和10％的硫。这种炸药是可燃物（木炭及硫）与含氧物质（通常是硝酸钾）的机械混合物。18世纪初，给吕萨克最初进行有关火药成分比

① 中国第一历史档案馆．鸦片战争档案史料（Ⅱ）．天津：天津古籍出版社，1992. 157

② 中国第一历史档案馆．鸦片战争档案史料（Ⅱ）．天津：天津古籍出版社，1992. 249

③ 中国第一历史档案馆．鸦片战争档案史料（Ⅱ）．天津：天津古籍出版社，1992. 299

例的意见。他认为这种比例是80％硝酸钾、5％的硫和15％的炭。有烟火药的爆炸可以按歇夫列里早在1825年提出的很简单的公式进行：$2KNO_3+3C+S \longrightarrow K_2S+N_2\uparrow+3CO_2\uparrow$。这一方程适用于74.84％硝酸钾、11.84％硫及11.32％木炭的火药。”[①] 即按上述组分制造的火药在放出足够的热和达到最高温度时能生成大量的气体分解产物。英国按照这一方程式，配制了硝、硫、炭的比率为75％∶10％∶15％的枪用发射火药，以及组配比率为78％∶8％∶14％的炮用发射火药，以及70％∶10％∶20％的箭用发射火药。它们被各国确定为标准的火药配方。其弹药比例一般为3∶1，也有因实际情况而适时而变。

鸦片战争时期，英军火药的生产采用先进的机器设备进行。《不列颠百科全书》有鸦片战争前后包括英国在内的欧洲各国火药的详细生产过程的叙述，其工具有混合原料的金属捣磨机、硝石单独用的碾压机、搅拌混合原料的梨形翻转器、将大块药粒打成小块的粗齿磨、造粒磨、抛光机等。该书说：“300多年来黑药的组成基本没有变化，其组成近似为：75％的硝石，15％的木炭和10％的硫磺。1800年初引入金属捣磨机。硝石单独用重型的碾压机粉碎，然后几百磅硝石、木炭和硫磺混合物置于一重型的铁装置内，此装置像一个盘子，装有梨形器连续地翻转药料，两个重10～12吨的铁滚子粉碎和混合药料，此过程要进行几个小时，操作时定时洒入水以保持混合物的湿润。磨好的药料通过木滚将大的块破碎，在3000～4000磅/英寸的压力下压成药饼，粗齿磨将药饼破碎成易于处理的块，再通过一系列不同尺寸的造粒磨将块造成所需尺寸的药粒。下一步的操作为抛光，在一个大木圆筒中磨光药粒几个小时，在此过程中磨去药粒的棱角，并采用强力空气循环，使火药达到所要求的湿含量。抛光即加入石墨，在单个药粒的表面形成一层薄膜。抛光的火药比未抛光的火药易于流动并抗吸湿，细粒度的较粗粒度的燃烧得快。……在火炮炮栓上钻有空，内装火药粉，通常用缓慢燃烧的火绳点燃。”[②]

英国人W. Cocroft的《危险的能量：火药和军事爆炸的制作工艺考古》说：“到18世纪晚期，英国军用火药的成分制造是硝石∶硫磺∶木炭＝75％∶10％∶15％。……1759～1850年，尤其从18世纪80年代起，英国皇家军火厂的火药生产经历了深刻的变化，它已进入到近代工厂的机械化生产阶段，其生产的火药成为世界各国的标准。这些成就的取得，主要归功于康格里夫在18世纪80年代晚期的对火药成分的提炼，他的圆柱形火药的引进，和实验火药的新方法等。火药生产包括以下程序：原料的准备与提纯、硫磺和木炭的粉碎、原料的拌和、混合物的捣磨与压制、药料的粒状化、粒状火药的抛光、火药的烘干、火药的过筛与分

---

① 施林格 H A. 有烟火药教程．郑宝庭，朱志琳译．北京：国防工业出版社，1958.16

② 国防科委百科编审室．外国百科全书条目译文选编（内部资料）．1988.18，42

别包装等。”[1] 其仪器设备及一些生产过程如图 1.65 所示。

(a) 硫磺提炼车间图

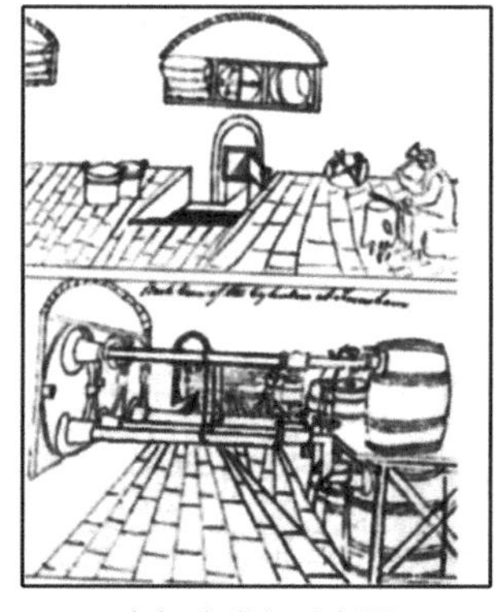

(b) 木炭加工房图

(c) 舂磨机图

(d) 蒸汽机驱动的机器在制火药粒的情景图

(e) 火药干燥炉图

(f) 存放粒状火药的车间图

(g) 烘干火药车间图

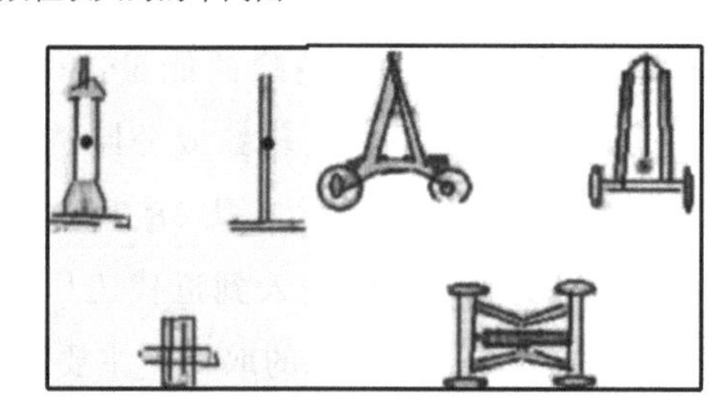

(h) 火炮装药试放的装置图

图 1.65 英军 1759～1850 年火药生产程序及火炮演放图

资料来源：Cocroft W. Dangerous Energe：The Archaeology of Gunpowder and Military Explosives Manufacture. Swindon：English Heritage，2000. 38～63

① Cocrcoft W. Dangerous Energe：The Archaeology of Gunpowder and Military Explosives Manufacture. Swindon：English Heritage，2000. 38～63

鸦片战争时期，英军火药制作方法及成分配比，在《海国图志》中的记载表明，原料比例合理，硝石∶硫磺∶木炭＝75∶10∶15；选料精细；舂炼足透，“故演时烟微而色白，有力能致远，此制药之法也”[①]。这里“烟微而色白”的火药并非指的是无烟火药（硝化棉和硝化甘油两种），其状况只是说明英军火药燃烧充分。因为只有原料配比合理，才能使反应进行完全，生成无色气体氮气和一氧化碳，不会有大量碳和硫残余。19 世纪后期欧洲发明的无烟火药与黑色火药不同，是瞬间充分燃烧的，因此没有烟散出来妨碍发射者，只在枪炮管里有一点沉积，放慢了发射频率。但射程之远是当时所有武器都不能及的。

《海国图志》载：“西人制火药每百斤之中，用净硝七十五斤，硫磺十斤，杉炭十五斤。用上料极厚好烧酒及好泉水和之，舂炼足透，用纸盛少许举火试之，火着药发，其纸不焚为度。其硝用好泉水煅煮二三次，去尽污秽渣滓，至极清净，候冷坚凝，舂至极细用细罗斗筛出细末，粗者弃之。其硫磺煮法不用柴，防火气上腾烧化。惟用好炭烧得纯白，而无火烟出为度。次用灰掩之，使余火不腾起，即将釜安在灶上，将热用生油少许抹遍釜内，将硫磺先落一块，每块约半斤。次用锤擂熔，再熔一块，再擂均熔。又逐块再落，须各擂熔，落至满釜而止。所有污秽渣滓，乌色尽浮上面，除去净尽，方可盛入小桶。其桶务要浸水，而后覆在地上使水汽坠尽，然后盛贮。桶内欲贮之时，硫磺尚在釜内，当仍架在灶上，灶中之火炭虽已用灰掩之，恐有余火四出，当加瓦片盖密，方不焚烧。盛贮桶内，片时便凝结成块，再舂捣极细，用细罗斗筛出细末，即另行盛贮。其杉炭须选烧透不存木性者，庶无黑烟蔽目。并要飞碾极细，用水过洗，筛汰粗渣，合硝与磺和厚酒及好泉水各半，舂炼足透，愈舂愈好。故演时烟微而色白，有力能致远，此制药之法也。……至于用药之法，亦各不同。（清军）四等用药，彼少我十分之二，可知彼药性胜我十分之二也。彼就炮弹配药，而我论炮身用药，各从惯例，不必更改。”[②]

《火器略说》载：“火药之造，先于枪炮，而枪炮之所以能命中及远者，惟恃乎火药，则其提炼制合之方，不可不倍加留意，平时验之既精，则临时自不至误事，余今考欧洲诸国所用火药制造之法，各有不同，就其配合硝、磺、炭三物，亦有多寡之别，兹将硝、磺、炭配置之数列明如下：……英国官药用硝 75、磺 10、炭 15。英国无论大小火炮皆用此药，惟攻挖地道则再加入磺，取其力猛横发，若用官药，加少木糠在内。英国有官药、市药两种，市药乃商人造以图利者，有时官药不足间售市药，但当精碾无弊，然后可用。造制火药之三物，硝为最贵，图利

① ［清］魏源撰，王继平等整理．海国图志．长春：时代文艺出版社，2000.1340

② ［清］魏源撰，王继平等整理．海国图志．长春：时代文艺出版社，2000.1341

之人，每将硝数减少，或配合不净之硝，贻误非浅。”[①]

英军火炮弹药用量的比例，其定率大致是弹重量：药重量＝3：1，但火炮各类型及各用量互有差异。恩格斯在1857年著的《炮兵》中指出：在法国拿破仑一世（Napoléon Bonaparte，1769～1821）垮台后的和平时期，英国野战炮兵几乎完全由9磅炮组成，这种炮的长度为口径的17倍，重量按炮弹重1磅、炮重3/2英担计算，装药量是炮弹重量的1/3。……在军舰上每种火炮通常有三种装药：大号装药用于对远距离目标和逃敌等射击，中等装药用于海战中对中距离目标进行有效射击，减装药用于接舷战斗和发射链弹。32磅长管炮的装药有相当于炮弹重量的5/16、1/4和3/16的三种。对于短管轻炮和发射爆炸弹的加农炮来说，装药和加农炮的比例当然还要小些；而且发射爆炸弹的加农炮所使用的空心弹比实心弹轻。[②]

《火器略说》载：用药率：西人用药，分两各视炮身厚薄以为轻重。凡长重大炮，药重于弹1/3，轻炮俗名瓦筒式炮，药重于弹1/4，短薄炮药重于弹1/12；用弹率：西人用弹之轻重，皆以炮膛径之大小，炮身铁之厚薄为准。凡大炮用弹42磅重者，药膛之旁铁厚如药膛之径，用弹24磅重者，药膛之旁铁厚于药膛之径一倍零八分之一，炮口之铁减于药膛之厚一半。长重炮炮身重168斤，用弹12两，中重炮炮身重166斤，用弹12两，轻短炮炮身重84斤，用弹12两。[③] 表1.18～表1.20为《火器略说》所列的英炮定率数据的整理表。

表1.18　根据《火器略说》计算的欧洲大铁炮定率表

炮重/斤	炮长/尺	膛径/寸	弹径/寸	弹重/磅	用药/磅	炮弹重量：火药重量
7624	8.4	12	11.37	68	12	5.6：1
4851	7.6	10	9.7	68	7	9.7：1
4200	6.8	8	7.8	68	7	9.7：1
5376	9.7	6.41	6.2	32	10.6	3：1
4032	8	6.4	6.2	32	8	4：1
2100	5	6.3	6.2	32	4	8：1
4200	9.6	5.823	5.6	24	8	3：1
3948	9	5.823	5.6	24	8	3：1
3360	7.6	5.823	5.6	24	8	3：1
3528	9	5.292	5.1	18	6	3：1

① ［清］王韬．火器略说．黄达权口译．见：刘鲁民主编，中国兵书集成编委会编．中国兵书集成（第48册）．北京：解放军出版社；沈阳：辽沈书社，1993.37～44

② 恩格斯．炮兵．见：马克思，恩格斯．马克思恩格斯全集（第十四卷）．中共中央马克思恩格斯列宁斯大林著作编译局编译．北京：人民出版社，1995.206

③ ［清］王韬．火器略说．黄达权口译．见：刘鲁民主编，中国兵书集成编委会编．中国兵书集成（第48册）．北京：解放军出版社；沈阳：辽沈书社，1993.53～57

续表

炮重/斤	炮长/尺	膛径/寸	弹径/寸	弹重/磅	用药/磅	炮弹重量：火药重量
3108	8	5.292	5.1	18	6	3∶1
2856	9	4.623	4.45	12	4	3∶1
2772	8	4.623	4.45	12	4	3∶1
2604	9	4.2	4.06	9	3	3∶1
2100	7	4.2	4.06	9	3	3∶1
1932	8.6	3.668	3.55	6	2	3∶1
1428	6	3.668	3.55	6	2	3∶1

表 1.19　根据《火器略说》计算的欧洲短薄单耳铁炮定率表

炮重/斤	炮长/尺	膛径/寸	弹径/寸	弹重/磅	用药/磅	炮弹重量：火药重量
2520	3.2	8.05	7.95	68	3.6	18.7∶1
1890	4.4	6.84	6.795	42	3.5	11.9∶1
1428	4	6.25	6.2	32	2.6	12.2∶1
1092	3.8	5.68	5.63	24	2	12∶1
840	3.3	5.16	5.24	18	1.5	12∶1
504	2.8	4.52	4.45	10	1	10∶1
400	2.8	3.6	2.55	6	12	8∶1

表 1.20　根据《火器略说》计算的欧洲阔口短轻炮定率表（用通心炸弹，以引之长短为准）

炮重/斤	炮长/尺	膛径/寸	弹径/寸	弹重/磅	用药/磅	炮弹重量：火药重量
1050	4.9	5.72	5.6	24	2.5	9.6∶1
546	3.3	4.73	4.44	12	1.5	8∶1

资料来源：［清］王韬．火器略说．黄达权口译．见：刘鲁民主编，中国兵书集成编委会编，中国兵书集成（第48册）．北京：解放军出版社；沈阳：辽沈书社，1993.53～57

综上可知，欧洲加农炮的炮弹重量：火药重量大都是3∶1，短薄单耳铁炮即卡龙炮和臼炮因考虑到在船体上的反冲力的缘故，炮弹重量：火药重量的比值从8～18.7不等，此和前述的理论对照。

英军火炮发射火药的威力较中国尤猛，在许多史料中有反映。《广东海防汇览》载："若夫攻战技术，夷所恃者炮耳。其炮皆以铜为之。炮子则用生铁，大者四十斤，小者亦二十五斤，火药之力较中国尤猛，炮火所轰击可及三四里，诚劲敌也。"[①]《海国图志》载："今就英吉利、佛兰西、亚墨利加三样炮式与中华生铁炮、铜炮同用营药演放，比较远近相等，独是药料较胜，坠数较减耳。"[②]

英军火炮发射用火药性能优越，导致火炮射速较中国要快。海战中战舰的晃

① ［清］卢坤，陈鸿樨．广东海防汇览・通论（卷12）．1838.345

② ［清］魏源撰，王继平等整理．海国图志．长春：时代文艺出版社，2000.1304

动使得瞄准困难，燧发机和雷汞底火的优越之处在于没有发射延迟，而普通引信通常需要几秒钟的时间才能引爆发射药。这样炮手瞄准以后可以立刻发射，大大提高了射速。表 1.21 为鸦片战争前后东西方炮弹发射用火药的质量概况。

表 1.21　鸦片战争前后中英火炮炮弹用火药质量的概况

<table>
<tr><td colspan="2">整体看</td><td colspan="4">中英火药大致处于同一发展阶段，皆为黑色有烟火药，都同后来的高能炸药或混合炸药有本质的区别。区别之处在于：生产火药是否有专门的研究机构；生产方式和生产规模不同</td></tr>
<tr><td>具体</td><td>鸦片战争前后</td><td colspan="4">火炮用火药概况</td></tr>
<tr><td rowspan="11">清军</td><td>嘉庆二十三年(1818)</td><td colspan="4">清军火药中硝、硫、炭的配比为 78.05∶9.76∶12.19，烘药为 78.43∶9.80∶11.77</td></tr>
<tr><td rowspan="2">《筹海初集》卷 3 记载的道光十五年(1835)火药方比率</td><td>枪炮用火药比率</td><td>80 (1280)</td><td>10 (160)</td><td>10 (160)</td></tr>
<tr><td>火箭用火药比率</td><td>86.5 (16)</td><td>5.4 (1)</td><td>8.1 (1.5)</td></tr>
<tr><td>道光十六年(1836)十月</td><td colspan="4">两广提督陈阶平配置的火药中硝、硫、炭的配比是 74%∶11%∶15%。道光皇帝著两广总督、广西巡抚督饬各营照此制造</td></tr>
<tr><td>道光二十年(1840)六月十二日</td><td colspan="4">福建：福建水师提督陈阶平奏为用新制火药厦门堵击英船情形致兵部尚书祁寯藻函，这里陈所配置的火药硝、硫、炭的比率大致是：76.19 (128)∶10.71 (18)∶13.10 (22)</td></tr>
<tr><td>道光二十年(1840)九月十四日</td><td colspan="4">道光皇帝著各直省一体照福建水师提督陈阶平所制火药如式制造</td></tr>
<tr><td>道光二十年(1840)前后</td><td colspan="4">广东：丁拱辰所配置的火药比率硝、硫、炭的大致是：75.7 (1224)∶11.9 (192)∶12.4 (200)</td></tr>
<tr><td rowspan="2">道光二十一年(1841)三月四日</td><td colspan="4">广东：江南道监察御史骆秉章奏："火药宜精制也，澳夷造药，内地多有明习之者，能如法认真监造，不许偷减，则药力可敌逆夷"</td></tr>
<tr><td colspan="4">盛京：道光皇帝著盛京将军耆英依陈阶平条奏制造火药等事上谕</td></tr>
<tr><td>道光二十一年(1841)五月二十五日</td><td colspan="4">江苏：署江苏巡抚程橘采奏报按新法铸炮制药接办防堵事宜折</td></tr>
<tr><td></td><td colspan="4"></td></tr>
<tr><td rowspan="6">英军</td><td rowspan="2">至 16 世纪</td><td colspan="4">欧洲所用发射火药的组配比率大致和明军相似</td></tr>
<tr><td colspan="4">中国 1556 年火药含硝 76%，而英国 1560 年火药含硝 50%</td></tr>
<tr><td>1635 年</td><td colspan="4">所用的发射火药中硝、硫、炭的组配比率为 75%∶12.5%∶12.5%</td></tr>
<tr><td>1825 年</td><td colspan="4">英国的歇夫列里提出了黑色火药的最佳化学反应方程式：$2KNO_3+3C+S\longrightarrow K_2S+N_2\uparrow+3CO_2\uparrow$。据此，在理论上，硝、硫、炭的组配比率以 74.84%∶11.84%∶11.32%为最佳火药配方</td></tr>
<tr><td rowspan="2">1825 年后</td><td colspan="4">英国配制了硝、硫、炭的比率为 75%∶10%∶15%的枪用发射火药</td></tr>
<tr><td colspan="4">组配比率为 78%∶8%∶14%的炮用发射火药</td></tr>
</table>

小结

鸦片战争时期，清朝沿海大多省份的火药制造因是封建的手工生产方式，导致火药生产效率低，生产方法、规模、质量和实战效果与英军相比存在着差距。沿海的一些省份在战争中仿制了英军的火药，其中尤以福建水师提督陈阶平仿制的火药为上乘，沿海一些省份的清军在与英军对垒中并将新式火药用于实战。其弹药比例一般是 2∶1，弹药 3∶1 的装填方法应属模仿英军所致。真正引发包括英国在内的欧洲火药技术变化的是工业革命的发生。此时中英双方虽然所用的火药都为黑火药，由硝石、硫磺和木炭按一定比例配制而成。但是，英国配制出了硝、硫、炭的比率为75%：10%：15%的炮用发射火药，被西欧各国确定为标准的火药配方，采用蒸汽机驱动机器生产火药，导致火药生产的效率高，质量稳定，其弹药比例一般为3：1，也有因实际情况适时而变的。总之，战争时期，英军发射炮弹用火药的质量明显优于清军。在战争中，清军铁炮炸裂多，射程近，杀伤力小，英军则与之相反，铁炮发挥了巨大威力，此乃清军在鸦片战争中失败的重要原因。清朝发射炮弹用火药的性能不佳有技术和社会两方面因素的制约。

第六节　中英火炮的射程

一、影响火炮射程的因素及解决射程问题方法的探讨

鸦片战争时期的中英火炮射程的文献、史料很多，为后人对射程问题的研究提供了充足的信息。但是，中国古代的许多学者及军事家们对之的记载或研究，大都语焉不详，或以讹传讹，时至今日并无公论。

二、清军火炮的射程

火炮射程（发射点与落地点之间的水平距离）可分最大射程（maximum range）和有效射程（effective range）两种，二者都是衡量火炮性能优劣的重要标志。最大射程是指发射角为45°命中目标的距离。一般情况下，炮膛轴线与水平面的夹角接近45°（考虑到空气阻力，45°的时候抛射的距离反而略小）；有效射程是指某距离上弹头的动能大于杀伤目标所需要的动能，弹头就能杀伤目标的距离。鸦片战争前后的中英火炮射程主要指的是有效射程。因为最大射程通常对目标不构成威胁。其实，火炮射程只是其技术性能可能达到的理想值，实战中，射程受多种因素的影响，最终都会影响射程的最大化。《海国图志》："凡演练大炮，必当炮好、药佳、弹圆，其架便捷，架下地方平坦，不偏左右。安靶之地，不宜太高，亦不可过远，有一不合，便不能中。如炮已旧，腹中生锈，凸凹不平，引门宽大，演放无力，或引门在炮腹底面进前二三分者，必能退撞，并有一经演放，炮口仰高，或连架跳起，或偏左右以致不中，此可加米压重。亦有火药不纯，打不到靶，炮弹不圆及过小者，或腰间起线不平，炮架不得其宜，地有不平，炮身欹斜左右，偏左者弹必偏左，偏右者弹必偏右，皆不能中靶。"

影响射程的具体因素：

1）药量多少、质量状况、铁或铅弹子大小和圆整程度都会影响射程数据。黑

火药燃烧时产生的化学性能低，燃烧速度过快，产生的推力小，杀伤和摧毁能力有限。炮弹愈重，空气阻力对它的影响愈小。且炮弹飞行的距离不仅取决于掷角，还取决于速度：在其他条件相同的情况下，炮弹的初速愈大，飞得愈远。因此，适当增加火药量和提高质量，可以增大火炮的射程。炮弹在形状上彼此是有差别的，比较粗糙的炮弹，它的初速消失得快，因而落得就比较近。不同形状的炮弹，它们所受的空气阻力各有不同，射程自然远近不等。同时，弹药装放比例是否得法，对射程都将产生影响。如装填炮弹时如果不把其推送到头，那么发射时必会造成火药在药室内的不同燃烧条件，而这会引起射程的差异。

2）弹丸和炮膛口内径密切贴合程度。制造炮弹是一个复杂、耗时、高成本的工程和最为必要的工作，对精确度和专业性要求很高，因为炮弹和炮管口径越匹配，炮弹越能打得远打得准，对炮膛的损伤就越小。否则弹丸过大则膛内的药力被闭塞，有炸裂炮身的危险。弹丸过小则膛内的药力泄气，动力不足，杀伤力小。《鸦片战争档案史料》载：道光二十三年（1843）二月十二日，两江总督耆英奏：火炮“视其膛口之大小以配炮弹。其炮弹之法，务取圆活，置弹于膛，无一丝空隙，始能致远有准。苟有空隙，则火气傍泻，弹出无力，不独不能致远，且断不能有准。若有阻碍，则火气为弹所闭，药性猛烈，炮体虽坚，恐亦难保无炸裂之虞。”[①]《演炮图说》对清军弹药装填记载：“按炮膛大小，配准合膛弹子（其弹各小于膛分许为则，不可再小，再小则从旁拽出，无力致远），用药几何，照药膛所容，以八分为度（不可满出药膛），以斜缝布袋盛入，轻轻送入（不可重杵，若重杵，则药坚实，致由火间虽出），加弹，后用碎布扎成圆球（须较膛口稍大数分），用杵紧紧塞到，贴于弹子（此球取其固气，万不可少此物，亦不可松，要紧之至），加门药，用门针引透，然后照准施放，则药力鼓足不拽，方能致远（其用药须留心，检点万不可加多为要）。……演毕用棕帚溅水乏洗，更以布帚乏干，各停片刻，俟潮气出透，再用木塞，塞住膛口。并护紧引门，上加炮盖，庶膛内无潮气生锈之弊。”[②]

3）垫木低昂、炮尺高低直接影响火炮发射角度。掷角愈大，炮弹飞得愈远。但距离的增大是有限度的：当掷角为45°时炮弹飞行最远。若继续再增大掷角，则炮弹飞行得愈来愈高，但着地的距离却愈来愈近。《演炮图说》载：“炮之远近，非炮规不适于用也。炮规以铜为之，前如象限，只分十二度，上加重针以切度，后如尺为尾针，长一尺二寸，用时以规尾插入炮膛，留象限于炮口外。外安定，将炮俯仰，使重针就指第一度之切线，即为平度，乃此炮致远之本度也。如炮本

① 中国第一历史档案馆．鸦片战争档案史料（Ⅶ）．天津：天津古籍出版社，1992.56

② ［清］丁拱辰．演炮图说（刻本）．中国国家图书馆藏书，1841.1～15

度致远五里，欲加远，将炮口上仰，测重针切一度之末线是为第一度，又加远二里半，共致远七里半，再测仰一度是为第三度，又加远六分二厘五，共致远九里三分七厘五，再测仰一度是为第四度，又加远三分一厘二五，共致远九里六分八厘七五，再测仰一度是为第五度，加远至一分五厘六二五，共致远九里八分四厘三七五，再测仰一度是为第六度，又加远七厘八一二五，共致远九里九分二一八七五，凡高至六度，不可再仰，若测仰至七度，便退近七厘八一二五，自七度以外，每高一度，即逼近一度，且无准则，其法出于则克录，试之信然。”①

4）炮膛光滑度影响火炮射程。炮身的内表面有很小的划痕或其他凹凸不平之处，在发射时就会产生气体外泄的现象。炮膛制作的加工精度及使用过程的保养维护是重要影响因素。再如火炮发射时，一发炮弹跟着一发炮弹发射得愈频繁，则炮身就愈热，同时也愈膨胀。这样一来，每发炮弹的火药燃烧条件就各不相同（因为药室的容积改变了），炮弹对膛壁的摩擦力也随之改变，结果火炮的射程就各不相同了。

5）设置的条件不同，造成火炮射程数据不同。比如海军舰船上使用的火炮，要考虑船体的承载量、木制结构的承受度和战术要求的缘故，通常火炮要小，射程自然要近。而在陆地作战，这些因素都可少考虑一些。再如在实验工厂，火炮因无须机动性的要求，通常庞大和辅助设施复杂，自然射程很远。但如果用于实战，因有机动性和操作简便性的要求，通常火炮要小，辅助设施要减，自然射程要近一些。而人们通常所说的射程往往指的是战场上的实战数据。

火炮射程问题的解决方法探讨。鸦片战争时期的中英火炮射程的文献很多，为后人对射程问题的研究提供了充足的信息。解决此历史悬案，大致有四种方法，一是史料考证；二是根据炮弹出膛速度的理论推算；三是根据计算机软件的模拟推算；四是根据实物，利用模拟制作的弹药，所做的实弹演习。实弹演习是解决中英火炮射程问题的一个尝试，但实施起来并不会很完美。因为要做模拟实验，是有先决条件的，即对模拟的对象要有足够的了解。比如中英火炮当时所用火药的成分，装药量多少等有很多技术性细节，现在未必能够弄清楚。如果这些不清楚，做模拟实验，就成了无的放矢，其结果的说服力就会让人怀疑。因此，此种方法首先予以排除。中英火炮射程的文献考证，当时双方对之的记载，史料可谓多矣，我们后人可以避开先人施放火炮时的许多技术性环节，从当时古人记载的史料中，对照鸦片战争中的具体战役，捕捉到信息的准确与否，再利用逻辑推理的方法，最终由表及里探讨出事情的本质来。而根据炮弹出膛速度的理论推算和计算机软件的模拟结果，因空气阻力和计算机软件模拟的人为误差，结果仅可作

① ［清］丁拱辰．演炮图说（刻本）．中国国家图书馆藏书，1841．1～15

为史料考证的旁证。本书对照鸦片战争中的具体战役，对捕捉到的信息去伪存真，再利用逻辑推理的方法，对火炮射程给出较合理的说明。表 1.22 为中国史料对中英双方火炮射程数据虚夸的列表。

表 1.22　鸦片战争时期中英火炮射程被虚夸的史料记载

火炮	时间	相关人奏	史料	射程	史料出处
中炮	1841 年三月四日	江南道监察御史骆秉章	大炮重五六千斤者，用铅子不过 20 余斤，击远不过 20 余里	20 余里	鸦片战争档案史料(Ⅲ). 274
	1840 年十二月十七日	福州将军保昌	8000 斤者装药 60 斤，致远 25、26 里，6000 斤者装药 40 斤，致远亦可及 20 里，均能有准	20～25、26 里	鸦片战争档案史料(Ⅱ). 724
		雷保廉撰《入寇志》	铸大炮 60 位，其最大者重 8000 斤，可及数十里	数十里	鸦片战争(Ⅲ). 335
	1840 年七月十日	山东巡抚托浑布	前明遗存红夷大炮 10 余位，重者 2000 斤，轻者亦有 1700、1800 斤，配足火药，约放 20、30 里之外	20、30 里之外	鸦片战争档案史料（Ⅱ). 243
	1841 年三月十二日	山东巡抚托浑布	诸城县铜铁炮百余位，臣亲令分别试放，或十余里，或二十里，各有准头。诸城县解到铜炮，制自元代，炮身短而粗，能放远至三十里以外	10～30 里	鸦片战争档案史料（Ⅲ). 274
	1843 年一月十一日	陕西巡抚李星沅	2000 斤以上大炮 10 尊，1000 斤以上大炮 10 尊，演放可及 20 里至 15、16 里不等	20～16 里	鸦片战争档案史料（Ⅶ). 5
粤境内的英炮	1840 年六月二十六日	布定邦供词	广东兵船大炮最大者长 1.2 丈，可打 20 里之遥，来浙兵船最大者 9 尺，可打 13、14 里之遥	13、14 里	鸦片战争（Ⅳ). 216
	1841 年三月四日	江南道监察御史骆秉章	广东境内的夷铜炮 5000、6000 斤，铅字可用 40 斤，击远及 30 余里	30 余里	鸦片战争档案史料(Ⅲ). 274

三、清军火炮的射程

17 世纪末期以来清朝红夷大炮的射程。红夷炮原只是 16～17 世纪之间，欧洲的一些国家如葡萄牙、西班牙、荷兰、英国等殖民者在侵略中国东南沿海过程中所带来的一些火器实物。明末，中国政府曾向澳门葡萄牙当局购买了许多西洋加农炮，在 1600～1840 年的 200 多年间相继发生了四次仿制红夷火器的高潮。在明泰昌元年（1620）至鸦片战争期间的国内外战争中，红夷炮成了中国境内各方政权就加强军备竞赛的重点项目，因此，在此期间的中国红夷火炮射程应与同期的欧洲火炮等同，欧洲同期火炮的射程是有据可查的。《武器和战争的演变》载：到了 17 世纪，炮的生产技术进步如此之大，以至于在后来将近两个世纪的时间里，炮的射程、威力以及炮的主要型号基本上没有大的改变。接着他列举了 17 世纪以来欧洲长炮、加农炮和臼炮的型号及一些技术特征（表 1.23～表 1.25)。加农炮、长炮皆为红夷炮型。所谓“加农”，即“cannon”，就是欧洲早期火炮之通称。身管较短，其长度为口径的 15～28 倍，因而射程很近。而长炮，又称蛇形炮，即“culverin”，是在早期加农炮基础上发展起来的长身管重炮，其身管长度为口径的 25～44 倍，因此射程较远。

表 1.23　第一类：长炮，炮的长度为 25～44 倍口径

名称	炮重/磅	弹重/磅	口径/英寸	炮长/英尺	有效射程/码	最大射程/码
艾斯梅里小炮	200	3	1.0	2.5	200	750
蛇形发火器	400	5	1.5	3.0	250	1000
小隼炮	500	1	2.0	3.7	280	1500
鹰炮	800	3	2.5	6.0	400	2500
米宁轻型火炮	1000	6	3.3	6.5	450	3500
帕萨伏朗特炮	3000	6	3.3	10.0	1000	4500
赛寇炮	1600	9	4.0	6.9	500	4000
非标准长炮	3000	12	4.6	8.5	600	4000
半长炮	3400	10	4.2	8.5	850	5000
长炮	4800	18	5.2	11.0	1700	6700
特大型长炮	7000	32	6.5	16.0	2000	7000

表 1.24　第二类：加农炮，炮的长度为 15～28 倍口径

名称	炮重/磅	弹重/磅	口径/英寸	炮长/英尺	有效射程/码	最大射程/码
四开加农炮	2 000	12	4.6	7.0	400	2 000
半长加农炮	4 000	32	6.5	11.0	450	2 500
非标准加农炮	4 500	42	7.0	10.0	400	2 000
蛇形加农炮	6 000	42	7.0	12.0	500	3 000
加农炮	7 000	50	8.0	13.0	600	3 500
大型加农炮	8 000	60	8.5	12.0	750	4 000
蛇炮	12 000	90	10.0	10.0	750	4 000

表 1.25　第三类：长度为 10～15 倍口径的射石炮和长度为 3～5 倍口径的迫击炮

名称	炮重/磅	弹重/磅	口径/英寸	炮长/英尺	有效射程/码	最大射程/码
中型射石炮	3 000	30	10.0	9.0	500	2 500
中型臼炮	1 500	30	6.3	2.0	300	750
重型臼炮	10 000	200	15.0	6.0	1 000	2 000

资料来源：［美］杜普伊 T N. 武器和战争的演变．严瑞池，李志兴等译．北京：军事科学出版社，1985.130

表 1.26～表 1.28 为中国明末火器家苏州人何汝宾在其《兵录》（序写于 1606 年，部分内容写于 1626 年后）中列举的战铳、攻铳和守铳的射程表。（注：明朝时，1 步＝5 尺＝155.5 厘米，1 里＝180 丈＝559.8 米。）此数据是何汝宾直接或间接参考了西班牙工程师路易斯·柯拉多 1586 年初刊的《实用炮学手册》的结果。《兵录》是第一本真正叙述详尽且绘图精密的红夷大炮专著，该书用一

名为“falconet”（中译为鹰隼铳）的小口径红夷大炮进行测试，弹重 3 磅，其所用射程的单位为 pace，何汝宾将之意译作“步”，并注记换算关系为“以上每步计二尺”或“每步几二尺”。

表 1.26　《兵录》卷十三 战铳（野战炮）所用的弹药及其射程

种类	弹重/斤	弹药比例	弹/斤	药/斤	平放	仰放
半蛇铳	9～17（铁弹）	1∶1	10	10	550 步/米	5500 步/米
			12	12	600 步/米	5600 步/米
			15	15	650 步/米	6180 步/米
			18	18	700 步/米	6800 步/米
			20	20	720 步/米	7200 步/米
			25	25	900 步/米	7269 步/米
			27	27	820 步/米	7350 步/米
倍大蛇铳	26～40（铁弹）	1∶1	30	30	980 步/米	7190 步/米

表 1.27　《兵录》卷十三 攻铳（攻城炮）所用的弹药及其射程

种类	弹重/斤	弹药比例	弹/斤	药/斤	平放	仰放
鹰隼铳	9～13（铁弹）	3∶2	10	6 斤 10 两 6 钱	500 步/米	3540 步/米
鸟喙铳	14～18（铁弹）	3∶2	16	10 斤 10 两 6 钱	600 步/米	4387 步/米
半鸩铳	铁弹	10∶5	46	23	950 步/米	4728 步/米
			50	25	1000 步/米	4655 步/米
			60	30	1600 步/米	4600 步/米

表 1.28　《兵录》卷十三 守铳（守城炮）所用的弹药及其射程

种类	弹重/斤	弹药比例	弹/斤	药/斤	平放（步/米）	仰放（步/米）
半喙铳	6～12（铁弹）	1∶1	6	6	弹药猛烈，推步最多，特用以近临，对准施放，故不细开平仰步数也	
大喙铳	12～18（铁弹）	5∶4	12			
倍大喙铳	19～25（铁弹）	4∶3	19	14.4		
虎踞铳	26～50（铁弹）	3∶2	30	20		

资料来源：［明］何汝宾．兵录．见：华觉明，何堂坤编．中国科学技术典籍通汇·技术卷 5．郑州：河南教育出版社，1994

可以说，其时，长管加农炮的有效射程为 200～2000 码，最大射程为 750～7000 码；短管加农炮的有效射程为 400～750 码，最大射程为 2000～4000 码。臼炮的有效射程为 300～1000 码，最大射程为 750～2000 码。

鸦片战争时期清军火炮的射程。其时的清朝火炮仍然多属于欧洲重型加农炮型，其有效射程和最大射程，和 17 世纪相比，应大致相同。即有效射程当为 0.15～1.5 千米，最大射程在 0.5～6.4 千米之间浮动。战争时期的清军曾在广东珠江口设有三个重要门户：沙角、大角两炮台为第一重门户，南山、镇远、横档三处炮台为第二重门户，大虎炮台为第三重门户。作为清军最重要的抗英阵地，是英军重点攻击目标，在此发生了激烈的中英海陆炮战。

道光十五年（1835）二月二十二日，广东水师提督关天培呈上的《会奏筹议增建炮台添铸炮位折》载：“虎门海口，为外洋至省会中路咽喉，其水道自东而西向，在南北两边傍山建筑炮台，以沙角、大角两炮台为第一重门户，南山、镇远、横档三处炮台为第二重门户，大虎炮台为第三重门户，层层控制，本属得宜，因大角、沙角两炮台，中隔海面一千数百丈，本在大洋之中，遥遥相望，现在山脚，又涨有船涂，船只经由，离台甚远，两边炮火均不能得力。……将横档等处炮位于潮涨时，演放一次，潮退时又演一次，以旧船停泊海面中泓，作标试验，炮子均能打及船身，但五千斤以下炮位，炮子及远，自一百余丈至二三百丈不等，力量尚薄，必须六千斤以上大炮，方能致远摧坚。……其大角、沙角二处，止堪作为报信望台，旧设炮位除留放信炮之外，其余均移至新建各台，配搭安放。”[①] 二十九日，关天培上奏折《查勘虎门扼要筹议增改章程咨稿》云：“亲勘得大角、沙角两炮台，系东西斜峙，丈量口宽一千一百一十三丈，五千斤以下炮位，炮子及远，自一百余丈至二三百丈不等，力量尚薄，必须六千斤以上大炮，方能致远摧坚。试演三千斤大炮，炮子仅及中流，强弩之末，无济于事，是第一重门户，炮火已不得力。”[②] 以上文献取自《筹海初集》，是关天培写给清王朝的奏章文集，是他多年镇守虎门各炮台的实战总结。他对清朝火炮因性能不佳而作战不力，有切肤之痛，故对中英火炮技术的优劣所做的比较应该是实事求是的。道光二十一年（1841）正月初十日钦差大臣满洲正黄旗人琦善（1790～1854）的奏折和《海国图志》都有战争中清军大炮射程仅及中泓的记载。如《鸦片战争档案史料》载：道光二十一年（1841）年正月初十日，钦差大臣琦善奏：虎门“适用之炮无多，其余原制均未讲求，炮形极大，炮口极小，而洋面极宽，未能轰及中泓”[③]。

关天培文中说：3000 斤大炮的最大射程是海口 1113 丈的一半，应约为 557 丈。由于当时测量技术的误差，测量的海口距离又有其他数据。《鸦片战争档案史料》载：道光二十三年（1843）年正月十五日，两广总督山西高平人祁贡（1777～1844）奏：“大角、沙角二炮台两相对峙，海面计宽一千一百七十余丈。”[④] 故在这里取 1113 丈和 1170 丈的平均数，它的一半应为 570 余丈，折合今 1.82 千米，这可理解为三千斤火炮的最大射程。关文中还说“六千斤以上大炮，方能摧远致坚”，摧远致坚可理解为有效射程。结合他说的五千斤以下炮位有效射程最远为三百丈，那么六千斤以上重炮有效射程应大于三百丈。因此，认定当时中国重型火炮的有效射程最大在 960 米以上。

战争之际，清朝除购买的一些欧式战舰外，水师战船由于过于简陋，不能负

① ［清］关天培．筹海初集．台北：文海出版社，1969.86～88
② ［清］关天培．筹海初集．台北：文海出版社，1969.220～225
③ 中国第一历史档案馆．鸦片战争档案史料（Ⅲ）．天津：天津古籍出版社，1992.40
④ 中国第一历史档案馆．鸦片战争档案史料（Ⅶ）．天津：天津古籍出版社，1992.11

载过重，一般只能配置数百斤至2000多斤重的火炮，射程自然更近。《鸦片战争：一个帝国的沉迷和另一个帝国的堕落》载：1840年8月5日，中英之间在广东澳门的海上交战，“这些英国船向中国船只开火，中国船只试图反击，但是他们落后的枪炮射不到英国船上。”[①] 再加上火药性能逊于英军的现实，更让其射程数据打些折扣。

《世界海军军事史概论》载：“中国战船因为质量低劣，几百斤至1000多斤重的铸铁舰载火炮，其射程一般只有三四百米，最多不超过1000米。”[②]

战争前后，清军在沿海、内陆各省铸造了大小不等的红夷炮型海岸炮，其中有不少是红夷巨炮。表1.29为《鸦片战争档案史料》所载较可信的红夷重炮的射程数据。

表1.29 《鸦片战争档案史料》所载较可信的红夷重炮的射程数据

省份	时间	上奏者	史料叙述	最大射程/千米	史料出处
江苏	1842年二月二十二日	两江总督牛鉴	海塘大炮靶位安设海中，约有四里之远，中靶者约十分之三四，余俱不离靶位之左右	2.3	鸦片战争档案史料(Ⅴ).141
直隶	1841年十月十九日	钦差御前大臣僧格林沁	距炮台六七里外，其过火出炮，均及灵捷，远可抵船，甚或过之。计共试过大炮三十二位，演放五十二出，内共正中船身者十八出，其未中各炮飞越过船者，要亦不离船身左右	3.5～4	鸦片战争档案史料(Ⅳ).385

从表1.29数据可看出，清朝火炮最大射程可及4千米。故《海国图志》载：“向闻大炮击远二三十里，姑之不信，意者或有十里，其弹子弯者不计，直者想有六七里可用。”清军重型火炮战争中也发挥了巨大威力，《鸦片战争档案史料》载：道光二十年（1840）十一月十六日，钦差大臣满洲镶黄旗人伊里布（1772～1843）奏：“奴才现饬铸造自八千斤至三千斤之炮六十余位，俾资分布。八千斤、六千斤各炮，虽官船不能承载点放，而用以防守海口，则较夷人之炮更远更烈。”[③] 然而重型火炮所占比例毕竟很少，用途有限，大多数火炮的最大射程必在4千米之内。再加上武备废弛，火炮无专门的保护措施，往往任其暴露在风吹日晒之中，如此炮膛光洁度不好，还有炮子存储时间太长以致锈蚀的问题，火药质量不好的问题，更让其射程打些折扣。《筹海初集》载：道光十五年（1835）二月初九，关天培奏：“本军门于正月二十二日，亲临中右二营军火局，阅念军装甲械药弹等项，念得局内有存贮大小生铁炮子，均已锈蚀，全有孔眼，若用以御敌，难期得力，查系康熙十六七等年，由省局领回，自系年久之故。因思现在各台按期演练炮准，

① Hanes W T，Sanello F. The Opium Wars：The Addiction of One Empire and the Corruption of Another. London：Robson Books，2003. 107

② 史滇生．世界海军军事史概论．北京：海潮出版社，2003. 155

③ 中国第一历史档案馆．鸦片战争档案史料（Ⅱ）. 594

每炮均须下子试靶，若以此项锈蚀炮弹运往配用，甚合出陈易新之法，合就札饬，为此札仰该游击、参将即便转饬遵照，将此项锈蚀炮子，酌量各台，每次演靶，应用多寡，随时运送各台配用。”①

四、鸦片战争前后英军火炮的射程

鸦片战争前后，欧洲长重大铁炮（即长管加农炮）的射程记载较多。《火器略说》载：长重大铁炮用以击远洞坚，必精铁浑铸，炮膛用钻车成坚固润滑，弹径须小于膛径 3/100～5/100，药料实系加工上等，毫无粉末，方能合度。至于弹药比例，长重炮总以药重于弹 1/3 为率，过此，恐炸裂炮位。火炮发射角：安放度数，以 6.5 度②为率，过此则弹飞高，不能远去。长重大炮炮身长英尺 6 尺 8 寸，膛径英尺 8 寸，用实心大弹，重 68 磅，用药 9 磅，药比弹约重 1/7 有余，取其击近有力，此炮多为炸炮③。该文附有射程数据，此处对其加以整理，列于表 1.30～表 1.33。

表 1.30　根据《火器略说》计算的欧洲长重大铁炮的射程测量表

食弹轻重/磅	用药分量/磅	炮度高低/度	弹去远近/码
42	14	直平	400
32	10.7	1/4	600
24	8	1/2	700
18	6	3/4	700
12	4	1	800
9	3	1.25	900
42	14	4/3	1100
22	10.7	2	1200
24	8	9/4	1250
18	6	2.5	1300
12	4	2.75	1350
9	3	3	1400
42	14	3.5	1500
32	10.7	3.75	1500
24	8	4	1600
18	6	5	1800
12	4	6	1900
9	3	7	2140

① ［清］关天培．筹海初集（卷一）．台北：文海出版社，1969.205

② 1 度＝7°

③ ［清］王韬．火器略说．黄达权口译．见：刘鲁民主编，中国兵书集成编委会编．中国兵书集成（第 48 册）．北京：解放军出版社；沈阳：辽沈书社，1993.71～83

表 1.31 根据《火器略说》计算的欧洲长重炮测量表（食弹重 6～9 磅，用药 3～2 磅）

炮度高低/度	弹远/码
5/4	640～920
7/4	800～1060
9/4	930～1180
11/4	1050～1290
13/4	1160～1390
15/4	1260～1390
19/4	1360～1570
5.5	1455～1655
23/4	1555～1700
6.5	1640～1820

表 1.32 根据《火器略说》计算的欧洲中重炮测量表（食弹重 6 磅，用药 2 磅）

炮度高低/度	弹远/码
5/4	570～800
9/4	845～1040
23/8	955～1145
27/8	1060～1240
4	1160～1330
37/8	1255～1415
23/4	1345～1500
47/8	1430～1580
53/8	1510～1655
29/4	1585～1725

表 1.33 根据《火器略说》计算的欧洲长重大炮测量表

史料载/度	平直	3/4	2/4	3/4	1	7/4	6/4	7/4	2	9/4	10/4	11/4	3
弹远/码	372	440	516	588	660	716	832	918	1004	1052	1100	1148	1196

从以上欧洲加农炮射程表的数值看出，长重大铁炮、长重炮、中重炮和长重大炮的弹药量通常是 3∶1，发射角度从平射 0 度到 45 度不等，重量较轻的 9 磅弹长重大铁炮最大射程比重量较大的 42 磅弹长重大铁炮射程要远，可达 1999 米。

《英国舰队同法国、西班牙联合舰队的特拉法尔加角海战》中有英军 1805 年 13 种加农炮在 6°仰角时的射程记载（表 1.34）①。1805 年 10 月 21 日的英国和法国的特拉法尔加角海战（Battle of Trafalgar）是 19 世纪规模最大的一场海战，也是帆船时代“线式战术”发展的最高峰。因此，此战中的英国舰炮射程数据代表了皇家海军在鸦片战争前后的最高水平。从表 1.35 可以看出，其舰炮的有效射程极其有限。

表 1.34 英法 1805 年特拉法尔加角海战中英军各种舰炮的射程数据

火炮型号	炮长/米	炮重/千克	炮架重/千克	膛径/厘米	药重/千克	有效射程/千米	6°仰角最大射程/千米
19 千克弹短炮	2.93	3305	661	21	6.356	0.366	2.468
14.5 千克弹长炮	3.05	2949	5700	19.4	4.84	0.366	2.413
14.5 千克弹短炮	2.93	2796	5180	19.4	4.84	0.366	2.413
10.9 千克弹长炮	3.05	2644	4737	17.5	3.632	0.366	1.809
10.9 千克弹短炮	2.74	2399	467	17.5	3.632	0.366	1.809
8.2 千克弹长炮	2.93	2135	4126	16	2.724	0.311～0.329	1.755～2.102
8.2 千克弹短炮	2.74	2033	4067	16	2.724	0.311～0.329	1.755～2.102
5.4 千克弹长炮	2.74	1627	3110	14.1	1.816	0.342	1.206
5.4 千克弹短炮	2.32	1479	2700	14.1	1.816	0.342	1.206
4.1 千克弹长炮	2.32	1230	2195	12.8	1.362	0.302	1.581～1.645
4.1 千克弹短炮	2.13	1169	2141	12.8	1.362	0.302	1.581～1.645
2.7 千克弹长炮	2.44	1118	2093	11.2	0.908	0.292	1.371～1.462
2.7 千克弹短炮	1.83	837	1610	11.2	0.908	0.292	1.371～1.462

资料来源：Goodwin P. The Ships of Trafalgar：The British，French and Spanish Fleets，October 1804. Annapolis，M D：Naval Institute Press，2005. 243

表 1.35 《1815 年的滑铁卢战役》中记载的欧洲加农炮射程数据表

火炮型号	炮弹重量/千克	弹径（直径）/厘米	火药/千克	射程/米	
				最大射程	有效射程
4 磅弹炮	1.96	8.2	0.65	1200	800
8 磅弹炮	3.92	10.4	1.30	2400	1500
12 磅弹炮	5.88	11.9	1.99	2600	1800

资料来源：Logie J. Waterloo：The Campaign of 1815. Stroud，Gloucestershire：Spellmount Ltd.，2003. 27

恩格斯的著作记载英军火炮的射程数据（表 1.36）。

表 1.36 恩格斯的著作记载英军 19 世纪火炮的射程数据

时间	加农炮弹/磅	加农炮弹/千克	长度/英尺	长度/米	重量/英担	重量/千克	射角/(°)	最大射程/码	最大射程/千米	有效射程/码	有效射程/千米
1815 年的野炮							0	3000～4000	2.74～3.65	300	0.274
							45			1400～1500	1.279～1.371
1839 年英国加农炮	12	5.448	6.5	1.98	18	0.915	2	1000	0.914		
	32	14.528					5	1940	1.773		
							7	2231～2318	2.03～2.11		
							9	2498～2682	2.28～2.45		
							10	2800	2.55		
	56	25.424					20	4381	4.004		
							32	5680	5.19		

资料来源：恩格斯．论线膛炮．见：马克思，恩格斯．马克思恩格斯全集（第十五卷）．中共中央马克思恩格斯列宁斯大林著作编译局编译．北京：人民出版社，1995. 43

从上述表中数值看出，英军加农炮的有效射程极其有限，其有效射程中的最大不超过 2000 码，加农炮的最大射程最大达 5680 码，此数据与有效射程相比，差距甚大，但通常对人员不构成伤害。

中英火炮与鸦片战争

表 1.37 为本书整理的鸦片战争时期部分中外文史料对英军加农炮射程数据的记载。表明英军火炮最大射程在 9～10 里[①]，有效射程在 1 英里[②]之内，但比清军铁炮射程远。

表 1.37　史料中记载的英军加农炮的射程数据

射程	省份	时间	上奏者	射程相关内容	史料出处
最大射程	福建	1840 年十一月十八日	钦差兵部尚书祁骏藻	约计夷炮可及 10 里之力	鸦片战争档案史料（Ⅱ）. 599
	浙江	1841 年二月十九日	钦差大臣裕谦	较官炮略远一二里（0.576～1.152 千米），然亦止及数里之内，实无远及十余里之事	鸦片战争档案史料（Ⅲ）. 215
	江苏	1842 年八月十二日	张喜	英人说：英军火炮可打九里（5.184 千米），并可攻城	鸦片战争（Ⅴ）. 338
有效射程	广东	1841 年三月		虎门之战，“伯兰汉”号到了距威远炮台 600 码以内时，舷炮一齐开火。“麦尔威厘”号停在一个离炮台 400 码左右的有利位置。……用右舷炮射击	中国丛报第 10 卷第 3 期第 5 篇
	浙江	1840 年七月五日	杰克·比钦	中英第一次定海之战，马得拉斯炮兵携带 4 门火炮上岸，在 400 码的射程内，它们向这城市开火	中国的鸦片战争

以上统计的英军加农炮有效射程，都在 1 英里之内，此结果和下述史料对应。《铁甲舰时代的海上战争》载：“纳尔逊（Nelson，1758～1805，英国帆船时代最著名的海军将领，他在世时，帆船发展到巅峰）时代以来，火炮的有效射程和杀伤力都没有什么提高。……就有效射程来说，前膛装滑膛炮对于 1 英里之外的目标，几乎没有杀伤力，也就是说其有效射程不超过 1 英里。”[③]英国现代军事理论家富勒（1878～1966）认为，在 18 世纪末和 19 世纪初期的西方火炮之最大射程只有 1300 码，而且杀伤率极低。在 1792 年 9 月 26 日法国革命军与普鲁士军队进行的一次大规模炮战中（即“法尔梅炮战”），双方动用百余门火炮，“都消耗了两万发以上的炮弹，可是尽管火力是如此的强烈，双方的死伤却极为轻微。不仅是由于当时的火炮射程太有限，只有 1300 码，而且因为泥土都太潮湿了，所以多数的炮弹都埋在泥土中，而不发生跳飞现象。”[④] 这里，富勒所言的最大射程，实质指的是有杀伤力的最大射程，即有效射程。《欧洲势力的顶峰：1830—1870》说：“（英军战舰）的舷侧有多门铸铁滑膛炮，其方向几乎是固定的，发射不爆炸的球形实心弹，弹重很少超过 32 磅，有效射程不超过 400 码。”[⑤] 从上看出，鸦片战争时期的英军

① 清朝 1 里＝180 丈＝600 米

② 1 英里＝1.609344 千米

③ ［英］理查德·希尔．铁甲舰时代的海上战争．谢江萍译．上海：上海人民出版社，2005.54

④ 富勒．西洋世界军事史（Ⅰ）．钮先钟译．台北：台湾军事译粹社，1976.289

⑤ ［英］伯里．新编剑桥世界近代史（10）．欧洲势力的顶峰：1830—1870．中国社会科学院世界历史研究所组译．北京：中国社会科学出版社，1999.391

长管加农炮最大射程可达 5680 码，有效射程为 300～1700 码。

英军臼炮的射程。恩格斯的著作《燃烧弹》载："（臼炮）发射爆炸弹的射角为 15 度到 45 度，而一般为 30 度到 45 度，用减装药的较大的爆炸弹在射角为 45 度时有较远的射程，而用增装药的较小的爆炸弹在射角为 30 度或 30 度左右时也有较远的射程。在一切情况下装药量都是比较少的：臼炮在发射 200 磅重的 13 英寸的爆炸弹时，如果射角为 45 度，火药装药为 7/2 磅，其射程可达 1000 码，而如果装药为 20 磅（相当于爆炸弹重量的十分之一），其射程可达 4200 码。"[①] 恩格斯的著作《炮兵》云："重臼炮的有效射程有时达到 4000 码以上。"[②] 上述看出，重型臼炮的有效射程为 1000 码以内，最大射程也可达 4000 码以上。

卡龙炮的射程。恩格斯著作《卡龙炮》载："卡龙炮按 5°射角进行射击，射程决不可能超出 1200 码，而长管炮最有效的火力可达到 1 英里，甚至 2000 码。"[③]《卡龙炮的盛衰》载："一艘装载 46 门卡龙炮的舰船（20 门 68 磅卡龙炮，20 门 42 磅卡龙炮，6 门 12 磅卡龙炮），卡龙炮的射程在 600～1500 码之间。"[④]《风帆时代的海上战争》中载有鸦片战争前后英国装在早期滑动炮架上的大口径短炮图片。该书云："这种短管、高射速火炮是由苏格兰卡龙公司发明的，英国皇家海军装备这种火炮后提升了近距（150 码/130 米以内）交战的火力。这种炮型体现了海军近距离作战的战术思想，在 1782 年的圣徒岛海战中首次扬名。虽然大口径短炮要比一般的加农炮威力更大，但前者没有后者那样远的射程。因此，大多数船只如果要避免遭到敌军的远程攻击，往往混合使用长炮和大口径短炮。"[⑤]《英国和爱尔兰海军史》载："1778 年卡龙炮始创于苏格兰的卡龙公司，它有一个短的炮筒，发射重弹，射程不远：例如 32 磅弹卡龙炮最大射程为 1087 码，相反 32 磅弹长管加农炮的最大射程为 2900 码。然而，在射程较远处射击精度很差，它只在数百码或更少的距离上才有效。卡龙炮用途广泛，但并不是一个奇迹般的武器，因为它很容易被射程稍远的武器消灭掉。"[⑥]根据以上史料，看出英军卡龙炮的射程是 548～1371 米。

英榴弹炮的射程。恩格斯在《炮兵》中说：英国炮兵不久以前的一个重要发

---

① 恩格斯．炮兵．见：马克思，恩格斯．马克思恩格斯全集（第十四卷）．中共中央马克思恩格斯列宁斯大林著作编译局编译．北京：人民出版社，1995．251，210，247

② 恩格斯．炮兵．见：马克思，恩格斯．马克思恩格斯全集（第十四卷）．中共中央马克思恩格斯列宁斯大林著作编译局编译．北京：人民出版社，1995．251，210，247

③ 恩格斯．炮兵．见：马克思，恩格斯．马克思恩格斯全集（第十四卷）．中共中共马克思恩格斯列宁斯大林著作编译局编译．北京：人民出版社，1995．251，210，247

④ Talbott J E. The rise and fall of the carronade. History Today. 39，(8) 2007. 30

⑤ ［英］安德鲁·兰伯特．风帆时代的海上战争．郑振清，向静译．上海：上海人民出版社，2005．41

⑥ Ian Friel. Maritime history of Britain and Ireland, c. 400-2001. London: British Museum Press, 2003. 153

明，就是榴霰弹（一种装满弹子、在飞行过程中爆炸的空心弹），因此，霰弹的有效射程和球形实心弹的射程一样远。例如在英国的炮兵中，榴弹炮的射角必然很小，只稍稍大于加农炮的射角；英国 24 磅榴弹炮在采用 5/2 磅装药和 4 度射角时，其射表中所表示的射程不超过 1050 码；9 磅加农炮如以这种射角射击，则其射程达 1400 码。[①] 若米尼（A. H. de Antoine-henri de Jomini，1779～1869）的《战争艺术概论》载："新发明的榴弹。能以弧度不大的弹道进行射击，其射程达 1000 都阿斯[②]，这用于打击骑兵的战斗中确实是一种可怕的武器。"[③] 表 1.38 为《1815 年的滑铁卢之战》记载的欧洲榴弹炮射程数据。

表 1.38 《1815 年的滑铁卢之战》记载的欧洲榴弹炮射程数据

火炮型号	炮弹		药/千克	射程/米	
	重量 /千克	直径 /厘米		最大射程	有效射程
6 英寸榴弹炮	16.17	16.2	1.80	1200	750
8 英寸榴弹炮	21.56	21.8	2.00	1400	900

资料来源：Logie J. Waterloo：The campaign of 1815. Stroud，Gloucestershire：Spellmount Ltd.，2003.27

《南北战争中的火器》载："（1861～1865 年的美国南北战争期间）一般而言，滑膛榴弹炮的有效射程是 3/4 英里，野战炮是 1 英里。表 1.39 为 1841～1844 年美国滑膛铜质火炮在 5°仰角的有效射程表。"[④] 表 1.39 数据值和鸦片战争时期英军榴弹炮射程数据值应该相似。

表 1.39 《南北战争中的火器》载美国南北战争中的榴弹炮射程数据

型号	口内径 /英寸	炮长 /英寸	炮重/磅	药重/磅	弹重/磅	炮口初速度 /(英尺/秒)	5°仰角有效射程
6 磅弹加农炮	3.67	60	884	6.10	1.25	1439	1523
12 磅弹榴弹炮	4.62	53	788	8.90	1.00	1054	1072
24 磅弹榴弹炮	5.82	64	1318	18.40	2.00	1060	1322

英军康格里夫火箭炮的射程。《中国科学技术史》载："康格里夫火箭重 32 磅，平衡杆 16 英尺，接带纵火、爆炸和有刺弹头，射程 3000 码，可以从三角发射架上发射，特别是还可以从城堡的斜坡上和船上的窗里发射。"[⑤]《简明大不列颠百科全书》载："19 世纪初，英国 W. 康格里夫改进火箭的设计和生产，最大射程为 1.5～2

① 恩格斯．炮兵．见：马克思，恩格斯．马克思恩格斯全集（第十四卷）．中共中央马克思恩格斯列宁斯大林著作编译局编译．北京：人民出版社，1995.140～210

② 1 都阿斯＝1.949 米

③ ［瑞士］若米尼．战争艺术概论．刘聪译．北京：解放军出版社，2006.450

④ Cole Philip M. Civil war artillery at Gettysburg：Organization，equipment，ammunition and tactics. Cambridge，Mass：Da Capo Pr，2002.81，298，72，77

⑤ ［英］李约瑟．中国科学技术史（第五卷）．化学及相关技术（第七分册）．军事技术：火药的史诗．刘晓燕等译．北京：科学出版社；上海：上海古籍出版社，2005.450

英里，曾多次在战争中使用，以后许多国家仿效他的设计。”① 《火箭炮的历史及前途》载：“火箭乃是竹制的箭长 22.5 米，上有铁的箭头和子弹（木质的或铁质的），里面装了黑色火药。……此等火箭的飞行距离达 2500 米，重量达 20 千克。”② 表 1.40 是对鸦片战争前后英军火炮射程的总结。

表 1.40　鸦片战争前后英军火炮射程的概况

炮型	时间	射程
臼炮	拿破仑战争结束至线膛炮发明前后	臼炮在发射 200 磅重 13 英寸的爆炸弹时，射角为 45 度，火药装药为 7/2 磅，射程可达 914 米；装药为 20 磅，其射程可达 3658 米
卡龙炮	19 世纪 50 年代以前	射程在 549～1372 米
榴弹炮	鸦片战争前后	8 英寸榴弹炮最大射程 1280 米，有效射程 686～1209 米
加农炮	欧洲风帆时代	前膛装滑膛炮有效射程不超过 1 英里
	鸦片战争时期	英军 56 磅弹滑膛炮在射角为 32 度时最大射程可达 5680 码，即 5191 米
康格里夫火箭炮	鸦片战争时期	火箭重 32 磅，射程 2742 米

五、清朝火炮射程被夸大的原因分析

前面已述，从国外的一些学者对 18～19 世纪欧洲火炮的研究来看，火炮射程是有据可查的。但是，其在中国之所以会成为历史悬案，为何鸦片战争前后的许多史籍上将其写得如此之远？其原因应该说十分复杂，但应与其被当成重要军事机密有相当程度的关联。其原因大致有以下几条。

1）对中国统治者乃至军民而言，对火炮射程数据要么三缄其口，要么极力夸张，这与其作为军事机密，核心数据不会随便示人关系甚大，其传统从元代开始由来已久。如明朝末期，欧式加农炮从澳门引进中国后，威力巨大。明廷随之从 1622 年开始组织人员，由明廷大吏南直隶松江府上海县人徐光启（1562～1633）、上海川沙县高桥镇人孙元化（1581～1632）、浙江仁和（今杭州）人李之藻（1565～1630）等主持，对其进行仿制。在仿制的过程中，徐光启等人严格按照科学原理进行，做到工艺必精必细，并将工匠姓名铸于炮身，以便考察和赏罚。他要求工匠保守机密，使造法不“为奸细所窥”。《火攻挈要》载：“至若火攻专书，称神威密旨，大德新书，安攘秘着，其中法制虽备，然多纷杂滥溢，无论可否一概刊录，种类虽多，而实效则少。如《火龙经》、《制胜录》、《无敌真诠》诸书，索奇觅异，巧立名色，徒眩耳目，罕资实用。惟赵氏（成书于 1603 年，详述西洋铳炮制造和用法的《武备志》的作者乐清（今属浙江）人赵士桢）藏书海外，《火攻神器图说》，祝融佐理，其中法则规制，悉皆西洋正传；然以事关军机，多有慎密，不详

① 简明大不列颠百科全书（册 4）. 北京：中国大百科全书出版社，1985.97

② ［俄］古列索夫 . 火箭炮的历史及前途 . 沈阳：东北书店印行，1949.2

载，不明言者，以致不获兹器之大观，甚为折中者之所歉也。”[①] 焦勖在这里讲述了往昔火攻书籍的弊端和自己著述《火攻挈要》的动机，其实此书是西人汤若望和他一块完成的，也同样采取了“事关军械，多有慎密，不详载，不明言者，以致不获兹器之大观”的著述方法。历史就是昨天的延续，至清代，此种传统被人们继承下来。

2）对明末的欧洲一些耶稣会士而言，传播西洋大炮信息，提供铸炮技术，宣传和夸大它的威力如射程等种种活动，诸如此类的帮助，并以其“恭顺”与合作的良好态度，引起中国士大夫的注意与惊奇，最终为其在中国传教提供了充分的政治保障。一些耶稣会士带来的西方的火炮专著和直接参与制炮活动，为明廷提供了先进的制炮、操炮技术，德国人汤若望可为代表。他是极少数拥有足够汉语能力以传递西方火器知识的关键人物，积极著书立说，突显洋炮的威力，以吸引中国统治者的注意，进而提升西学和西教的地位。然而，这些传教士在欧洲所受的科学教育中，虽相当重视数学等科学，却不曾直接涉及炮学的内容，他们到中国后多只能从图文并茂的兵书中自行消化和领悟。但因兵书中的叙述不大可能详细和完备，故此，耶稣会士从纸上谈兵进至实战操作，着实经历一段相当痛苦的经验积累期。并且，他们在著述中往往视红夷火炮的关键数据如射程为秘学，往往在其著述中的一些核心之处（如铳尺的刻划和用法等），有意地绘图粗略或含混不详。随后中国火炮的制造与使用之法主要靠师徒间的口耳相传，在缺乏详细文字解说的情形下，无怪乎许多技术特征及数据稍后即渐次失传。[②]

3）从兵器发展史角度而言，火炮与其他兵器相比，具有摧远致威的功能。至明代，由于其具有巨大的威力和它在军械中的绝对地位的确立，它甚至被赋予“战争之神”、“将军”等称号而受到人们的顶礼膜拜，如从元宁宗至顺三年（1332）到清光绪年间的祭炮行为，可为例证，这说明了火炮的巨大威力在人类心目中引起的强烈震撼，同样也为人们进一步想象其威力的提高留下了思考的余地，人们甚至包括统治者一旦有机会，就有可能夸张其威力如射程的描写。在战争中，一旦火炮发挥了威力，官兵往往给它加上“神威”、“神远”、“火龙”、“将军”、“大将军”、“二将军”、“三将军”等各种美称和头衔，以示对火炮的隆崇。皇帝往往把火炮当做至高无上的“神”加以祭祀和顶礼膜拜。明代祭炮之风盛行，清代对此的神话达到了顶点，祭炮典礼年年隆重异常，一直持续到清光绪三十四年（1908）为止。如《鸦片战争档案史料》载：道光二十一年（1841）十二月六日，道光帝上谕：“盛京新铸炮位，其二千五百斤、三千斤、四千斤、五千斤、八千斤

---

① ［德］汤若望口授，［明］焦勖撰．火攻挈要卷中．北京：中华书局，1985.36

② 黄一农．红夷大炮与明清战争：以火炮测准技术之演变为例．清华学报，1996，(1)：31～70

者，著命名巩定将军，一千斤、一千五百斤者，著命名振武。”① 至于祭炮时的情景，史载：到清乾隆十八年（1753），清政府正式确定每年九月一日在卢沟桥北沙锅村祭炮。届时，“八旗汉军都统或副都统将事，副都统以下至佐领咸陪祀。豫日，地方官备案，太常寺具器；陈祀日，汉军弁兵陈八旗炮位于坛内，按翼左右序列皆西向，前设八案，各设神位（以纸为之），又前设牲案，各陈羊一，豚一，果实五盘，钱二十。又前设香案，各陈炉一，镫二。坛中少北设一案，供祝文，左右分设二案，各陈香盘四，爵十有二，尊四。”② 祭祀时，行三跪九叩礼，然后宣读祭文，最后祭完毕。上述种种行为，都会为下一步夸大其威力的描写推波助澜。

4）从中国一些社会人士言论来看，大多可看做好事之谈即古人兴之所至的产物，我们今人万不可以之为据作为评判古人故事。从明清两朝前线中经常使用红夷大炮的一些将领的奏疏来看，他们在敌我对峙的战争中，出于邀幸皇帝，对敌人的先声夺人、虚张声势、恐吓瓦解和为维持影响力且避免被敌人窃得相关机密而虚夸数目等的需要，往往以一当十地夸张数据历来就是中国军事文化上的惯例。可以说，中国古代军事对外宣传的媒介物，凡是涉及数字的，大都值得斟酌。

明清两代，边患甚多，上下好言兵事，更有许多人创制火器，进献朝廷。如明崇祯十一年（1638），上海松江县人陈子龙（1608～1647）等编辑的《皇明经世文编·器械》解释其原因：“今日军中之器械，有火器，有弓弩，有枪刀剑戟，迩来南方有鸟咀致胜，北边有闷棍破敌之说，是皆好事之虚谈，原非对垒之实迹。”③《天工开物》载：“火药火器，今时妄想进身博官者，人人张目而道，著书以献，未必尽由实验。”④ 宋应星系一科学家，对火炮的射程虽没有实地测距之优越条件，但由于本人的科学素养及求真务实精神，以及此事与本身无很大利害关系的缘故，他是会客观分析的。《海国图志》载：“世俗传闻之说，谓大炮响若霹雳，声震三百里，弹子可击三四十里，一遭轰击，山崩地裂，屋宇被击，坍塌平地，此皆未经演试之谈。殊不知炮响大小一样，极大者声震五十里，大小炮皆发里许。……所以夷人交锋，如在一里之内，不甚开炮。必在相距五六十丈及八十丈之内，彼始开炮，十可中七八也。若至一里之远，弹子多坠无力难准，虽可加高相补，究是无力。”⑤

---

① 中国第一历史档案馆．鸦片战争档案史料（Ⅳ）．天津：天津古籍出版社，1992.533

② 清文献通考（卷194），兵考16·军器·火器（卷105），群祭考．上海：商务印书馆，1936.6588

③ ［明］陈子龙等．皇明经世文编·器械（卷304）．北京：中华书局，1962.3215

④ ［明］宋应星．天工开物·佳兵·火药料（卷15）．管巧灵，谭属春点校，长沙：岳麓书社，2001.347

⑤ ［清］魏源撰，王继平等整理．海国图志．长春：时代文艺出版社，2000.1305

小结

鸦片战争时期，敌对的中英军队交战时都在使用主导型的前膛装滑膛加农炮，发射药都为黑色有烟火药，因此，射程都不可能太远。史料反映出中英不同类型火炮射程不同；最大射程与有效射程差距很大。几百到千斤重的清军铸铁舰炮，有效射程只有300～400米；先期购买的重型夷炮的最大射程在2000米之内，有效射程约为1000米；清军新铸的红夷巨炮的最大射程可达4000米之外，射程次于英军。英军舰炮和岸炮的种类和规格相对统一，射程较清军同种类和同种规格火炮要远。重型加农炮有效射程不超过1500米，最大射程可达4500米之外。在战争中，清军铁炮炸裂多，射程近，杀伤力小，英军则与之相反，火炮发挥了巨大威力，此乃清军在鸦片战争中失败的重要原因。本节对清军火炮射程不远的原因以及武器、性能与战争胜负之间的关系进行了讨论。清朝火炮射程的数据被虚夸有一定的社会原因。

第七节　中英火炮的射速

射速是火炮性能中很重要的一环，因为当时的中英火炮特点是前膛炮，因为没有炮膛线，所以射程并不远，在海战中，双方的舰队往往在100～200米的距离内以水平射角快速发射，这时射速比射程要重要得多。今英人记载：英军大炮的改进，“发射球形弹的铁制滑膛炮曾走过一段长途，虽然炮架有过不少改进，但炮本身却无基本变化。实际上，1545年与‘玛丽罗斯’号一起沉没的新炮与三个世纪后的标准舰炮在制造或结构方面并无本质上的区别，在射程和射击精度上也无重大改进。造成这种显然奇怪的停滞的主要原因仍然是缺乏改进的动力，这在英国尤其如此。根据英国所有杰出军人的理解，战术经验告诉他们应当尽可能地靠近敌舰，以便进行猛烈轰击促使其投降。在此情况下，射程和射击精度处于相当次要的地位。”①

火炮射速是在规定的时间内，在不损坏火炮、不影响射击精度和保证安全条件下发射炮弹的能力。《竞逐富强》说：欧洲舰船上的火炮，早在1514年为英王亨利八世建造的战舰就采用了如下设计。“设计一种不同的炮座，使大炮能够在甲板上向后滑动，从而吸收后坐力；这样就使炮口退到船内，便于重新装填炮弹。为

---

① ［英］伯里．新编剑桥世界近代史（10）．欧洲势力的顶峰：1830—1870．中国社会科学院世界历史研究所组译．北京：中国社会科学出版社，1999．385

了将大炮恢复到发射位置，水手们必须用特殊用具把大炮向前拉回原位，因为在船内发射，船有着火的危险。但是，新式大炮十分沉重，必须装在吃水线附近，以避免舰只出现头重脚轻的危险。这意味着，必须设法通过船身两侧发射。在紧靠吃水线的地方挖开炮眼，同时装上没有战斗时可以关紧的厚实的防水盖。这样舷侧牢固，不影响整个舰只的适航性。大约 70 年后，约翰·霍金斯爵士又将船头及船尾的'船楼'位置降低，以改进伊丽莎白女王战舰的航行性能。经过这些改变，15 世纪远洋船舶适应大炮革命的任务胜利完成。从此以后，欧洲舰船在地球各大洋和设计不同的舰船发生武装冲突时总是胜券在握。"①

一、影响火炮射速的因素

火炮发射炮弹的快慢，反映着火炮威力的大小。影响射速的因素有以下几个。

1）装填弹药的方式迟滞射速的提高。前膛装滑膛炮因装弹程序复杂而使射速缓慢。如欧洲 16 世纪以来至 19 世纪中期以前，加农炮的装药、填弹、发射过程，在《美国海军》中有说明："首先将火药（装在一个帆布袋中）装填到药膛中，用软布包裹起来的炮弹填放在火药上面的弹膛中，之后将一枚长钉插入火炮后上部的'撞击孔'（装填烘药和点火用的小孔）并刺穿药袋，将少许火药（也是黑火药，唯硫磺比例稍高）倒入撞击孔中，然后便点火了。火炮发出震耳欲聋的响声，并且出现很大的后坐力，而系在船体上的炮索则对火炮起到固定的作用。用水将炮管濡湿以消灭可能存在的残余火星，然后重新开始上述周期。"②《演炮图说辑要》载："配精药之良法也。如炮中用药，平时须先配定，若用寻常药，每百斤用药四两，用好药酌减用之，而某炮先食若干，一一预先称便，用红布袋盛之，袋之径药与药膛之径相等，须盛作一袋，勿为二三袋，而袋嘴用小绳结紧，袋嘴写明若干斤两，入药之时，用炮棍大力舂实，不用敲打，小者一人撞之，大者二人合力同舂，一应舂几下，宜有定率。舂毕用引门锥探入，刺破布袋，然后下弹子，再下麻弹，又用微舂到底，即下烘药点放，方为合法。若演三炮之后，炮身已热，用药须微减，方不炸裂。"③ 由于装填弹药速度缓慢，故火炮射速不会很快。

《海上实力》载："18 世纪的战舰上，水兵人数很多，一部分人用来操纵那些推动那么宽的巨船以一定速度（一般风力下航速 5～10 节）行驶所需要的大风帆，但是大部分人力是用来操纵笨重的火炮，一门发射重 32 磅炮弹的长炮，需要 12 个

---

① McNeill W H. The Pursuit of Power：Technology，Armed Force，and Society since A. D. 1000. Chicago：University of Chicago Press，1982. 86～231

② ［美］赫尔弗斯．美国海军．高婧译．南京：南京出版社，2004. 15

③ ［清］丁拱辰．演炮图说辑要（卷 3）. 中国国家图书馆藏书，1843. 6

人来固定、装填、推炮和瞄准。”① 《武器和战争的演变》说：自 17 世纪初叶起，“英国海军的基本战术是以五艘舰为一组，每次只有一艘战船用舷侧炮向敌舰射击，其余各舰忙着装填弹药。一艘舰射击完毕第二艘射击，一艘接一艘依次射击。”②

《西洋兵器大全》中西洋加农炮的装填弹药图见图 1.66，图 1.67 为《1500～1763 年近代欧洲的战争技术装备、战斗技巧和策略》中附的欧洲火炮发射程序图，依次为发射炮弹的专用工具、刷膛、装填弹药和捣实、支好炮架与瞄准、点燃火门将炮弹发射出去。承载在四轮炮架上的舰炮与双轮支撑的陆地用炮相比，主要是火炮后坐靠绳索控制，其余完全相同。鸦片战争时期，英军舰炮除燧发机的点火装置和定装弹药的采用发生变化外，其余程序依然如故。《演炮图说辑要》载：“美利坚兵船贮火药之袋，用疏深小呢缝之，取其能引火也。红绿不一，每出或盛作一袋，或分两袋，送入膛口，用药棍，二人合力撞九下乃止，然后送弹至药际，再用麻弹塞入，略撞一下，安自来火烘药，拉滑车绳扯炮出炮眼、撬正、测准，将自来火绳扯之，炮立刻响，复拉入炮眼内，用水洗之，再入药弹，演三出以后，炮身渐热，其火药宜逐炮渐减，恐炮炸也。”③ 《演炮图说》绘制有 5 个清军炮手发射炮弹的示意图（图 1.68）。

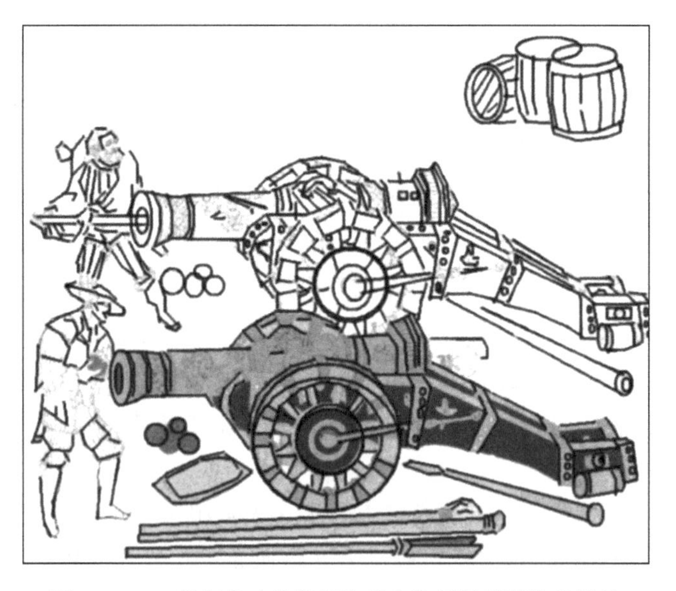

图 1.66　16 世纪前叶的德国炮手在装填滑膛铜炮的情景

资料来源：[英] 威廉・利德．西洋兵器大全．卜玉坤等译．香港：万里机构・万里书店，2000.181

① [美] 波特．海上实力．马炳忠等译．北京：海洋出版社，1990.35

② [美] 杜普伊 T N. 武器和战争的演变．严瑞池，李志兴等译．北京：军事科学出版社，1985.158

③ [清] 丁拱辰．演炮图说辑要（卷 3)．中国国家图书馆藏书，1843.22

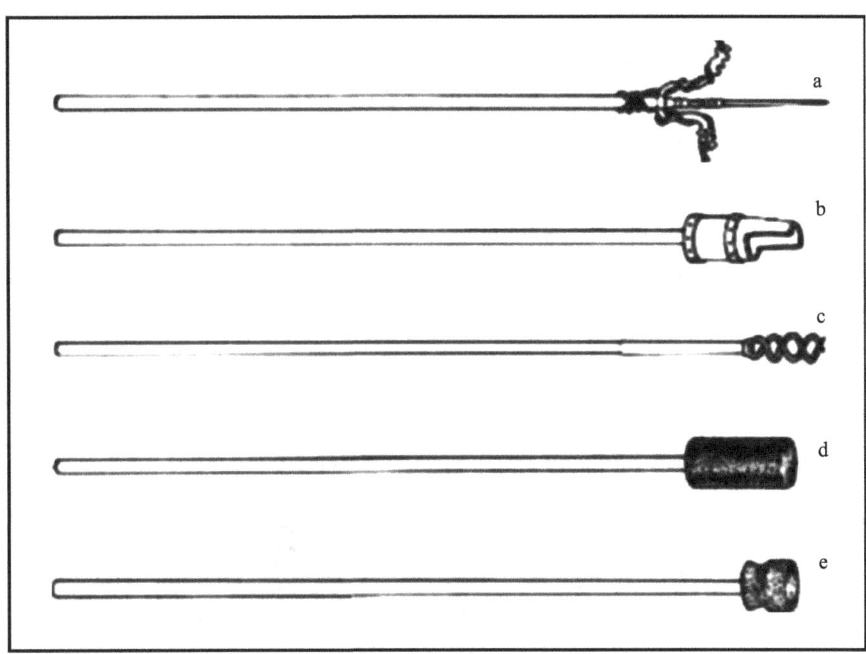

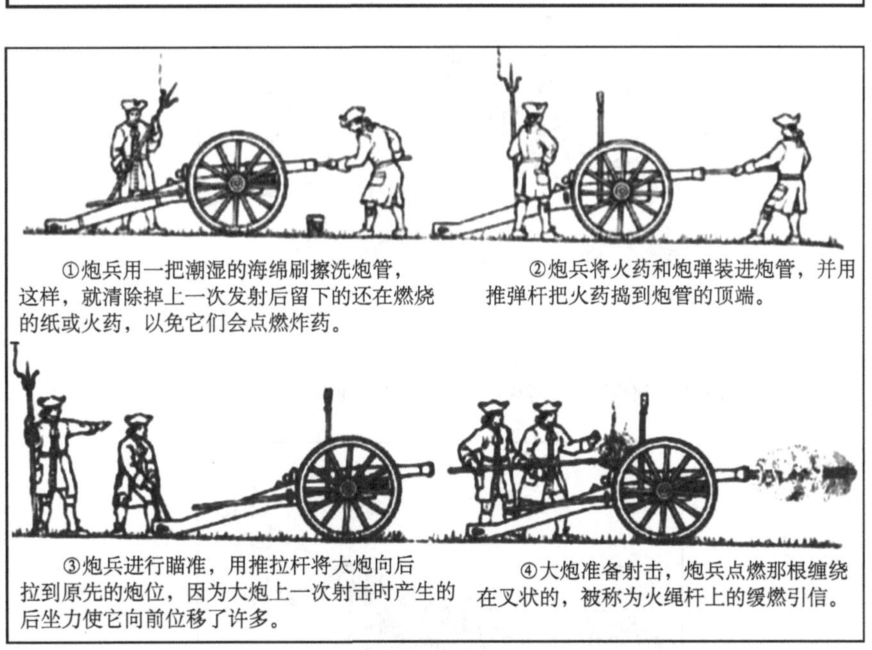

图 1.67　欧洲 1500～1763 年火炮发射时的辅助工具（炮兵使用的工具：

a. 火绳杆，上面缠着缓燃引信，以便点燃火药；

b. 火药铲，用来将火药填充到炮管中；

c. 钩子，用来清除上一次射击时残留的纸张、布匹等；

d. 海绵刷，用来擦洗以确保炮管里没有燃烧的灰烬；

e. 推弹杆，用来装填枪管的弹药）和发射程序示意图

资料来源：Jorgensen C，Pavkovic M，Rics R S，et al. Fighting Techniques of the Early Modern World AD 1500～ AD 1763：Equipment，Combat Skills and Tactics（《1500～1763 年近代欧洲的战争技术装备、战斗技巧和策略》）. Staplehurst，kent：Spellmount，2005. 33

(a) 炮队成列图

资料来源：[清] 丁拱辰．演炮图说（刻本）．中国国家图书馆藏书，1841.5

(b) 止齐步伍图

资料来源：[清] 丁拱辰．演炮图说（刻本）．中国国家图书馆藏书，1841.6

(c) 洗膛步伍图

资料来源：[清] 丁拱辰．演炮图说（刻本）．中国国家图书馆藏书，1841.7

(d) 送药步伍图

资料来源：[清] 丁拱辰．演炮图说（刻本）．中国国家图书馆藏书，1841.8

(e) 进弹步伍图

资料来源：[清] 丁拱辰．演炮图说（刻本）．中国国家图书馆藏书，1841.9

(f) 塞麻球步伍图

资料来源：[清] 丁拱辰．演炮图说（刻本）．中国国家图书馆藏书，1841.10

(g) 发火步伍图

资料来源：[清] 丁拱辰．演炮图说（刻本)．中国国家图书馆藏书，1841.11

(h) 退换炮位进退图

资料来源：[清] 丁拱辰．演炮图说（刻本)．中国国家图书馆藏书，1841.12

图 1.68　鸦片战争时期清军火炮发射时的示意图

2）火炮发射后调回原位费时费力。发射炮弹造成炮座后滑以吸收后坐力，为使其恢复到发射位置，炮手们必须费力把火炮向前拉回原位，重新装填弹药，要花费时间。

3）火炮发射炮弹后，炮膛发热，需要冷却，才能重新装填火药，冷却越慢需要等待的时间越长。《火器略说》有对火炮材质好坏的探讨："铸炮非铁即铜，或谓铜胜于铁，或谓铁胜于铜，铜轻易运，铁重难举，故铜炮便于行军，铁炮用药太多即恐炸裂，铜不患炸，故铜炮又便于装药。铜质精坚不费熔炼，铁质轰疏必须烧铸，所谓铜胜于铁者此也。采铁易采铜难，铁价贱铜价贵，铁实胜于铜也，铸铜炮百斤，须用云南黄铜九十斤……广东碗锡十斤，方成精铜，但铜炮一放，浑身热透，难以连叠施用，铁炮一时不能红透，少缓即可再放，铜性本柔则易敝，铁性本刚则难坏，故铁炮连发数十次，竦无所损，铜炮连发数十次后，近口处既已低堕，无可复用。往时西班牙国之散士巴士敦城为法人所据，英人于是助西而攻法，特发劲旅围之三匝，法人婴城固守，惟时城内城外交轰互击，连环不已，飞丸雨堕，昼夜弗息，相持日久，法卒不支，既破后，见其炮台大炮多系铜铸，因燃发太多，俱已废坏，口渐崩裂，而英人攻城俱用铁炮，虽施放过多，引门亦颇阔，然尚可用，此铜铁铸炮久暂优劣之分也。其事在西国一千八百十三年，当我中国嘉庆八年。"① 在《海国图志》中有清军火炮发射过程的记载："将炮门掩闭，用湿透炮刷子扫净炮膛，然后下药，用木棍送入炮膛，次下弹子，又用扎就麻球，如膛口大小塞入膛内使药不四泄，弹出有力。装毕再放，放毕如前法挽回，再装连发。四五炮后，须少停片刻，以防炮身透热。"② 《海国图志》载："铜炮光滑，炮子及远，计千斤铜炮，可当三千斤铁炮之用。但铜炮一放，则浑身热透，难以连叠施放，而铁炮则一时不能红透。惟在铸之精细光滑，使与铜炮同功，则善矣。"③

4）每一次火炮发射炮弹后，都要花费时间清理炮膛。因为黑色有烟火药中的硫磺是一种黏固剂，它能使炭和硝石结合在一起。这种火药在爆发时有很大一部分变成坚硬的微粒（渣烬），留在膛面上，并且像一股烟，被喷射到空气中。残渣需反复擦拭，才能使炮膛恢复光洁，否则就会使之受损而缩短使用寿命，甚至会发生严重的后果。

5）黑火药质量影响燃烧完全程度，质量不好的火药产生大量黑色烟雾，影响视线，耽搁再一次发射的时间。

6）点火装置的优劣与炮手操炮的熟练程度影响发射频率。《鸦片战争档案史料》载，道光二十一年（1841）三月初四，掌江南道监察御史骆秉章奏："炮位宜常演也。太平日久，兵不习战，每岁演放炮位，俱循行故事……非从容可比，每放一炮，烟气蒸腾，手法不熟，必至忙乱。今宜时常放发，务使习练精熟，自能施放有准，既足以壮军威，逆夷闻之，亦不敢轻视。"④ 今英国人云："18世纪，由法国出来领头，在炮兵总监格里博瓦尔的治理下，大炮的部件标准化，可以互换，增长了射程，改进了瞄准器，增进了准确性，减轻了炮架，大大减少了拉动大炮的牵引动力，使大炮成为战场内外真正机动的武器，能集中对付任何目标，而比一切技术改进更重要的是，炮手本身的提高。炮手们不再被看做是一群对这种凶险工艺一知半解的民用专家，而成为欧洲军队中不可分割的力量，同样要穿制服，

---

① ［清］王韬．火器略说．黄达权口译．见：刘鲁民主编，中国兵书集成编委会编．中国兵书集成（第48册）．北京：解放军出版社；沈阳：辽沈书社，1993.22，88

② ［清］魏源撰，王继平等整理．海国图志．长春：时代文艺出版社，2000.1283

③ ［清］魏源撰，王继平等整理．海国图志．长春：时代文艺出版社，2000.1283

④ 中国第一历史档案馆．鸦片战争档案史料（Ⅲ）．天津：天津古籍出版社，1992.275

受训练，并且必须有更多的战争科学知识。”①

二、清军火炮的射速

清朝火炮属于西方加农炮炮型，而加农炮从16～19世纪的三百年间，技术上的改进都是围绕炮车和减轻炮筒重量而发生，火炮射速变化不大。这种射速缓慢情况只有在火帽（雷管炸药）和金属弹壳整装弹发明并应用于火炮之后，才会有根本的改变，而这却是19世纪中叶以后的事情。

鸦片战争之时，清军火绳点火式的火炮的射速，与英军相比，差距明显。因为此时清军传统型火炮——红夷大炮技术大致处于欧洲17世纪加农炮系列的水平。对于欧洲火炮在16～17世纪的射速，《449～1660年之间的英国武器或战争》载：17世纪，“英国大野战炮在一天之内发射60或70次，通常需要2个炮手和10个助手，小炮诸如鹰炮能在一天之内发射140次，所需的人更少。即大炮每小时8发左右，小炮是其2倍。”②《文艺复兴欧洲的武器和战争：火药、技术和战术》载：“在18和19世纪，野炮通常被期望每分钟发射2颗炮弹，它们通常带的火药只大约能维持这样的射速达一小时，即使在19世纪，火炮并不期望每小时发射多于12次，此和火器家威廉·爱尔顿1646年设计的每小时19次差不多，火炮家格兰斯建议所有火炮在发射40次后至少应冷却一小时，为还原射击效果，平均每炮每小时发射8次。如果每天每炮仅发射100次，等于每小时8次，每天射击12或13个小时。另一个须考虑的是铜炮和铁炮易于损坏，铜炮在发射600次，铁炮在发射1000次后，就已不太堪用。”③ 即8～12次/小时，平均为1次/6分钟。

清军火炮射速，应和欧洲火炮17、18世纪的射速差不多，即1次/6分钟，它们通常带的火药大约只能维持这样的射速达1小时，但炮管无法承受持续射击，隔一段时间就需休息以冷却。再加上清军有不常操练的通病，更让射速难以正常发挥出来。在中英两军对峙的战斗中，缺乏训练的清军士兵在作战士气上因为负有保家卫国的责任，故在大多场合中同仇敌忾、奋勇抗敌，但因火炮操作不熟练，射击频率低，常处于被动挨打的境地。

鸦片战争时期，清军前膛装滑膛炮因装填弹药程序复杂，发射炮弹频率不高。清军炮台里重型火炮射速与英军小炮相比射速要慢，再加上有不常操练的通病，射速更慢。《鸦片战争档案史料》载：道光二十一年（1841）四月初一，钦

① ［英］迈克尔·霍华德．欧洲历史上的战争．沈阳：辽宁教育出版社，1998.64

② Norman A V B，Don Pottinger. English weapons & warfare，449～1660．Englewood Cliffs，N J：Prentice-Hall，1979.195

③ Hale B S. Weapons and warfare in Renaissance Europe：gunpowder，technology，and tactics. Baltimore M D：Johns Hopkins University Press，1997，153～154

差大臣裕谦奏："窃照防堵海疆首重大炮，而浙江水陆各营镇将备弁能知放炮之法者，惟黄岩镇标中营游击林亮光尚称谙练，余则绝少其人，各处海口所安炮位几同虚设。奴才到浙后，查知其故，即将施放炮位，应视膛口之大小，以合门弹之大小，再视门弹之斤数，以定受药之斤数，并视炮身之长短厚薄坚脆，以定应否酌加群子，及该用空心飞弹试练准确，另制加工火药，按炮配准药弹，编号存贮，以备轰击缘由，明白通饬。又经督抚提臣严饬先行演试，不啻三令五申。"[①]不会使用武器的士兵，即使拥有好武器也是不能发挥杀敌作用的。清王朝一直保持七八十万常备军，可是，既不注重将弁的培养，又忽视部队的训练。提升将弁，片面强调行伍出身，对于武科出身的往往不予重用。这样，将弁的文化水平一般都比较低，加上缺乏严格的培训，不但平时组织部队训练难于胜任，战时指挥作战更是笨拙无方。至于部队训练，虽规定有春操、秋操、冬季行围等制度，但往往敷衍应付，而且只偏重于演阵图、习架式，近于演戏，基本上没有脱离冷兵器时代的密集阵式，对于实战毫无裨益。《海国图志》载："升平日久，向来大炮入弹演练，亦非常事。而放亦不求其中，中亦不知其差高之度，与坠下之数。"表 1.41 为清朝全国或沿海一些省份铸炮或炮法演练的概况。

表 1.41 清朝全国或沿海一些省份铸炮或炮法演练概况

省份	时间	相关人	清朝全国或沿海一些省份炮法演练概况	史料出处
浙江			《英夷人浙事务奏稿》中说："我中土之炮，未尝演习，炮且生锈，临时不可用，用亦无人，所以法不能中，并非夷人别有巧法。"	鸦片战争（Ⅳ）. 216
江苏	1840 年八月四日	两江总督裕谦	江苏营伍废弛已久，臣在苏数年，从未闻有讲求训练操防一语。各营将备相率因循，水师尤甚。是以上年十二月，臣甫蒙恩命补授巡抚，即有整顿营伍之请。浙江近在临省，大抵相同	鸦片战争档案史料（Ⅱ）. 304
	1841 年四月一日	钦差大臣裕谦	窃照防堵海疆首重大炮，而浙江水陆各营镇将备弁能知放炮之法者，惟黄岩镇标中营游击林亮光尚称谙练，余则绝少其人，各处海口所安炮位几同虚设	鸦片战争档案史料（Ⅲ）. 443
	1842 年六月二十六日	英舰长	英军沿吴淞进犯上海附近的炮台，英舰长说：假如这些火炮由技术精练的炮手掌握使用，我们的舰队势难通过这道关口……如果打得正确，陆军部队就会死亡枕藉，桅杆和船身要受到惨重的损失。但是，他们的炮都没有打中要害	中国的战争
山东	1843 年五月二十九日	山东巡抚梁宝常	现在各炮经臣查照广东式样，另议制造炮架，安放滑车，其推拉运动，扫膛装药，入子描头，皆须预为排定，临时疾徐先后，各有次序，各有责成，使数人共举之事如出一手，方能有条不紊。东省弁兵于此等紧要肯启尚少传授，臣面向各将弁指示演法	鸦片战争档案史料（Ⅶ）. 183

资料来源：Ouchterlony J. The Chinese War：An Accout of All the Operations of the British Forces from the Commencement to the Treaty of Nanking. London：Saunders and Otley，1844

① 中国第一历史档案馆．鸦片战争档案史料（Ⅲ）. 天津：天津古籍出版社，1992.443

鸦片战争时期清朝火炮发射概况。《演炮图说辑要》载："船为炮台之助，炮台为战船之护，二者互相为用，庶得妥协，设无战船，炮台虽坚固，着地不移，一台不过安炮四十至六十位，其向敌方之炮，多者不过十余位。夷人兵船中等者，一船安炮六十位，进退活动，左右轮放，又及敏捷，我发一炮，彼可三炮，一船抵挡一炮台。余船相继驶入，则不费力。"① 清朝炮台主要作为火炮发射的台基，火炮发射的情景，国人和英参战军官都有绘制的图片，反映出一门火炮的发射，通常需要五名炮手的相互配合。《演炮图说》载："炮位无论大小，以五人为伍，专司一炮，列定次序，各执一事，严整步伐，毋许僭越，更替于将台。执鞭燃透火绳，腰间须带开火器具，用口吹火绳；执门针及药角，先吹通火门，即先下门针，候药袋到底，提针刺透，待麻球塞好，再下门药，测看板槽，照星对的；执筅帚兼系球篮（篮内备合膛麻球六七个，又群子四十个，帚系两用，一头帚膛，一头塞麻球），趋至炮口，用帚筅净膛内，于炮口左耳边，待进弹，入膛，即将麻球塞入，用力杵足，如令加群子，待药袋入膛杵好，送群子入膛，俟大弹送入，再将麻球入膛杵定；执药袋桶，执送药义（桶内备药袋六七个，义用两用，一头送药袋，一头杵药就针），待筅膛毕，即义药袋入膛底，杵就门针（用杵不可重）；执弹子篮，执炮铲（篮内备弹子六七出，铲系两用，以备装齐不合式即不过药等），一头螺丝旋出麻球及药袋，一头铁铲铲出弹子，以便重新装配，俟进药毕，送弹子入膛，如令加群子，俟管群子者送群子入膛，再入大弹。"②

鸦片战争前后清军一向是用火绳点火发炮的。火绳一般是用药水熏煮和晾干而成，也有用榕树等树皮制成。火绳点火由士兵手工操作，本身就不会快；清政府为了缩减军费开支，火绳一向系兵丁自备，如此，火绳质量难以保证。再加上火绳容易受潮等因素的影响，以及铁炮炮管质量问题，致使清军火炮射速较慢。《英战舰"硫磺"号1836～1842年环游世界航行纪事》绘制有清军开炮时的情景，炮手由于害怕火炮炸裂，故点燃火门的炮手离火门很远点燃引门，周围炮手为防意外，皆采取了防护措施（图1.69）。

火绳点燃的程序。《筹海初集》载：道光十六年（1836）七月二十四日，关天培奏："秋操会演各台大炮，系就靶船，随潮闯驶，以练炮准。各兵预将药弹、群子、烘药装好，靶船行近炮台，瞄准兵即预先瞄准，燃火兵执火龙杆在左，催火兵执皮巴掌在右，看定火门，不许他视，一经对准，瞄准兵即摆手一下，不准言语，燃火兵即用火龙杆燃火，催火兵用皮巴掌向火门一摆。"③《鸦片战争档案史料》载：至鸦片战争前夕的道光二十年（1840）三月二十六日，两广总督林则徐等奏："兹准水师

---

① ［清］丁拱辰．演炮图说辑要（卷3）．中国国家图书馆藏书，1843.5

② ［清］丁拱辰．演炮图说（刻本）．中国国家图书馆藏书，1841.1

③ ［清］关天培．筹海初集（卷4）．台北：文海出版社，1969.391

图 1.69　鸦片战争时期清军点燃火绳的情景

资料来源：Belcher E. Narrative of A Voyage Round the World：Performed in Her Majesty's Ship Sulphur，during the Years 1836～1842，Including Details of the Naval Operations in China from Del 1840 to Nov 1841（Vol Ⅱ）. London：Henry Colburn Publisher，1843. 161

提臣关天培咨开：据署提标中军参将李贤禀称，查虎门各炮台，奉行奏准旧章，每年春秋二次演习炮准，每炮一尊，装药下子瞄准燃火，需兵四名。"[①]

当然，清军也在模仿着英军火炮的发火装置，也逐渐提高火炮的射速。《英军在华作战记》对中英虎门炮战中的清军火炮的描述："我军发现这些炮台中的许多大炮都装有瞄准器，瞄准器是笔直的金属片，钻着 3 个孔眼，用以射不同的距离。炮口装药的填塞料也完全是模仿我们的而造的。"[②] J. Ouchterlony 的著作《中国的战争》载：1842 年 6 月 20 日上海之战，"清军 16 门铜铸卡龙炮完全仿照英军发射 18 磅弹炮的卡龙炮的式样铸造，舰炮上浇铸了瞄准器，还有火门，钻了孔，和火石制成的枪机密切配合，在我们所看到的中国人使用的战争武器中，这些是最合用的。"[③] 此处说清朝铜炮采取了燧发机点火装置，推断火炮与此应是一样。

三、英军火炮的射速

鸦片战争前后，据欧洲史料记载英军火炮射速有 1 发/分钟、1.5～2 发/分钟、3 发/2 分钟的数据。《400～2001 年英国和爱尔兰的海军史》载："英国 17 和 18 世纪海军战术急剧地提高，前装和由四轮驱动的标准舰炮的设计却变化很小，但是，

① 中国第一历史档案馆．鸦片战争档案史料（Ⅱ）．天津：天津古籍出版社，1992. 76

② Bingham J E. Narrative of the Expedition to China，from the Commencement of the War to Its Termination in 1842. *In*：Sketches of the Manners and Customs of That Singular and Hither to Almost Unknown Country（Ⅱ）. London：Henry Colburn Publisher，1843. 60

③ Ouchterlony J. The Chinese War：An Account of All the Operations of the British Forces from the Commencement to the Treaty of Nanking. London：Saunders and Otley，1844. 307

舰炮射速大约提高了 6 倍，在它的高峰阶段达到了 1 发/分钟。”[①]《1815 年英法滑铁卢之战》载：“欧洲每门火炮允许发射 1 或 1.5 小时，（大约每门炮发射 180 次炮弹，包括霰弹）。在滑铁卢战争中，英军火炮平均发射了 129 次炮弹。”[②] 这里，英军火炮射速为 1.5～2 发/分钟。《英法海战》载：18 世纪末以来，英国“军舰驶往战场时，舰长按战备的规定，严酷地训练水兵。炮手们的射击速度是英国皇家海军的一大骄傲。后来在尼罗河战役中成为纳尔逊忠实的‘兄弟团’成员的科林伍德舰长，将他的炮手的射击速度训练到惊人的程度，平均 3 发炮弹/2 分钟。”[③]《动乱时代的战争与和平：1793—1830》载：18 世纪末 19 世纪初以来，英国火炮的射速约为 3 发/2 分钟。[④]

史料对英国小型火炮射速记载的数据。如早在鸦片战争之前的 1793 年，英使马噶尔尼（Macartney，1737～1806）使团来华，法人佩雷菲特著的《停滞的帝国——两个世界的撞击》中认为，此时，英军小型火炮射速则更快，使团携带了 8 门小型铜质野战炮。1793 年 8 月 19 日的野战炮射击表演，这几门炮每分钟能发射 7 颗炮弹（当时清军火炮每分钟只能发射 1 发，而欧洲火炮也只能做到每分钟发射 1～2 发），开炮迅速、准确、灵活，大大优于清军中装备的火炮。[⑤] 至鸦片战争之时，《鸦片战争档案史料》载：道光二十年（1840）十二月二十一日，钦差大臣琦善奏：中英大角、沙角之战，英陆军：“该夷纠约前来，前以汉奸导引，后则载有四轮小车，上驾铜炮，前挽后推，只须汉奸及挽车之人，少一旁闪，其后即将炮位点放。”[⑥]

清朝史料对英国重型火炮射速记载的数据。《鸦片战争》载，1832 年江苏清河人萧令裕著的《英吉利记》说，其国“有大铳，能于两刻间连发四十余次，恐涉于夸，然亦可见其概矣”[⑦]，即约 3 发/2 分钟。鸦片战争时期，英国发动的是一场海盗劫掠式的冒险行动，其士兵是从本土或殖民地如印度等地临时征集的雇佣兵，这些训练欠佳的士兵发射火炮自然要慢一些。故中国史料记载应是可信的。

小结

鸦片战争时期，中英前膛装滑膛炮的技术原理和其刚性炮架的承载装置决定

---

① Ian Friel. Maritime history of Britain and Ireland，c. 400-2001. London：British Museum Press，2003. 153

② Logie J. Waterloo：The Campaign of 1815. Stroud，Gloucestershire：Spellmount Ltd，2003. 27

③ ［美］惠普尔 A B G. 英法海战．秦祖祥，李安林译．北京：海洋出版社，1986. 36

④ ［英］克劳利．新编剑桥世界近代史（9）．动乱时代的战争与和平：1793—1830. 中国社会科学院世界历史研究所组译．北京：中国社会科学出版社，1991. 112

⑤ Peyrefitte A. The Collision of Two Civilizations the British Expedition to China in 1792～1793. London：Harvill. 1992. 20

⑥ 中国第一历史档案馆．鸦片战争档案史料（Ⅱ）．天津：天津古籍出版社，1992. 745

⑦ 中国史学会主编，齐思和编．鸦片战争（第一册）．上海：神州国光社，1954. 22

其射速不可能很快。清军重型铁炮主要发射偏小的球形实心铅铁弹，射速约1发/6分钟。射速缓慢的原因有：铁炮材质差，缺乏训练的士兵担心膛炸；重型铁炮机动性不好；火绳点火；弹药分装；战术落后等。此时的英军重型铁炮除了还在使用偏大的球形实心生铁或熟铁弹之外，已大量使用新式爆炸弹等，射速约3发/2分钟。英军射速快的原因有：铁炮材质好，士兵大胆施放而不必担心膛炸；发射时有众多辅助工具的配合；燧发机点火；定装炮弹的采用；“舷炮线式”战术的运用等。以上原因就是清军在射速方面“炮不利”和英军“炮利”秘密之所在。

第八节　中英火炮的机动性与射击精度

一、影响火炮机动性与射击精度的因素分析

火炮机动性和射击精度是衡量火炮性能优劣的重要因素，只有机动灵活、射击准确，才能有效击中目标，摧毁对方。火炮的机动性是火力机动性和运动性的总称，火力机动性取决于射界、瞄准速度和装药号等，火炮机动性需要炮架及一些辅助工具来完成。炮架是支撑炮身并使其便于射击与移动的各部件组合体的总称，有架设火炮双耳的装置、旋转装置、上下摇架装置以及车轮等。其作用是：支撑炮身、赋予炮身一定的射向、承受射击时的作用力和保证射击稳定性，并作为射击和运动时全炮的支架，其结构随炮种而异。19世纪70年代以前的东西方火炮皆为前装架退式的刚性炮架，通过耳轴与炮架直接刚性连接，炮身只能绕耳轴俯仰转动，与炮架间无相对运动，发射时整炮后坐。因此，火炮通常造得很重，以便稳定炮位，但在人工搬运或用牛马拖运时，均很困难。火炮需重新瞄准需延误时间，射速受到影响。

火炮射击精度是指平均弹着点对目标的偏离值，以平均弹着点与目标预期命中点间的直线距离衡量。它涉及火炮瞄准、赋予火炮以正确的高低角和水平面等一些问题。19世纪中叶以前中西双方的滑膛火炮射击精度很差，只有在较近的射程内才有一定的精度。影响火炮射击精度的具体因素有以下几个。

1）滑膛炮的身管赋予炮弹不规则的飞行方向，故早期滑膛炮的射击精度必然不高。《美国南北战争中的火器》载：“滑膛炮内的火药气体漏冲到前，导致炮弹在炮膛内上下跳动，故射击精度必然很差。”图1.70为该书的附图。

2）弹丸和炮膛口内径须密切配合，否则影响火炮射击精度。《火炮》载：“滑膛武器只在数百米的射程内射击精度较高，其炮弹较炮管来说要小得多，这是为了方便快速装弹。发射时，炮弹在炮管内作响，火炮上的缝隙泄漏了许多推进气体，

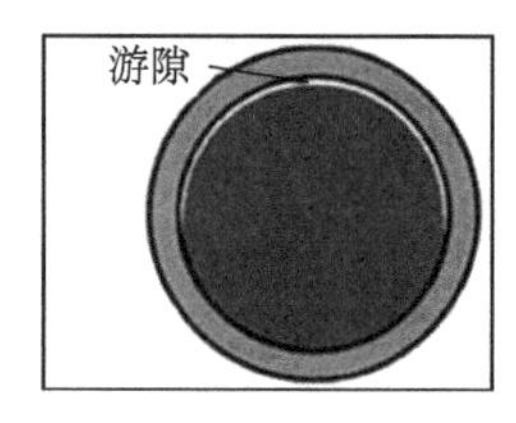

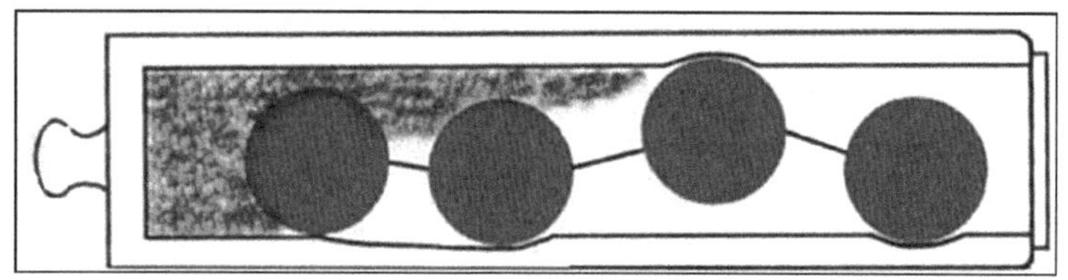

图 1.70　滑膛炮的游隙（windage）及炮弹在炮膛内上下跳动的情景图

资料来源：Whisker J. U. S. and Confederate Arms and Armories during the American Civil War：Confederate Arms and Armories. Volume 3. Lewiston，N Y：E Mellen Press，2003. 72，77，156

大大降低了炮弹的射程和速度。"①

3）炮膛的光滑度对射击精度有很大影响。火药气体的巨大压力和高温使得炮身逐渐磨损烧蚀。炮膛内层金属经受的压力和热度最高。因此，内层金属自然要比其他各层"衰老"得早一些：开始剥落并变得发脆。炮膛内潮湿会造成锈斑，结果炮膛的表面就会变得粗糙不平。

火炮射击精度主要指的是炮弹散布，炮弹散布从属于一定的椭圆法则：距椭圆中心愈近，弹坑分布得愈密，即彼此间的位置愈靠近。因此，在散布面积的范围内始终有一点，在它周围的落点数目最多，而且它必定与椭圆的中心相重合，这一点叫做弹着点或散布中心。与这一点相应的，就是通过弹道束中心的平均弹道。若射击击中没有任何偶然性，则全部炮弹必定一发跟着一发地都通过这条弹道，并且都落在椭圆的中心上。因此，炮手必须把炮弹散步限制在最小的限度内；必须事先估计到炮弹散步面积，不要让它超出意料之外；根据已知的炮弹散步来选择射击目标。契斯齐阿柯夫的《炮兵》所附的滑膛炮发射时，部分气体漏到弹丸前面去的情景，以及弹道束和炮弹的散布图，见图 1.71。

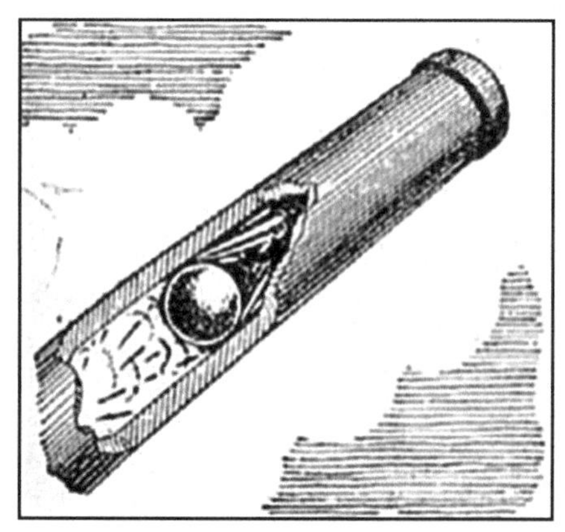

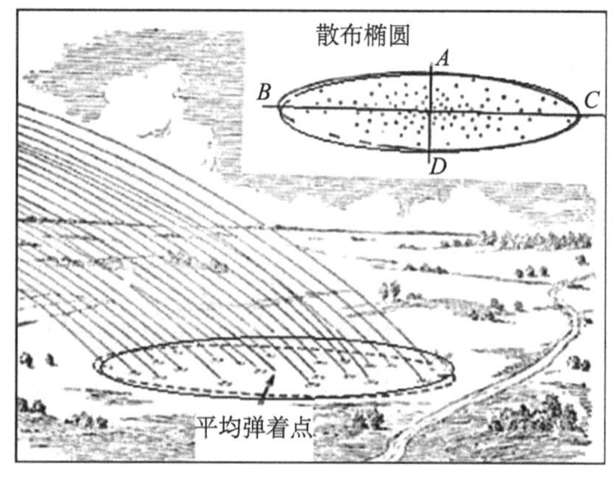

图 1.71　火炮的弹道束及炮弹散布图

资料来源：[苏] 契斯齐阿柯夫．炮兵．张鸿久等译校．北京：国防工业出版社，1957.201，202

① [英] 哈伯斯塔特．火炮．李小明等译．北京：中国人民大学出版社，2004.30

《演炮图说辑要》谈到的“量高补坠”之法正是上述所说的炮弹散布问题。丁拱辰认为，要处理好炮靶之距、弹发高越（发射角高低）、弹坠范围三者之间的关系，关键在于在了解火炮性能的前提下，要勤练炮法。

从17～19世纪中叶前期，包括英国在内的欧洲各国火炮在加强机动性和射击精度方面进行着演变，但在作为前装滑膛炮的基本原理及由此所决定的射击精度方面，却没有也不可能出现决定意义的进步。《动乱时代的战争与和平：1793—1830》载：18世纪末19世纪初以来，“弹道学在17世纪已经颇为发达，落后的不是炮火的理论而是实践。只要火炮还没有膛线，还由前膛填弹并用粗糙的火药发射，就不可能获得快速和准确的炮火。”①

二、清军火炮的机动性

鸦片战争时期的清军炮体庞大，炮架大多用粗劣木料制成，火炮架在炮架上，调整左右和上下的射界极其困难。不少统兵大员对炮车、炮架不甚重视，许多火炮甚至没有炮架。英人所著《鸦片战争：1840～1842》载：1842年6月16日，中英吴淞之战后，“英军俘获了清军火炮至少175门，但是它们是由不同种类所组成，排列在数百码的河岸堡垒上，每门火炮都是不可移动的，它们中的大多数需要不同的使用方法——一点也不匹配漂浮船体堡垒。”② 1836年8月美国人主办的刊物《中国丛报》刊发的文章说：“中国人的主要武器是弓、火绳枪、剑和矛。我们认为除了小型的之外，中国军队不常用大炮；在崎岖狭窄的道路上，或涉水越岭时，把这种笨重的不易使用的大炮运来运去，困难是远远大于它的效能的。……我们不能把中国的大炮看成是军队的恒久和强大的助力。”③ 图1.72为鸦片战争时期英军登

图1.72　英军登陆福建晋江

资料来源：秦风西洋版画馆．西洋铜版画与近代中国．福州：福建教育出版社，2008.6

① ［英］克劳利C W. 新编剑桥世界近代史（9）．动乱时代的战争与和平：1793—1830. 中国社会科学院世界历史研究所组译．北京：中国社会科学出版社，1991.90

② Peter Ward Fay. The Opium War，1840-1842. University of North Carolina Press，1975.207，349

③ 广东省人民政府文史研究馆译．鸦片战争史料选译．北京：中华书局，1983.79

陆福建晋江时清军火炮阵地的情景图，可见当时清军火炮并无炮架装置。表 1.42 为清朝沿海各省的炮架概况。

表 1.42　清朝沿海各省的炮架概况

省份	时间（地点）	清朝沿海各省级行政区炮架概况	总结	史料出处
广东	1839 年十一月三至十三日	中英穿鼻之战，英人说："从距离看来，中国的炮和火药是很好的，只不能自由地上升下降，炮弹太高，多无效果。"	炮架灵活性差	英军在华作战记（Ⅰ）. 113
	1841 年一月七日	中英大角、沙角之战：他们的炮车是最普通的一种，只有几辆有轮，别的只不过是上面搁着炮的木床罢了。	炮车无轮	英军在华作战记（Ⅱ）. 28
	1841 年五月二十二至二十七日	中英广州之战：佛山运至新铸八千斤大炮，本洋人所畏惧，而位置不得势，依山者高出水面，依水者四面受敌，炮架不能运转取准。	炮架灵活性差	鸦片战争（Ⅵ）. 148
	1842 年十月一日	靖逆将军奕山等奏：查从前旧式炮架笨滞坚涩，旋转不能如意，且系寻常杂木，木性松脆，一经炮发震动，榫缝开裂，既难取准，又不能再行施放，况从前所用炮位数百斤及一千斤上下者居多。	炮架木料性能差	鸦片战争档案史料（Ⅵ）. 397
福建	1842 年一月十六日厦门之战	英人对厦门炮台的清军炮架评论：许多大炮安装欠佳，一般来说，炮架的设计不对头，而且时常出毛病。有些地方，在大炮上面安放着沙袋，以防大炮从炮架中因震动而跳动。	炮架制造不理想	"尼米西斯"号轮船作战记（Ⅱ）. 133
		闽浙总督颜伯焘轻视逆夷，谓何抚皆非善。乃将各城巨炮，运至厦门，排列海口，而炮身极重，非数十人不能拉挽，制军惜费，不造炮车。……及逆船至，兵士见其帆影已将炮放完。英逆炮在船两旁，每边计四十门，衔尾二船齐进，至我炮墙边，开炮四十声，拽船而去，后船如之；前船复回，又连四十炮。不转瞬间，而沿海炮墙齐塌。[a]	火炮无炮车	道咸宦海见闻录
浙江	中英首次定海之战	英参战军士约瑟林说：清军从舟山城墙上开炮，从它们的组合来看，既不能旋转也不能升降。再加上火药不好，炮火对英军杀伤力不大。[b]	炮架灵活性差	在华六月从军记
江苏	1842 年六月英军进犯吴淞	清军小心地装好大炮，如果他们的大炮精良，不像我们所看到的那么笨重，既没钻孔，也没上架，这样的好机会，他们的炮手正可以用来把我们绝大部分的船只桅樯摧折，使我方伤亡惨重。[c]	火炮笨重，无炮车	中国的战争
		敌方炮火使'摩底士底'号所遭受的损伤是微小的，因为船的位置虽然距离炮台那样近，只是敌人的炮位不能升降自如，他们无法把大炮降低到一定的水平，因而不能对于'摩底士底'号施行有效的射击。	炮架灵活性差	"尼米西斯"号轮船航行作战记（Ⅱ）. 354
山东	1843 年五月二十九日	山东巡抚梁宝常说："现存炮架无多，且体质笨重，旋转不灵，其余无架者即置放平地，临时难以运动。"	炮架灵活性差	鸦片战争档案史料（Ⅶ）. 186
直隶	1841 年二月七日	钦差大臣塞尚阿奏："惟自涧河一带炮位，多无炮车，均用木架，似不便于轮转。奴才逐一指示，令其于木架安放铁轮，以便发炮后拉回装放，不致张皇。"	无炮车	鸦片战争档案史料（Ⅲ）. 165
盛京	1842 年十一月十七日	盛京将军僖恩奏："火炮之用防堵，自应以大炮为先，然体势笨重，一发之后，转动极难。"	炮架灵活性差	鸦片战争档案史料（Ⅵ）. 563

资料来源：a）［清］张集馨撰；杜春和，张秀清整理．道咸宦海见闻录．北京：中华书局，1981. 60

b）Jocelyn R J. Six Months with the Chinese Expedition，or，Leaves from a Soldier's Notebook. London：John Murray，1841. 49～57

c）Ouchterlony J. The Chinese War：An Account of All the Operations of the British Forces from the Commencement to the Treaty of Nanking. London：Saunders and Otley，1844.

鸦片战争期间，清军火炮的机动性还取决于海岸炮台的构建。清人对西方军队陆战能力评估不足，故海岸炮台选址大多不当，设计与构筑处在“幼稚阶段”，垛口设计要么太小或太大，炮架多为固定式，射界受到限制，有的甚至只能作单向发射，大大降低了火炮的射击精度和杀伤效果。《“尼米西斯”号轮船航行作战记》载：虎门炮台，“看起来非常强大，完全由石头建成，相当高，安装了不少于200门的火炮。但是，像通常那样，除了一道石头墙外，炮台的后面几乎不设防。”①下为清朝沿海几个省份炮台的概况。

广东：《鸦片战争档案史料》载：道光二十一年（1841）正月初十，钦差大臣琦善奏：虎门“台上炮眼，其大如门，几足以容人出入，迨被轰击，竟致无可遮蔽，故尔全不得力。”②

福建：W. T. Hanes 和 F. Sanello 2003 年著《鸦片战争：一个帝国的沉迷和另一个帝国的堕落》载：“厦门和鼓浪屿的大部分中国大炮都已经破旧了，而且是固定的。”③ 魏源著《道光洋艘征抚记》载：1841 年 8 月 26 日的厦门之战，“炮路者，官炮皆陷于石墙孔内，惟能直轰一线，不能左右转运取准，故夷先以舟试之，知其所值，则避之也。”④

浙江：J. Ouchterlony 著《中国的战争》：1841 年 9 月 4 日，中英第二次定海之战，“一个配有 18 门炮的炮台修筑得非常好，唯一不变的是根据他们通常习惯，炮眼的射界很小，其射击扇面的宽度只能使炮左右移动 5°。”下为浙江定海清军火炮配置示意图（图 1.73）。

图 1.73　鸦片战争时期浙江舟山的清朝炮台及其炮位

资料来源：Ouchterlony J. The Chinese War: An Account of All the Operattions of the British Forces from the Commencement to the Treaty of Nanking. London: Saunders and Otley, 1844. 180

① Bernard W D. Narrative of the Voyages and Services of the Nemesis from 1840 to 1843, and of the Combined Naval and Military Operations in China (Ⅰ). London: Henry Colburn Publisher, 1844. 335

② 中国第一历史档案馆．鸦片战争档案史料（Ⅲ）．天津：天津古籍出版社，1992. 40

③ Hanes W T, Sanello F. The Opium Wars: The Addiction of One Empire and the Corruption of Another. London: Robson Books, 2003. 135～138

④ 中国史学会编辑，齐思和等编．鸦片战争（Ⅵ）．上海：神州国光社，1954. 122

鸦片战争后期，清军为了提高机动性，对炮架逐渐重视起来，制作数量十分巨大。但是，从总体上看，制作的新式炮架，车轮偏小，功能都是防御性的，缺乏主动进攻的意识。何况这种改进还只涉及少数火炮，因此，改进的炮车、炮架在战争中发挥作用有限。表 1.43 为清朝沿海各省炮架的改善状况。

表 1.43　清朝沿海各省炮架的改进情况

省份	时间	清朝沿海各省炮架改进情况	总结	史料出处
广东	1842 年十月一日	靖逆将军奕山等奏："从前所用炮位数百斤及一千斤上下者居多，此次添铸二三千斤至一万斤以上大炮，断非旧式炮架所能运动，即五六百斤各炮架，亦须坚实利用。现系拣选至坚至重之宪木及油椎等木，装作两层，上层四小铁轮，中贯铁心，如磨盘式，以便旋转，下加两大木轮，四全铁轮，以凭扯远。中间著力处所，加用铁条，外包铁皮，其木轮钉以铁瓦。所用木料价值，较之从前制造相去悬却，而运用较灵。除一万余斤之大炮架尚须筹议制办外，其已经制造之大小炮架计一千五百余座。内有照旧用式样另换工料者；有平底两座，四轮中用磨盘心者；有照夷式，四轮两旁加用滑车，以便牵拉进退者；又有照夷船内，所用炮架分为两层者，费用计算不赀。"	战争前后广东沿海清军炮架有很大改进	鸦片战争档案史料（Ⅵ）．397
福建	1841 年七月十日	清军车上再加厚板一层，用磨叽安于板底，前后仍用小沙袋垫稳，瞄准装药，一尊巨炮不过数人，似觉灵便。[a]	厦门炮台炮车改进	道咸宦海见闻录
浙江	1841 年十月十日	中英镇海之战，英参战军官穆瑞说："英军发现中国人已经建立了一个车间，制造炮架，样式是模仿我们的炮架的，但是更坚固，这比我以前我见到过的要好，这些提高的技术在去年就已开始。……许多炮架适合发射，我确信我们做的不一定比这好。"[b]	浙江开始仿制英军炮架	穆瑞．从舟山到南京的远征
江苏	1842 年六月十六日	英军攻陷吴淞，参战军官利洛说：在一座军工厂里，"（清军）炮车的一般式样都很简单，但也有一些改良过的新式炮车。大炮装在车上后，中间插上一根横轴，使炮位固定，炮的后膛安放在炮座上，可以随意左右移动。"[c]	江苏造了新式炮车	英军在华作战末期记事
直隶	1841 年十月六日	直隶总督讷尔经额奏："现制四轮小车，每车用乡勇二人纤挽，一兵照应打放，远近左右随方转向，处处可以挽行。较之专设一处不能挪移者，更为得力。"	直隶炮车得到改进	鸦片战争档案史料（Ⅳ）．351
直隶	1843 年二月三十日	道光帝著直隶总督讷尔经额的上谕：直隶所铸 500 斤铜炮 60 尊，添设在速战阵头层。30 斤铜炮 100 尊，添设在二层。有炮车推挽，炮架支放，轮转装药。	道光帝重视炮车的改进	鸦片战争档案史料（Ⅶ）．91

资料来源：a）［清］张集馨撰；杜春和，张秀清整理．道咸宦海见闻录．北京：中华书局 1981．67

b）Murray A. Doings in China：Being the Personal Narative of an Officer Engaged in the Late Chinese Expedition from the Recapture of Chusan in 1841，to the Peace of Nanking in 1842. London：Richard Bentley，1843. 52

c）Loch G G. The Closing Events of the Campaign in China：The Operations in the Yang-Tze-Kiang and Treaty of Nanking. London：John Murray. 1843. 39

火器家丁拱辰、军政大吏龚振麟等人对炮车、炮架做了一些改进，可以轰击不同方向的来犯之敌，使英人十分吃惊。丁拱辰 1840 年设计了滑车、绞架和旋转活动炮架，曾被用于陆上广东的炮台和兵船（图 1.74）。龚振麟 1840 年制的磨盘炮车和四辆炮车。磨盘炮车主要用于舰首炮、要塞炮和守城炮中（图 1.75），凡炮体千斤以上至万余斤者用磨盘炮车，凡炮体千斤以内者用四辆炮车。这在《海国图志》中有详细记载。

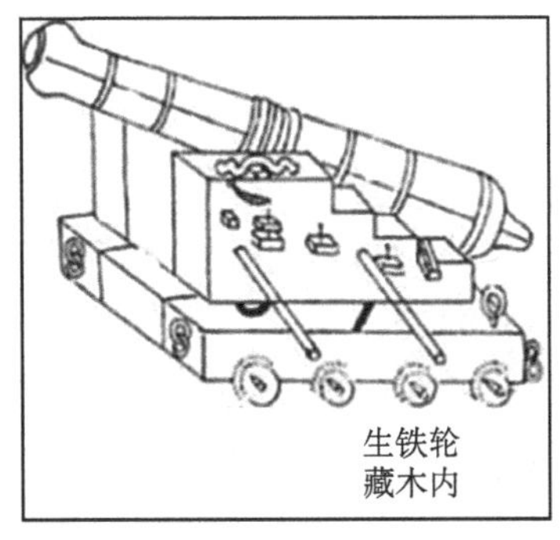

图 1.74　火器家丁拱辰所制的旋转活动炮架和滑车绞架图

资料来源：魏源撰，王继平等整理．海国图志．长春：时代文艺出版社，2000.1289～1299

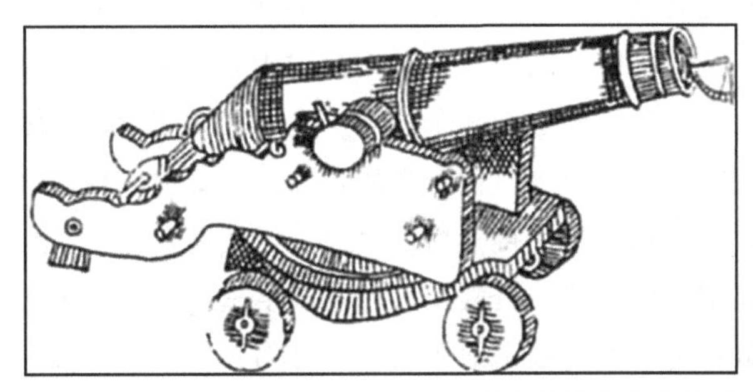
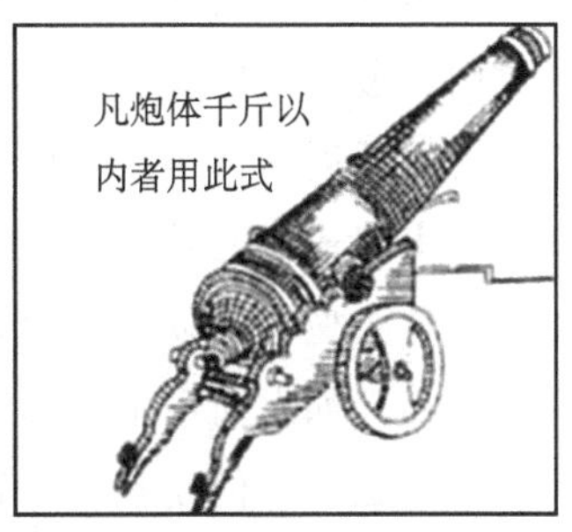

图 1.75　龚振麟所制的磨盘炮车及四辆炮车图

资料来源：［清］魏源撰，王继平等整理．海国图志．长春：时代文艺出版社，2000.1289～1299

三、清军火炮的射击精度

清朝主导型红夷火炮的瞄准装置一般前设准星，炮腰上方装有凹型的竹片，或在底径上方套上一块有圆孔的铁皮，再利用炮身铸的范线的配合，按三点一线的原理发射火炮。战争后期，清军也仿照英军铁炮在炮口或炮腰上方立表的方法发射炮弹。《海国图志》载："至于旧法测视数端，有用锡片钻三空，安在炮尾上面窥之者。有用木板二片各开两空，前后悬葫芦者。有或悬垂珠，分安前后，二形相切，对线演放者。此二式谓之星斗，仅可以定偏正，而不可以定高低。惟有用竹管窥者，不拘定对靶，能知变通，上中下转移，斯可权用。"

但是，清军火炮射击精度在实战中普遍不好。

一则清军炮身和炮弹的机械制造技术尚无规格化，内膛不光滑，蜂窝与气眼较多，为保证炮弹顺利发射，火炮的游隙值必然增大，炮弹在炮膛内跳动，准确的射击难乎其难。查尔斯·辛格等主编的《技术史》载："一个并不完美的球形炮弹，松散地装在一个近似的圆柱体内，除了近距离发射，其他距离发射以后的炮弹都以随机的方式散布在目标周围一个很大的范围内。直到火器的技术有了很大的提高——这只是由于19世纪机床的发展。”① 刊发于1836年8月的《中国丛报》说：“（清军）土炮是铸造的，而且我们相信一般是铁的，其炮膛不似欧洲大炮那样钻得光滑。”②

二则战争期间，清军机动性差的海岸重炮对付移动不已的英军战舰，射击精度不会很好。如《鸦片战争档案史料》载，道光二十二年（1842）九月，户部进呈江南司郎中汤鹏奏：“英夷在舟，我兵在岸，以舟中之炮击岸上之兵，故炮力所至，必有摧伤；以岸上之炮击舟中之贼，故舟势稍斜，遂无准的。”③

三则炮架机动性差，直接影响射击精度。梁章钜撰的《归田琐记》载：议者遂谓中土之炮，远不敌英夷之炮，此本探本之言也。夷船之先击夺人者，莫如桅定之飞炮，厦门及宝山之陷，皆由于此。其火光迸射，纵横一二丈，恃以攻敌，则不足用，用以惊敌则有余。故统军者惊奔，而众无不溃矣。此孟子所谓委而去之者。今日军中前坐此病，则又何我炮彼炮之分乎？自军兴以来，各省所铸大炮不下2000座，虎门、厦门、定海、镇海、宝山、镇江之陷，每省失炮约400余座，其为夷船所得者，约千五六百座。厦门之战，我军开炮200余，仅一炮中其火药舱，大艘轰裂沉海，夷船遂退，是数百炮仅得一炮之力也。定海之战，葛总兵开炮数百，仅一炮中其火轮头桅，即欹侧退鼠，是亦数百炮仅得一炮之力也。但使炮发能中，则我炮亦足破夷，如发而不中，即夷炮亦成虚器。夷艘及火轮船多不过数十，大小杉板船，亦不过数十，但使我军开数百炮，内有数十炮命中，即可伤其数十船。沉一船可歼数十人，坏一船可伤数十人，尚何夷炮之足畏？如发而不中，则虎门所购夷炮200座，其大有至9000斤者，何以一船未伤？一炮未中？是知炮不在大亦不在多，并不在专仿洋炮之式也。④ 表1.44为清朝沿海各省火炮射击精度的概况列表。

表1.44 清朝沿海各省火炮射击精度的概况

省份	时间	清军沿海各省火炮射击精度概况	总结	史料出处
广东	1834年中英珠江口之战	虎门周围的清军战船与炮台上使用的大炮，炮架只是一种木架或坚硬固定的炮床，上面用藤把炮绑住，因此炮只能直射，极难瞄准任何目标，除非目标紧靠在炮眼前面[a]	火炮只能直射，精度差	鸦片战争史料选译
	鸦片战争时期	虎门所购西洋夷炮二百位，何以一船未破，一炮未中？不能中之弊：炮台依山者，前低后高，依水者四面受敌，皆易受飞炮，是建置不得地；山炮限于石洞，台炮限于垣眼，陆炮木架不能运转左右，是以呆炮击活船；兵士施放不熟，测量不准，临时仓皇，心手不定	炮台与炮眼设计不合理，炮手欠训练，致火炮精度差	海国图志

① 查尔斯·辛格等．技术史（第Ⅲ卷）．文艺复兴至工业革命．高亮华，戴吾三主译．上海：上海科技教育出版社，2004.258

② 广东省人民政府文史研究馆译．鸦片战争史料选译．北京：中华书局，1982.67

③ 中国第一历史档案馆．鸦片战争档案史料（Ⅵ）．天津：天津古籍出版社，1992.382

④ 中国史学会编辑，齐思和等编．鸦片战争（Ⅳ）．上海：神州国光社，1954.635

续表

省份	时间	清军沿海各省火炮射击精度概况	总结	史料出处
广东	1841年一月七日	英军进攻沙角、大角炮台。“炮台上的炮被固定得过高，只能破坏英国船只上的横帆。”[b]	火炮太重，只好固定发射，精度差	鸦片战争：一个帝国的沉迷与另一个帝国的堕落
	1841年五月十二日	靖逆将军弈山等奏：“查旧筑炮台，依山者高出水面，在水中四面受敌，既无遮蔽，又无暗道，炮位安放太高，炮架不能随意掉转，故往往发而不中。”	炮位与炮架安放不合理，致精度差	鸦片战争档案史料（Ⅲ）．524
福建	1841年十二月五日	钦差大臣怡良等奏：“盖击逆船于风涛上下之中，十炮未必中五，彼于船腹击岸上之兵，只需向人多处乱放，其难易固灼然可见也。”	英船机动性好，致舰炮精度好	鸦片战争档案史料（Ⅳ）．527
浙江	中英首次定海之战	英参战军士约瑟林说：“山上的清军约有800人，安装了6门火炮，但是，既不能瞄准也不能对准。”[c]	炮位与炮架安放不合理，致火炮精度差	在华六月从军记

资料来源：a）广东省人民政府文史研究馆译．鸦片战争史料选译．北京：中华书局，1983.76

b）Hanes W T，Sanello F. The Opium Wars：The Addition of One Empire and the Corruption of Another. London：Robson Books，2003.31～123

c）Jocelyn R J. Six Months with the Chinese Expedition；or，Leaves from a Soldier's Notebook. London：John Murray，1841.49

四则发射辅助工具的缺失。红夷炮施放辅助工具复杂，大致有炮车、铳规（图1.76、图1.77）、望远镜等。由于红夷炮是圆锥形炮身，所以瞄准线难以和轴线平行，因此，要能够利用这个误差计算出炮口在各种情况下的详细仰角，必须利用勾股重差术的原理算出各种大炮的射程，尔后编成“炮表”，供炮手实弹射击。《海国图志》载：象限仪尺寸，此仪即弧三角。起制法大小随意，大则宽度，小则度密，以取圆360度，分为四限之一得右限90度。兹粤省所制半径五寸七分，旁另留余位三分，以备贯钉，又附左限10度，角穿一垂线下悬，一重球坠之。其方柄宜直长二尺七寸，上安两小铜圈，以便测视地平高低。面宽七分，安在仪面之后，柄伸出一尺五寸便合用。此象限仪，即浑天仪四分之一也。按周天360度，一限计分90度，每度本作60分。今因制具狭小，以每度权作十分算。此仪俗谓之量天尺，其为用也甚光。测视七政躔度，与夫量山度云，霄壤之高下皆可推算。而西洋人用之测验炮差，尤为精微。盖炮之高下，各有不同，而加落之数，亦属无定，要在有所准绳非可臆揣。故用此仪以较之，其法无论有表无表之炮，先将炮口安平，然后竟此仪插入口内，使垂线不偏左右。其炮身中线自与之俱平。如欲击百丈以内之靶，则先以线平试演一炮，视弹去到靶或高或低。低则加高，高则落低。加高则用右仪视垂线偏右几度，低则用左仪视垂线偏左几度。其加落若干度，若干分，均须随时记清，以后施放即为准绳。如欲击200丈之靶，又须较之百丈量为加高，如系击300丈则有须倍加，总期中肯为率。余可类推。……此乃就平地设靶而言。如夫由高而击低，自下而攻上，须将仪柄执之手中与炮身比平，从柄上前后两铜圈空内，测视彼处，或高几度，或低几度，高则递加，低则递减。须知陆地设靶，与水面不同。如敌船来自水面，则进退无定，又在临时相度远近。测看敌船驶来，或乘风力或顺潮信，更须视风力之缓猛，潮信之长落，以察其船行之迟速，然后从容施放。如果审度得宜，不患炮发之无准矣。① 司炮者果能按炮一二，演试得法，各自记明，虽未必炮炮皆中靶，然亦必不离上下左右之间。不然，弹飞如陨星，一闪而过，又奚能远视测量高下之尺寸。至若大炮固能击远，然过远则弹去究竟无力。大约300丈之内，100丈以外，方能有劲也。盖炮力近则猛烈，可以摧坚破锐，至左右仪高下之数，只须左右各使度测量即可足用。故将左仪使度附于右仪之左，以便运用此用仪之大略也。然炮之食药，分量之多寡，弹子之轻重大小，均须合式，平时一一配定，方能有准。若弹子小而膛口大，则药力四泄，弹出无力，而不能击远。倘弹子稍大，不合膛口，又恐有涩滞之虑。必须详慎，亲为检点。②

图 1.76　象限仪使用情形

大炮四分仪的使用：升高炮口，使水准线指在所需射程的准确仰角达到最大仰角，炮架后部插在洞里。在根据射程校准炮膛前，炮手要根据炮口和炮尾外沿线计算炮身的位置。该图是用刻度尺和四分仪做计算

资料来源：[英] 威廉・利德．西洋兵器大全．卜玉坤译．香港：万里机构・万里书店，2000.136

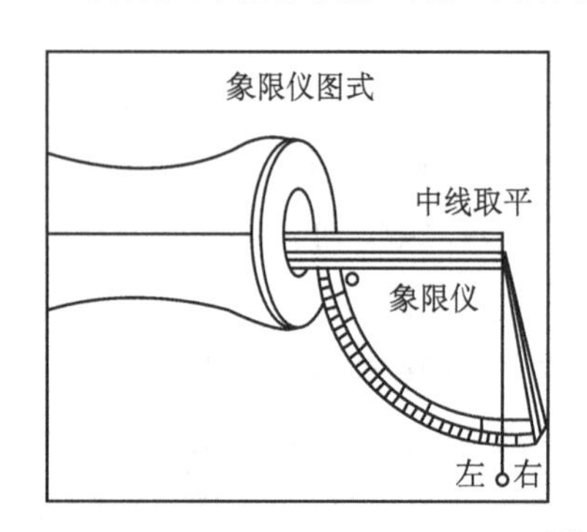

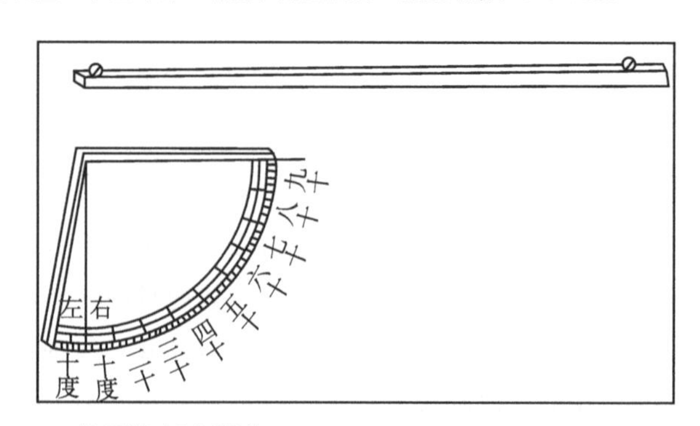

图 1.77　清军炮用象限仪

资料来源：[清] 魏源撰，王继平等整理．海国图志．长春：时代文艺出版社，2000.1314

① [清] 魏源撰，王继平等整理．海国图志．长春：时代文艺出版社，2000.1315

② [清] 魏源撰，王继平等整理．海国图志．长春：时代文艺出版社，2000.1314

但是，战争前后，清军对测量火炮发射角的铳规，大多没有或不会使用，更没有“炮表”可供参考。《钦定大清会典事例》卷687《工部·军火》载：“向来演炮并不加子施放，以致准头远近、星斗高低，官兵茫然不知。炮位堪用与否，炮手亦不谙练。”《演炮图说辑要》载：“夫两国炮形不一，其立表多在炮上方寸之间，使见之者亦茫然不解，即识者亦不能尽知测试之方，彼以方寸之表测试道里相距之远近，转移演放小差则有高下之失。若中华之炮，虽亦大略相同，惟无安表则表裹参差不能相应，故其发也，难期中肯，总之二者不外加法之法，则使中西测试同为一体，苟能远以周髀算经，参以西洋视学，不分东西相度测试，则发必有准矣。”

当然，清军也有改进措施，如利用瞄准器瞄准和用象限仪测量火炮发射远近不同的夹角，以提高火炮的射击精度。《英军在华作战记》有英军对虎门炮战中的清军火炮瞄准器的描述：“我军发现这些炮台中的许多大炮都装有瞄准器，瞄准器是笔直的金属片，钻着3个孔眼，用以射不同的距离。炮口装药的填塞料也完全是模仿我们的而造的。”[①] A. Murray的著作《从舟山到南京的远征》说：1842年6月的吴淞战役，“中国绝大部分的炮都安装在炮车上，配有一种特别的木质转环，可以帮助更好地瞄准。炮上装有瞄准器，说明中国人是在着手改进并研究这种东西的用处。”[②]《鸦片战争档案史料》载：道光二十二年（1842）八月十三日，著直隶总督讷尔经额上谕：“讷尔经额筹备防堵事宜颇为周密，其炮位之前设立标杆取准，此法甚好。然炮体甚重，远近低昂亦当确有把握方好。著该督悉心比较演试，务期均能命中，方称得力。”[③]

清军采用象限仪测量发射高低角。象限仪实为明末铳规的改良体，即浑天仪1/4。按周天360度，1限计分90度，每度本作60分。今因制具狭小，以每度权作10分算。此仪俗谓之量天尺。

清军演炮采用加表法。丁拱辰提及了演炮加表的解决方法（图1.78、图1.79）。《海国图志》说：立表之意，无非欲使头尾之径，高低相等，取其平直而已。[④]

清军火炮射击精度很差并不仅仅是技术问题，同时也与铸炮无法、训练荒疏密切相关。

---

① Bingham J E. Narrative of the Expedition to China：from the Commencement of the War to Its Termination in 1842. *In*：Sketches of the Manners and Customs of That Singular and Hither to Almost Unknown Country（Ⅱ）. London：Henry Colburn Publisher，1843. 60

② Murray A. Doings in China：Being the Personal Narrative of an Officer Engaged in the Late Chinese Expedition from the Recapture of Chusan in 1841，to the Peace of Nanking in 1842. London：Richard Bentley，1843. 33

③ 中国第一历史档案馆．鸦片战争档案史料（Ⅳ）．天津：天津古籍出版社，1992. 119

④ ［清］魏源撰，王继平等整理．海国图志．长春：时代文艺出版社，2000. 1320

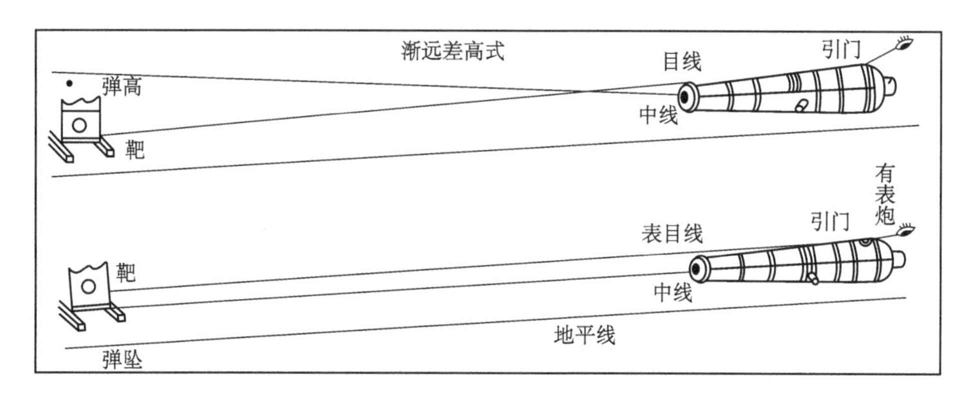

图 1.78 《海国图志》中绘制的火炮中线高下图

资料来源：[清] 魏源撰，王继平等整理．海国图志．长春：时代文艺出版社，2000.1317～1320

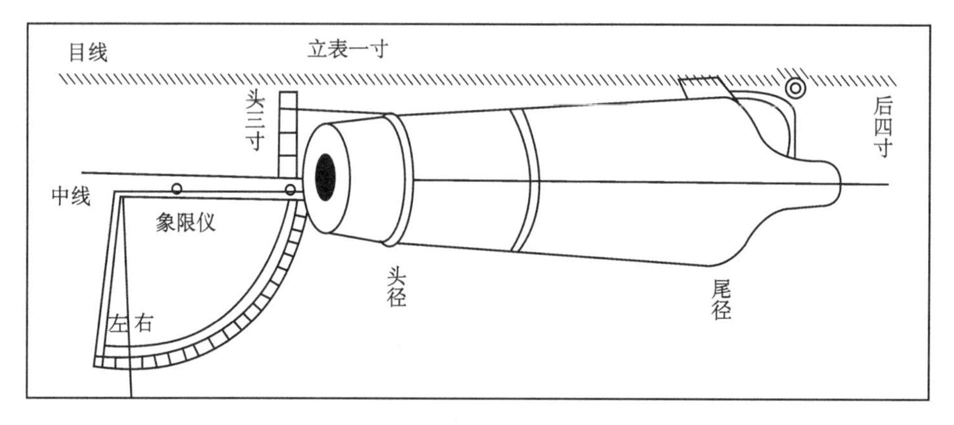

图 1.79 清朝火炮中线高下及测试仰角图

资料来源：[清] 魏源撰，王继平等整理．海国图志．长春：时代文艺出版社，2000.1317～1320

四、英军火炮的机动性

18 世纪以来，欧洲各国普遍使用了金属炮架。因铳炮有战铳、攻铳、守铳之分，故铳车也有战车、攻车、守车之别。至于炮车，欧洲每门火炮通常装在一辆炮车的基础上，再加上一辆前车。当火炮要随军机动或运输时，将前车和炮车前后连接起来，使两车一前一后，成为四轮炮车，火炮便可平稳地架在车上行动，即使是起伏而有坡度的地形，也能快速行进。《武器与战争的演变》载：“18 世纪，法国炮兵军官格里比尤伏尔（Cribeanval，1715～1789）创建了一种杰出的野战炮兵体制，法国大革命军队正是继承了原来君主时代的这样一种炮兵体制。格里比尤伏尔通过缩短炮管的长度，减轻炮管和炮架的重量，使法国炮具备了很强的机动性。此外，又给炮车架装上了铁制轴杆和结实的大直径车轮，因此可以在崎岖不平的地形上行进。由于造出了更加精密的正球体和直径精确的炮弹，因此保证了炮的射程和精确性，并减少了炮的装药量，结果又进一步减轻了炮管的重量。

预制好的弹药筒代替了过去的弹药和弹筒分开的状况，提高了炮弹发射的速率。炮的牵引马分成了双行而不是过去的单行。这样6～8匹马足以牵引1门12磅炮弹的炮，而8磅、4磅炮弹的炮和新式6英寸榴弹炮等只需4～6匹马就够了。在当时，轻型炮（4、6磅榴弹炮和6英寸迫击炮）普遍装备法国陆军，而要塞炮也采用回旋式轮子，可以在半圆形的轨道上滑动，调整方向，并且开始以炮的口径而不以弹丸重量来计算火炮的大小。"[①]《西洋世界军事史》中载："法国的炮兵在欧洲是首屈一指的。在格里比尤伏尔的指导之下，法国的炮兵却有最伟大的进步。1776年，他被任命为法国陆军的炮兵总监，把法国的炮兵从上到下，都作了彻底的改组。他限制野战炮兵为四磅的团级火炮。对于预备炮兵则使用八磅、十二磅的加农，和六英寸的榴弹炮。对于要塞防御和围攻的任务，他又采取了十六磅和十二磅的加农、八英寸的榴弹炮和十英寸的臼炮。他发明了前车，并使炮车在构造上有统一的模型，使其零件尽可能的可以互相交换。"[②] 图1.80为拿破仑时代的火炮及炮架图。

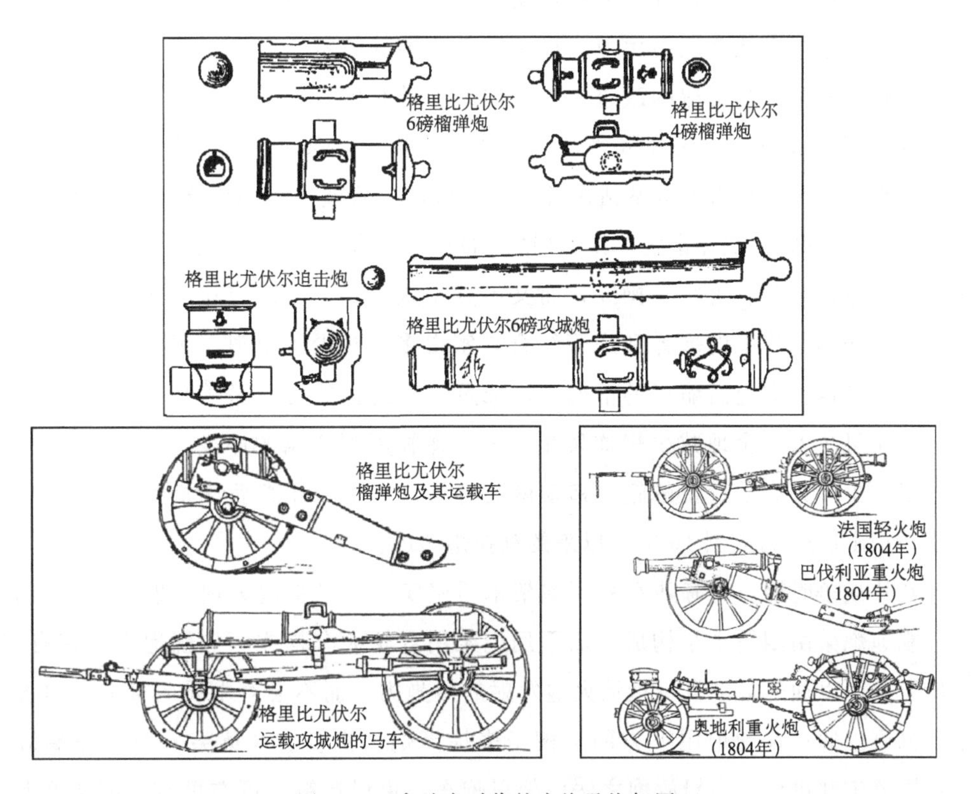

图1.80　拿破仑时代的火炮及炮架图

资料来源：［美］杜派RE，杜派TN. 哈珀-柯林斯世界军事历史全书. 北京：中国友谊出版公司，1998. 600

① ［美］杜普伊TN. 武器和战争的演变. 严瑞池，李志兴等译. 北京：军事科学出版社，1985. 230

② ［英］富勒JFC. 西洋世界军事史（卷2）. 钮先钟译. 北京：战士出版社，1981. 324

中英火炮与鸦片战争

1800 年，英国改革炮兵，除了对法国炮兵全方位地学习外，又进行了一系列改革。《武器和战争的演变》载："英国在技术上素有突出的创造性，在海军炮上进行了许多项技术革新，使其舰炮火力继续处于优势，从而保持了英国的海上霸权。这些技术革新包括了一种燧发机装置，它产生火花进入火门引起点火，代替了过去松散的点火药和火绳杆点火方法；另外火药盒也有了改进；他们把火药和弹丸之间的填弹塞弄潮湿，以防止过早发射；在防止后坐的驻退索上加了金属弹簧；炮架轮子的下面放置了斜面木块，这样，便于炮架吸收后坐力；他们还装置了滑车组滑轮，使每一门炮可以左右旋转，这是射击技术的一项重大进步，从此，不必为了瞄准目标而将整个战舰作直角旋转了。"①

恩格斯 1857 年的著作《炮兵》谈及："自从 1800 年经验表明原有的炮兵不能令人满意以后，斯皮尔曼上校对炮兵进行了根本的改革。……由于不惜金钱英国炮兵很快就成为衣着最讲究、装备最精良最齐全的一支炮兵了。新建立的骑炮兵很受重视，它很快就表现出勇敢、迅速和动作准确的特点。至于炮兵兵器方面的革新，则仅限于炮车构造的改进。单尾炮架和带有弹药箱的前车，后来为大陆上大多数国家所采用。"② 鸦片战争之际，英军火炮及炮架和拿破仑时代当差不多。炮体较小的英军炮膛由于多系钻孔机钻就，可以使管壁造得薄而光滑、重量减轻，从而机动性提高。《竞逐富强》说：（钻出的）炮膛有极大的优越性。更重要的是，大炮可以造得更轻、更容易操纵，而又不减少威力。之所以有这些优点，主要是由于钻出来的炮管里的炮弹和炮管结合紧密得多，减少了游隙，用少量的火药即可使炮弹加速。在炮筒缩短的情况下，减量的火药仍然可以做等量的功。况且火药减量又可令人安全地减少爆炸发生处——弹膛周围金属的厚度。炮筒缩短，炮壁厚度减少，大炮重量就减轻，移动就更容易，产生反冲力后恢复到射击位置也更快。③ 图 1.81 为欧洲 16 世纪以来的马拉炮架图。

鸦片战争时期，英海陆军所用炮架木质坚实，能经得起火炮发射时的剧烈震动。舰炮炮架由四轮小车构成，陆军用炮架用双轮大车构成。如舰炮炮架带有四个轮子，可以通过运动自行抵消火炮发射的后坐力，而不会对木质船骨造成损害。炮手也可以通过移动炮尾下方的木楔子来提高炮口高度。《英夷入浙事务奏稿》说：据梁定邦供词：夷船放炮之法，架以炮车，束以铁链，可左可右，可高可下。

---

① ［美］杜普伊 T N. 武器和战争的演变．严瑞池，李志兴等译．北京：军事科学出版社，1985. 163

② 恩格斯．炮兵．见：马克思，恩格斯．马克思恩格斯全集（第十四卷）. 中共中央马克思恩格斯列宁斯大林著作编译局编译．北京：人民出版社，1995. 206

③ McNeill W H. The Pursuit of Power：Technology，Armed Force，and Society Since A D 1000. Chicago：University of Chicago Press，1982. 86～231

每大炮一位，用十二人掌管监督，每日练习施放之法，先将大炮磨洗，洗讫装火药弹子，装门药，定方向，始行施放。放讫推回原处，无一日不练，所以熟能生巧，法无不中。①《演炮图说辑要》载："西洋炮架图注。此系法兰西式，西洋各国战船，长炮皆用此架，所须木料甚省，用之极为灵便，炮之大小酌量配架。其架颇高，难得大木，故用坚木四片合制。"② 图 1.82～图 1.84 为欧洲 19 世纪舰炮及其发射图。

图 1.81　欧洲 16 世纪以来的马拉炮架图

资料来源：Lepage G G. Medieval Armies and Weapons in Western Europe：An Illustrated History. Jefferson，N C：McFarland & Company Inc，2005. 253

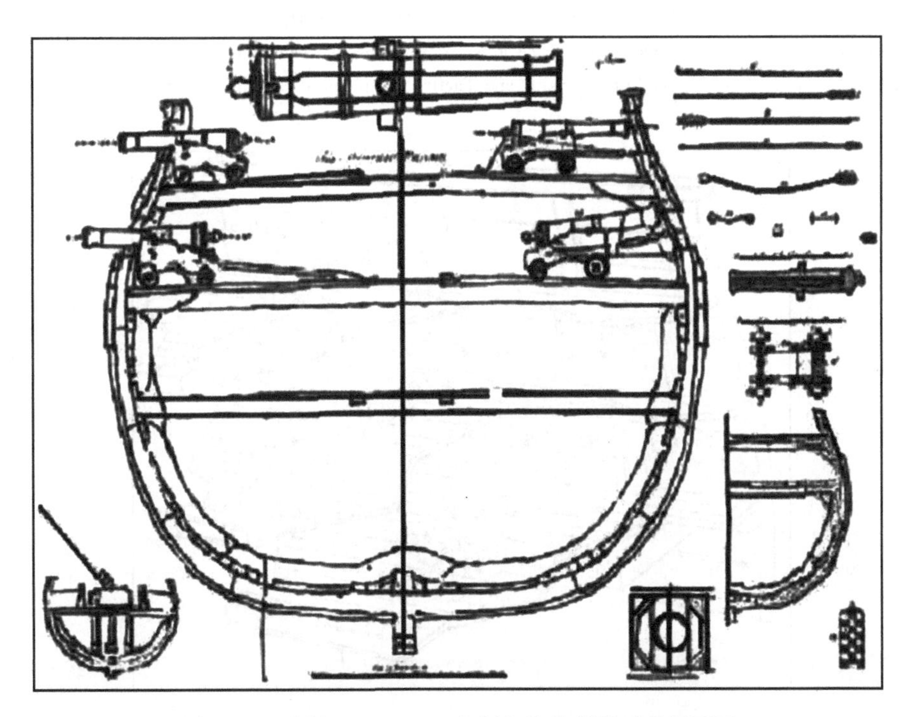

图 1.82　欧洲 1500～1763 年间舰炮发射前后的剖面图

资料来源：Warner O. The British Navy：A Concise History. London：Thames and Hudson，1975. 73

---

① 中国史学会编辑，齐思和等编．鸦片战争（Ⅳ）．上海：神州国光社，1954. 216

② ［清］丁拱辰．演炮图说辑要（卷 4）．中国国家图书馆藏书，1843. 30

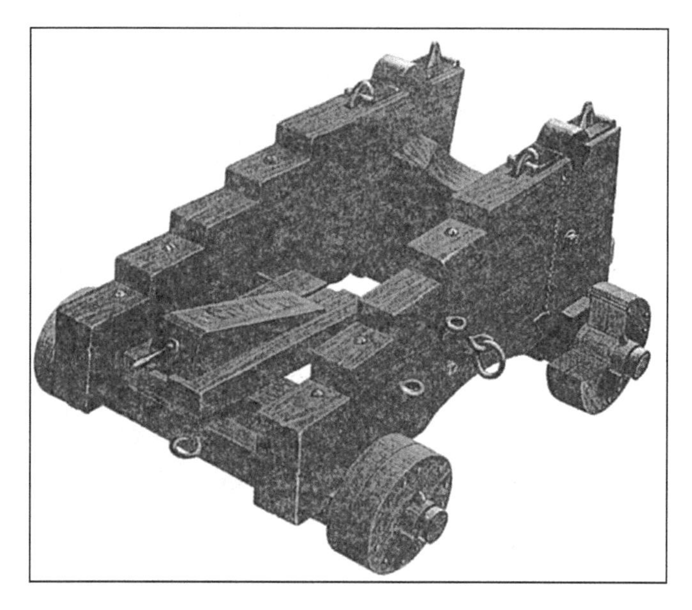

图 1.83 欧洲 1500～1763 年舰炮炮架图

这种带轮子的炮架可以通过运动自行抵消火炮发射的后坐力，而不会对木质船骨造成损害。炮手也可以通过移动炮尾下方的木楔子来提高炮口。火炮有了装填滑轮就可以从侧面点火

资料来源：Jorgensen C，Pavkovic M，Rice R S，et al. Fighting Techniques of the Early Modern World AD 1500～AD 1763：Equipment，Combat Skills and Tactics. Staplehurst，Kent：Spellmount，2005. 217

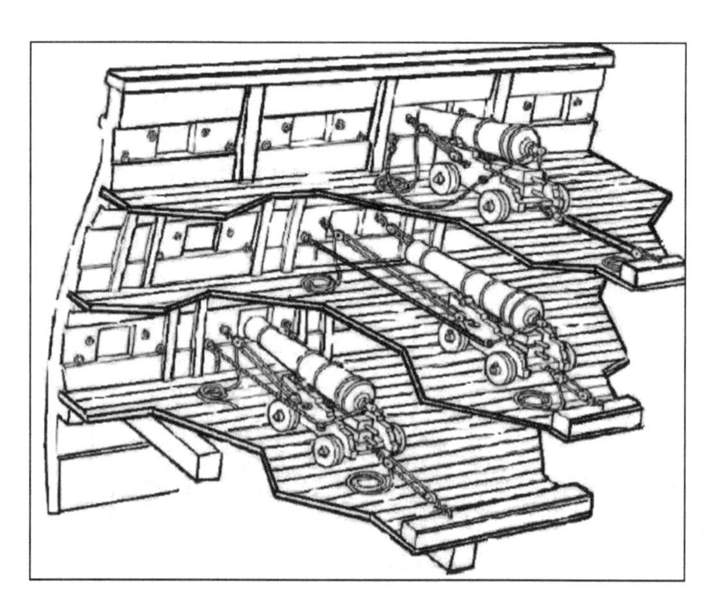

图 1.84 欧洲 1500～1763 年舰炮炮架及发射情景图

在风帆战争时代，三层炮台标志着一级战舰。在顶层的甲板上装填弹药的火炮被架在炮车上，并将炮口从炮眼伸出，准备对接近的敌人开火。中间甲板画的是开火后的大炮，开火的后坐力将其推回船内。在相对安全的船体内，炮手清理了火炮后重新装弹药。底层甲板中一门火炮安全地面对着关闭的炮眼

资料来源：Jorgensen C，Pavkovic M，Rice R S，et al. Fighting Techniques of the Early Modern World AD 1500～AD 1763：Equipment，Combat Skills and Tactics. Staplehurst，Kent：Spellmount，2005. 217

《风帆时代的海上战争》载有鸦片战争前后英国舰炮发射时的炮架及辅助装置图（图 1.85）："19 世纪初，以布伦菲尔德设计为基础制造的海军加农炮，配有燧发器。炮架配有四个轮子或手推车，使炮能在有限的空间里有效使用，同时炮身与强滑车连用，可以控制炮身反弹，把炮拉回船内重新装上弹药后再拉出发射。在训练有素的船员手中，完成这个过程耗时不会超过 1 分钟。"

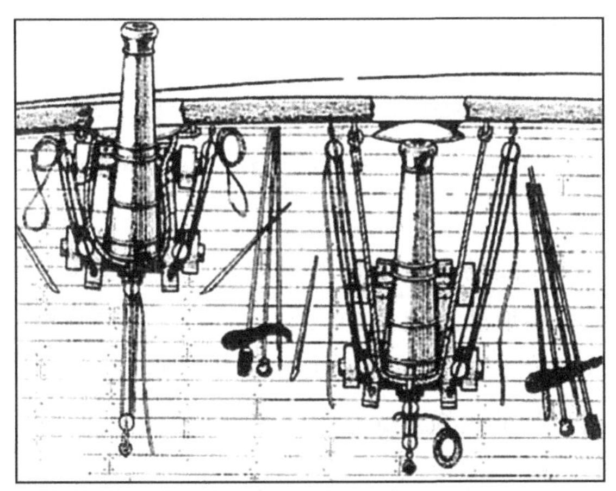

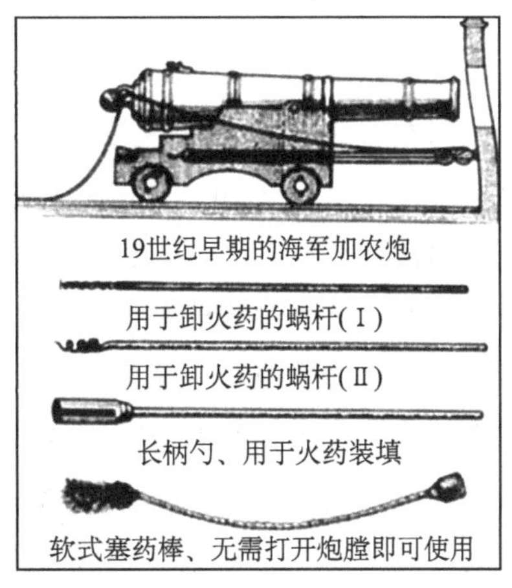

图 1.85　1810 年以后的英国海军加农炮发射图

资料来源：［英］安德鲁·兰伯特．风帆时代的海上战争．郑振清，向静译．上海：上海人民出版社，2005.39，41

英舰炮的四轮炮架机动性好，加之蒸汽动力铁壳火轮船以及滑轮轨道的优势，更是如虎添翼。《演炮图说辑要》对英军火轮船上的炮位记载："此有表短炮，系铜铸就。此火轮船前后所安，上架有四轮，跨住平板之两旁，各开二笋，为火轮进退之路，中安一枢，惯连下面，此铁图架前后有横轮跨入图沟，兼施滑车，进退俯仰，左右施转，无往不进矣。"① 《抚夷日记》载：1842 年 8 月 8 日、10 日、11 日、12 日，钦差大臣伊里布的家人张喜等人在南京四次登上英国军舰："喜至火轮船，上与义律闲谈，并以千里镜看其船行迅速，申初行至定海，一日可行八百里。……夜间各船击钟传号，防范甚严。……大夷船三桅九蓬，三层炮眼。次等者二桅九蓬，二层炮眼。小者二桅四蓬，一层炮眼。……其船长约三十余丈，宽有六七丈，高出水面二丈，入水不知多少。据夷人云，入有二丈二尺，入处俱用铜包，船之前后，俱用黑油，中腰白色，舱内俱系粉白，头尾及安炮处所，俱嵌玻璃，船面四平，船之前后两傍俱有横桅，以备挂蓬之用。船后用轮而不用舵，前置两罗盘，以辨方向。盘上用玻璃罩，以避风雨，船舱上下五层，上三层安炮八十余门，下二层在水底，装贮炮子火药刀枪食物等项。船上黑夷居多，白夷不过十分之三。……有寒

① ［清］丁拱辰．演炮图说辑要（卷 4）．中国国家图书馆藏书，1843.39

暑表，每遇风雨，彼能先知。……喜欲观其火轮船之机关，该夷导喜前后遍观，其船底圆面平，色黑白，前后两桅，桅又分支，并有横杆，中置烟冲，其船比江浙粮艘较大，中舱煤火之焰则水滚机动，机冲则漾轮转，轮转则船行矣。火益大则船愈速。”①《鸦片战争档案史料》载：道光二十年（1840）十二月二十一日，钦差大臣琦善奏：英军“兵船非货船相比，吃水本浅，其小兵船火轮船，更不过数尺之水，即足以资浮送，行捷如飞，路径循熟，随处窜越。”②《演炮图说辑要》载：“（英）船面，中安一绞架，左右又施来往滑车，将绳续在绞架轴心。船欲转向，则左右绞转，只需一人之力，故顺逆风驾驶，极为灵便，比华船之行更疾，顺风昼夜行水程 24 更，每更 41 里许，逆风行 5 更。较华船之疾行，顺风加 5/10，逆风加倍。”③

鸦片战争之时英陆军所用的炮架及在战场上机动性的表现。此时英军都使用了统一尺寸的炮架，为了便于机动，骑兵炮队所使用的火炮，其炮身可在分解后吊离炮架，装入专用炮箱；炮架用车牵引，可以迅速转移，设置新的火炮阵地。《外国土》中有英陆军攻击沙角炮台时所用的火炮及炮架图（图 1.86）。

图 1.86　1841 年 1 月英国全权大臣义律率军入侵广州湾，在穿鼻（沙角炮台）登陆，图中可见有 3 辆双轮陆军炮车

资料来源：Collis，Maurice. Foreign mud：being an account of the opium imbroglio at Canton in the 1830's & the Anglo-Chinese war that followed. London：Faber and Faber Limited，1945. 303

图 1.87 为英参战军官 J. Ouchterlony 的《中国的战争》所载的英陆军双轮炮架及架上的加农炮作战情景图。

图 1.88 为《1785～1985 年间英国和印度军队在中国海岸》中记载英陆军 1842 年进攻镇江时装备有驻锄装置的炮架图。

① 中国史学会编辑，齐思和等编．鸦片战争（V）．上海：神州国光社，1954. 338，339

② 中国第一历史档案馆．鸦片战争档案史料（Ⅱ）．天津：天津古籍出版社，1992. 745

③ [清] 丁拱辰．演炮图说辑要（卷 4）．中国国家图书馆藏书，1843. 34

图 1.87　1841 年 10 月 13 日英军侵占宁波时的炮击图

资料来源：Ouchterlony J. The Chinese War：An Account of All the Operations of the British Forces from the Commencement to the Treaty of Nanking. London：Saunders and Otley，1844. 241

图 1.88　1842 年 7 月 21 日英军炮兵攻击镇江的发炮情景

资料来源：Harfield A. British and Indian Armies on the China Coast，1785～1985. London：A & J Partnership，1990. 32

英陆军所用炮架在战场上机动性的表现。利洛的著作《英军在华作战末期记事》载：1842 年 6 月 16 日的中英吴淞之战后，“19 日清晨四点钟我在以前所提到过的小河上了岸，当时爱尔兰第十八团正在渡河。我们的部队是由第四十九马德拉斯土著步兵团、骑兵炮队和炮兵、工兵和地雷兵组成的。”① J. Ouchterlony 的著作《中国的战争》载：1842 年 6 月 16 日，英军向上海进军，“沿途村庄居民，站在路旁，以惊奇的眼睛来看这新奇的景象，特别是看到大量装配齐全的野战炮，由高大而雄健的战马拖着，当地的乡民一定把这些战马认做神奇的动物，他们过

① Loch G G. The Closing Events of the Campaign in China：The Operations in the Yang-Tze-Kiang and Treaty of Nanking. London：John Murray，1843. 42

去不过看到清军几匹发育不全的小马而已。”①

《鸦片战争档案史料》载：道光二十二年（1842）六月十六日，参赞大臣齐慎奏：“该逆夷随到随进，势甚凶猛，并有车推大炮上岸，一字排列，连环施放。”②

五、英军火炮的射击精度

英军火器弹道理论的完善。《武器和战争的演变》载：“18世纪的一个英国数学家名叫本杰明·罗宾斯（Benjamin Robins，1707～1751，1742年出版专著《新炮弹学原理：包括火药威力的确定和在快速与慢速运动中空气阻力之差别的研究》，欧拉把它翻译成德文，用自己的评论，补充和修改去丰富与完善这本书，以致修改后的书页数为原来的5倍，并改用新的书名《新炮术原理》）曾试图进行实验，发现在800米射击距离上，炮弹向左或向右偏离射向约100码，弹丸首次触地的距离变化多至200码。只是在17世纪的战争中，迫击炮使用愈来愈多的情况下，理论和实践似乎才有所联系。但即使如此，从炮兵的观点看，由于当时资料不完善，这些科学家的理论并无用处。但是，罗宾斯确实第一次提出了成功的办法，为炮术研究奠定了科学的基础。他不仅研究以前所有的理论性题目——外弹道学，而且研究了内弹道学和末端弹道学（弹丸在飞行末端的情形）。罗宾斯了解伽利略、牛顿的理论中有许多错误，如忽视了气流的作用等——从而完善了卡西尼（Jean Dominique Cassini，1625～1712）1707年发明的弹道摆（注：弹道摆的原理：一个摆悬挂在那里，当受到子弹冲击时，它就会摆动。子弹质量越大，速度越高，摆的摆动幅度就越大。子弹的质量是已知的，只要测量摆受到冲击后的摆动幅度，就可以计算出来子弹在冲击它的时候的速度），成为测量弹丸初速的有效仪器。”③

恩格斯在《炮兵》中指出：19世纪中叶以前的欧洲野炮，“装药量几乎都是炮弹重量的1/3，而野炮的长度都是口径的16～18倍。在采用这种装药量时，野炮如果直射（那时炮身处于水平状态），那么炮弹约在300码的距离上落地；如果增大射角，射程增至3000码或4000码。但是距离这么远时，炮弹即失去击中目标的任何可能性；因此，野炮的有效射程不超过1400码或1500码，而且在这样的距离上，6发或8发炮弹中也可能只有1发命中目标。”④

---

① Ouchterlony J. The Chinese War：An Account of All the Operations of the British Forces from the Commencement to the Treaty of Nanking . London：Saunders and Otley，1844. 307

② 中国第一历史档案馆 . 鸦片战争档案史料（Ⅴ）. 天津：天津古籍出版社，1992. 699

③ [美] 杜普伊 T N. 武器和战争的演变 . 严瑞池，李志兴等译 . 北京：军事科学出版社，1985. 225

④ 恩格斯 . 炮兵 . 见：马克思，恩格斯 . 马克思恩格斯全集（第十四卷）. 中共中央马克思恩格斯列宁斯大林著作编译局编译 . 北京：人民出版社，1995. 210

到19世纪科学弹道学才获得胜利，那时冶金学和机械学发展到了这样一个阶段：即在武器设计制造方面规格尺寸已相当准确，并能预测其性能，从而提供了科学分析的基础。科学弹道学对于军事技术的影响，从新冶金学对于19世纪军事革命的影响中可得到最确当的了解。《1500～1763年间近代欧洲的战争技术》绘制有欧洲16世纪以来用矩度测量距离的示意图，尔后再利用勾股重差术原理计算出远近距离（图1.89）。鸦片战争时期，英军测量远近以发射炮弹的情景应是如此。

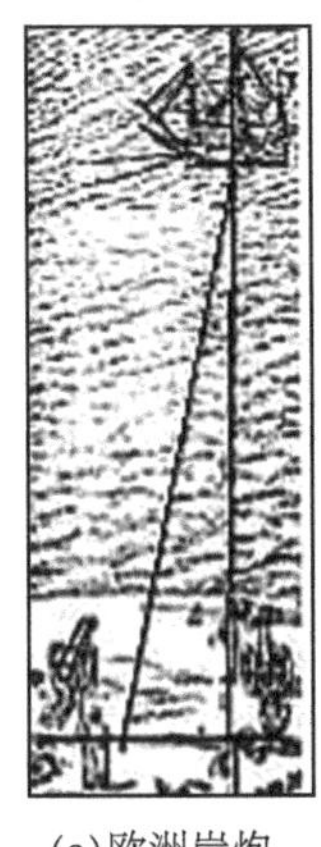

(a)欧洲岸炮轰击战船的测量图

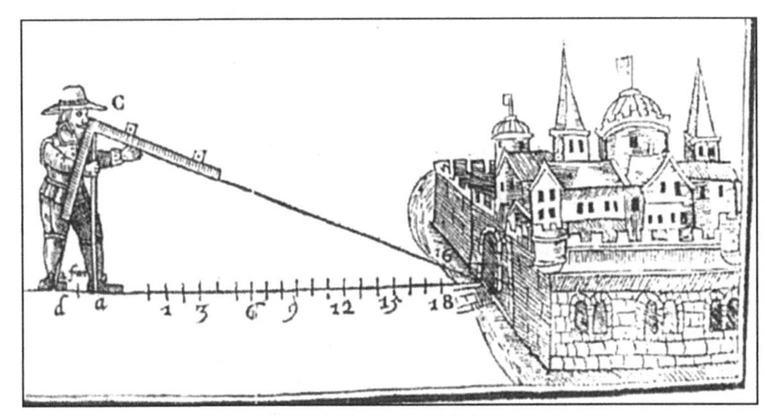

(b)欧洲远距离测量图

图1.89　欧洲炮手16世纪以来利用矩度测量远近方法图

资料来源：Fighting Techniques of the Early Modern World AD 1500～ AD 1763：Equipment，Combat Skills and Tactics（《1500～1763年近代欧洲的战争技术装备、战斗技巧和策略》）. Staplehurst，kent：Spellmount，2005. 58

鸦片战争时期，包括英国在内的欧洲一些国家的科学弹道学已取得胜利，瞄准器具也初步具备，火炮制作比清军精良，射击精度提高一些是毋庸置疑的。

英军火炮的瞄准装置。《演炮图说辑要》载："其（洋炮）立表之式，多不一律。或方或圆，或罅或平，或安垂线或窥长管，其式甚繁，皆谓之立表，一切测量之方，总期尺寸相对，目线相切，合于度数，纵差毫厘，定谬千里，然其为法，不外乎勾股。"[①]《演炮图说辑要》载："其加表之法，或铸就炮上，或铸后用铁圈箍耳后上安表，使目线与中线平直，表里相符。"[②] 英国战舰用炮和商船用炮立表不一。《演炮图说辑要》载："炮上加表之法，与西洋炮法吻合。于演练之时，目见夷炮多有此式，后见西洋各图，兵船炮位尽行加表，或铸就炮上，或炮上铸小孔，用时加之。惟商船之炮不知加表，盖商船安炮，只防洋盗，有备无患，入弹演试，亦非常事。而兵船为战争之用，不容不精，故一切兵船炮悉加表，准使目

① ［清］丁拱辰．演炮图说辑要（卷2）．中国国家图书馆藏书，1843.3

② ［清］丁拱辰．演炮图说辑要（卷3）．中国国家图书馆藏书，1843.31

线与中线平行，击近则对靶测正，击远则加高补坠，其用法意在击近，以其有力易中，击远须测高仰放力微，始下难得准绳。”[1] 即英军加农炮已遗弃了炮口设置准星的瞄准装置，主要靠炮口或炮腰上方立表的方式发射炮弹。榴弹炮的瞄准装置是在炮腰上方立表，按三点一线方法射击。《火器略说》中有载：英国“凡造短炮，宜在炮口或炮腰上面正中之处加铜或铁一方，立为准头。……炮有此表，则目测有准，炮表亦名珠，或名照星。长炮有前后珠，前珠在炮头上面正中，后珠在炮围大圈处上面正中，前后相对，更为细微，虽炮位或有平放、侧放、仰放，度数不同，而总不出此范围。”[2]《海国图志》载：“西人铸炮，多以引门上长方形为表，或安头上或尾后，或头尾皆安，亦合度数。”[3]

《演炮图说辑要》绘制有美利坚加农炮（图 1.90（a））和英军榴弹炮（图 1.90（b））的立表装置图，并说生铁铸就的长加农炮腰上的立表系铜铸就，用时安上，或用中有圆孔的方形厚薄尺放在炮腰上方取准。

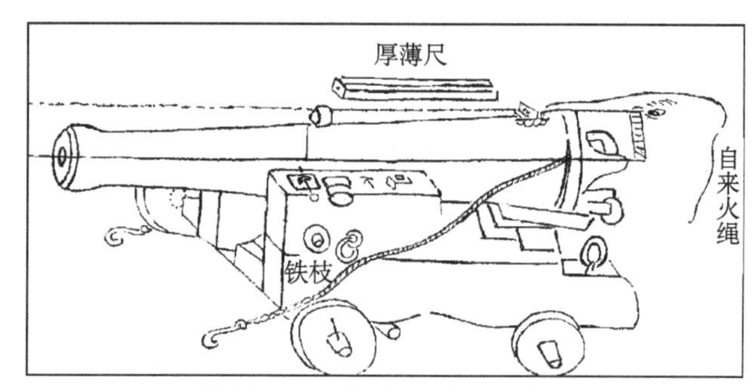

(a)美利坚加农炮炮腹上方的立表装置图

(b)英军榴弹炮炮口立表处的装置图

图 1.90　欧洲加农炮和榴弹炮的立表装置图

资料来源：[清] 丁拱辰．演炮图说辑要（卷 2）．中国国家图书馆藏书，1843.6，10

欧洲在 16 世纪以来就已经用矩度测量距离，尔后利用勾股定律计算出远近距离。鸦片战争时期，英军火炮测量远近情况在《火器略说》载：“洋炮制造，演放

---

[1] [清] 丁拱辰．演炮图说辑要（卷 1）．中国国家图书馆藏书，1843.12

[2] [清] 王韬．火器略说．黄达权口译．见：刘鲁民主编，中国兵书集成编委会编．中国兵书集成（第 48 册）．北京：解放军出版社；沈阳：辽沈书社，1993.57

[3] [清] 魏源撰，王继平等整理．海国图志．长春：时代文艺出版社，2000.1310

悉准，算术动以勾股，密求远近，度数击放，初无不中。铸炮加以准头以凭目测。”[①]

英军火炮射击之时讲究综合技术的运用。《演炮图说辑要》载：“在陆路先以勾股举隅之法，用仪器测量对阵远近，次将炮安在地平架上，用水银管视其已平，测之对正，然后检书应高几度，用象限仪钎入炮口，较合度分演放。”[②]《海国图志》载：“彼船在洋，进退活动，且娴习日久，熟知炮性，击八十丈以外，炮口加高，量高补坠。有量天尺插在炮口，以定远近。加高度数，折为尺寸以补坠数，兼炮架活动，上下四旁，多系滑车，轻快便捷，皆中国营兵所不习。即彼此炮弹远近相均，尚难制胜，而况药有美恶乎。”“其铸法合度，多以引门上长方形为表，或安头上或安尾后，或头尾皆安，亦合度数。而火药较之中华，又更精细。坠数较减，如中华火药至五十丈弹坠七尺，至百丈弹坠二丈四尺，用西人火药五十丈坠四尺，百丈坠二丈左右而已。……演时或用千里镜，或就引门测试对靶，自一十丈至百丈左右，皆有逐处加高补坠高低转移。如击七八十丈及百丈，制一象限仪，插入炮口，如上段所述方法加高一度，至五十丈高八尺七寸四分，至百丈高一丈七尺四寸八分。攻击甚准，并绘一图以便考证，此法《灵台仪象志》有图可据也。”《海国图志》载：“西洋御敌多，用天炮。而英圭黎之技较之和兰又精巧。炮用铜铸，每炮尺寸长几何，围大若干，能及其远近几许，皆有定限也。譬如敌营远近几许，用量天尺量之，用屈镜观之，则举炮悉中其处，不逾尺寸。炮必向上而举，到其处铳子即能坠落而旋滚周遍焉。因冲天而举，故名天炮。”

19 世纪机床的发展，使火炮命中率大为提高。《技术史》载：17 世纪以来，欧洲弹道学的发展一直停留在理论的层次，无法用数学较精确地描述真实的物理世界。“从 16 世纪以后火炮的射程在逐步加大，而且需要一些工具用于检测炮膛的精度，以把它水平地放置在地面上，并且位于基准线上。最简单的装置是插在火炮或臼炮的炮膛中的带有一支长杆的铳规，可以显示仰角：当仰角经过反复实验得出来以后，炮身就能够很容易地重新放置在同一基准线上。使用铅锤仪（或者是后来的水平仪）来确保炮车的轴线水平。也生产了更多精确的瞄准工具，其中的一些表现了工艺的精巧和优美，但是它们几乎没有太多的实际应用。真正的炮手相信经验，和使用正切标尺相比，他们更信任自己的眼睛和判断。（此时，）无论是枪炮还是发射火药都没有强大到足以使得远距离发射达到有效应用的程度：并且武器的性能是如此的不可预测，以至于对轨道的数学计算事实上是不重要且无意义的。一个并不完美的球形炮弹，松散地装在一个近似的圆柱体内，除了近

---

① ［清］王韬．火器略说．黄达权口译．见：刘鲁民主编，中国兵书集成编委会编．中国兵书集成（第 48 册）．北京：解放军出版社；沈阳：辽沈书社，1993．57

② ［清］丁拱辰．演炮图说辑要（卷 3）．中国国家图书馆藏书，1843．35

距离发射，其他距离发射以后的炮弹都以随机的方式散布在目标周围一个很大范围内。直到火器技术有了很大的提高——这只是由于19世纪机床的发展，实际的炮手才可以忽略关于外部弹道学的数学知识。”①

鸦片战争时期，英军火炮内膛由于经历了镗床加工，很光滑，其射击精度比清军要高。《海国图志》载：“夷人交锋，如在一里内外，不甚开炮，必在相距五六十丈极八十丈之内，彼始开炮，十可中七八也。若在一里之远，弹子多坠无力难准。虽可加高相补，究是无力。”英炮在战斗中的高命中率从许多文献中可见：

广东战场：1841年3月《中国丛报》载：1841年2月的中英虎门之战，“26日破晓时分，我方士兵夜间在下横档岛筑起了的沙袋炮台，3门榴弹炮向上横档岛上中国人的防御工事开火了。炮火十分猛烈，炮弹命中非常精确。”②《鸦片战争档案史料》载，道光二十一年（1841）三月初四日，江南道监察御史骆秉章奏：“逆夷炮不虚发，先以千里镜测试，继以指南针校准，故屡伤我将弁。”③

浙江战场：1840年8月的《中国丛报》写道：1840年7月5日，英军舰进攻定海。“两点正，‘威厘士厘’号开火了，这是经过瞄准的真正的射击。”④

江苏战场：《鸦片战争档案史料》载：道光二十二年（1842）四月二十二日，两江总督牛鉴奏：“逆夷施放炮火，以铳尺量之，测远镜度之，故能命中有准。”⑤

英军康格里夫火箭炮的射击精度。鸦片战争之际，《在华作战记》载：1841年3月的中英三元里之役，“华人以巨大的力量向前推进，我们向他们发射火箭，虽则十分准确，但效果似乎极微，并且因为雷雨将到，我军急欲在大雨骤下之前把他们击溃。这次他们向我们进逼表现出比较以前我所见到的有更大的决心。”⑥

其实，这里英人显然言过其实。《火箭炮的历史及前途》载：目击英军1814年进攻西班牙的阿部尔河（使用了战术火箭）的作者写道：“我们开始放出火箭，可是它的作用没有使我对于这种武器有高度重视。火箭在水面上跳飞，四面飞散，毫不准确，甚至有返回我们这面的，好在没有受到任何伤害。看起来全是偶然命中了的火箭，击中了炮舰的后身，并使其沉没了。法国士兵（当时火箭对于他们还是一种新的东西）惊慌失措，纷纷投入河而死。这时英国军队渡过了阿部尔河；由两个连编成的法军纵队攻击作战，猛然抵抗渡河的军队，企图把他们赶回河里，可是由渡河部队放

---

① ［英］查尔斯·辛格等．技术史（第Ⅲ卷）．文艺复兴至工业革命．高亮华，戴吾三主译．上海：上海科技教育出版社，2004.258

② 广东省人民政府文史研究馆．鸦片战争与林则徐史料选译．广州：广东人民出版社，1986.198，228

③ 中国第一历史档案馆．鸦片战争档案史料（Ⅲ）．天津：天津古籍出版社，1992.274

④ 广东省人民政府文史研究馆．鸦片战争与林则徐史料选译．广州：广东人民出版社，1986.198，228

⑤ 中国第一历史档案馆．鸦片战争档案史料（Ⅴ）．天津：天津古籍出版社，1992.339

⑥ McPherson D. The War in China：Narrative of the Chinese Expedition，from Its Formation in April，1840，to the Treaty of Peace in August，1842. London：Saunders and Otley，1843.159

出的几个火箭，把法国冲锋的纵队完全打乱了，纵队四下逃散，溃不成军。从这一故事中可以看出，虽然火箭在这次战术中起了一定的作用，可是它们还有着不少缺点。1813年沃罗佐夫伯爵……曾说：‘我确信大型火箭不是别的，而是一种很愚蠢的炮兵，因为他们虽然也有好处，特别是焚烧房屋和村庄，可是仍不如燃烧弹和烧夷弹那样好，远远赶不上真正炮兵的射击准确，也没有霰弹的毁灭性的作用’。”①

英国人哈伯斯塔特著的《火炮》写道：“康格里夫的方法是使用细碎火药，在巨大重力的压迫下把这种火药结实地塞进箭体中，而在火药装填时就不可避免地要锤击推进剂，这会使火药密集成块状。这种填塞火箭发动机的方法会造成火药密度不均匀，使火箭的发射精度降低，而且在装填时还可能产生火花，从而引发爆炸。……康格里夫火箭射程能达到3700米，而且能投射有效弹头。虽然精度不是很高，但是足以用作许多国家军队的武器。”②

小结

此时期的中英火炮虽然都是在使用刚性炮架的前膛装滑膛炮，但在机动性和射击精度方面存在着较大差异。清军火炮制作工艺粗糙，炮台和炮架设计不合理，进攻意识不强，保证火炮机动性和射击精度所用的辅助工具不多。再加上军备废弛的影响，使其机动性和射击精度较低。另外，清军海岸重炮对付移动不已的英军舰炮，射击精度不高。战争之际，清军炮架和射击精度的改进工作具有局部性和滞后性的特点。

英军炮膛多系镗床钻就，可以使其造得更轻，炮膛更光滑，从而提高机动性和射击精度；英军的双轮陆军炮架和四轮滑车的舰炮炮架以及发射时众多辅助工具的配合，都有助于火炮机动性和射击精度的提高，而这些方面对战争胜负的影响是致命的。

---

① ［俄］古列索夫．火箭炮的历史及前途．沈阳：东北书店印行，1949.2～10

② ［英］哈伯斯塔特．火炮．李小明等译．北京：中国人民大学出版社，2004.28

第二章 中国境内火炮调查反映的中英铁炮技术

第一节 中英铁炮的调查概况

1）中英铁炮实物在我国沿海省份遗留较多，主要陈列于博物馆及复原的古炮台上，铁炮的年代主要集中于鸦片战争前后，也有一定量的鸦片战争前几十年甚至上百年的铁炮保存下来，少数为英法联军之役时期的铁炮，形制及制作方法未有改变，因为铁炮使用具有连续性，这些在战争前后的铁炮均对战争起过作用。因为中英鸦片战争的发生地是在中国东部沿海地区，故调查主要在这些区域进行，但是，由于岁月的推移和时代的变迁，许多铁炮辗转流落到中国内地以及英国，故这些区域的铁炮也要兼顾。在北京，天津，山东蓬莱，江苏南京、镇江、扬州，浙江杭州、镇海，福建泉州、厦门，广东广州、佛山、虎门、韶关，广西梧州等地的32个市、县博物馆、炮台文管所，调查了284门铁炮及200余颗炮弹。其中，考察鸦片战争前后的清军铁炮175门，对其中119门测量了尺寸；英军铁炮143门，对其中79门测量了尺寸。表2.1为中国境内中英铁炮调查与取样的概况。

表2.1 中国境内中英铁炮的调查与取样概况

地点	清军				英军			
	考察炮/门	实测炮/门	取样/个	炮弹与取样/个	考察炮/门	实测炮/门	取样炮/个	炮弹样/个
中国人民革命军事博物馆	9	9	外层锈蚀9	考察柜内藏开花弹4	3	3	锈蚀3	
天津大沽炮台	8	8	外层8+内层3	开花弹取样1	残炮1		内膛1	取样1
山东蓬莱水城	3							
江苏南京博物院	7	7	外层7	10余个石质炮弹	8	8		

续表

地点	清军				英军			
	考察炮/门	实测炮/门	取样/个	炮弹与取样/个	考察炮/门	实测炮/门	取样炮/个	炮弹样/个
江苏扬州东门遗址与镇江博物馆			2（柯俊院士取样提供）					
上海陈化成纪念馆	3							
浙江省博物馆	1		1		2		1	
浙江镇海口海防历史纪念馆	4	4	4	10余个	2	2		10余个
福建泉州海交史博物馆	7	4	12		2	2	6	
福建厦门胡里山炮台	22	22	外层锈蚀3		25	25	锈蚀8	
福建厦门大学	10	3	外层锈蚀3		1	1	锈蚀1	
福建厦门鼓浪屿郑成功纪念堂	6	2	外层锈蚀2		2	2	锈蚀3	
福建厦门博物馆	6	6	外层6＋火门1					
广东佛山博物馆	2	2	外层2＋火门1					
广东广州博物馆	25	11	外层11		2	2	锈蚀1	
广东广州三元里抗英纪念馆	4	3						
广东广州南越王汉墓博物馆	1	1						
广东南沙蒲州炮台	2	2	外层2＋火门2					
广东虎门鸦片战争博物馆	15	12	外层14＋火门5		54	2	5	
广东虎门沙角炮台	1	1	外层1＋火门1					
广东虎门威远炮台	3	3	外层3＋火门2					
广东珠海博物馆	5				18	18	外层12＋火门2	
广东封开博物馆	2	2	外层2	考察1	2	2	外层2＋火门2	
广东韶关博物馆	2	2	外层2＋火门1					
广西梧州博物馆和中山公园	14	7	外层7＋火门5	百枚实心弹取样1	20	11	外层12＋火门11	考察1
广西梧州特委纪念堂	3	2	外层2＋火门2		1	1	外层1＋火门1	
北京延庆博物馆	3			考察百枚实心弹和开花弹，取炮弹2				

续表

地点	清军				英军			
	考察炮/门	实测炮/门	取样/个	炮弹与取样/个	考察炮/门	实测炮/门	取样炮/个	炮弹样/个
北京德胜门箭楼	5	5	外层3＋内层1					
北京首都博物馆	2	1	1					

在此需说明的两个问题：①中英铁炮样品的时间范围：鸦片战争时期通常指该战争前后的一段时期，即19世纪20年代以来至英法联军之役（1856～1860）之前的一段时间，在《鸦片战争档案史料》中选材涵盖时期为1805～1850年，铁炮样品的选取年代均在此范围内。②有些无铭文的铁炮在鸦片战争前后铸造，但在英法联军之役中继续使用，由于仍为前膛装滑膛炮，故仍包括在内。

2）英军和清军铁炮的区分：主要根据形制和炮身所铸铭文、字母、符号等特征，以及文物考古学家的考证结果来区分。①此时期清朝的铁炮炮身多有铭文，其记载的时间很清楚。②清朝泥模铸炮法的尾纽、火门和炮耳形制与英军铁炮相比区别较大，清朝尾纽多为圆球状，火门单独制作并钻孔，圆锥形的耳长和耳径不等，仿制的英军铁炮其光滑度也劣于英军铁炮。英军铁炮则加工光滑，与18世纪以前的泥模铸造的粗糙炮体明显不同。③此时期的英军铁炮多为舰炮装置，尾部为圆环，与17、18世纪的圆球状装置不同。清朝铁模炮系模仿英军榴弹炮而成，但其粗糙炮体与英军的光滑炮体不同。④此时期英军铁炮仍为前膛装滑膛炮，与英法联军之役时期的后膛装线膛炮明显不同。⑤英国实行的是君主立宪制的制度，史料记载，此时期的英军炮身上铸有“皇冠”以及制造公司的名字等标记，与实行总统负责制的法国铁炮不同。清军仿造的英国铁炮不会标记“皇冠”和英国制造公司之类图文，故区别于英军铁炮。⑥《清代兵事典籍档册汇览》[①] 载，当时清朝对本国和英国商船进出口控制很严，致使商船带的护货炮被中国扣留和购买的很多，此铁炮也代表了英军铁炮的技术水准。⑦当时战区主要在中国东南沿海地区，英法联军之役并未波及福建等省，鉴于此，取样多在鸦片战争时期的中英战区如福建、广东、广西等省级行政区的博物馆、炮台进行。这些单位的文物工作者已经考证出哪些是清军炮，哪些是鸦片战争时期英军遗留下的铁炮实物。

第二节　中英铁炮种类的考察

鸦片战争时期，史料记载的清军火炮的形制，除子母炮外都为前膛装滑膛炮，

① 茅海建．清代兵事典籍档册汇览（第28册）．北京：学苑出版社，2005.96

子母炮的母炮靠尾部炮体上开有装子炮的槽，这种类似枪的轻型炮，在战斗中不起主要作用。此次调查的铁炮实物种类除鸦片战争时期铁芯铜体炮没有见到外，其余与文献记载一样，炮的形制与第一章第三节所描述的一致。铁炮种类有：红夷炮、复合层铁炮、铁模炮、子母炮、冲天炮和抬炮、购买西洋的铜铁大炮等。

1. 红夷炮

清朝为红夷炮，英军为加农炮，其形制与第一章所描述的一样。

清朝红夷炮特征叙述如下。

1）该炮大都属重炮，炮体庞大。调查的175门铁炮，95%在200千克以上，最重的达12000斤，重量达5000斤以上的有50门之多，占32%的比例。此类炮长度大都在2米以上，考察到的长度最长的为中国军事博物馆展览的造于1841年的铁炮，其上铭文："承造大臣……镇国大将军。"炮长达401厘米，尾部至炮纽还有55厘米，考察到的红夷炮最大口内径为中国军事博物馆展览的造于1841年铁炮，铭文："道光二十一年（1841），炮重八千斤。"该炮长329厘米，口内径26.1厘米，口外径54厘米，底径74厘米，耳径13.5厘米，耳长20厘米。自从元代中国火炮发明后，它在战争中一旦立有大功，统治者往往给它加上"神威"、"神远"、"将军"等各种美称和头衔，以示对火炮的隆崇。

2）膛壁普遍较厚。图2.1为广东虎门沙角炮台展览的道光十五年（1835）佛山造的6000斤铁炮，耳径14厘米，耳长18厘米，口内径为15.5厘米，口外径为44厘米，即壁厚28.5厘米，底径61厘米。该炮口外径/口内径＝2.8，底径/口内径＝3.9与"比例"思想不符，主要是因为膛壁太厚，这是清军为了防止火炮炸裂采取的措施。

图2.1　广东虎门沙角炮台展览的造于1835年的6000斤铁炮

3）耳径长与耳直径普遍不等，不等的铁炮占到了65%。炮耳、火门毁坏甚多。《鸦片战争档案史料》记载英国侵略军破坏清军沿海炮台，除拆毁台基外，将好炮尽量俘获走，运不走的更多的被毁坏耳轴、准星、照门和尾球冠等，从而使火炮失去平衡、稳定及准确性，成为一门废炮①。

4）炮体普遍有多道加强箍。尾纽普遍有一圆球体，起稳定、拴放绳子、俯仰与左右旋转之用，是战时多用之部位。制造时常在泥模内预先插入一根熟铁棒，尔后生铁浇注时将其封住，成为复合材料，起到坚固作用。图 2.2 为广东鸦片战争博物馆展览的 1842 年佛山造的 2500 斤新式铁炮，其炮纽有一根突出铁棒。

  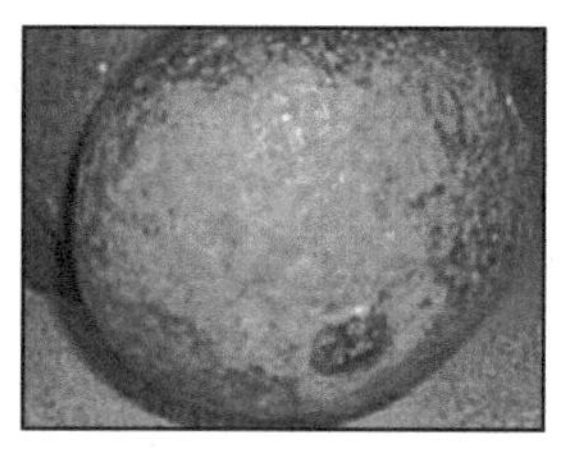

图 2.2　广东鸦片战争博物馆展览的清朝 1842 年造 2500 斤铁炮

5）红夷炮尾部多由一圆环、中间由孔的圆形炮纽组成，系鸦片战争前后对西洋火炮仿制的产物，福建厦门胡里山炮台 3 门和厦门博物馆 4 门，炮纽皆是此形状。图 2.3 为广东虎门鸦片战争博物馆展览的鸦片战争时期的虎门海防炮，有加强箍，损坏的尾纽装置依稀可见。鸦片战争爆发后，浙江镇海龚振麟发明的铁模铸炮，模仿了英军榴弹炮样式，采用了舰炮的尾纽装置（图 2.4）。

图 2.3　广东虎门鸦片战争博物馆展览的鸦片战争时期的虎门海防炮（环状尾纽损坏）

 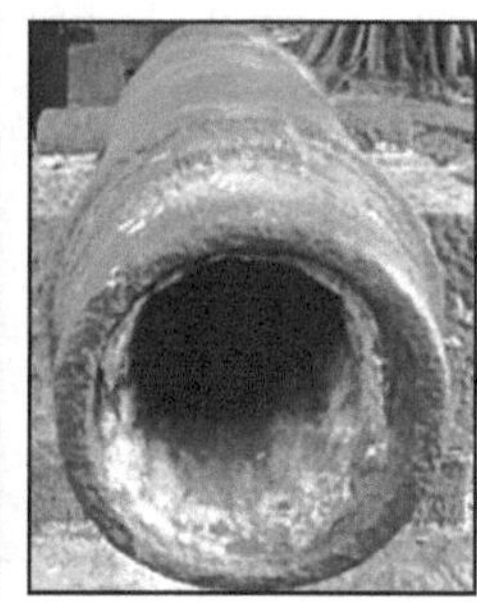 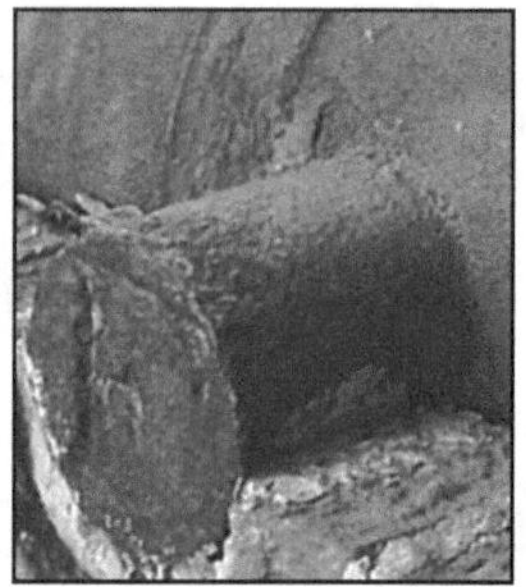 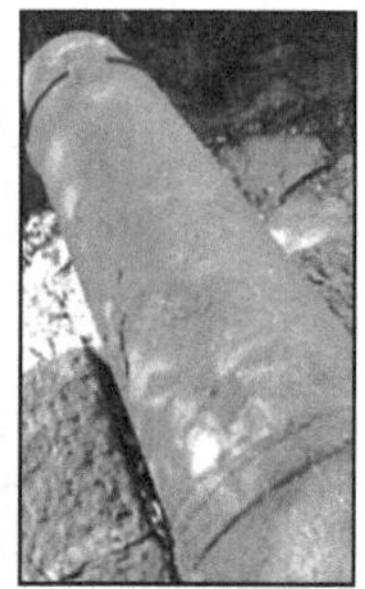

图 2.4　广东广州南越王汉墓博物馆展览的清朝铁模炮

① 中国第一历史档案馆．鸦片战争档案史料（Ⅵ）．天津：天津古籍出版社，1992．627

6）红夷炮多有铭文，常嵌炮名、年款、承造、监督官员、工匠、弹药重量等字样。铭文具有炫耀、管理和反映操炮时所装的弹药量多少等的功能，反映出当时铸炮程序是很严格的，至于实际操作中，很可能视同具文，流于形式。如现存的道光年间佛山造大炮上常有“炮匠李、陈、霍、梁、冼”的铭文，李、陈、霍、梁、冼，是当地冶铸业大户，并非炮匠。考察较详细的73门红夷炮中，有铭文的53余门，占73%。图2.5为广东虎门鸦片战争博物馆现存的虎门海防炮。

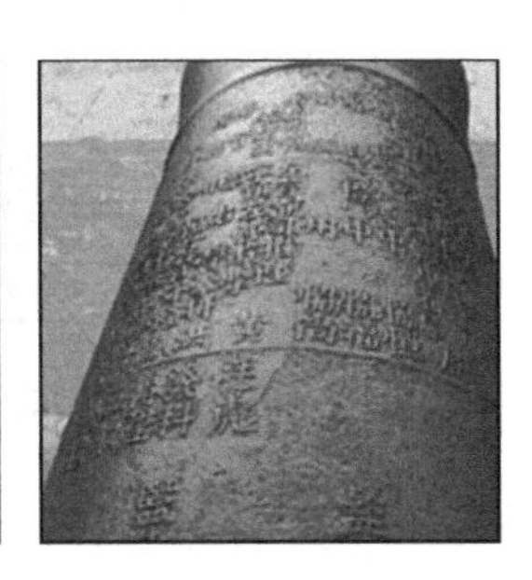

图2.5　广东鸦片战争博物馆现存的虎门海防炮

7）火门及保护。红夷炮的火门常在底径上方前处，在隆起的长方形里用熟铁缠丝钻就（图2.6、图2.7）。《演炮图说》载：装演大炮，“演毕用棕帚溅水泛洗，更以布帚泛干，各停片刻，俟潮气出透，再用木塞塞住膛口，并护紧引门，上加炮盖，庶膛内无潮湿生锈之弊。”①

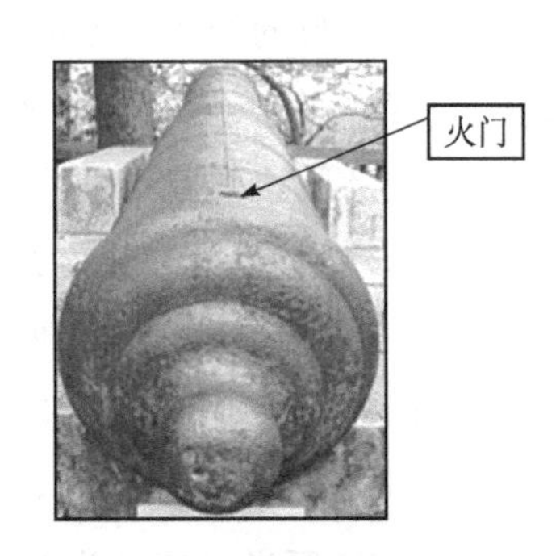

图2.6　左为中国人民革命军事博物馆展览的复合层红夷将军铁炮，右为广东广州博物馆展览的2000斤铁炮

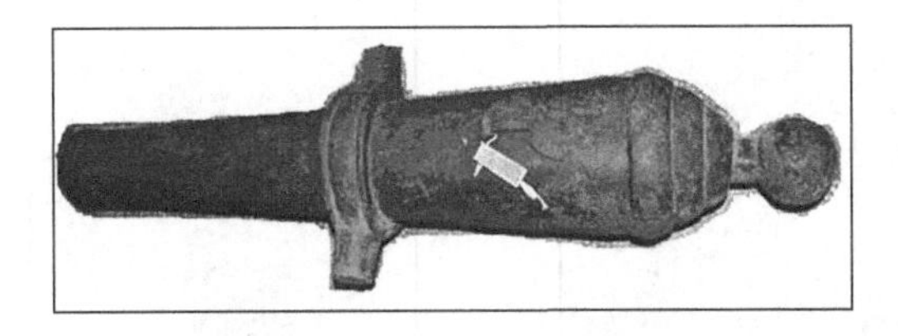

图2.7　广东虎门鸦片战争博物馆藏的清朝红夷炮炮身上的火门盖

① ［清］丁拱辰．演炮图说（刻本）．中国国家图书馆藏书．1841.15

8）炮膛与药膛。红夷炮通常膛口内径较弹加大 1/10，药膛比弹膛小 1/10。图 2.8为广东虎门鸦片战争博物馆展览的 1 门此时期残铁炮，炮膛与药膛均呈圆柱体，但下窄上宽。此与《演炮图说》、《海国图志》等史料记载对应。

图 2.8　广东虎门鸦片战争博物馆院内的一门残炮

2. 英军加农炮（舰炮式）

该炮突出特征如下所述。

1）炮身较其他类别铁炮长，最长达 246 厘米，其他大都在 100 厘米以上。英军加农炮共发现 46 门，200 千克以上的重炮 35 门，占 76％。

2）炮身为前细后丰的圆锥形体，炮头有膨胀部分，后部逐渐凹一些与炮身连成一体。

3）有两个正圆柱形的炮耳，尾部有一个圆孔或两个圆孔，其作用是栓放绳子和穿插螺旋十字铁架，使火炮固定在船体上。

4）单一弹膛，药膛比弹膛小一些。图 2.9 为福建厦门胡里山炮台带有皇冠标记的英军加农炮，该炮重量为考察之最，约有 2500 千克，炮长 246 厘米，口内径 13 厘米，口外径 16 厘米，底径 43 厘米，口至耳 145 厘米，口至火门 237 厘米，口内径＝耳径＝耳长＝13 厘米，炮身长/口内径＝18.9。图 2.10 为广东虎门鸦片战争博物馆展示的英军 500 千克加农炮，炮身长 183 厘米，口内径＝耳径＝耳长＝11 厘米，口外径为 22 厘米，底径为 33 厘米，炮身长/口内径＝16。

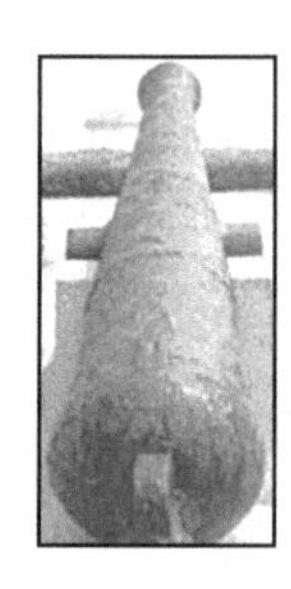  

图 2.9　福建厦门胡里山炮台展览的带有皇冠标记的英军加农炮

5）英军加农舰炮不少是小炮，占考察 46 门中的 24％，此与《海国图志》、

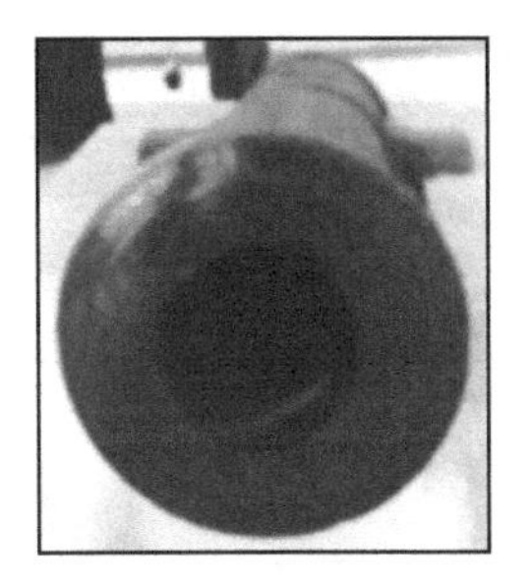

图 2.10　广东虎门鸦片战争博物馆展览的英军加农炮

《演炮图说辑要》等记载对应。如广西梧州博物馆堆积了 15 门小铁炮，其中带有皇冠标记的英加农舰炮至少 7 门。图 2.11 所示炮堆正中的一门舰炮长 86 厘米，口内径 5.5 厘米，口外径 9 厘米，底径 16.5 厘米，口至耳 52 厘米，口至火门 81 厘米，耳径＝耳长＝5 厘米。

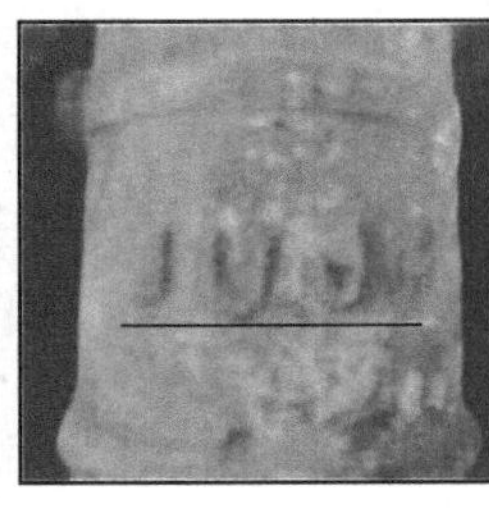

图 2.11　广西梧州博物馆藏的 7 门英军加农舰炮，中间一门
带有皇冠标记和字母“J. U. J、W. P”

6）加农炮的火门。此类炮火门常是在底径的上前方（图 2.12）、在加厚的条带长方体里钻孔制成火门（图 2.13）。英军在中国遗留的舰炮其火门大多是火绳点放装置，此和《演炮图说》记载对应。中国人民革命军事博物馆和福建厦门胡里山炮台遗留有英军火炮，其火门应为燧石打火式或雷汞底火撞击式（图 2.14、图 2.15）。

图 2.12　浙江省博物馆陈列的英国加农炮

图 2.13　中国人民革命军事博物馆展览的英军进攻厦门时遗留的舰炮

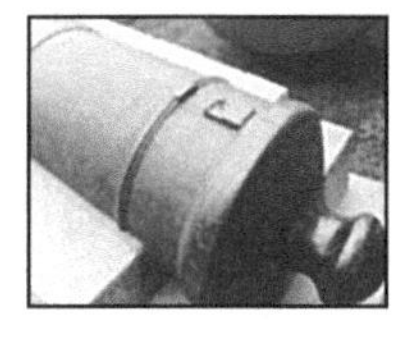

图 2.14　中国人民革命军事博物馆展览的英国 1834 年制造的火炮，
火门应为燧石打火式或雷汞底火撞击式

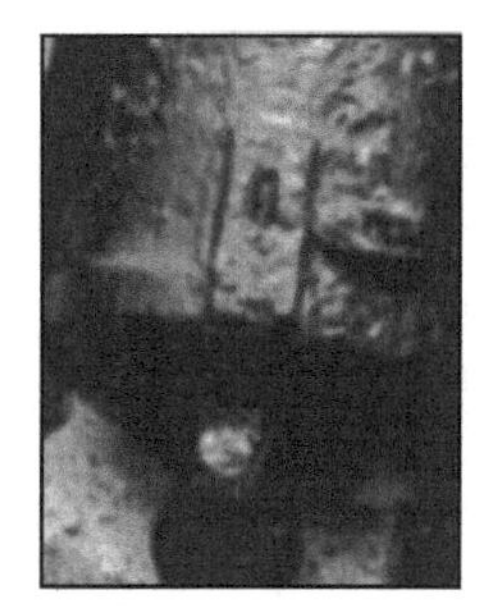

图 2.15　福建厦门胡里山炮台展览的英军加农舰炮

7）加农炮的铭文。史料记载，英军火炮常有铭文，如附上皇冠标记，刻上火炮制造公司的字母，如 G. R. 1826，利物浦火炮制造公司等。“B. P”公司是英国政府的合作伙伴，但也有其他公司给政府制作大炮，如果是英国政府定制的铁炮，都会在炮身上刻上“↑”符号，代表三个部门，分别是军需部、陆军部和财政部批准制造的。若没有刻“↑”的符号，则不是英国政府定制的。图 2.16 中的“17”的单位是 CWT，1CWT＝112 磅，此炮重 863.6 千克。“B. P&CO.”推测为英国制造公司或工厂的名字缩写。

今实测的 67 门中，有铭文的 23 门，占 34%，24 门有皇冠标志，10 门铁炮上有一些英文字母，如“B. P & CO、W. C 、W. P、J U J、E L C、P W P、Liverpool”。“B. P”是英国伯明翰地区（Birmingham）火炮生产的简称，其他字母推测为英国制造公司或工厂的名字缩写（图 2.16～图 2.18）。

8）炮膛。根据史料，加农炮药膛呈平底形、下窄上宽形、底圆口微敞形三种。图 2.19 为天津大沽炮台的 1 门残损加农炮，炮膛呈圆柱体，药膛底是平的，其与欧洲 17 世纪加农炮炮膛的示意图相似。

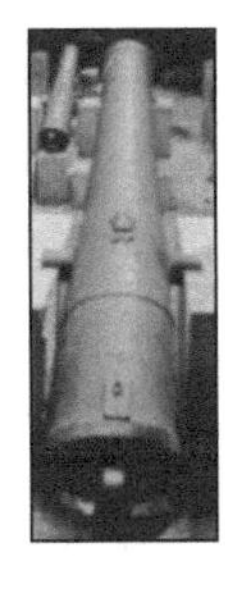

图 2.16　江苏南京博物院陈列的英国加农炮上的皇冠标记及缩写的英文字母

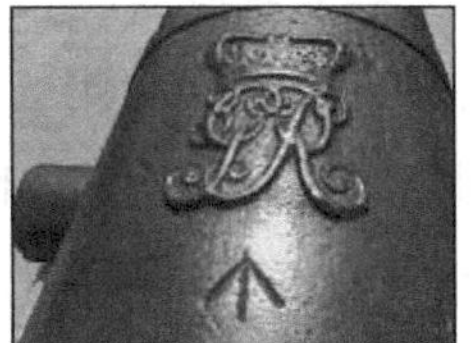
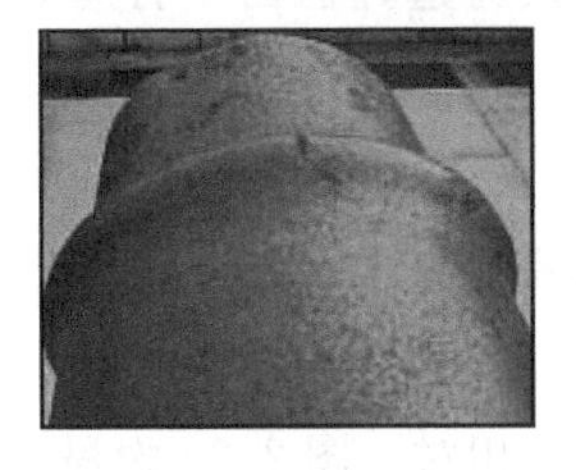
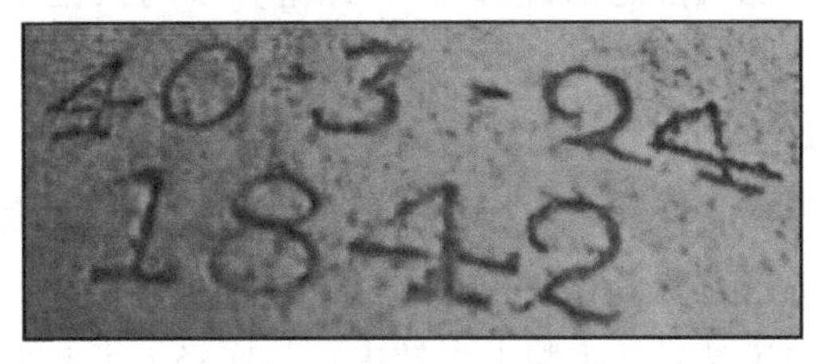

图 2.17　浙江镇海口海防历史纪念馆展览的英国 1842 年造的加农炮

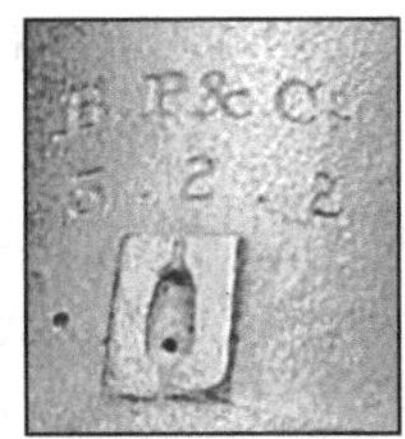

图 2.18　江苏南京博物院展览的英国加农炮，其计量单位清晰可见

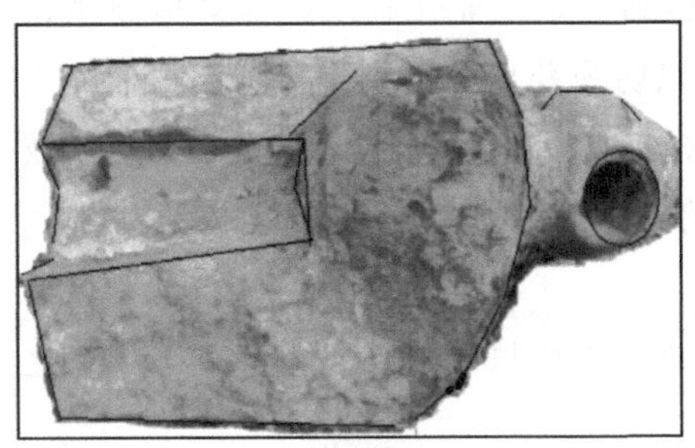
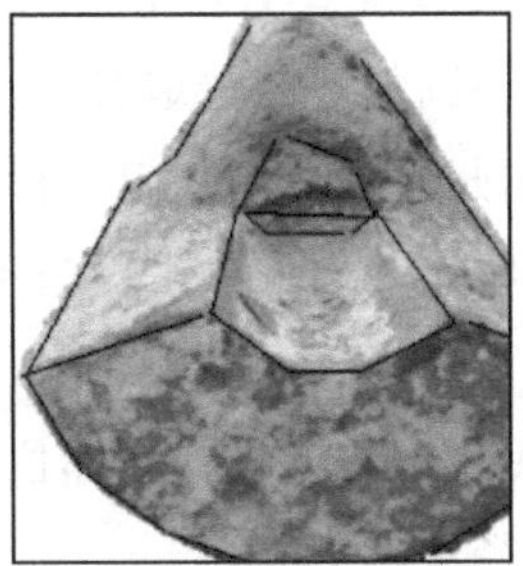
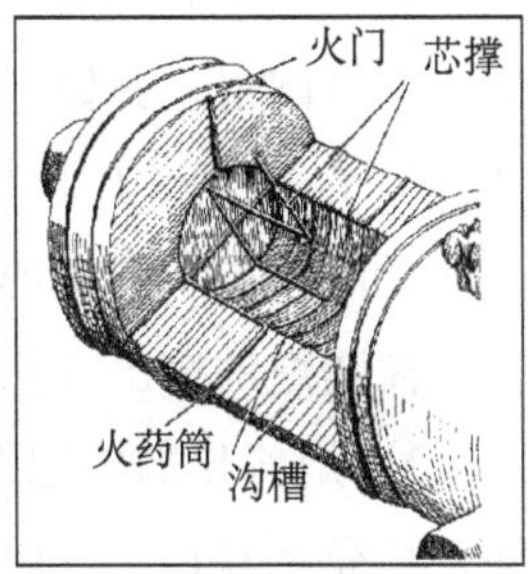

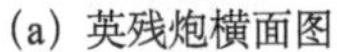
(a) 英残炮横面图　(b) 英残炮纵面图　(c) 1686年英国铜炮内膛图

图 2.19　天津大沽炮台遗留的英军残炮及炮膛示意图

资料来源：(C) Keith D H. A bronze cannon from La Belle，1686：its construction，conservation and display. The International Journal of Nautical Archaeolog，1997，26 (2)：154

从以上中英加农炮型火炮的比较中看出：①清军铁炮以重型为主，岸炮装置占压倒优势，铁炮主要起防御作用。炮体庞大、膛壁较厚、口内径相对于炮身较小，加工粗糙，范线凸出，用火绳点放发射炮弹，炮体铭文反映信息较多。英军铁炮比清军铁炮小，舰炮装置占压倒优势，铁炮主要起进攻之用。膛壁较薄、口内径较大，加工精细，炮体没有范线，用火绳或燧发机点放发射炮弹，炮体铭文反映信息不多。②清军火炮发展向重型化转变，此为泥模铸造的缺陷和重炮御敌的战略方针使然。英军火炮形体相对较小，此为钻孔机钻膛的优点以及战舰载炮机动性需要等因素使然。

3. 中英榴弹炮型火炮

清朝为铁模炮，英军为榴弹炮。

共发现清朝铁模炮 5 门。该炮特征：

1）根据《演炮图说辑要》，此炮分节与两范对接铸造，但由于打磨好，未考察到接缝痕迹。

2）炮身较红夷炮短，炮口壁较其他部位薄。

3）尾纽系在后蒂上加一圆环，采用了英国舰炮装置的设计之法。

4）火门位置紧靠底径上方。

5）瞄准装置系炮腰上方铸表，与底径上方凸出物相对。图 2.20 为福建厦门胡里山炮台展览的铁模炮，铭文：“铁模□□配药，配弹比，监造。”该炮长 130 厘米，口内径 11 厘米，口外径 21 厘米，即壁厚 9 厘米，底径 35 厘米，大致符合口内径＝1/2 口外径＝1/3 底径的关系。同炮一起展览的还有仿制的铁模具。图 2.21 为浙江镇海保存的鸦片战争时期的清朝铁模炮。该炮长 133 厘米，口内径 13 厘米，口外径 23 厘米，即壁厚 10 厘米，底径 46 厘米，大致符合口内径＝1/2 口外径＝1/3 底径的关系。铭文：“身长五尺八寸 膛口四寸口分，道光二十一年九月，重一千六百斤，第十五号，平夷炮受药八十四两，子一百六十八两，浙江省局造。”

鸦片战争时期英军铁炮铸造工艺水平已达到一定工业化程度，榴弹炮砂型铸造，炮口圆滑，并铸有一圈加厚的“炮箍”，以防弹药出腔震裂炮口。英军榴弹炮共实测了 18 门，广西梧州中山公园 1 门，福建厦门胡里山炮台 14 门，福建厦门鼓浪屿 1 门、广东广州博物馆 1 门，广东虎门鸦片战争博物馆 1 门。

榴弹炮的突出特征：

1）炮管比加农炮短，炮口壁较其他部位薄，炮长与口内径之比常在 4～10 之间，耳径＝耳长＝口内径＝1/3 底径。

2）口内径相对较大。

3）火门设在底径前方特意加厚的部位。

图 2.20　清朝造于 1841 年年底的铁模炮，周围有一堆铸范（今人仿制）

图 2.21　浙江镇海口海防历史纪念馆展览的 1841 年造的铁模炮（平夷炮）

4）英军榴弹炮与加农炮相比，其共同点是炮身机器加工痕迹明显，有皇冠标记和一些英文字母，4 门榴弹炮上的字母据推测应是英国制造公司或工厂名称的缩写或代号。图 2.22 为广西梧州特委纪念堂展览的英军榴弹炮，炮长 150 厘米，口内径 13.5 厘米，口外径 16 厘米，底径 31 厘米，口至耳 95 厘米，耳径＝耳长＝10 厘米。即炮长/口内径＝11，壁厚＝2.5 厘米，遵守了“比例”设计理论。

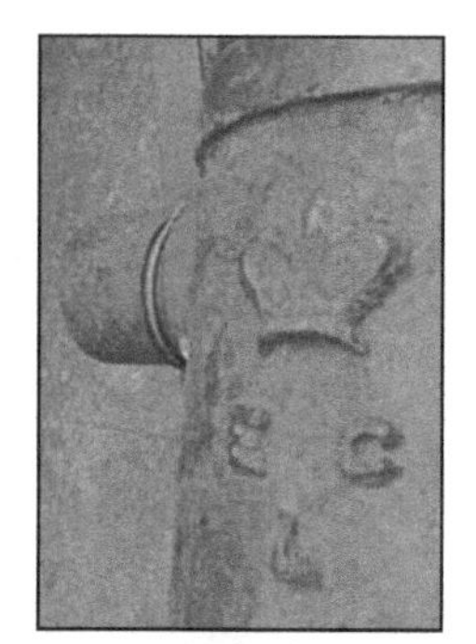

图 2.22　广西梧州特委纪念堂陈列的英国利物浦公司制造的榴弹炮

据史料记载，清朝铁模炮是模仿英军榴弹炮制造，从实测的 9 门铁模炮看出，中英此种类型火炮形制确实有相同的一面，即口壁薄，向后又逐渐变厚，皆为舰炮装置。但是，中英此种火炮因是否有相应的机器加工，造成炮体内外光滑程度不同。清军铁模炮炮体粗糙，英军榴弹炮炮体光滑。

4. 中英臼炮型火炮

清朝称为冲天炮，英军称为卡龙炮。

此类炮以大的固定角度发射空心爆炸弹，保证最大的曲射角度，以达到杀伤城堡、寨墙后面的敌人。清朝为冲天炮，英军有陆上用臼炮和海上用卡龙炮。

清朝冲天炮共发现 2 门，一门在广西梧州中山公园，一门在福建厦门大学。该炮特征：①身管短，统计的 2 门冲天炮中，炮身长与口内径之比在 3～5 之间，距炮口 4/10 处有两个炮耳，耳长与耳径不等。②口内径相对较大，考察中发现此类炮皆有大膛（装弹）和小膛（装药）之分。③前侈后敛，形如仰钟。冲天炮的弹膛和药膛形制可参考 1690 年清朝制造的“威远将军”铜炮。该炮长 55.5 厘米，口内径 21.1 厘米，口外径 30.9 厘米，内小膛直径 10.2 厘米（图 2.23）。

图 2.23　福建厦门大学展览的清朝 1806 年造的冲天炮

英军战船用的卡龙炮。根据史料，其炮膛是用钻空机钻出，双重炮膛，发射爆炸弹，分有耳和无耳两种，共发现5门，福建厦门胡里山炮台2门，广东珠海博物馆1门，广西梧州中山公园1门。其显著特征：①炮身短，炮身长与口内径之比为7～8，口壁薄。②炮腹下方有卡箍装置或炮耳装置，卡龙炮尾纽常有一个圆孔或有两个圆孔的组合，其作用是栓放绳子和穿插螺旋铁架，改变火炮俯仰的角度。浙江宁波出土了一门卡龙炮，炮腰上方有立表装置，后部则有发射时用以移动方向的圆形扶手（图2.24），此炮形制与记载的英军舰船上所用的卡龙炮相符。

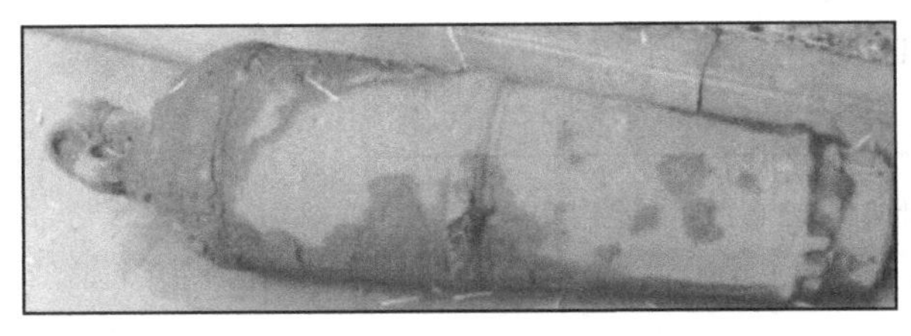
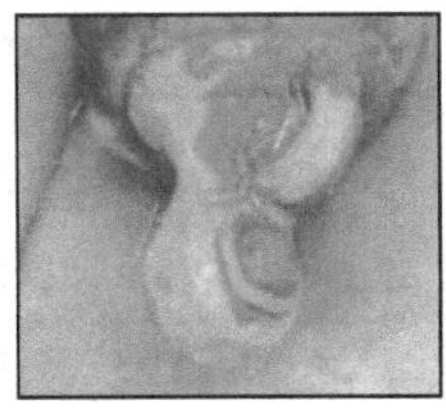
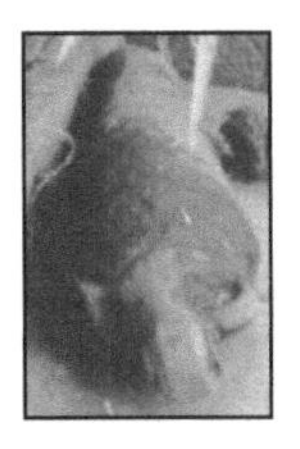

图2.24　浙江宁波文物考古研究所藏的卡龙炮

图2.25为广西梧州中山公园展览的1门卡龙炮。炮长83厘米，口内径13.5厘米，口外径17厘米，底径31.5厘米，口至耳49厘米，口至火门80厘米。即炮长/口内径＝6，口外径/口内径＝1.3，即壁厚＝3.5厘米，底径/口内径＝2.3，说明此炮形状为筒形。

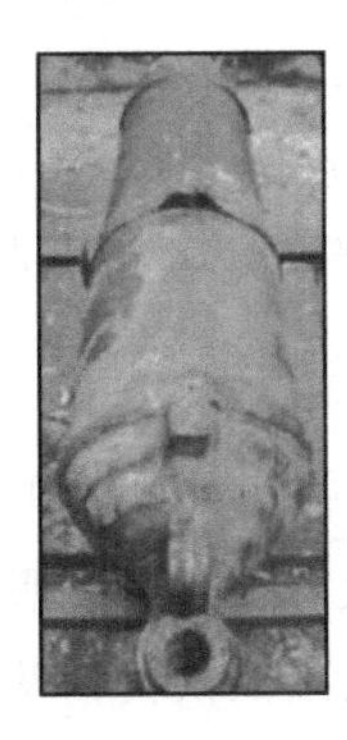

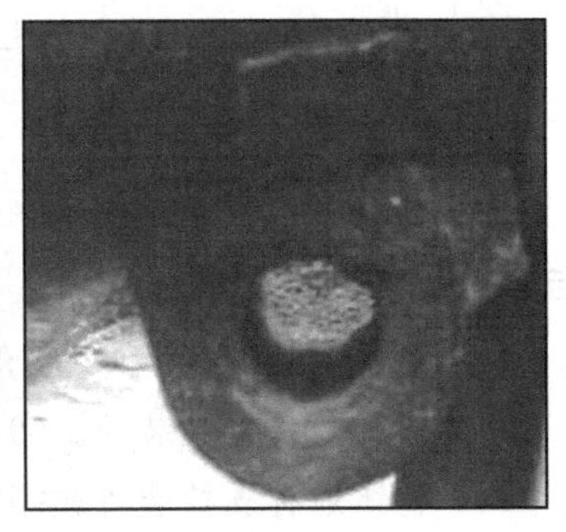

图2.25　广西梧州中山公园陈列的无耳卡龙炮

恩格斯在《卡龙炮》中特意指出有些卡龙炮也有耳轴[①]。在《风帆时代的海上战争》一书中，载有鸦片战争前后此火炮的图片[②]（图2.26）。

图2.27为广东珠海博物馆藏的1门有炮耳的卡龙炮，图2.28为国内发现的有炮耳的卡龙炮遗存。

---

①　恩格斯．卡龙炮．见：马克思，恩格斯．马克思恩格斯全集（第十四卷）．中共中央马克思恩格斯列宁斯大林著作编译局编译．北京：人民出版社，1995.247

②　［英］安德鲁·兰伯特．风帆时代的海上战争．郑振清，向静译．上海：上海人民出版社，2005.40

从以上中英臼炮型火炮的比较中看出：①清军冲天炮构造简陋，仍是清朝初期“威远将军”铜炮技术的延续，英军卡龙炮构造复杂，在形制上已标准化。②清军冲天炮系陆地作战使用，英军卡龙炮系海上作战专用。

图 2.26　英国滑动炮架上的大口径有耳卡龙炮图片

资料来源：[英] 安德鲁·兰伯特．风帆时代的海上战争．郑振清，向静译．上海：上海人民出版社，2005.40

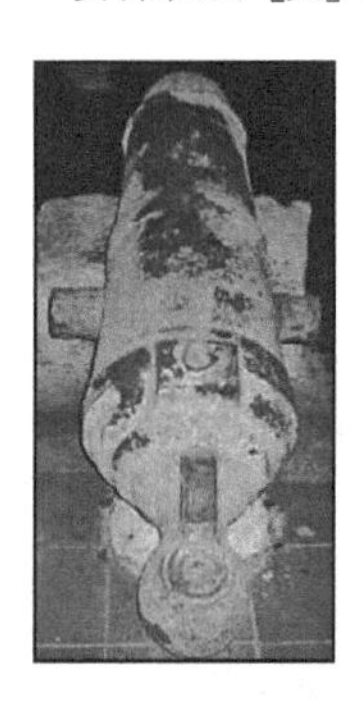

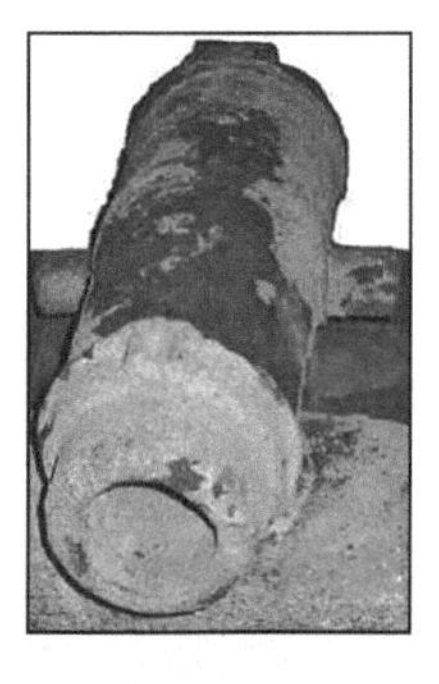

图 2.27　广东珠海博物馆有炮耳的卡龙炮

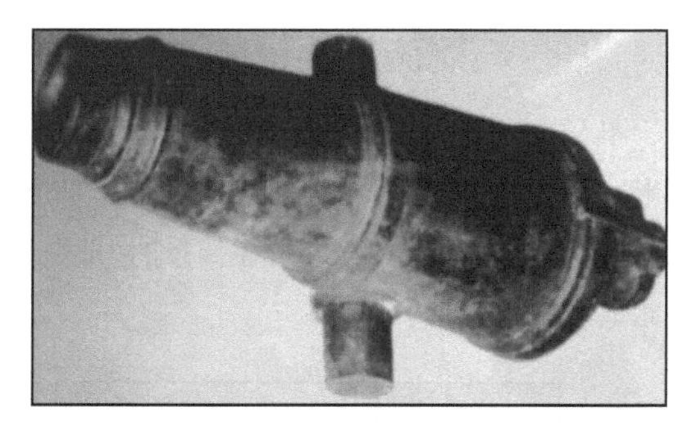

图 2.28　在广西民间收购的有炮耳的卡龙炮

资料来源：鸦片战争博物馆沈晨光先生提供

5. 后装式火炮～清朝子母炮

它系一种轻型火炮。该炮特征：①炮身前细后粗，有一专门放子炮弹的弹腔，炮口内径较小，子弹药从炮腹装填。②子炮弹是发射弹，上有提手，下腹侧有点放火绳的小口。③该炮有支撑装置或用两个炮耳摆放。今北京延庆县博物馆、广东虎门鸦片战争博物馆、广东珠海博物馆老馆、广东封开博物馆、广西梧州博物馆等都有实物。图 2.29 为广东虎门鸦片战争博物馆展览的一门子母炮，图 2.30 为一门复合层子母炮。

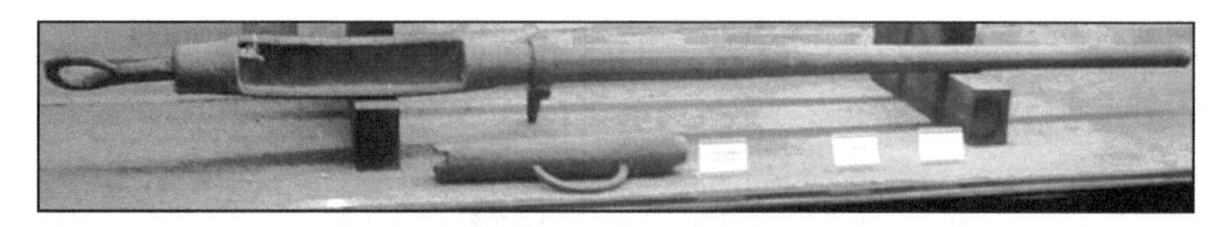

图 2.29　广东虎门鸦片战争博物馆展览的子母炮

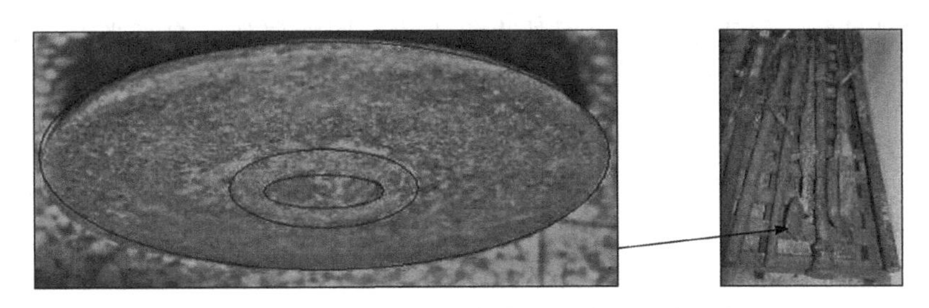

图 2.30　广东虎门鸦片战争博物馆藏的复合层子母炮

此类型火炮是 15 世纪下半期的欧洲发明，它系后腹装式火炮，闭气性能差，炮弹真正脱离炮管之前，不能在炮管内积聚更多的火药气体，故炮弹不能获得足够的推力，所以只能有极短的射程。此外，身管不算太长、所装弹药量少，口内径也小，炮身与炮口比例不合理，杀伤破坏力有限，故在攻守战日益激烈时，它便显得力弱难任。16 世纪下半期以来，欧洲重视加农炮的技术更新。鸦片战争前后，英军已遗弃了佛郎机型火炮，更看重加农炮火器的杀伤力。明朝在 16 世纪初期从欧洲引进了佛郎机型火炮，清军自建国之初，红夷炮和佛郎机型火炮在军队中装备不少。鸦片战争时期，清军佛郎机型火炮技术大多是清初技术的再继续，威力较小的特点没有改变。

6. 抬炮

鸦片战争时期英军俘获有清军抬炮（图 2.31），现完好存放于英国 Woolwich of Rotunda Museum。该炮特征：①炮身相对于口内径而言较长。广西梧州博物馆中的抬炮口内径为 4 厘米，炮长 165 厘米，二者之比为 41，大大高于红夷炮最大的比例 33。②炮体较轻，史料记载有 30～100 斤不等，离炮口的 4/10 处安装有两个炮耳，通常二者扛抬就可发射。③仍系前装式滑膛炮。

(a) 炮口部位

(b) 抬炮整体

图 2.31　英国伦敦的伍尔利奇博物馆陈列的清军抬炮

资料来源；梅建军摄于英国 Woolwich of Rotunda Museum

此种火炮系清朝独创，在中国使用时间很长，并在 19 世纪 60 年代发展为后装线膛式火炮，但此类火炮主要是轻型，机动性好，杀伤力却一般，故史料中英军对此火器并不看好。

7. 清朝购买的洋铁炮

据史料记载，鸦片战争时期国人购买了 250 余门（葡萄牙、英国和美国式）洋铁炮，战后大都被英军掠走。图 2.32 为调查的鸦片战争博物馆 3000 千克洋铁炮 1

门，该炮的特征：属于重炮、火门处火绳点火、圆形尾纽、炮身光滑、膛壁薄、炮身规整。该炮长 272 厘米，底径 60 厘米，口外径 30 厘米，口内径 20 厘米，耳径 13.5 厘米，耳长 12 厘米，炮身各部与口内径的比例与设计思想相符。如口外径/口内径＝2，底径/口内径＝3，炮长/口内径＝14。炮耳加工痕迹最为明显，凸出部分和底座均为圆柱体。

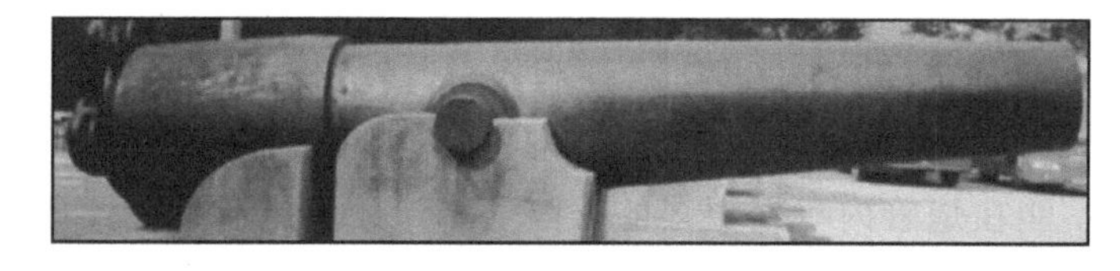

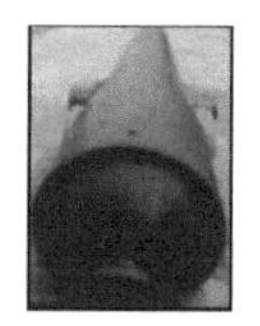

图 2.32　鸦片战争博物馆展览的鸦片战争时期国人购买的洋铁炮

第三节　中英铁炮的现存实物考察和实测结果

中国境内鸦片战争前后的清军前膛装滑膛铁炮较多，囊括了当时铁炮的全部种类，有红夷炮、复合层红夷炮、铁模铸红夷炮、子母炮、冲天炮和抬炮等，见表 2.2。根据英国参战军官伯纳德的《“尼米西斯”号轮船航行作战记》记载的英军火炮类型已标准化，分为加农炮、榴弹炮、臼炮、卡龙炮和康格里夫火箭炮等。英军各类型前膛装滑膛铁炮在中国遗留甚多，除臼炮外，其他三种类型都已找到实物，见表 2.3。

表 2.2　中国境内现存的清军铁炮实物考察与实测结果

时间	全长/厘米	口至炮耳/厘米	口至火门/厘米	炮名、说明及铭文	出土或收藏地	调查
1841 年	254	142	242	平夷靖寇将军复合层铁炮，无耳，炮底至尾纽 30 厘米。“平夷靖寇将军 道光二十一年五月□日 提督江南全省军门陈化成、兵部尚书两江总督牛鉴”有瞄准范线和砂眼	中国人民革命军事博物馆	考察并实测
1841 年	289	181	260	双层铁炮，“红夷将军清道光二十一年正月造 重六千斤 吃药十斤 吃铁子二十斤”有瞄准范线和砂眼		
1841 年	276	143	255	蓬莱大铁炮，9 道箍，“大清道光二十一年季夏 山东巡抚托登州镇总兵王六 一位重六千斤”有砂眼		

续表

时间	全长/厘米	口至炮耳/厘米	口至火门/厘米	炮名、说明及铭文	出土或收藏地	调查工作
1841年	329	185	308	抗英大铁炮，8道箍，炮底至尾端45厘米，炮纽直径27厘米，“道光二十一年 炮重八千斤”原设置于广东虎门威远炮台。有上下对称的瞄准范线和砂眼	中国人民革命军事博物馆	考察并实测
1841年	401	256	385	大铁炮，8道箍；炮底至尾端55厘米，炮纽直径27厘米，原设置于盛京金州镇城垣上，“承造大臣……镇国大将军”。有瞄准范线和砂眼		
1840年	94			定海抗英残铁炮，有砂眼		
1843年九月	107.5	43	95.5	抗英铁炮。“道光二十三年九月 江北铸炉局监造 贞字第十七号 五百斤 重炮位 合膛子二寸一分 吃药两 炉头许竹渭承造”有砂眼和瞄准范线		
1842年	140			铁模炮，“大清道光二十二年岁次壬寅仲春吉日浙江嘉兴县县丞龚振麟两浙玉泉场大使刘景雯监造□……□试放”，该炮膛深121.5厘米	首都博物馆	①
两次鸦片战争前后	294	113	229	炮台博物馆院内西边大炮之第1门，有砂眼	天津大沽炮台	考察并实测
	290	166		炮台博物馆院内西边大炮之第2门，有砂眼		
	298	171	275	炮台博物馆院内西边大炮之第3门，有砂眼		
	260	150	233	炮台博物馆院内的中国双层火炮，有砂眼		
	190	119		炮台博物馆院内的中国双层火炮，有范线和砂眼		
	153			炮台博物馆院内的中国双层火炮，有砂眼		
	185	94	168	炮台博物馆院内高处第1门红夷炮，内膛有开花炮弹一枚		
1809年	103	60	95	威远将军炮（臼炮）	广西梧州中山公园	考察并实测
鸦片战争时期	272	165	264	抗英功劳炮（从美国买来的装备威远炮台的6000斤洋炮）	广东鸦片战争博物馆	考察并实测
1842年	286	162	268	佛山铸造的6000斤海防炮，有瞄准范线和砂眼		

续表

时间	全长/厘米	口至炮耳/厘米	口至火门/厘米	炮名、说明及铭文	出土或收藏地	调查工作
1835 年	252	140	237	佛山铸造的 6000 斤虎门抗英功劳炮，有砂眼	广东虎门鸦片战争博物馆	考察并实测
鸦片战争时期	255	147	244	虎门海防炮，有加厚的加强箍，环状尾纽损坏，砂眼		
1841 年	259	144	245	虎门佛山造的 6000 斤海防炮，有瞄准范线和砂眼		
1842 年	286	160	261	佛山造的 6000 斤海防炮，有瞄准范线和砂眼		
1835 年	240	136	216	佛山铸造的 5000 斤虎门抗英炮，有砂眼		
1842 年	199	113	189	佛山铸造的 2500 斤虎门海防炮，有瞄准范线和砂眼		
嘉庆年间	319	164	304	佛山铸造的虎门抗英炮，有瞄准范线和砂眼		
1809 年	270	150	256	佛山铸造的 3000 斤虎门抗英炮，有瞄准范线和砂眼“嘉庆十四年八月吉日铸宁字十四号 三千斤炮一位 匠头庞泽 陈庯等造”		
1843 年	320	160	290	铭文：“第五十七号 炮重八千斤 两广总督部堂祁 广东巡抚部院程 广东水师提督军门吴 督铸官调署水师提标右营游击卢大钺 监铸官吴川营 守备黎志安 承铸炮位庞应时 陈锡安 林德贤 道光二十三年九月吉日造”有瞄准范线和砂眼	广东南沙巩固炮台出土，被安置在大角附近的蒲州山上	实测
1843 年九月	331	170	302			
1843 年九月	320	160	290	“第二十二号”，铭文同上，有瞄准范线和砂眼		
1843 年	352	160	290	佛山铸造的 8000 斤大炮，有瞄准范线和砂眼“广东巡抚 两广总督部堂 祁 二十六号 八千斤 道光二十三年”	广东虎门威远炮台	实测
1843 年	346	160	314	佛山铸造的 8000 斤大炮，有瞄准范线和砂眼“第六十八号，炮重八千斤 广东巡抚 部院 程 两广总督部堂 祁 广东水师提督 军门 吴 道光二十三年”		
1844 年	223	130	208	佛山铸造的 4000 斤大炮，有瞄准范线和砂眼“捐资报效 即用营守备 潘懋元 候补把总 刘兆元 道光二十四年 春月 吉日 铁炮重四千斤”		

续表

时间	全长/厘米	口至炮耳/厘米	口至火门/厘米	炮名、说明及铭文	出土或收藏地	调查工作
1835年	250	135	233	炮身上有瞄准线，虎门抗英“功劳炮”铁炮。“道光十五年夏月 太子少保 头品顶戴 兵部尚书 两广总督 世袭一等轻车都尉 卢坤 制 都标中协恒 署都标中协福 署广州协尚 监督 署广州协 左营都司推升 福建建宁镇 左营游击黄廷虎 署都标 右营参将 洪发科 署广州协 右营守备 刘得升 监督 五千斤炮 食药十二斤半 子十二斤半 禅山炉户 李 陈 霍 制造”	广东虎门沙角炮台	考察并实测
1836年	230	无耳		虎门威远炮台6000斤铁炮，装弹药各15斤。“道光十六年七月 兵部尚书两广总督部堂邓 广东全省水师提督军门关制 督标中协达 广州协针 郭…炮重六千斤 禅山炉户李陈霍制造”	广东广州博物馆	②
1842年三月	250	140	238	新式加料 炮重5000斤 太子少保 两广总督 禅山 道光二十二年三月吉日 大炉铁炮匠 冼永盛 梁荣昌	广东广州三元里抗英纪念馆	考察并实测
	255	134	240	炮重2500斤		
1842年一月				鸦片战争的广州城防大炮，炮重3000斤		
1841年	156	91	155	铁模炮	广东南越汉墓博物馆	考察并实测
1836年	250			虎门炮台3000斤铁炮。“道光十六年七月 兵部尚书两广总督部堂邓 广东全省水师提督军门关制 督标中协达 广州协针 郭…炮重三千斤 禅山炉户李陈霍等制造”	国家博物馆	③
1843年	167	98	157	中国造大炮	广东广州博物馆	考察并实测
1842年	187	101	177	有瞄准范线和砂眼的铁炮。“新式加料 炮重一千斤 钦命太子少保两广总督部堂祁靖逆将军奕 兵部侍郎广东巡抚部院梁 佛山都司韩 佛山同治苏 监造 道光二十二年月日 大炉铁炮匠霍观生 梁辉秀 梁荣昌 冼永盛”		
1841年	229	127	213	炮身中部壁很厚，系有意的加固铁炮，炮身有瞄准线		
1842年	260	144	247	佛山制造的5000斤的广东城防大炮，有瞄准范线和砂眼		
1841年	194	107	183	佛山造的2000斤的广东城防大炮，有瞄准范线和砂眼		
1762年	246	135	231	广东铸造的2000斤演放大炮，有瞄准范线和砂眼		
1809年	185	109	183	广东铸造的1000斤大铁炮，有瞄准范线和砂眼		
1806年	240	134	226	2000斤大炮，有砂眼		

续表

时间	全长/厘米	口至炮耳/厘米	口至火门/厘米	炮名、说明及铭文	出土或收藏地	调查工作
1842年	255	143	240	“新式炮重五千斤 钦命靖逆将军奕 参赞大臣齐 太子少保两广总督部堂祁 兵部侍郎广东巡抚部院梁 佛山都司斡 署佛山分府 升用州堂苏监造 道光二十二年二月日炮匠李 陈 霍铸”，有瞄准范线和砂眼	广东佛山博物馆	考察并实测
1841年	254	141.5	242	“潘报效 道光二十一年五月日 炮匠李陈霍”，有瞄准范线和砂眼		
鸦片战争前后	150			2门中国子母炮。子母炮1：口到弹腔110厘米，耳径4厘米，长19厘米。子母炮2：口到弹腔96厘米，子炮外径3厘米，内径2厘米	广东封开博物馆	考察并实测
	138					
1842年	260	146	240	佛山造五千斤大炮，炮上有瞄准范线和砂眼。	广东韶关博物馆	考察并实测
1806年	240	135	224	2门红夷炮的铭文一样：“皇清嘉庆十一年夏，奉闽浙总督部堂阿、福建巡抚部院温，铸造大炮一位，重二千斤”	福建厦门大学	考察并实测
1806年	95	56	90	1门臼炮。“皇清嘉庆十一年秋，奉闽浙总督部堂阿福建巡抚部院温铸造大炮一位，重八百斤”		
	94	52		炮台进门处9门炮之一	福建厦门胡里山炮台	考察并实测
	128	74.5	118	炮台进门处9门炮之二。“福建闽浙总督”		
1806年	240	135	225	奉闽浙总督部堂阿 重二千斤		
	248	143		单耳		
	275	160		无耳		
1852年	140	88	131		福建厦门胡里山炮台	考察并实测
1852年	154	94	140			
1852年	166	128		红夷炮		
1841年	130	80	124	铁模炮，重达1600千克，铭文“铁模□□配药 配弹比监造”		
1852年	124	76	112	红夷舰炮	福建厦门博物馆	考察并实测
1852年	135	81	123	铁模炮		
	230	132	190	红夷炮		
1852年	136	82	125	“咸丰二年奉闽浙总督部堂福建巡抚阿铸造大炮重一千斤 配药四十两 子六十两”		
1869年	140	90	140	“同治八年夏奉铸造 水提前营大炮一位重一千斤匠首林后琪 配药四十两 子六十两”		
	186	113	176	红夷炮		

续表

时间	全长/厘米	口至炮耳/厘米	口至火门/厘米	炮名、说明及铭文	出土或收藏地	调查工作
1841年				2门重型红夷炮。一门铭文：大清道光二十一年孟夏 山东巡抚托 登州总镇王 督制大炮一位 重二千斤	山东蓬莱水城	考察
1841年十月				1门三层体，2门复合层。其中复合层铁炮："平夷靖寇将军 道光二十一年 十月日 兵部侍郎 江苏巡抚 梁章钜 江兵部尚书两总督牛鉴 提督江南全省军门陈化成"	上海陈化成纪念馆	考察3门
1842年二月	157	150		红夷炮"杭州知府 棱泰封 演试 道光二十年二月 重一千斤 第十八号红夷炮身长六十 候补知县李瑾监造 浙江省局官匠"	江苏南京博物院	考察并实测
1843年十一月	290	278	285	双层铁耀威大将军"道光二十三年十一月 重八千斤 吃药二百四十两 配弹四百八十两 两江布政司 江苏理炮局"		
鸦片战争前后	100	94		巨型红夷炮		
1862年	105	99		红夷炮"同治元年吉日 受药十四两 官匠忱光 湖防局赵景贤监制"		
1841年	133	127		铁模炮"道光二十一年 平夷炮第六号 浙江省局造"	浙江镇海口海防历史纪念馆	考察并实测
1841年	124	120		铁模炮" 身长五尺八寸 膛口四分 重一千六百斤 受药八十四两 弹子一百 两 道光二十一年 平夷炮 第十五号 浙江省局造 候补知县"		
1841年十月	174	98	162	红夷炮"道光二十一年十月 第二号红夷炮 重一千斤"	浙江镇海安远炮台	考察并实测
1841年十二月	200	110	190	红夷炮"身长八尺 膛口四寸四分 重二千斤 吃药六十四两 弹子一百二十八两 袭杭州府台州分府陆模 舞标号将尚安泰演试 道光二十一年十二月第九号 红夷炮 候补知县李樘监造 浙江省局官匠沈"		
鸦片战争时期				红夷炮	浙江省博物馆	考察

续表

时间	全长/厘米	口至炮耳/厘米	口至火门/厘米	炮名、说明及铭文	出土或收藏地	调查工作
1841年	310			重型红夷炮，承铸大臣太子少保盛京将军宗室耆镇国公副都统宗室奕 监造官…… 匠役……大清道光二十一年六月吉日	辽宁旅顺博物馆	④
	450			国内保存完好的最大型红夷炮	辽宁旅顺海军兵器馆	
	345			承铸大臣太子少保盛京将军宗室耆镇国公副都统宗室奕 监造官…… 匠役……大清道光二十一年六月吉日		
	266			承铸大臣太子少保盛京将军宗室耆镇国公副都统宗室奕 监铸官…… 匠役……大清道光二十一年五月吉日		
	120			4尊中型红夷炮一样，承铸大臣太子少保盛京将军宗室耆镇国公副都统宗室奕 监铸官…… 匠役……大清道光二十一年八月吉日	辽宁旅顺博物馆	
1843年	135			2尊小型红夷炮一样，大清道光二十三年九月吉日		
1842年				2000斤红夷炮“道光二十二年仲夏奉闽浙总督部堂阿钦奉大臣怡铸造 福建巡抚部院 铁炮重二千斤”	福建海交史博物馆	实测
总计	考察鸦片战争时期的清军铁炮175门，实测119门					

资料来源：

①王兆春．世界火器史．北京：军事科学出版社，2007.318

②黄流沙，苏乾．鸦片战争虎门战场遗迹遗物调查记．文物，1975，(01)

③杜永镇．对虎门炮台抗英大炮和虎门海口各炮台的初步考察．文物，1963，(10)

④ 许明纲．大连地区现存铜火铳和铁炮述略．沈阳辽海文物学刊，1996，(02)

表 2.3　中国境内现存的英军铁炮实物考察与实测结果

地点	调查工作	火炮次序及类型	制造时间/铭文/标记	全长/厘米	口至耳/厘米	口至火门/厘米
中国人民革命军事博物馆	考察并实测3门英炮	第1门加农炮	鸦片战争前有砂眼	145	81	133.5
		第2门加农炮	鸦片战争前有砂眼	92	52.5	82
		第3门加农炮	1834年“皇冠+GR2”	288	165	273
天津大沽炮台	考察1门英残炮					
广西梧州博物馆	考察7门实测1门	1门加农炮	“皇冠+J、U、J”	86	52	81
广西梧州特委纪念馆	考察并实测1门	独1门榴弹炮	“皇冠+Liverpool”	150	95	

续表

地点	调查工作	火炮次序及类型	制造时间/铭文/标记	全长/厘米	口至耳/厘米	口至火门/厘米
广西梧州中山公园	共23门，考察并实测英炮13门	第1门加农炮		120	71	
		第2门加农炮	“皇冠+B. P”	117	75	115
		第3门卡龙炮	短薄单耳铁炮	83	49	80
		第4门加农炮	“皇冠+O6CE”	120	67	113
		第8门加农炮				
		第12门加农炮		108	63	103
		第13门加农炮				5
		第14门加农炮		114	64	102
		第15/10门加农炮				
		第16门加农炮		99	57	87
		第17门加农炮		98	58	88
		第18门加农炮		135	80	
		第20门加农炮		108	62	100
广东珠海博物馆老馆	8门英炮实测8门	第1门加农炮		97	58	
		第2门加农炮	“皇冠”	106	63	
		第3门加农炮	“皇冠”	137	63	
		第4门加农炮		108	62	
		第5门加农炮		84	50	
		第6门加农炮		75	49	
		第7门加农炮		106	63	
		第8门加农炮		114	72	
广东珠海博物馆新馆	考察并实测10门	第1门榴弹炮	“皇冠+B. P”	180	107	
		第2门加农炮		138	80	
		第3门加农炮		114	70	
		第4门卡龙炮				
		第5门 加农炮	“皇冠”	180	100	172
		第6门加农炮		140	80	132
		第9门加农炮		85	50	80
		第10门加农炮		98	58	
广东虎门鸦片战争博物馆	考察并实测2门	第1门加农炮	“皇冠+B. P&CO.”	183	107	169
		第2门榴弹炮	战争时期	230	140	216
广东广州博物馆	考察并实测2门	第1门榴弹炮	“皇冠+ELC”	145	92	140
		第2门加农炮	“皇冠+B. P&G”	167	120	161

续表

地点	调查工作	火炮次序及类型	制造时间/铭文/标记	全长/厘米	口至耳/厘米	口至火门/厘米
广东封开博物馆	考察并实测2门	第1门加农炮	“皇冠”	72	43	47
		第2门加农炮	“皇冠”	72	42	48
福建厦门鼓浪屿	考察并实测1门	第1门榴弹炮	2门都有砂眼	236	136	224
福建厦门胡里山炮台	入门处英加农炮	独1门榴弹炮	“皇冠”	164	90	155
	考察并实测炮台入门处的英军榴弹炮7门	第1门榴弹炮		110	70	107
		第2门榴弹炮		137	96	144
		第3门榴弹炮		137	83	130
		第4门榴弹炮		139	84	133
		第5门榴弹炮		120	70	116
		第6门榴弹炮		136	83	129
		第7门榴弹炮		110	65	107
	考察并实测27门炮群中的15门	第1门榴弹炮		145	95	
		第2门榴弹炮		147	95	
		第3门榴弹炮		165	93	
		第4门加农炮		120	73	
		第5门加农炮		172	100	
		第6门榴弹炮		125	75	
		第7门加农炮		223	132	
		第8门卡龙炮		100	60	
		第9门卡龙炮		140	76	
		第10门榴弹炮	“皇冠”	140	83	
		第11门加农炮	“皇冠”	166	83	
		第12门榴弹炮	“皇冠+ELC”	140	86	
		第13门加农炮	“皇冠”	215	82	124
		燧石式打火加农炮	“皇冠”	110	63	
		燧石式炮西加农炮	“皇冠”	215	125	213
	考察并实测斜坡上1门	1门榴弹炮		107	65	
	考察并实测炮台南边靠海处2门	第1门加农炮	“皇冠”	246	146	237
		第2门加农炮	“皇冠”	245	145	237
福建厦门大学	考察并实测1门	铁舰加农炮1门	“皇冠M M 9”。清军刻有“金门营洋炮重八百斤”	128	74.5	118
福建海交史博物馆	考察并实测2门	榴弹炮第1门		91	58	86
		榴弹炮第2门	刚出土	138	83	

续表

地点	调查工作	火炮次序及类型	制造时间/铭文/标记	全长/厘米	口至耳/厘米	口至火门/厘米
江苏南京博物院	考察并实测8门	第1门加农炮	“皇冠+B. P&C O”	122	115	
		第2门榴弹炮	pwl	115	113	
		第3门加农炮	“皇冠+B. P&C O”	160	150	
		第4门加农炮	“皇冠+B. P”	134	127	
		第5门加农炮	“皇冠+B. P&C O 5 2 7”	123	116	117
		第6门加农炮	“皇冠 + Just 14”	140	130	
		第7门榴弹炮	E700	130	128	
		第8门加农炮	“皇冠+B. P&C O 3 2 2”	117	103	
浙江省博物馆	考察2门	2门加农炮	1门“皇冠+B. P”、1门“E700”			
浙江镇海口海防历史纪念馆	考察1门	加农炮1门	“皇冠+W C 40 3 24 1842”	230	218	
浙江镇海中学	考察1门	加农炮1门	“皇冠”	198	125	
总计	考察英军铁炮143门，实测79门。其中，33门炮身铸有“皇冠”					

第四节　中英铁炮各部数据及与口内径比例的实测统计

调查表明现存的鸦片战争前后的中英军铁炮以加农炮型最多，对其尺寸数据进行统计，可以对比中英铁炮的制造与标准设计思想的相符程度，从而揭示中英铁炮在制造水平上的差异。前面已提及所谓的火炮标准设计思想，即口外径/口内径=2，底径/口内径=3，是16世纪以来西方根据弹径、膛口内径、药膛内径、弹药之间的相互依存关系总结出来的。按这种比例设计的火炮，弹丸出膛的时刻正是火药燃烧产生的高压气体在炮筒中运行速度达到最大极限的时候，此时弹丸以最大初速度射出，因而可以达到最大的射程、准确度和破坏力。

一、清军铁炮各部数据及与口内径比例的实测统计

对数据比较齐全的清军铁炮各部数据及与口内径比例的实测统计，共有53门红夷炮，5门铁模铸炮，2门子母炮，2门冲天炮，1门抬炮，考察总体情况见表2.4和图2.33～图2.35。

表2.4　中国境内现存的清军铁炮实测统计

炮型	全长/厘米	炮长/口内径	口外径/口内径	底径/口内径	炮名以及是否有瞄准范线和砂眼	收藏地
1841年红夷炮	276	16	1.8	3	蓬莱大铁炮，有砂眼	中国人民革命军事博物馆
1841年红夷炮	329	12.6	2	2.84	抗英铁炮，有上下对称的瞄准范线以及砂眼	
1841年红夷炮	401	20	2.25	3.1	镇国大将军铁炮，有瞄准范线和砂眼	
1840年红夷炮	94	13	2.4		定海抗英残铁炮	中国人民革命军事博物馆
1843年红夷炮	107	15.6	2.36		定海抗英铁炮，有砂眼	
两次鸦片战争前后的红夷炮	294	20	2.4	3.5	第1门红夷炮，有砂眼	天津大沽炮台
	290	22	2.3	3.9	第2门红夷炮，有砂眼	
	298	21	2.1	3.8	第3门红夷炮，有砂眼	
	185	11.5	1.8	2.8	第4门红夷炮，有瞄准范线和砂眼	
1841年红夷炮	259	13.6	1.89	3	6000斤海防炮，有瞄准范线和砂眼	广东虎门鸦片战争博物馆
1842年红夷炮	286	13	1.8	2.86	6000斤铁炮，有瞄准范线和砂眼	
1835年红夷炮	240	15	2.5	3.5	5000斤铁炮，有砂眼	
1842年红夷炮	199	12.8	2	3	2500斤铁炮，有瞄准范线和砂眼	
清嘉庆年间的红夷铁炮	319	27.7	2	3	有瞄准范线和砂眼	
1809年红夷炮	270	22.5	2.4	3.5	3000斤铁炮，有瞄准范线和砂眼	
1843年红夷炮	320	12.8	2	3.2	8000斤铁炮，有瞄准范线和砂眼	广东南沙蒲州山上
1843年红夷炮	331	13.7	2	3.3		
1843年红夷炮	320	12.8	2	3.2	8000斤铁炮，有瞄准范线和砂眼	
1843年红夷炮	352	14.6	2		8000斤铁炮，有瞄准范线和砂眼	广东虎门威远炮台
1843年红夷炮	325	13.5	1.8		8000斤铁炮，有瞄准范线和砂眼	
1844年红夷炮	363	22.6	2.2	2.7	4000斤铁炮，有瞄准范线和砂眼	
1835年红夷炮	249	16	2.8	2.9	6000斤铁炮，有瞄准范线和砂眼	广东虎门沙角炮台

续表

炮型	全长/厘米	炮长/口内径	口外径/口内径	底径/口内径	炮名以及是否有瞄准范线和砂眼	收藏地
1843年红夷炮	167	12.9	2.3	3.3	中国造大炮，有砂眼	广东广州博物馆
1842年红夷炮	187	17	2	2.7	新式加料铁炮，有瞄准范线和砂眼	
1841年红夷炮	229	12.7	1.8		中间很厚的红夷炮，有瞄准范线和砂眼	
1842年红夷炮	260	13	1.9	2.7	5000斤铁炮，有瞄准范线和砂眼	
1841年红夷炮	194	13	2	2.8	2000斤铁炮，有瞄准范线和砂眼	
1726年红夷炮	246	22	2	2.5	2000斤铁炮，有瞄准范线和砂眼	
1806年红夷炮	185	18	2.2	3	1000斤铁炮，有瞄准范线和砂眼	
1806年红夷炮	240	20	2.2	3	2000斤铁炮，有砂眼	
1842年红夷炮	255	14	2	3		广东佛山博物馆
1841年红夷炮	254	14	2	3.1		
1842年红夷炮	260	13	2	3	5000斤铁炮	广东韶关博物馆
1806年红夷炮	238	18	1.4	3	2000斤铁炮，有瞄准范线和砂眼	福建厦门大学
1806年红夷炮	238	18	1.4	3	2000斤铁炮	
红夷炮	94	9.4	1.4	2.4	进门处9门炮之一	福建厦门胡里山炮台
红夷炮	128	10.6	1.2	3	进门处9门炮之二	
1806年红夷炮	240	18	1.4	3.2		
红夷炮	248	20	2	3.3	单耳红夷炮	
红夷炮	275	19	1.5	3	无耳红夷炮	
1852年红夷炮	166	16	1.9	3.5	红夷炮	
红夷炮	230	12.7	2	3	重型红夷炮	福建厦门博物馆
1841年复合层红夷炮	254	15.8	2	2.7	平夷靖寇将军，有瞄准范线和砂眼	中国人民革命军事博物馆
1841年复合层红夷炮	289	12	1.7	2.6	复合层红夷将军，有瞄准范线和砂眼	
英法联军之役前的复合层红夷炮	260	20.8	2.4	3.5	清朝复合层铁炮，有砂眼	天津大沽炮台
	190	13.6	1.8	2.4	清朝复合层铁炮，有瞄准范线和砂眼	
	153	11.7	1.7	2.3	清朝复合层铁炮，有砂眼	
清朝的复合层铁炮					清朝复合层铁芯铜体铁炮，有砂眼	北京德胜门箭楼
50门红夷炮各部平均数	220.5	14	1.97	3.12		
1841年铁模炮	130	12	1.9	3.18		福建厦门胡里山炮台

续表

炮型	全长/厘米	炮长/口内径	口外径/口内径	底径/口内径	炮名以及是否有瞄准范线和砂眼	收藏地
铁模炮	183	11	1.2	2.2		广东南越王汉墓博物馆
1842年铁模炮	140	11	1.86		平夷炮（龚振麟铁模炮）	北京首都博物馆
1841年铁模炮	133	10	1.8	3.5	平夷炮（龚振麟铁模炮）	浙江镇海口海防历史纪念馆
	124	10	2	3.5	平夷炮（龚振麟铁模炮）	
5门铁模炮各部平均数	139.8	11.8	1.7	3.2		
1809年冲天炮	103	4.1	1.4	1.6		广西梧州博物馆
1806年冲天炮	94	2.4	1.5		800斤冲天炮	福建厦门大学院内
2门冲天炮各部平均数	98.5	4.2	1.5			
2门鸦片战争前的子母炮	150	25	2.7			广东封开博物馆
	138	55	1.6			
1门鸦片战争前的抬炮	165	41				广西梧州博物馆

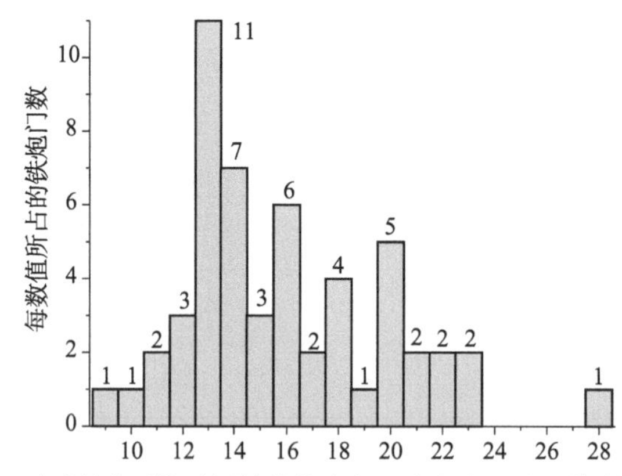

图 2.33　鸦片战争时期清军铁炮炮身与口内径之比及比值所占的门数

文献记载的“比例”设计思想：红夷炮口外径通常是口内径的2倍，底径通常是口内径的3倍，炮身长/口内径在8～33。

由图2.33可见清军铁炮，炮长/口内径集中在13～14的炮最多，占53门的21%；其次是比值为16的火炮6门，占11%；比值为20的火炮5门，占9%。总的分布趋势是比值低于12、高于23的火炮很少，未见比值超过33的，与“比例”设计思想相符，但比值偏低的炮数多一些，说明铁炮多是守城炮，炮身长度减小，适应炮台、城墙防守之用。

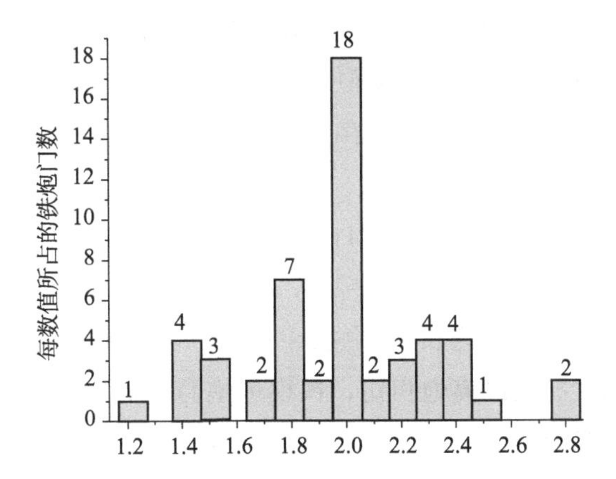

图 2.34　鸦片战争时期清军铁炮口外径与口内径之比及比值所占的门数

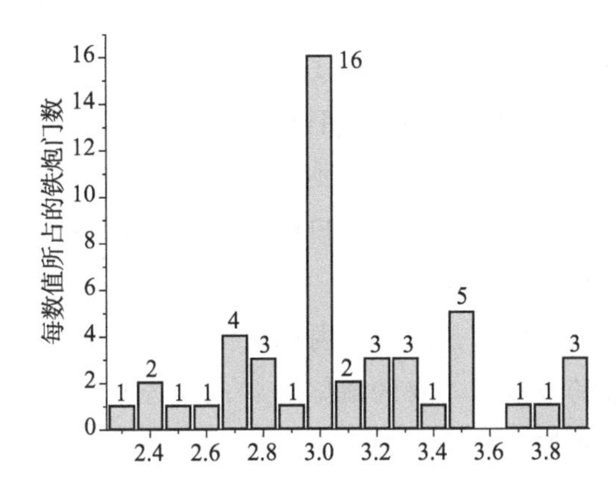

图 2.35　鸦片战争时期清军铁炮底径与口内径之比及比值所占的门数

由图 2.34 可见清军铁炮，口外径/口内径集中在 2.0 的炮最多，占 53 门的 34%；其次是比值在 1.8 的火炮 7 门，占 13%；比值高于 2.0 的 16 门炮，占 30%；低于 2.0 的 19 门炮，占 36%；比值 1.7～2.4 的有 43 门，占 81%。这说明，清军铁炮口外径/口内径与“比例”思想较符合，反映出清朝铁炮接受了西方的标准设计思想。

由图 2.35 可见清军铁炮，底径/口内径集中在 3.0 的炮最多，占 53 门的 30%；比值高于 2.0 的火炮 19 门，占 36%；比值低于 3.0 的火炮 13 门，占 25%；比值 2.6～3.4 的火炮 34 门，占 64%。用“比例”设计思想衡量，有 36%清军铁炮相差较远。总的趋势是高于 3.0 的火炮数多。说明清军炮身后部膛壁较厚，这与为防止药膛部位炸裂有关。此次实测红夷炮炮耳和炮耳直径相等的只占 35%，与“比例”设计思想：口内径＝耳径＝耳长＝尾珠径＝尾珠长，相符的较少。

表 1.4 列出数据齐全的红夷炮各部数据及与口内径之比：长度/口内径平均为 14.425；口外径/口内径平均为 2.875；尾径/口内径平均为 3.4。此次实测数据平

均值与之相比在口外径/口内径上不同，即口内径实测的要薄，记载的要厚。长度/口内径与尾径/口内径这两项上类似，即清军炮长度减少、底部厚。此问题反映出，丁拱辰当时对中英铁炮的实测存在误差，此显然是由中英两军敌对的现状限制了他考察的精细度等问题造成的。

《海国图志》记载的铁模炮底径/口内径＝3。此次实测数据齐全的铁模炮5门，表2.4列出的各部位取平均值：炮长＝139.8厘米，口内径＝11.8厘米，口外径＝20厘米，底径＝38.3厘米，炮长/口内径＝11.8，口外径/口内径＝1.7，底径/口内径＝3.2，与清朝主导型红夷炮相比，铁模炮炮身更短一些，膛口壁变薄，内膛直径变大，但后膛壁依然很厚。

《嘉庆朝钦定大清会典》记载的冲天炮炮身较短，长64厘米左右，口内径较大。此次实测数据齐全的冲天炮2门，平均值：炮长98.5厘米，炮长/口内径＝4.2，口外径/口内径＝1.4，此数据说明了冲天炮炮身比红夷炮短得多，口内径相对较大，与记载中冲天炮大口内径特点相符，但比64厘米要长一些。

《鸦片战争档案史料》记载的清军抬炮长7尺左右，重50斤以下。此次实测数据齐全的抬炮1门，长165厘米，炮长/口内径＝41，此数据说明了抬炮炮身很长，但比记载要短，口内径相对较小。

以上实测的清军铁炮各部数据与口内径比例的统计和文献记载的内容基本相符，但由于清朝泥模铸造技术本身的缺陷和各地工匠技艺水平高低不同的缘故，实施时存在误差和有不按比例造炮的现象，但比例设计理论对他们的影响还是明显的。

二、英军铁炮各部数据及与口内径比例的实测统计

表2.5为英军铁炮各部数据及与口内径比例的实测统计，共有42门加农炮，18门榴弹炮，4门卡龙炮。图2.36～图2.38为英军加农炮各部与口内径之比及每比值所占的门数图。

表2.5　中国境内现存的英军铁炮实测统计

地点	火炮次序及类型	全长/厘米	炮长/口内径	口外径/口内径	底径/口内径
中国人民革命军事博物馆	第1门加农炮	145	17.6	1.5	3
	第2门加农炮	92	14	1.4	3
	第3门加农炮	288	2	3.5	
广西梧州博物馆	1门加农炮	86	15.6	1.6	3

续表

地点	火炮次序及类型	全长/厘米	炮长/口内径	口外径/口内径	底径/口内径
广西梧州中山公园	第 1 门加农炮	20	12.6	1.2	1.7
	第 2 门加农炮	117	12.7	1.4	
	第 4 门加农炮	120	10.9	1.4	2.5
	第 12 门加农炮	108	15.4	1.3	3.3
	第 14 门加农炮	114	16.2	1.7	3.3
	第 16 门加农炮	99	12.3	1.3	
	第 17 门加农炮	98	12.2	1.3	
	第 18 门加农炮	135	19.2	2.4	
	第 20 门加农炮	108	17	1.3	
广东珠海博物馆老馆	第 2 门加农炮	106	15	1.7	3
	第 3 门加农炮	137	14.2	1.3	2.7
	第 4 门加农炮	108	10.8	1.1	2
	第 5 门加农炮	84	15.8	1.4	2.6
	第 6 门加农炮	75	15	1.6	3.4
	第 7 门加农炮	106	15	1.7	3
	第 8 门加农炮	114	19	2	4
广东珠海博物馆新馆	第 2 门加农炮	138	17	1.8	3
	第 5 门加农炮	180	15	1.5	2.8
	第 6 门加农炮	140	18	1.6	3
	第 9 门加农炮	85	17	1.4	1.5
	第 10 门加农炮	98	14	1.3	2.8
广东虎门鸦片战争博物馆	第 1 门加农炮	183	14	1.7	2.5
广东广州博物馆	第 2 门加农炮	167	15	1.5	3
广东封开博物馆	第 1 门加农炮	72	18	1.8	3.3
	第 2 门加农炮	72	18	1.5	3
福建厦门胡里山炮台	第 4 门加农炮	120	9.2	1.3	2.3
	第 5 门加农炮	172	14.6	1.5	3.6
	第 7 门加农炮	223	20	2	3.6
	第 11 门加农炮	166	15.6	1.5	3
	27 门后加农炮	215	18	1.3	3
	燧石打火式炮	110	16	2	3
	燧石炮西	215	20	1.4	3.1
	第 1 门加农炮	246	19	1.2	3.3
	第 2 门加农炮	245	19	1.2	3.2
福建厦门大学	加农炮 1 门	128	10.6	1.3	2.8
浙江镇海口海防历史纪念馆	加农炮 1 门	230	19.2	2	3.5
浙江镇海中学	加农炮 1 门	198	12.8	1.74	
39 门加农炮的各部平均数		138	15.8	1.5	2.7

续表

地点	火炮次序及类型	全长/厘米	炮长/口内径	口外径/口内径	底径/口内径
珠海博物馆老馆	第1门榴弹炮	97	12	1.4	3
珠海博物馆新馆	第1门榴弹炮	180	12.8	1.4	3
	第3门榴弹炮	114	12.4	1.4	3
梧州特委纪念馆	独1门榴弹炮	150	11	1.1	2.3
鸦片战争博物馆	第2门榴弹炮	230	12.5	1.4	3
广州博物馆	第1门榴弹炮	145	11.6	1.2	2.7
厦门鼓浪屿2门	第1门榴弹炮	236	19.6	1.5	3.3
福建厦门胡里山炮台	第1门榴弹炮	110	7.8	1.7	2.1
	第2门榴弹炮	137	11	1.3	2.5
	第3门榴弹炮	120	10	1.4	2.5
	第4门榴弹炮	146	10.4	1.3	2.5
	第5门榴弹炮	138	11.5	1.3	2.7
	第6门榴弹炮	140	11	1.3	2.4
	第7门榴弹炮	108	10.8	1.6	3.3
	第8门榴弹炮	145	11	1.3	3
	第9门榴弹炮	147	11.3	1.4	3
	第10门榴弹炮	165	13.7	1.3	3
	第11门榴弹炮	125	8.9	1.4	2.7
	第12门榴弹炮	140	10.4	1.3	2.4
	第13门榴弹炮	140	14	1.4	3
厦门胡里山炮台	1门榴弹炮	107	9.7	1.5	3.6
22门榴弹炮的各部平均数		153	12.1	1.3	2.79
广东珠海博物馆	双耳卡龙铁炮	83	7.2	1.5	2.8
广西梧州中山公园	卡龙铁炮	83	5.1	1.2	2.3
厦门胡里山炮台	卡龙铁炮	100	5.6	1.2	2.5
	卡龙铁炮	140	7.7	1.4	2.2
4门卡龙炮的各部平均数		107	6.9	1.3	2.35

史料记载的英军加农炮按“比例”思想设计：口内径＝1/2的口外径＝1/3的底径＝耳径＝耳长，炮身长/口内径常在15～18。

图2.36可见英军加农炮炮长/口内径集中分布在14～19，比清军铁炮比值要高，此比值与“比例”设计思想相符程度高于清军。

图2.37可见英军铁炮口外径/口内径为2.0的炮数只有4门，占42门炮的9.59％。有86％的火炮集中分布于1.2～1.8，比值要小于“比例”设计思想。说明鸦片战争时期，英军铁炮壁较薄，具有轻型化特点。

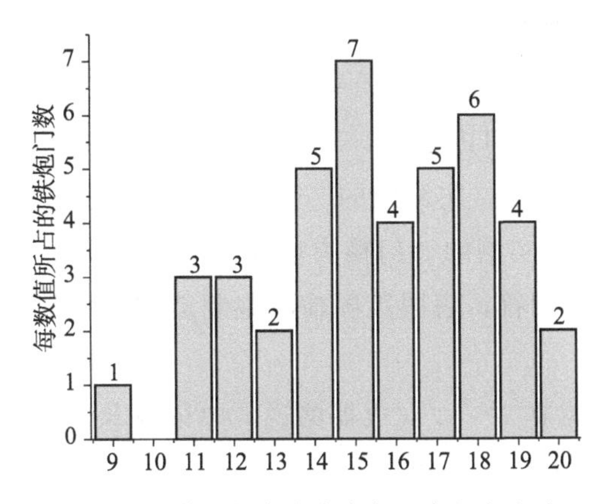

图 2.36　英军加农炮炮身与口内径之比及比值所占的门数图

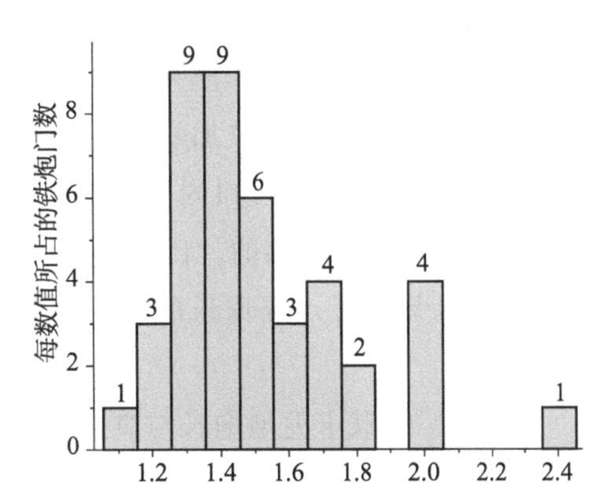

图 2.37　英军加农炮口外径与口内径之比及比值所占的门数图

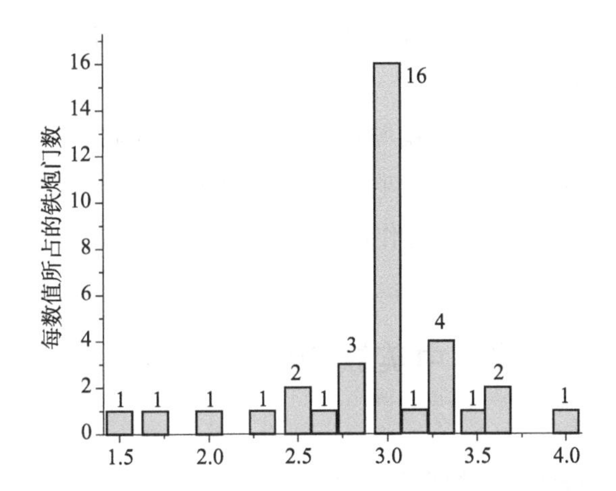

图 2.38　英军加农炮各部与口内径之比及比值所占的门数图

图 2.38 中英军加农炮的底径/口内径集中在 3.0 的炮最多，占 35 门炮的 43%，比清军所占的比例高。比值高于 3.0 的火炮 9 门，占 26%；比值低于 3.0 的火炮 10 门，占 27%；比值 2.6～2.4 的火炮 27 门，占 73%。用“比例”设计思想衡量，符合的占多数，只有 27%英军铁炮相差较远。总的趋势是低于 3.0 的火炮数多一点。这一点与清军不同，说明鸦片战争时期英军炮身后部的厚度比清军薄。

此次实测数据齐全的加农炮共 40 门，84%的铁炮其耳径＝耳长，说明英国铸炮严格遵守了“比例”设计思想，其加工精度较高。

表 1.6 列出了数据齐全的鸦片战争时期国人记载的英炮各部尺寸及与口内径之比，其长度/口内径平均为 12，头径/口内径平均为 2.2；尾径/口内径平均为 3。此次实测数据平均值与之相比，长度/口内径相对要长，其他两项相对应。

恩格斯著的《炮兵》记载的英军榴弹炮炮身长与口内径之比常在 4～10，耳径＝耳长＝口内径＝1/3底径。榴弹炮实测数据齐全的共25门，平均值：炮长＝153厘米，口内径＝12.6厘米，口外径＝16.7厘米，底径＝35.2厘米，炮身/口内径＝12.1，说明炮身较加农炮要短，口外径/口内径＝1.3，与“比例”差得较远，说明炮壁薄。底径/口内径＝2.8，与3接近，实测中的75％的榴弹炮符合底径通常是口内径的3倍的“比例”设计思想。实测的3门榴弹炮耳径都等于耳长，与口内径＝尾珠径＝尾珠长的“比例”思想相符，表明英国榴弹炮制造加工精度较高。

《炮兵》记载卡龙炮炮长与口内径之比常在7～8，《火器略说》中记载卡龙炮炮长与口内径之比常在4～8。实测数据与史料记载相符，实测数据齐全的共4门，平均值：炮长＝107厘米，口内径＝15.5厘米，口外径＝20.6厘米，底径＝36.5厘米，炮身/口内径＝5.9，说明炮身较榴弹炮要短，炮身各部制造遵守比例设计思想，口外径/口内径＝1.3，说明炮壁较榴弹炮更薄，底径/口内径＝2.35，说明了其炮身是向直筒形状发展。

以上实测的英军铁炮各部数据与口内径比例的统计和文献记载的内容基本相符，吻合度要比清军铁炮高，此说明了英国工业革命的背景和机器制造铁炮技术水平的提高，这在铁炮制造中发挥作用很大。

第五节　中英铁炮制造技术的考察

《海国图志》记载清军铁炮多是熟铁锻造、泥模铸造，缺陷甚多。《从早期至1850年欧洲的铸造技术及铸炮工匠》说：英海军用火炮1793年已全部改用铁炮，实心钻膛，而商业用火炮为节省费用起见，在18世纪末仍用泥模铸炮技术。1785年后，英国又在泥模铸炮的基础上新创了砂型铸炮技术。至18世纪50年代以后，英国采用了先铸成实心炮，然后用镗孔机钻出炮膛的技术。18世纪的最后十年以来，英国钻炮用的膛杆由起初的水轮或马力驱动改为蒸汽机驱动，机器可对其内外炮身打磨，故炮身光滑，大大提高了生产效率。

1）清朝除铸造了单层体火炮外，还制造了一些复合层或三层体红夷炮。中国明清两朝的火器家们为克服泥模铸炮一次成形在发射时易炸裂的弊病，发明出复合层铁炮制造技术。明人在嘉靖年间（1522～1566）用手工生产方式已能铸出数万门铁芯铜体的佛郎机火炮。欧洲和印度至迟在16世纪中叶也已发明出此种技术。16世纪以来，中国明朝炮匠在仿制的同时也有创新。如在明崇祯元年（1628）造出了许多门铁芯铜体的“捷胜飞空灭虏安辽发贡炮”，在清崇德八年（1643）造出35门世界最高品质的铁芯铜体神威大将军，在清咸丰六七年（1856～1857）仍继续制造此类火炮。不过，鸦片战争前后，西方正处于世界第二次技术和工业革命的前夜，清朝京师和沿海省份虽造出成批的复合层金属炮，如耀威大将军、奋威镇远大将军和平夷靖寇将军等，但其性能无力抵御已进入到近代化阶段的英军火炮的强势挑战。至于清朝制炮技术的革命性变更，于清同治七年（1868）采用了西方的砂型铸炮和实心钻膛技术。考察中共发现鸦片战争时期的复合红夷炮13门，如上海陈化成纪念馆3门，其中1门为三层体结构（图2.39）。该炮突出特征：①皆是重炮，考察的9门都在500千克以上。②内层锈蚀较外层轻。③外层壁厚于内层壁。④从外观上看，口内径相对较小。⑤统计的6门复合金属铁炮，炮身各部位与口内径之比都不符合标准设计思想，耳径和耳长不等。

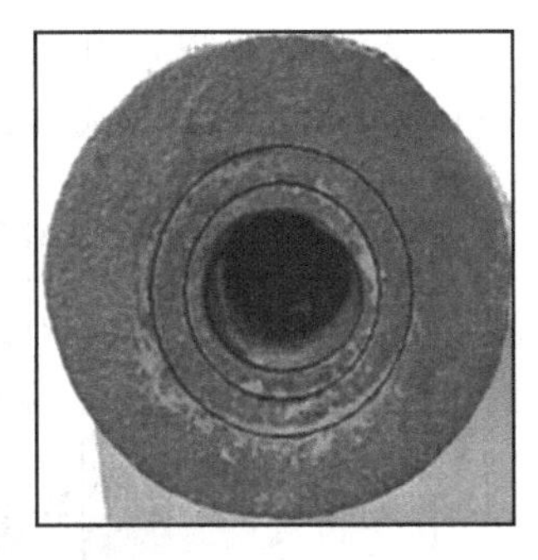

图2.39 上海陈化成纪念馆现存的鸦片战争时期三层体铁炮（右为加工图）

2）铁模铸炮。鸦片战争时期，清军火炮制造技术因没有发生工业革命而呈现出整体落后的态势，但是，个别技术却呈现出一些亮点，这一点侵华英军也给予了客观评价。此亮点一是铸炮工匠把明清以来中国制造的复合金属炮技术发扬光大；二是浙江嘉兴县丞龚振麟于道光二十一年（1841）八月在浙江镇海炮局发明的铁模铸炮技术。此种模具具有产生冷铸、增加硬度和耐磨性的优点。上述已谈及，此处不赘。

3）清军铁炮铸造的特点：①泥模铸造，炮身粗糙，范线明显，炮身的蜂窝和砂眼等缺陷甚多。②泥模铸炮时，压力小，致使遗留下来的铁炮经过一百多年的风吹日晒和雨水侵蚀，给锈蚀以可乘之机，故清军铁炮锈蚀严重。③清军铁炮制造后，为防炸裂，常在炮腹上套一熟铁圆环，一起保护作用，二可能在瞄准时当立表装置使用，此现象不普遍，考察的175门清军鸦片战争时期的铁炮中，4门腰腹有加厚的加强箍（图2.40）。

4）英军火炮。①除泥模铸造的火炮外，主要用砂模铸炮，实心钻膛，炮体光滑。②砂模铸炮时，机器驱动压力大，致使遗留下来的铁炮虽遭一百多年的风吹日晒和雨水侵蚀，锈蚀却较轻。此次调查，除福建厦门胡里山炮台的英军铁炮因用油漆刷过，已看不出其光滑度外，其余英炮95％以上皆很光滑，剩下的低于5％

图 2.40　广东广州博物馆展览的 1841 年佛山造 3000 斤铁炮

铁炮，也系泥模铸造而成，有范线残留，蜂窝与气眼较多，此与史料对应。图 2.41为鸦片战争时期英军加农炮，炮身十分光滑。

图 2.41　广东广州博物馆展览的英军加农炮（背面、炮口、炮口正上方供瞄准用的缺口、炮身上的皇冠图）

中英火炮形制的设计原理在同一层次，差距主要在于制造技术和加工的精细度。清军泥模制造火炮的方法较英军多，并有创新。但炮体粗糙，发展向重型化转变，此为泥模铸造的缺陷和舍水登陆、重炮御敌的战略方针使然。英军火炮形体相对较小和光滑，此为钻孔机钻膛的优点以及舰炮机动性需要等因素使然。

第六节　中英火炮弹药及瞄准装置的考察

鸦片战争时期的中英炮弹，迄今发现不多。英军炮弹除在广西梧州中山公园展览的英军炮膛里发现外，其他地方没有发现，清朝为数不多的几个地方的炮弹，数量却很集中，广西梧州博物馆藏有清代实心弹几百个，北京延庆县博物馆藏有实心弹上百个，开花手雷百十个，时代更早。

1）鸦片战争时期清军铁炮的实心炮弹。图 2.42 为广东虎门鸦片战争博物馆展览的鸦片战争时期清军重量、体积不等的实心炮弹。

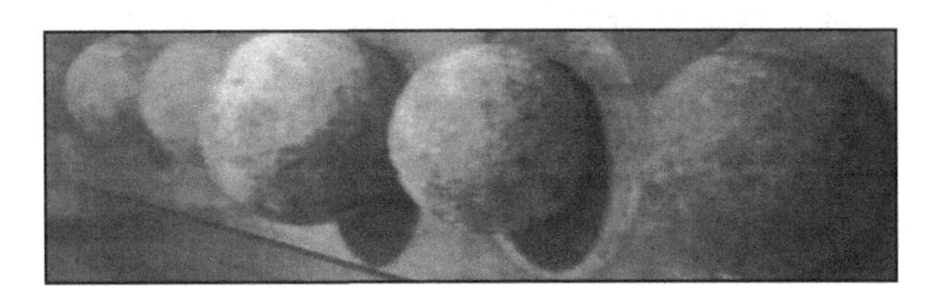

图 2.42　清军球形实心炮弹

2）清军铁炮发射的开花炮弹。史料记载中清军使用了开花炮弹御敌，有传统的爆炸弹以及仿制的英夷爆炸弹两种。图 2.43 为中国人民革命军事博物馆展柜中的清代球形爆炸弹，鸦片战争时期，清军传统的爆炸弹当是如此。

图 2.44 为浙江镇海现存的清朝爆炸弹。图 2.45 为天津大沽炮台英法联军之役前的中国红夷炮 1 门，炮膛里有一枚爆炸弹，弹膛内有结成硬块的火药。

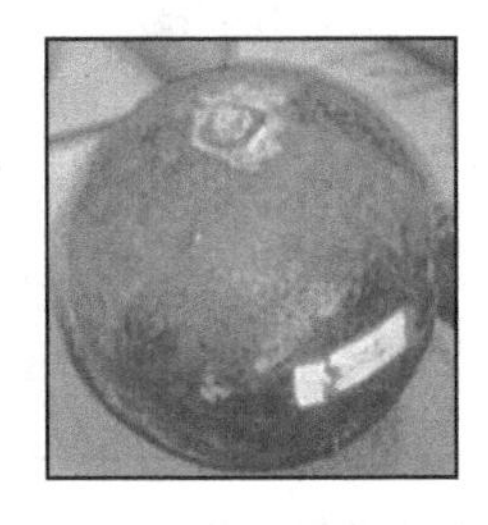

图 2.43　清军铸铁球形爆炸弹

图 2.44　浙江镇海口海防历史纪念馆鸦片战争时期清朝爆炸弹

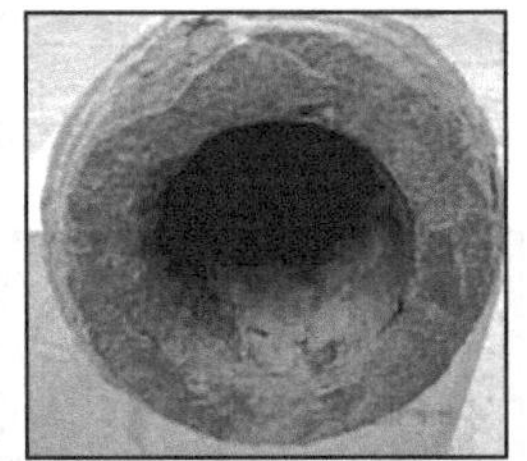

图 2.45　天津大沽炮台的红夷重炮及炮口部位特写

3）从实测的上百门清军红夷炮的铭文看，其炮弹重量∶火药重量惯例是 2∶1。但是，史料记载中的炮弹重量∶火药重量是 3∶1，推测是模仿英军所致。总体上看，清军火药一向不好，其装药量比英军要大得多。今中国人民革命军事博物馆里有一双层红夷将军铁炮，1841 年铸造，6 道箍，炮身由方块组成。铭文："红夷将军重 6000 斤，吃药 10 斤，吃铁子 20 斤。"1840 年鸦片战争爆发后，清军在山海关石河口设主炮营，并建有主炮台两座。此炮为石河口遗物，长度 288 厘米，炮口至火门 259 厘米，炮耳至炮口 167 厘米，内径 15 厘米，口外径 37.2 厘米，底径

61.2 厘米。今南京博物院收藏有一门镇江南门虎踞桥出土的扬威大将军铁炮，1843 年铸造。铭文：“扬威大将军 道光二十三年十一月江苏抚部院 署两江总督部江苏江宁布政司 江苏省理炮局监铸 计重一万斤 吃药二百四十两 配弹四百八十两。”该炮重 10 000 斤，受药 15 斤，弹子 30 斤，长度 345 厘米，内径 18.5 厘米。

当然，清军每门火炮除配火药外，通常配有封门子 40 个，群子 400 个，即发炮时 1 个封门子加 10 个群子。每个群子规定以炮膛内径二成计算为准，封门子以 9 成计算为准。

4）《筹海初集》等史料记载，清军用火药缸储存火药，用醋给炮体降温，以便再次发射。此现在可解释为：因为米醋沸点低，遇热蒸发得快，可以使炮筒迅速散热，且不损坏炮筒。而用水散热，因其沸点较高，在炮筒上停留时间较长，降温效果比醋差。图 2.46 为福建厦门胡里山炮台展览的鸦片战争时期清军盛放火药的瓷缸和装醋坛。

图 2.46　福建厦门胡里山炮台展览的鸦片战争时期的火药缸、装醋坛

5）中英铁炮瞄准装置的考察。文献中记载，从明末西洋大炮传播到中国，一直到鸦片战争时期，清军主导型红夷铁炮是圆锥形炮身，其瞄准装置一般是前设准星，后设照门，再利用炮身铸的范线的配合，按三点一线的原理发射炮弹（图 2.47）。

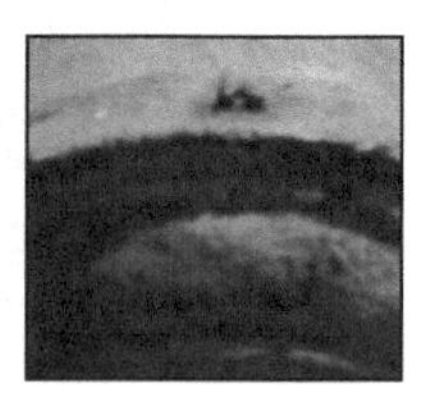

图 2.47　北京故宫博物院午门前铸于 1643 年的清朝双层体铁芯铜体火炮，其底腰上方的照门清晰可见

鸦片战争时期，清军主导型红夷铁炮是圆锥形炮身，其瞄准装置一般是前设准星，炮腰或底径上方套上一块有圆孔的铁皮，再利用炮身铸的范线的配合，按三点一线的原理发射炮弹。但是，火炮射击时，由于“目线”与“中线”不平行而产生差高，故炮弹往往高越。战争后期，清军红夷炮也仿照英军铁炮在炮口或炮腰上方用铁圈做的立表发射炮弹，铁模炮由于炮身粗大，也仿照英军榴弹炮在

炮腰上方铸立表装置来发射炮弹。

①清军主导型红夷铁炮的瞄准装置。其炮口上方常有准星，与炮身中部独有的范线配合，起瞄准之用（图 2.48）。考察比较详细的 42 门红夷炮中，24 门有瞄准的范线，占 57%，6 门有准星装置，占 11%。

图 2.48　广东南沙蒲州炮台展览的 1843 年造的 8000 斤铁炮，瞄准线与准星非常突出

②英军加农炮的瞄准装置。史料记载英军加农炮的瞄准装置是在炮口套一铁圈的立表，炮腰上方放一正方形的立表，发射炮弹，立表可随时拆卸。今考察的英军 47 门加农炮中，只有一门炮口上有立表装置（图 2.49），也就是说遗留在中国的英炮位，多是商船用炮。军用火炮的设计原理是圆锥形炮身的加农炮，其目线和轴线难以平行，炮口上方的准星装置在瞄准中不起什么作用，故采用在炮口上方立表的方式代替（图 2.50）。

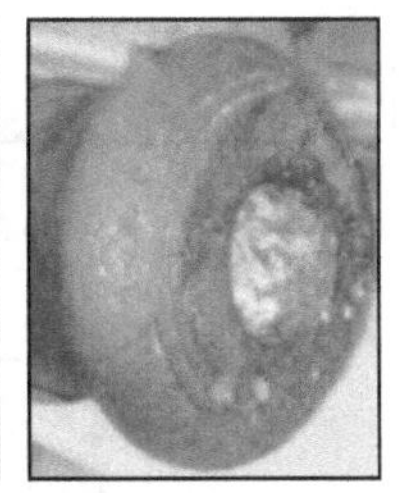

图 2.49　浙江省博物馆现存的鸦片战争时期的英军加农炮，炮口立表装置依稀可见

③英军榴弹炮和卡龙炮的瞄准装置。由于其形状接近筒形，目线和轴线大致平行，故其瞄准装置或是在炮口上方套一木质或铁质的立表，或是把铸的准星位置移至炮腰上方，按三点一线方法射击。

“B. P”公司是英国政府的合作伙伴，但也有其他公司给政府制作大炮，如果是英国政府定制的铁炮，都会在炮身上刻上“↑”符号，代表三个部门，分别是军需部、陆军部和财政部批准制造的。其实，这里的“↑”应起瞄准线的作用，与炮口上方的缺口对应而成一直线。这种现象虽不常见，但占了一定比例（图 2.51）。

图 2.52 为福建厦门胡里山炮台展览的 2 门英军卡龙炮，其中 1 门炮长 140 厘米，口内径 18 厘米，口外径 26 厘米，底径 40 厘米，口至耳 76 厘米，其炮身下有卡箍，炮腰上方的立表装置清晰可见。

图 2.50　江苏南京博物院展览的英加农炮和榴弹炮（或炮口上有缺口，或炮腰铸有突出的瞄准装置）

图 2.51　浙江镇海口海防历史纪念馆展览的英国 1842 年造的榴弹炮

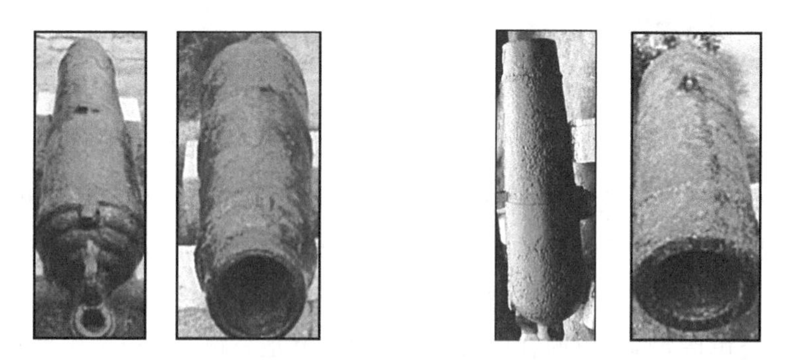

图 2.52　福建厦门胡里山炮台 27 门炮群中的 2 门卡龙炮（正反拍摄）

小结

笔者通过对国内 32 个单位现存 318 门铁炮的考察以及对其中 198 门中英铁炮的实测，发现中英铁炮存在异同。

相同之处：主导型火炮皆为铸造的前膛装滑膛炮，炮弹以球形实心弹为主，各部位比值基本符合“比例”的设计思想。

不同之处：清军红夷炮炮身后部膛壁较厚，炮耳长和炮耳直径普遍不等。英军的加农炮 84％的炮耳径和耳长相等，说明其加工精度较高。口外径/口内径、底径/口内径的值偏小，说明英军铁炮炮壁较清军铁炮壁薄。实测各部位比例的平均值，和前面文献记载的各部位比例进行比较，大体相同。不同处在清军炮口径实测的薄，记载的厚一些；英军此次实测数据平均值与记载比值相比，其长度/口内径相对要大，其他两项相对应。

《演炮图说辑要》记载的数据与本节实测数据存在差距，此问题反映出，丁拱辰对当时中英铁炮的实测存在误差，这是因中英敌对的现状限制了他考察的精细等问题。

对中英铁炮形制及种类的考察：清军铁炮类型有红夷炮（又为单层体和复合层两种）、仿制英军的榴弹炮一铁模炮、子母炮、冲天炮、抬炮等几种，种类较杂，不利于士兵掌握迟滞射速和威力的释放。以红夷炮最多，炮身庞大，膛壁较厚，蜂窝与砂眼较多，多铸有铭文。以火绳点放式为主，耳径与耳长相等的比例只有 35％。对英军铁炮考察发现其有加农炮、榴弹炮与卡龙炮三种，种类少而统一，利于士兵掌握和性能的释放。炮身普遍比清军炮小，多铸有“皇冠”标记及一些英文字母。炮身规整而光滑，机器加工痕迹明显，耳径与耳长普遍相等。炮身膛壁薄，尤其榴弹炮和卡龙炮膛壁更薄，打火装置有引信和燧石击发器两种。

对中英铁炮制造技术的考察：中英造炮机制原理基本相同。清朝造炮方法除熟铁锻造法、泥模铸炮法外，还有复合层结构和铁模铸炮法，但是，清军铁炮因是泥模铸造（含铁模炮），考察比较详细的 43 门红夷炮中，57％有瞄准的范线，为防炸裂，有的在炮腰处套有圆环的铁箍。英军铁炮表面光滑，有机械加工痕迹。造炮有泥模铸炮法和砂型铸炮法两种。

对中英铁炮弹的考察：鸦片战争时期的中英炮弹迄今发现不多，清军铁炮弹有实心弹和开花弹两种。史料记载和实地考察都证明了清军确实使用过开花弹作战，只是比例很小。英军炮弹除在广西梧州中山公园英炮膛内发现外，其他地方没有发现。

对中英铁炮瞄准装置的考察：清朝红夷铁炮的瞄准装置一般前设准星，利用其与炮身特意铸的范线的配合，按三点一线的原理发射炮弹，战争后期，也开始学习英军火炮瞄准技术发射炮弹。英军加农炮、接近筒形的榴弹炮和卡龙炮，已遗弃了传统的准星装置，主要靠炮口或炮腰上方立表的方式，按三点一线方法发射炮弹。从此特征及英军燧发机打火的点火装置来看，遗留在中国的英军火炮主要为商船用火炮。

总之，在考察的中英铁炮中，发现其设计比例、形制、种类、制造技术、瞄准装置等方面与文献记载的主要内容相符。中英铁炮都在朝机动性方向发展，但由于清军泥模铸炮的技术的限制和为了防止炸裂的问题，清军炮身后部膛壁通常造得较厚，英军因在铸炮及加工技术上的革新，炮壁较清军炮要薄，圆锥形炮身有着向筒形方向发展的趋势。

第三章
中英火炮的金相组织研究

取样的鸦片战争时期的中英火炮，炮身上大多有标记或有铭文，年代无大的争议。样品涵盖的铁炮类型：清军有红夷炮、复合层铁炮、铁模炮、子母炮、抬炮、冲天炮等几种；英军铁炮有加农炮、榴弹炮、卡龙炮三种。

对铁炮样品选取横截面，用酚醛树脂镶嵌，尔后用不同粒度的砂纸从粗到细进行力度均匀地打磨，再进行抛光处理以达到金相考察的要求，尔后使用 XJP-100 型金相显微镜进行组织考察。金相检测的 143 个（清军 75 个，英军 68 个）样品中，属于炮体部位的样品 108 个，火门样品 25 个，炮尾中特置铁芯样品 3 个，清军双层铁炮内外膛共 7 个样品。对检测的结果进行了统计。样品编号是把铁炮的存放地点、国别和取样部位，按汉语拼音第一个字母依次标志，如 Zxy8-k，即为珠海博物馆新馆藏的第八门英军铁炮的炮口取样。使用 Leica DM4000M 型金相显微镜进行拍照。对 22 个样品进行显微硬度测试。

值得指出的是铁炮炮体样品多取自铁炮的表面，而铁炮属于较大型厚壁铸件，各部位成分、组织可能存在不均匀现象。另外，铁炮在发射过程，产生较大热量，表面可能在空气中氧化脱碳，所以有的样品金相检测到的组织仅代表局部，不完全是整个炮体的组织状态，由于铁炮的文物性质，限制了全面系统取样，本文仅能就所取到的样品金相组织，结合文献记载讨论铁炮的材质问题。

第一节　中英火炮的金相组织列表

中英铁炮的样品金相主要是铸铁组织。铸铁是含碳量为 2.11%～6.67%的铁碳合金，碳、硅、锰、磷和硫统称为铸铁五元素。铁和碳是铸铁的基本组元，碳是影响铸铁组织和性能的重要因素，硅和锰是调节铸铁组织和性能的有利因素，而磷和硫在一般情况下被视为有害杂质，应尽量降低其含量。铸铁几乎完全没有塑性变形的能力，不能锻造、轧制、拉拔，只能通过熔化、浇注的方法铸造成型。中英铁炮样品金相组织的检测结果见表 3.1～表 3.4 和图 3.1～图 3.4 的中英铁炮炮体材质统计。

表 3.1　清军铁炮金相组织的检测结果

样品来源	样品编号	样品名称	制造地	制造时间	金相组织	材质
广东虎门鸦片战争博物馆	Ybyp-s	6000 斤洋炮	美国	鸦片战争前夕	珠光体，为共析钢组织	铸铁脱碳钢
福建厦门胡里山炮台	Xhz9-k	铁模岸炮	镇海	鸦片战争前后	铁素体，夹杂物拉长变形	熟铁
广东封开博物馆	Fkbz-dw	有炮弹的小子母炮		鸦片战争前后	铁素体，晶粒拉长变形	熟铁
	Fkbdz-w	无炮弹的大子母炮		鸦片战争前后	莱氏体，部分珠光体锈蚀	白口铁
广西梧州博物馆	Wbltp-e	抬炮		鸦片战争前后	铁素体，复相夹杂拉长变形	熟铁
广西梧州中山公园	Wbx11-e	冲天炮（即白炮）		1809	样品部位 1：珠光体；样品部位 2：莱氏体	脱碳铸铁
福建厦门大学	Xdjp4-t	800 斤白炮		1806	锈蚀基体上可见珠光体、铁素体、片状石墨，少量莱氏体残留	灰口铁
	Xd2-w	2000 斤红夷铁炮		1806	珠光体、莱氏体	脱碳铸铁
	Xd3-w	2000 斤红夷铁炮		1806	样品锈蚀严重，残留金属部位显示组织为珠光体与渗碳体	脱碳铸铁
中国人民革命军事博物馆	Jbpyjkjj-k	平夷靖寇将军	上海	1841.5	组织不均匀，样品中心：珠光体；边部：铁素体；片状石墨	灰口铁
	Jbhyjj-s	双层红夷将军	山海关	1841	铁素体，珠光体，团状锈蚀	铸铁脱碳钢
江苏扬州东门遗址	Yz-s	复合层铁炮		1845	铁素体与珠光体基体，片状石墨	灰口铁
中国人民革命军事博物馆	Jbwypt-s	8000 斤铁炮	广东	1841	珠光体基体；铁素体呈白色条状，硬度 HV161、172、213	铸铁脱碳钢
	Jbjzz-s	盛京金州镇大铁炮	沈阳	1841	铁素体（网状），珠光体，锈蚀及孔洞	铸铁脱碳钢

续表

样品来源	样品编号	样品名称	制造地	制造时间	金相组织	材质
中国人民革命军事博物馆	Jbdh1-s		浙江	1843.9	样品锈蚀中可见莱氏体，粗大片状石墨	麻口铁
	Jbdh2-s		浙江	1840	部位1：珠光体、莱氏体；部位2：铁素体、珠光体；部位3：珠光体为主，铁素体较少	脱碳铸铁
	Jbsd-w	山东造铁炮	山东	1841	团状珠光体，HV325；粒状珠光体，HV317；渗碳体具有脱碳迹象，呈白色带状相，HV513	脱碳铸铁
广东广州博物馆	Gb4-k	1000斤铁炮	佛山	1842	渗碳体，莱氏体，珠光体有聚集现象	白口铁
	Gb5-w	广东3000斤铁炮	佛山	1841	铁素体，针状析出物，局部片状石墨聚集	灰口铁
	Gb6-k	广东5000斤铁炮	佛山	1842	样品锈蚀，局部残存莱氏体	白口铁
	Gb7-w	2000斤铁炮	佛山	1841	珠光体，片状石墨；莱氏体	麻口铁
	Gb9-w	1000斤铁炮	广东	1806	组织不均匀，部位1：珠光体，片状石墨，少量铁素体；部位2：珠光体，片状石墨；较多铁素体	灰口铁
	Gb11-w	2000斤铁炮	广东	1806	珠光体基体，渗碳体呈白色带状、条状，HV988、906、591	脱碳铸铁
广东佛山博物馆	Fsb1-k	5000斤铁炮	佛山	1842.2	珠光体基体；片状石墨；铁素体呈白色条状，HV145；少量渗碳体残余，HV1081	灰口铁
	Fsb2-k	大铁炮	佛山	1841.5	锈蚀中残留有莱氏体组织	白口铁
	Fsb2-m				铁素体，针状析出物	熟铁
广东虎门沙角炮台	Sjpt-e	虎门抗英“功劳炮”	佛山	1835	铁素体，晶粒间界有析出相，少量针状析出物	熟铁
	Sjpt-m				铁素体，大量针状析出物	熟铁
广东韶关博物馆	Sgb1-wj	5000斤大铁炮	佛山	1842	铁素体，夹杂物拉长变形	熟铁
	Sgb1-w		佛山	1842	莱氏体，珠光体部分锈蚀	白口铁
	Sgb1-m		佛山	1842	样品尖部：铁素体，少量珠光体，晶粒弯曲变形，夹杂物和孔洞拉长变形；样品中部：晶粒拉长变形，右侧铁素体多，珠光体少、左侧珠光体为主	低碳钢
	Sgb2-w	炮身上半截缺失的残炮			珠光体基体，白色相网状分布，低倍下可见白口铁	脱碳铸铁

续表

样品来源	样品编号	样品名称	制造地	制造时间	金相组织	材质
天津大沽炮台	Dg4-i	英法联军之役前的双层炮			铁素体，复相夹杂拉长变形	熟铁
	Dg4-w				组织不均匀，部位1：铁素体、夹杂物拉长变形；部位2：珠光体、夹杂物，变形不明显，是因为镶样垂直于变形方向所致	低碳钢
	Dg6-i	英法联军之役前的铁炮			铁素体，复相夹杂物拉长变形	熟铁
	Dg7-i	英法联军之役之前的双层炮			组织不均匀，边部：珠光体，复相夹杂物拉长变形；心部：铁素体，复相夹杂物拉长变形	低碳钢熟铁
	Dg7-w				样品组织不均匀，最外层铁素体集中，次外层珠光体增多，晶粒和夹杂物变形量大。心部珠光体集中，变形量小	低碳钢
	Dg7-w				莱氏体，珠光体锈蚀	白口铁
	Dg10-w	内膛含有的爆炸弹的红夷炮		鸦片战争之前	细珠光体基体，球状石墨	展性铸铁
	Dg1-w	英法联军之役之前的红夷重炮			珠光体基体，少量铁素体，片状石墨	灰口铁
	Dg2-w Dg2-e				基体锈蚀，片状石墨 铁素体，珠光体，片状石墨	灰口铁 灰口铁
	Dg3-w				样品基体锈蚀，片状石墨，残存少量莱氏体	灰口铁
	Dg5-w Dg5-e				珠光体基体，片状石墨 珠光体基体锈蚀，片状石墨	灰口铁 灰口铁
广东虎门鸦片战争博物馆	Yb2-s	虎门6000斤海防炮（新式加料）	佛山	1842	部位1：珠光体；铁素体多，呈白色带状，HV154；部位2：珠光体为主，白色条状铁素体少	铸铁脱碳钢
	Yb3-s	6000斤虎门抗英炮	佛山	1835	铁素体呈白色块状HV162；珠光体，HV239；很少量莱氏体残留，HV454	铸铁脱碳钢
	Yb4-s	虎门海防炮		鸦片战争时期	铁素体，夹杂物较多	熟铁
	Yb5-s	虎门6000斤海防炮	佛山	1841	一块以珠光体为基体，残留极少条状渗碳体；一块以铁素体为基体，有珠光体和少量针状析出物	低碳钢
	Yb6-e	虎门6000斤海防炮	佛山	1842	珠光体基体，片状石墨	灰口铁

续表

样品来源	样品编号	样品名称	制造地	制造时间	金相组织	材质
广东虎门鸦片战争博物馆	Yb6-m	虎门 6000 斤海防炮	佛山	1842	渗碳体，珠光体聚集并锈蚀	白口铁
	Yb9-w	5000 斤虎门抗英炮	佛山	1835	莱氏体，渗碳体，珠光体有聚集现象	白口铁
	Yb10-w	虎门 2500 斤海防炮	佛山	1842	珠光体，铁素体，晶界渗碳体残留很少	铸铁脱碳钢
	Yb12-w	虎门 3000 斤抗英炮	佛山	1809	莱氏体，部分珠光体锈蚀	白口铁
	Ybcp14-t			鸦片战争期间	珠光体、HV324；条块状铁素体，HV171。极少渗碳体残留	铸铁脱碳钢
广东南沙蒲州炮台	Pzpt1-m	8000 斤红夷铁炮	就地铸造	1843	铁素体晶粒及夹杂物拉长变形，有孪晶和滑移带存在，锈蚀坑及缺陷较多	熟铁
	Pzpt1-e				铁素体，HV149 、173；珠光体，HV319、338	铸铁脱碳钢
	Pzpt2-e	8000 斤红夷炮	就地铸造	1843	珠光体、铁素体基体；白色带状渗碳体，HV1064	脱碳铸铁
广东虎门威远炮台	Wypt2-m	8000 斤铁炮	佛山	1843	铁素体，夹杂物拉长变形	熟铁
	Wypt2-k		佛山	1843	组织不均匀，铁素体HV105；珠光体 HV354	铸铁脱碳钢
	Wypt3-k	4000 斤铁炮	佛山	1844	样品一侧为莱氏体，一侧为珠光体	脱碳铸铁
广西梧州博物馆	Wblzp-i	红夷炮			莱氏体，板状渗碳体	白口铁
	Wblzp-w				莱氏体，板状渗碳体	白口铁
广西梧州特委纪念堂	Wtzz-m			鸦片战争期间	部位 1：以铁素体为主，珠光体少，并有针状析出物和夹杂物；部位 2：以珠光体为主，铁素体少	低碳钢
	Wtzz-t			鸦片战争期间	珠光体锈蚀基体中渗碳体尚未锈蚀	脱碳铸铁
广西梧州中山公园	Wbx6-m				珠光体基体，HV376，晶界白色相 HV168，为铁素体	亚共析钢
	Wbx6-w				珠光体基体，HV268、420；白色块状渗碳体，HV988	脱碳铸铁
	Wbx7-w				渗碳体，珠光体聚集并锈蚀	白口铁

续表

样品来源	样品编号	样品名称	制造地	制造时间	金相组织	材质
福建厦门博物馆	Xb1-e	咸丰二年舰炮	福建	1852	样品锈蚀，局部残留莱氏体	白口铁
	Xb1-w				样品锈蚀，局部残留莱氏体	白口铁
福建厦门博物馆	Xb2-e	咸丰二年舰炮	福建	1852	样品锈蚀，局部残留莱氏体	白口铁
	Xb2-w				样品组织不均匀，一侧为珠光体，一侧为铁素体	铸铁脱碳钢
	Xb2-m				铁素体及夹杂物均拉长变形	熟铁
	Xb3-s	重型红夷炮			珠光体锈蚀及片状石墨；较多莱氏体残留	麻口铁
	Xb3-e				样品一侧为莱氏体，另一侧以珠光体为基体，有条状脱碳的渗碳体	脱碳铸铁
	Xb4-k	咸丰二年舰炮	福建	1852	样品锈蚀严重，其中一块样品残留有莱氏体，另一块样品在锈蚀基体上可见片状石墨	待定
	Xb5-w	同治八年铁模炮	福建	1869	样品局部为白口铁组织：莱氏体和渗碳体；局部为灰口铁组织：片状石墨及少量莱氏体残留分布于不同组织的基体上，部分区域为铁素体或珠光体	麻口铁
	Xb6-t	重型红夷炮			样品锈蚀严重，残留有少量莱氏体	白口铁
	Xb6-w				样品锈蚀，局部存在莱氏体，以及渗碳体和聚集的珠光体	白口铁
江苏镇江	Zj-s	红夷炮			样品基体已锈蚀，残留有短小片状石墨和莱氏体	麻口铁

注：k，炮口；s，炮身；e，炮耳；w，炮尾；t，炮膛；i，双层内膛；Dg，天津大沽炮台；Fsb，广东佛山博物馆；Fkb，广东封开博物馆；Gb，广东广州博物馆；Jb，中国人民革命军事博物馆；Pzpt，广东蒲州炮台；Sgb，广东韶关博物馆；Sjpt，广东虎门沙角炮台；Wbl，广西梧州博物馆；Wbx，广西梧州中山公园；Wtzz，广西梧州特委纪念堂；Wypt，广东虎门威远炮台；Xb，福建厦门博物馆；Xd，福建厦门大学；Xgy，福建厦门鼓浪屿郑成功纪念堂；Xh，福建厦门胡里山炮台；Yb，广东虎门鸦片战争博物馆；Yz，江苏扬州博物馆；Zbl，广东珠海博物馆老馆；Zbx，广东珠海博物馆新馆；Zj，江苏镇江

表 3.2　英军铁炮金相组织的检测结果

样品来源	样品编号	样品名称、制造时间和制造公司标志	金相组织	材质
中国人民革命军事博物馆	Jby1-t	英军在厦门遗留下的加农炮	样品基体已经锈蚀，残留有片状石墨和莱氏体	麻口铁
	Jby2-s		样品基体已经锈蚀，残留有片状石墨和莱氏体	麻口铁
天津大沽炮台	Dgycp-t	英法联军之役之前英国加农炮	基体以铁素体为主及少量珠光体，粗大片状石墨；莱氏体	麻口铁
福建厦门胡里山炮台	Xhy9-1-t	鸦片战争时期英军榴弹炮型铁舰炮	基体锈蚀，可见片状石墨，残留有莱氏体	麻口铁
	Xhy9-2-e	鸦片战争时期英军榴弹炮型铁舰炮	基体锈蚀严重，残留有莱氏体	白口铁
	Xhy9-4-t	鸦片战争时期英军榴弹炮型铁舰炮	基体锈蚀，可见片状石墨，残留有莱氏体	灰口铁
福建厦门胡里山炮台	Xhy27-1-s	鸦片战争时期英军榴弹炮（皇冠）	基体锈蚀，可见片状石墨，残留有莱氏体	灰口铁
	Xhy27-2-s	鸦片战争时期英军加农炮（皇冠）	基体锈蚀，局部有片状石墨存在，残留较多莱氏体	麻口铁
	Xhy27-3-w	鸦片战争时期英军榴弹炮（皇冠）	基体锈蚀，可见片状石墨，残留较多莱氏体	麻口铁
	Xhy 燧石 5-s	鸦片战争前后的英燧石打火式加农炮（皇冠）	珠光体和铁素体基体锈蚀，残留有莱氏体	脱碳铸铁
	Xhy 燧石 6-s	鸦片战争时期英军加农炮（皇冠）	基体锈蚀，局部有片状石墨存在，残留较多莱氏体	麻口铁
福建厦门鼓浪屿郑成功纪念堂	Xgy1-s	鸦片战争时期英军榴弹炮型铁舰炮	珠光体和铁素体基体锈蚀，片状石墨，残留有渗碳体	灰口铁
	Xgy2-k	鸦片战争时期英军榴弹炮型铁舰炮	珠光体和铁素体基体锈蚀，片状石墨，残留有少量莱氏体	灰口铁
	Xgy2-t		铁素体基体锈蚀，片状石墨，残留有少量莱氏体	灰口铁
广西梧州特委纪念堂	Wtzzy-e	鸦片战争时期英军榴弹炮型铁舰炮	铁素体基体，少量珠光体，菊花状石墨	灰口铁
	Wtzzy-m		铁素体基体，少量珠光体，菊花状石墨	灰口铁
广东广州博物馆	Gby1-t	英军榴弹炮型铁舰炮	基体锈蚀，残留有莱氏体	白口铁
广东虎门鸦片战争博物馆	Yby-k	鸦片战争时期英国1000斤铁加农炮	基体以铁素体为主和少量珠光体，粗大片状石墨	灰口铁
	Yby7-s	鸦片战争时期重型榴弹炮	铁素体和珠光体基体，晶界锈蚀及莱氏体残留	脱碳铸铁
	Yby7-s		样品锈蚀，片状石墨	灰口铁

续表

样品来源	样品编号	样品名称、制造时间和制造公司标志	金相组织	材质
广东珠海博物馆老馆	Zbly1-w	鸦片战争时期英军加农炮型舰炮	样品锈蚀，片状石墨，少量莱氏体残余	灰口铁
	Zbly2-e	鸦片战争时期英军加农炮（皇冠）	基体为铁素体和少量珠光体，团絮状石墨均匀分布	展性铸铁
	Zbly3-e	鸦片战争时期英军加农炮（皇冠）	基体锈蚀，莱氏体，片状石墨	麻口铁
	Zbly5-e	鸦片战争时期英军加农炮型舰炮	珠光体和铁素体基体，团絮状石墨均匀分布	展性铸铁
	Zbly6-e	鸦片战争时期英加农炮	渗碳体，珠光体聚集并锈蚀	白口铁
	Zbly7-w	鸦片战争时期英榴弹炮	铁素体基体和细片状石墨	灰口铁
	Zbly8-e	鸦片战争时期英军加农炮型舰炮	样品组织不均匀，基体HV172，为铁素体，珠光体聚集；大量白色条状相HV390、547，为脱碳的渗碳体	脱碳铸铁
广东珠海博物馆新馆	Zbxy1-e	鸦片战争时期英军榴弹炮（皇冠B.P）	珠光体基体为主，少量铁素体，粗大片状石黑	灰口铁
	Zbxy2-k	鸦片战争时期英军加农炮型舰炮	样品锈蚀，残留有较多莱氏体、片状石墨	麻口铁
	Zbxy3-m1	鸦片战争时期英军榴弹炮	铁素体基体，HV217；短细的片状石墨；少量莱氏体残留	灰口铁
	Zbxy3-m2		珠光体，铁素体基体和少量莱氏体残留	
	Zbxy4-e	鸦片战争时期英军卡龙炮	铁素体基体，团絮状石墨分布均匀	展性铸铁
	Zbxy5-m	鸦片战争时期英军加农炮型舰炮（皇冠）	基体为铁素体，残留有莱氏体，片状石墨	灰口铁
	Zbxy5-e		基体为铁素体，残留有莱氏体，片状石墨	灰口铁
	Zbxy6-e	鸦片战争时期英军加农炮型舰炮	莱氏体，渗碳体	白口铁
	Zbxy7-e	鸦片战争时期英军加农炮型舰炮	铁素体和珠光体基体，菊花状石墨，局部莱氏体残留	麻口铁
	Zbxy8-k	鸦片战争时期英军加农炮型舰炮	莱氏体，组织较细，晶粒取向明显	白口铁
	Zbxy9-k	鸦片战争时期英军加农炮型舰炮	渗碳体，珠光体锈蚀	白口铁
	Zbxy10-e	鸦片战争时期英军加农炮型舰炮	莱氏体；珠光体有聚集现象，部分锈蚀	白口铁
广东封开博物馆	Fkby1-m	鸦片战争之前英国加农型小炮（皇冠）	渗碳体，珠光体	白口铁
	Fkby1-e		渗碳体，珠光体	白口铁
	Fkby2-m	鸦片战争之前英国加农型小炮（皇冠）	渗碳体，珠光体	白口铁
	Fkby2-e		渗碳体，珠光体	白口铁

续表

样品来源	样品编号	样品名称、制造时间和制造公司标志	金相组织	材质
福建厦门大学	Xdy-t	鸦片战争时期英国加农炮（皇冠 B. P）	基体锈蚀，残留有莱氏体	白口铁
广西梧州博物馆	Wbly-m	鸦片战争之前英国加农炮型舰炮（皇冠+W. P）	基体锈蚀，残留有莱氏体，片状石墨	麻口铁
	Wbly-k		珠光体，铁素体，菊花状石墨	灰口铁
广西梧州中山公园	Wbxy1-e	鸦片战争时期英国榴弹炮	铁素体、少量珠光体，菊花状石墨	灰口铁
	Wbxy1-m		铁素体、珠光体，菊花状石墨	灰口铁
	Wbxy2-m	鸦片战争时期英国榴弹炮（皇冠 B. P）	铁素体，珠光体，粗大片状石墨，少量莱氏体残留	灰口铁
	Wbxy2-e		铁素体，珠光体，粗大片状石墨，少量莱氏体残留	灰口铁
	Wbxy3-s	鸦片战争时期英国短薄单耳式铁炮（卡龙炮）	铁素体基体，聚集片状石墨	展性铸铁
	Wbxy3-m		铁素体，粗大片状石墨，少量莱氏体残留	灰口铁
	Wbxy4-m	鸦片战争时期英国加农炮型舰炮（皇冠+O6CE）	样品左侧珠光体；右侧渗碳体、珠光体聚集	脱碳铸铁
	Wbxy4-e		渗碳体，珠光体聚集并锈蚀	白口铁
	Wbxy8-e	鸦片战争时期英国榴弹炮	珠光体基体，片状石墨	灰口铁
	Wbxy8-m		珠光体、少量铁素体	铸铁脱碳钢
广西梧州中山公园	Wbxy12-w	鸦片战争时期英国加农炮型舰炮	珠光体、铁素体、菊花状石墨	灰口铁
	Wbxy12-m		珠光体、铁素体、菊花状石墨	灰口铁
	Wbxy15-e	鸦片战争时期英国加农炮型舰炮	珠光体，渗碳体，组织细且均匀，晶粒不同取向明显	白口铁
	Wbxy15-m		铁素体（为主）和珠光体，呈拉长变形状	低碳钢
			铁素体和珠光体拉长变形	低碳钢
	Wbxy16-e	鸦片战争时期英国榴弹炮	铁素体为主、珠光体少，片状石墨，少量莱氏体残留	灰口铁
	Wbxy16-m		铁素体为主、珠光体少，片状石墨，少量莱氏体残留	灰口铁
	Wbxy17-e	鸦片战争时期英国榴弹炮	铁素体基体，细小片状石墨；白色块状相 HV 299、503，为莱氏体残留	灰口铁
	Wbxy17-m		铁素体基体上分散较多莱氏体，片状石墨	麻口铁
	Wbxy18-e	鸦片战争时期英国加农炮型舰炮	铁素体基体上分散少量莱氏体，片状石墨	灰口铁
	Wbxy18-m		铁素体基体上分散少量莱氏体，片状石墨	灰口铁
	Wbxy20-w1	鸦片战争时期英国加农炮型舰炮	铁素体和珠光体基体上分散少量莱氏体，片状石墨	灰口铁
	Wbxy20-w2		铁素体和珠光体基体，细而短的片状石墨	灰口铁
	Wbxy20-m		珠光体和铁素体基体，菊花状及短而细小片状石墨，以菊花状为主，少量莱氏体残留	灰口铁
	Wbxy21-e	鸦片战争时期英国加农炮型舰炮	珠光体和铁素体基体，菊花状及短而细小片状石墨，以菊花状为主	灰口铁

表 3.3 中英火炮炮弹金相组织的检测结果

炮弹金相 / 样品来源	编号	名称	金相组织	材质
广西梧州博物馆	Wblsxd	27 千克实心铁弹	珠光体，铁素体，团块状锈蚀	铸铁脱碳钢
天津大沽炮台	Dg10khd	球形爆炸弹	基体锈蚀，残留莱氏体	白口铁
	Dg13d	1845 年后的内膛含有实心弹的达尔格仑炮	珠光体，铁素体	铸铁脱碳钢

表 3.4 中英火炮炮体的材质统计

中英火炮组织 / 取样位置及个数	灰口铁		白口铁		麻口铁		脱碳铸铁		铸铁脱碳钢		展性铸铁		熟铁		低碳钢	
	清	英	清	英	清	英	清	英	清	英	清	英	清	英	清	英
炮内膛 12	1	2	2	2		3	1		1							
炮耳 33		10	2	8		2	3	1	1			3	3			
炮身 20	1	3	1		3	3	1	2	4			1			1	
炮口 13	1	3	3	2		1	1		1				1			
炮尾 30	6	4	7		2	1	6		2		1		1			
中英单计	9	22	15	12	5	10	12	3	9	0	1	4	5	0	1	0
中英总计	31		27		15		15		9		5		5		1	

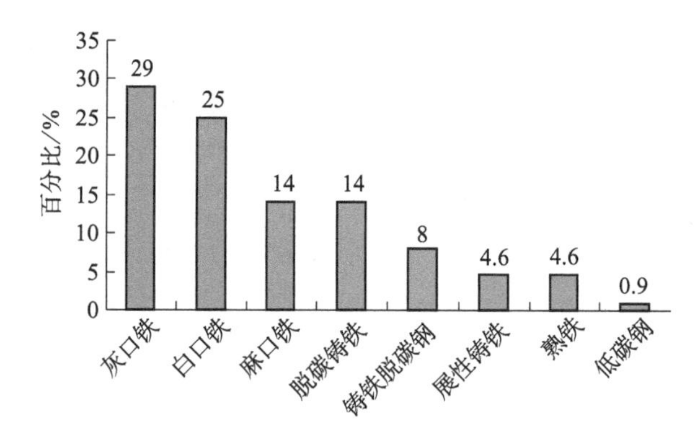

图 3.1 中英火炮炮体 108 个样品的材质统计

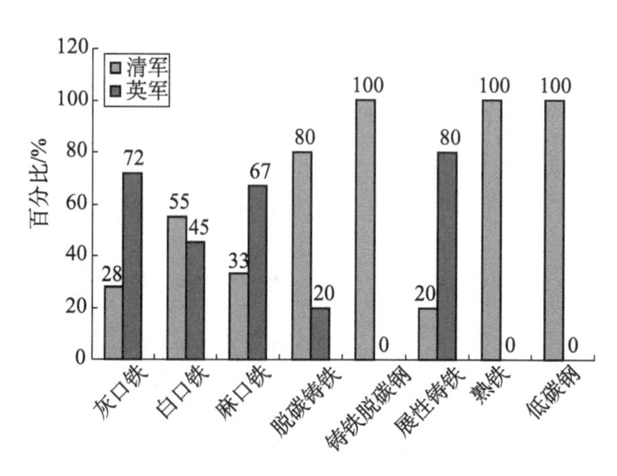

图 3.2 中英火炮炮体 108 个样品中各自材质所占的百分比统计

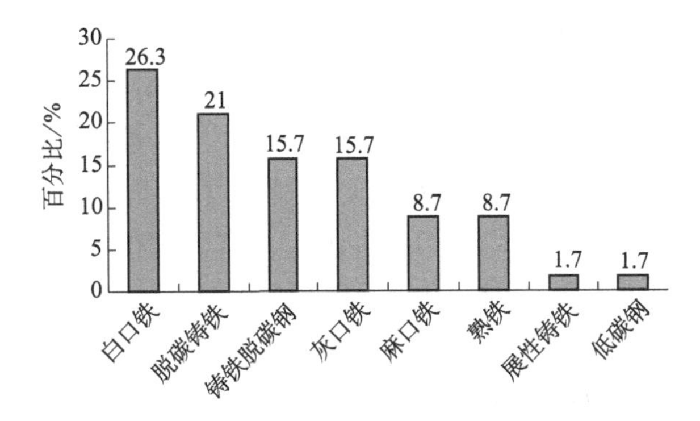

图 3.3　清军火炮炮体 57 个样品的材质百分比统计

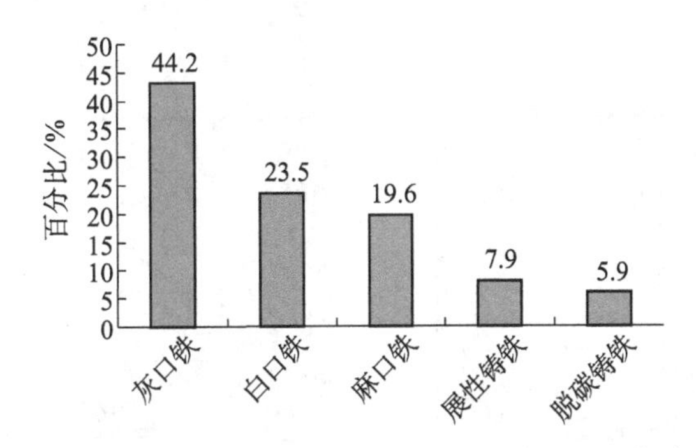

图 3.4　英军火炮炮体 51 个样品的材质百分比统计

第二节　中英火炮金相统计及典型金相组织

从表 3.2 可见中英铁炮材质绝大多数是铸铁。铸铁是含碳量大于 2.11%（一般为 2.5%～4%）的铁碳合金。它是以铁、碳、硅为主要组成元素并比碳钢（注：没有加任何合金元素的普通钢，simple steel）含有较多的锰、硫、磷等杂质的多元合金。碳在铸铁中可能以渗碳体（cementite Fe_3C）或石墨（graphite）形式存在，根据碳的存在形式不同，铸铁可分为白口铸铁、灰口铸铁、麻口铸铁。图 3.1 显示出 108 个中英铁炮炮体各种材质所占的比例。总体看来以灰口铸铁为主、白口铸铁次之、麻口铸铁（mottled cast iron）占一定比例。此外还有白口铸铁经脱碳获得的脱碳铸铁、铸铁脱碳钢。还有少量展性铸铁、熟铁、低碳钢。图 3.2 显示，中英铁炮炮体在材质上存在差异：英军灰口铸铁和麻口铸铁的比例高于清军，而清军白口铸铁比例多于英军。英军展性铸铁多于清军，而清军脱碳铸铁比例高于英军。清军存在铸铁脱碳钢、熟铁和低碳钢组织的样品，而英军样品中未发现或很少发现此类组织存在。从图 3.3、图 3.4 看，清军铁炮炮体以白口铸铁为主，占到 26.3%的比例。英军铁炮以灰口铸铁为主，比例占到 44.2%。中英铁炮炮体材质的典型金相组织总结如下：

第一，白口铸铁。

白口铸铁所含的碳除少数溶于铁素体（ferrite）外，其余的都以渗碳体的形式存在于铸铁中，其断口呈银白色，故称白口铸铁。其金相组织与含碳量有关，当含碳量为4.3％时，组织为莱氏体（ledeburite）；含碳量在大于2.11％小于4.3％范围内，组织为珠光体（pearlite）和莱氏体；含碳大于4.3％时，组织为渗碳体和莱氏体。渗碳体硬度高，但延伸率、冲击韧性几乎为零，白口铸铁由于以渗碳体为基本组织，所以性能又硬又脆，不能锻造、加工。典型组织见图3.5、图3.6。

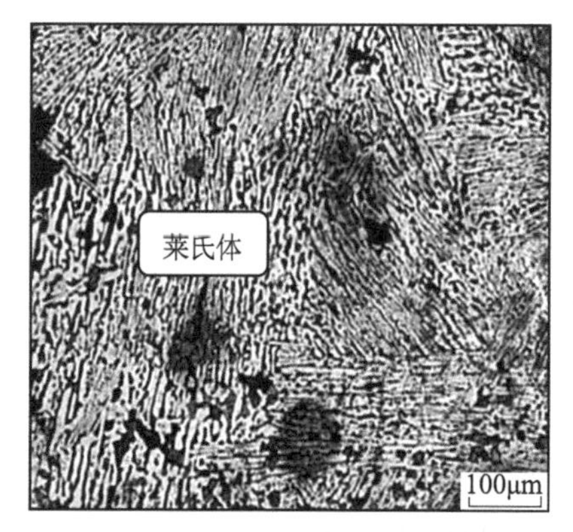

图3.5　广东珠海博物馆新馆藏的英军炮口样品（Zbxy8-k）金相图

白口铸铁组织：莱氏体，组织较细，晶粒取向明显

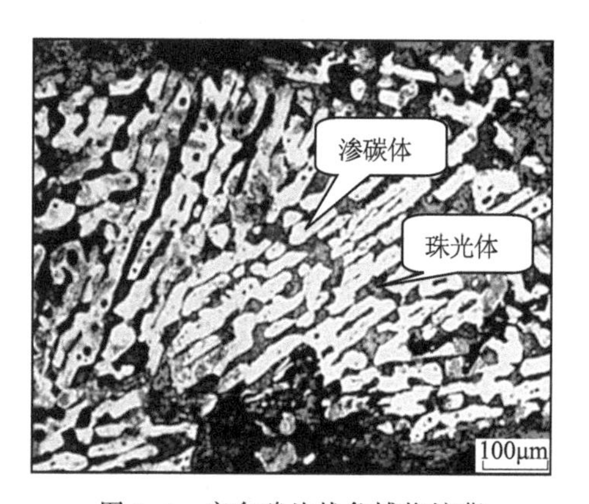

图3.6　广东鸦片战争博物馆藏1842年佛山造6000斤红夷铁炮火门旁炮身样品（Yb6-m）金相图

白口铸铁组织：渗碳体，珠光体聚集并锈蚀

第二，灰口铸铁。

灰口铸铁的碳全部或大部分以石墨状态存在，含碳量的75％～90％为片状石墨。其断口呈暗灰色，故称灰口铸铁。灰口铸铁的金相组织主要由片状石墨、金属基体和晶界共晶物组成。和白口铸铁的性能相比，灰口铸铁硬度低、脆性小；熔点低，流动性好，收缩率小，成分偏析少，具有良好的铸造性能；由于石墨本身的润滑作用，使灰口铸铁具有良好的切削加工与耐磨性能；还由于石墨对基体的割裂作用，不利于振动的传递，故灰口铸铁具有很好的减振性。

灰口铸铁性能取决于石墨（形状、大小、分布和数量）和基体组织。现代灰口铸铁中石墨的形状、分布状态分为A、B、C、D等六型，其中A型为均匀分布的片状石墨；B型为片状与点状聚集的菊花状石墨。一般经验证明，石墨片细小、在6～7级、呈无方向性均匀分布的灰口铸铁强度较高。石墨片数量愈多，愈粗大，分布愈不均匀，对灰口铸铁力学性能影响愈大。由于片状石墨会破坏灰口铸铁基体的连续性，所以石墨片状越大，灰口铸铁致密性越低。片状石墨的尖锐头部易引起应力集中，而菊花状石墨组织中石墨聚集无方向性，在共晶团中心区域石墨片细小，外围变粗大，对基体割裂作用小于粗大片状石墨，所以具有菊花状石墨形态的灰口铸铁的性能要好于片状粗大的石墨构成的灰口铸铁。

灰口铸铁的珠光体基体比铁素体基体耐磨，基体从铁素体变成珠光体，其硬度可提高 50%左右，抗拉强度和抗压强度也随之提高。

具有灰口铸铁组织的样品清军有 9 个，英军有 22 个。清军和英军灰口铸铁的石墨形态不同，清军未见菊花状石墨、粗大石墨较少。英军部分样品存在菊花状石墨。

粗大片状石墨典型组织见图 3.7、图 3.8。

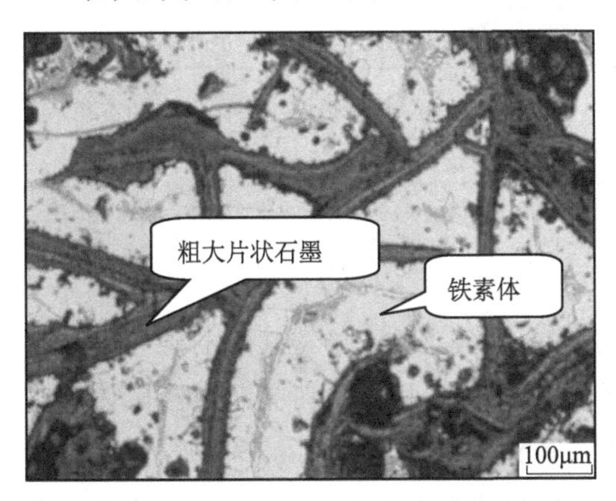

图 3.7　广东虎门鸦片战争博物馆展览的英军加农炮炮口样品（yby-k）金相图

灰口铸铁组织：基体以铁素体为主，少量珠光体，粗大片状石墨

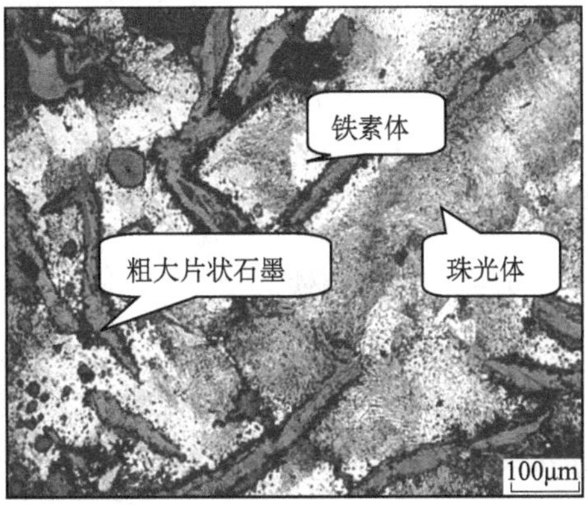

图 3.8　广东珠海博物馆新馆藏的英军榴弹炮炮耳样品（Zbxyl-e）金相图

灰口铸铁组织：基体以珠光体为主，少量铁素体，粗大片状石墨

片状石墨典型组织见图 3.9、图 3.10。

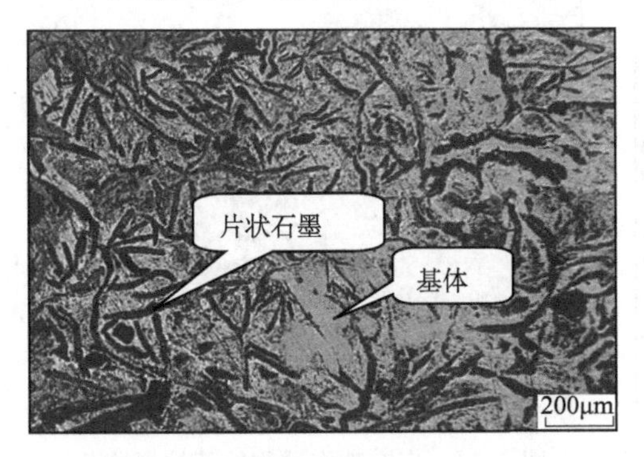

图 3.9　天津大沽炮台展览的清军重型红夷炮炮尾样品（Dg2-w）金相图

灰口铸铁组织：基体锈蚀，片状石墨

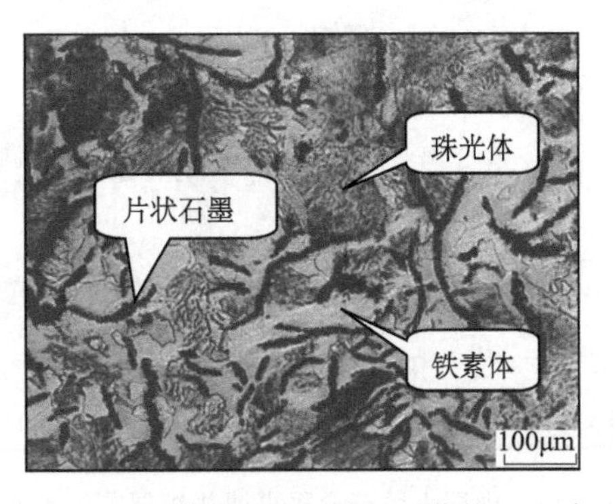

图 3.10　江苏扬州东门遗址展览的 1843 年清朝造复合层铁炮炮身（yz-s）金相图

灰口铸铁组织：铁素体、珠光体基体上分布片状石墨

菊花状石墨典型组织见图 3.11、图 3.12。

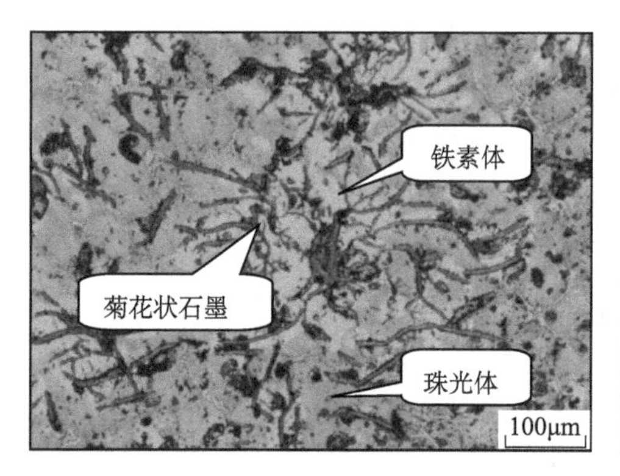

图 3.11　广西梧州博物馆藏的炮口样品（Wbly-k）金相图

灰口铸铁组织：珠光体，铁素体，菊花状石墨

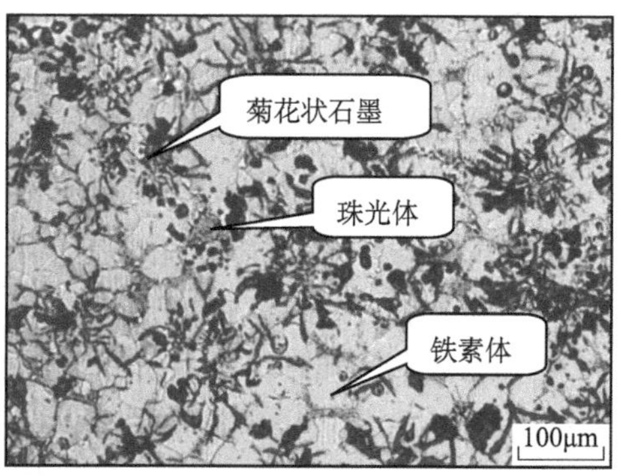

图 3.12　广西梧州中山公园展览的英军榴弹炮炮耳样品（Wbxyl-e）金相图

灰口铸铁组织：铁素体，少量珠光体，菊花状石墨

第三，麻口铸铁。

麻口铸铁具有灰口铸铁和白口铸铁的混合组织。即麻口铸铁中的碳一部分以渗碳体形式存在，另一部分以石墨状态存在。断口呈相间的白亮游离渗碳体和暗灰色的石墨的组合，呈麻点状，故称为麻口铸铁。麻口铸铁中由于渗碳体的存在，仍有硬脆性，但性能要优于白口铸铁。具有麻口铸铁组织的样品清军铁炮 5 个，英军铁炮 13 个。典型组织见图 3.13、图 3.14。中英双方麻口铸铁在石墨形态上有所不同。英军 13 个铁炮样品，其石墨形态呈菊花状的占分析样品的 15%。清军铁炮样品中的石墨均为片状，未见菊花状石墨。

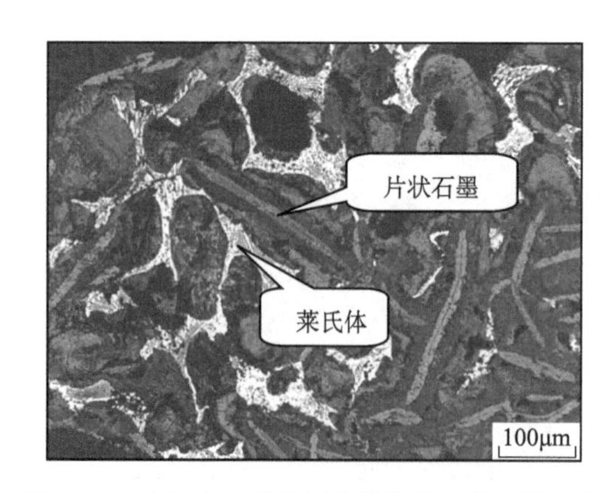

图 3.13　中国人民革命军事博物馆展览的英军在厦门遗留的加农炮炮膛样品（Jbyl-t）金相图

麻口铸铁组织：基体锈蚀，残留片状石墨及较多莱氏体

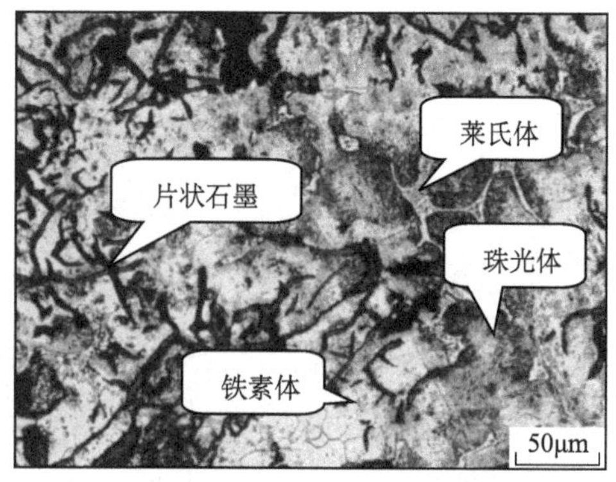

图 3.14　广东珠海博物馆新馆展览英军加农炮炮耳样品（Zbxy7-e）金相图

麻口铸铁组织：珠光体和铁素体基体，局部莱氏体，石墨聚集分布

第四，脱碳铸铁和铸铁脱碳钢。

脱碳铸铁是白口铸铁铸件经脱碳退火处理后形成的，铸件表层已经脱碳并成为钢的组织，而心部仍为白口铸铁组织。铸铁脱碳钢是白口铸铁铸件在脱碳退火过程中形成的，由于时间和温度控制适当，基本不析出石墨（如析出石墨则成为展性铸铁），而使生铁中多余的碳被氧化成气体脱掉，从而使铸件表面和心部都成为钢的组织。

火炮由于连续发射，产生很大热量，暴露于空气中表面的部分碳被氧化，类似生铁退火处理过程。由于样品多取自炮身或炮口表面，所以金相检测发现脱碳铸铁和铸铁脱碳钢组织。

清军铁炮样品的组织中，脱碳铸铁 12 个，铸铁脱碳钢 9 个，英军 3 个样品组织均为脱碳铸铁，未见铸铁脱碳钢组织。典型组织见图 3.15、图 3.16。

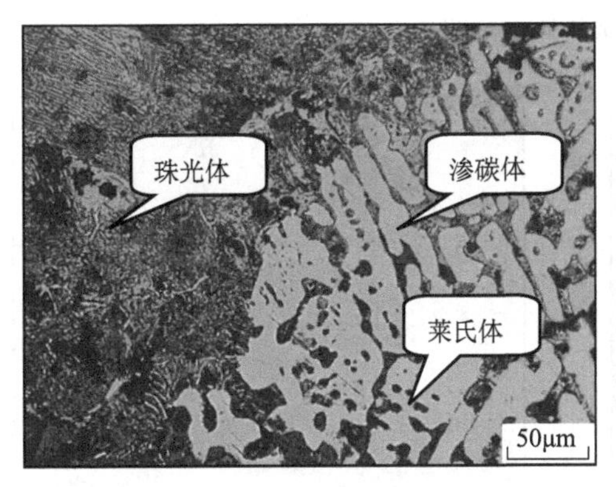

图 3.15　广东虎门威远炮台展览的 1844 年佛山造 4000 斤铁炮炮口样品（Wypt3-k）金相图

脱碳铸铁组织：样品左侧为珠光体、右侧为莱氏体和渗碳体

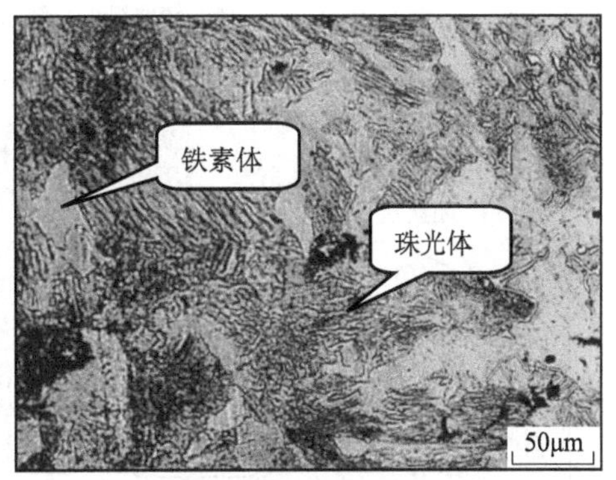

图 3.16　广东鸦片战争博物馆展览的 1842 年佛山造 2500 斤海防炮炮尾样品（Yb10-w）金相图

铸铁脱碳钢组织：铁素体和珠光体

第五，展性铸铁。

展性铸铁也叫可锻铸铁、韧性铸铁。是白口铸铁经石墨化退火（或脱碳退火）处理，使石墨呈团絮状，从而得到的一种高强度、高延展性和高韧性的铸铁。其延伸性和韧性在各种铸铁中最优。具有展性铸铁组织的样品，清军 1 个，英军 4 个。其中石墨形态有呈球状聚集和团絮状两种，典型组织见图 3.17～图 3.19。

第六，熟铁和低碳钢。

熟铁、钢和生铁都是铁碳合金，以碳的含量多少来区别。一般含碳量小于 0.02％的叫熟铁或纯铁。钢的含碳量在 0.02％～2.1％之间，为了保证其韧性和塑性，含碳量一般不超过 1.7％。低碳钢含碳量≤0.25％；熟铁最早用木炭还原铁矿石制得，后来用生铁在反射炉中高温搅炼制成。熟铁质软，延展性、韧性好，磁导

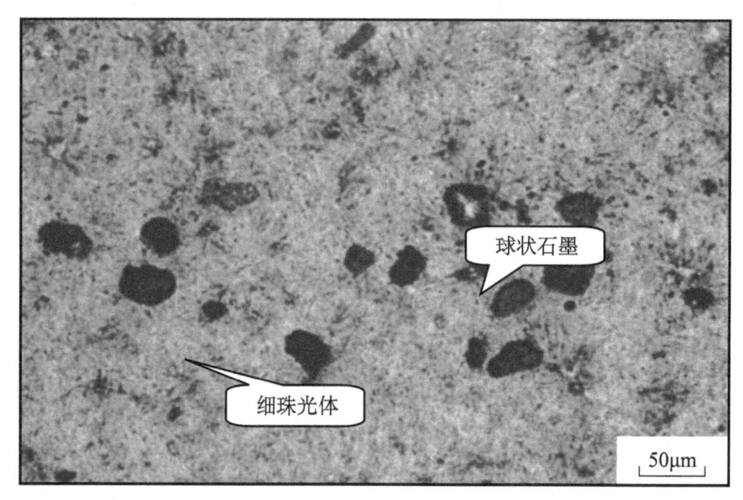

图 3.17　天津大沽炮台展览的清朝红夷重炮炮尾样品（Dg10-w）金相图

展性铸铁组织：细珠光体基体和球状石墨

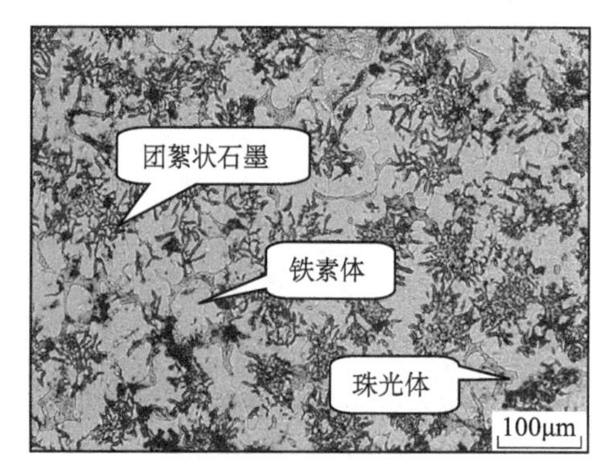

图 3.18　广东珠海博物馆老馆藏的英军加农炮炮耳样品（Zbl2y-e）金相图

展性铸铁组织：基体为铁素体和少量珠光体，团絮状石墨

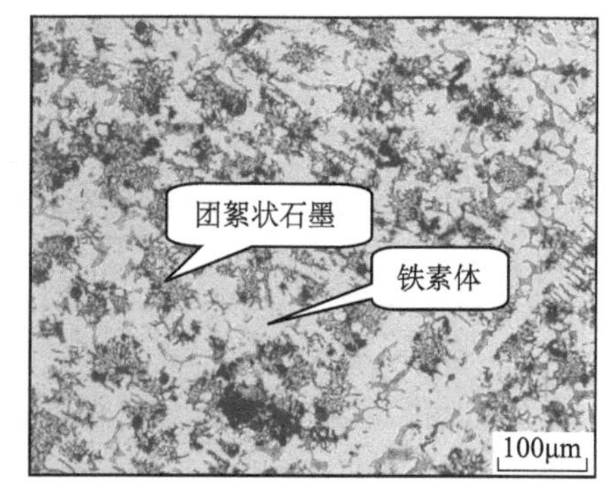

图 3.19　广东珠海博物馆新馆展览的英军卡龙炮炮耳样品（Zbxy4-e）金相图

展性铸铁组织：铁素体基体和团絮状石墨

率高。钢具有生铁和熟铁两种优点，低碳钢易于接受各种加工，如锻造、焊接和切削。

清朝子母炮和红夷炮存在着复合层或三层体结构的炮型，内、外膛由不同的材质制作（图 3.20），外膛一般为铸铁、内膛为熟铁或低碳钢。江苏南京博物院现存的清朝 1843 年造的“耀威大将军”是 8000 斤大炮，内膛庞大，熟铁锻造不易，故采用了生铁铸造。考察中见到了鸦片战争时期的 2 门复合层子母炮，9 门复合层红夷炮。组织统计见表 3.5、表 3.6。其中，内膛 6 个样品，有熟铁 3 个，低碳钢 1 个，灰口铁 1 个；外膛 5 个样品，有白口铸铁 2 个，灰口铸铁 1 个、铸铁脱碳钢、脱碳铸铁各 1 个。内、外膛由不同的材质制作。外膛为铸铁，包括灰口铸铁、白口铸铁，铸铁脱碳钢是白口铸铁火炮在空气中使用时受热脱碳所致。内膛为熟铁或低碳钢。金相检测显示内膛组织不均匀，铁素体和珠光体间杂，夹杂物变形，可能是用废钢铁料锻打而成。此类型火炮称得上是一种“复合材料”，内部熟铁或低碳钢硬度低但韧性高，外部铸铁硬度高但性脆，二者结合后，变得内柔外刚，改善了铁炮的机械性能，可以克服单层体白口铸铁炮使用中容易开裂、炸膛的缺陷，典型组织见图 3.21。

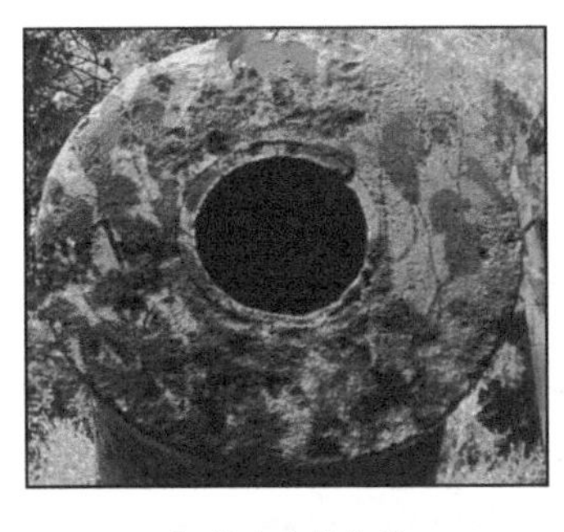

（a）江苏南京博物院

（b）中国人民革命军事博物馆

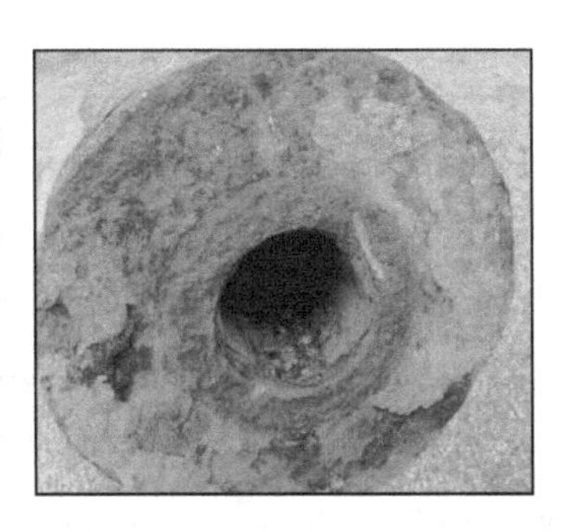

（c）天津大沽炮台

图 3.20　鸦片战争时期的清朝复合层铁炮

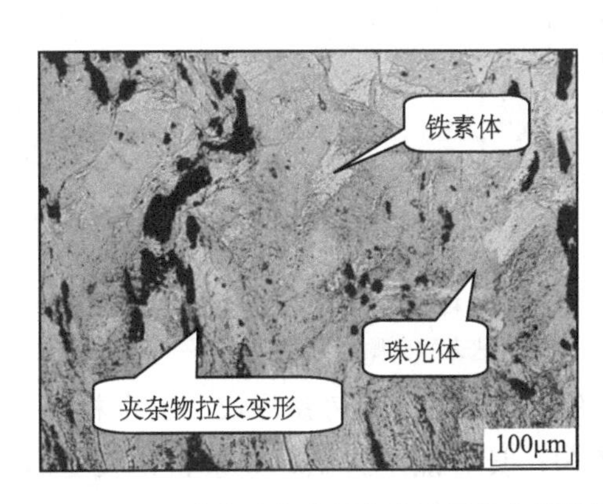

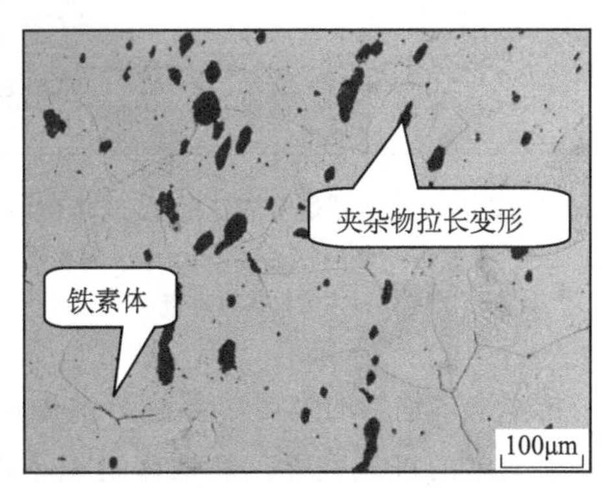

图 3.21　天津大沽炮台展览的清军复合层铁炮内膛样品（Dg7-i）金相图，样品组织不均匀

表 3.5　清军 9 门复合层铁炮内膛和炮身的金相组织概况

复合层铁炮内外材质 / 取样位置、个数	内膛			炮身			
	熟铁	灰口铸铁	低碳钢	灰口铸铁	脱碳铸铁	铸铁脱碳钢	白口铸铁
清军复合层铁炮内膛样品 6 个	3 个	1 个	1 个	1 个			
清军复合层铁炮外层样品 5 个				1 个	1 个	1 个	2 个

表 3.6　清军复合层红夷铁炮的内膛和炮身金相组织统计

复合层红夷铁炮内外材质 / 取样位置、个数	内膛		炮身		
	熟铁	低碳钢	灰口铸铁	铸铁脱碳钢	白口铸铁
清军复合层红夷铁炮内膛样品 3 个	2 个	1 个			
清军复合层红夷铁炮外层样品 4 个			2 个	1 个	1 个

中英铁炮的火门、尾纽金相组织。就铁炮的火门和尾纽的组织而言，中英有

较大差别。本章统计清军铁炮火门 8 个样品，英军铁炮火门 17 个样品（表 3.7），清军铁炮火门材质有熟铁和低碳钢，与炮体组织差别较大。典型组织见图 3.22、图 3.23。英军铁炮火门金相组织有灰口铸铁、白口铸铁、麻口铸铁、脱碳铸铁、铸铁脱碳钢、低碳钢，与炮体组织基本相同。

表 3.7　中英铁炮火门的金相组织统计

火门材质 / 样品个数	清军		英军					
	熟铁	低碳钢	灰口铸铁	白口铸铁	麻口铸铁	铸铁脱碳钢	低碳钢	脱碳铸铁
清军 8 个	5 个	3 个						
英军 17 个			11 个	2 个	1 个	1 个	1 个	1 个

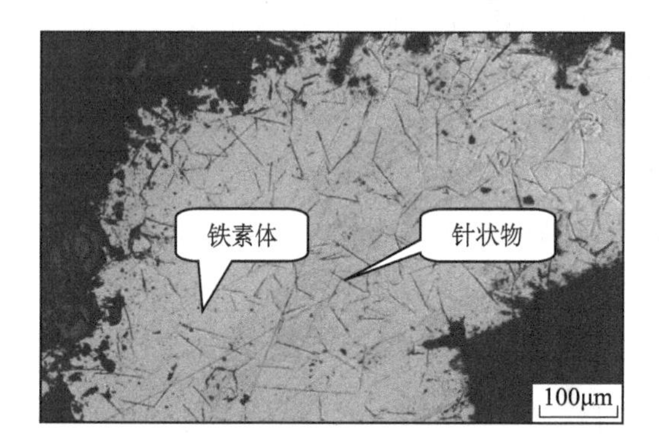

图 3.22　广东虎门沙角炮台展览的 1835 年佛山造抗英“功劳炮”火门样品（Sjpt-m）金相图

熟铁组织：铁素体，大量针状析出物

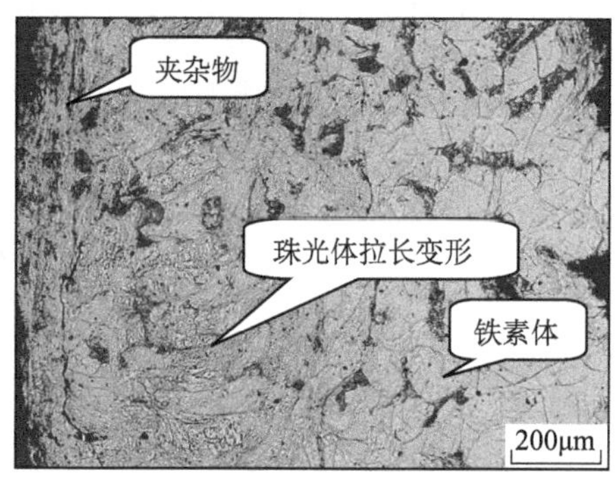

图 3.23　广东韶关博物馆展览的 1842 年佛山造 5000 斤铁炮火门样品（Sgb1-m）金相图

熟铁和低碳钢锻打组织：右侧铁素体，左侧珠光体，夹杂物变形

清军众多铁炮的炮尾芯部有熟铁棒存在，与炮尾白口铸铁形成“复合材料”，提高了炮尾的机械性能。熟铁棒组织不均匀，具有加工组织，夹杂物拉长变形，可能系钢铁废料锻打而成。典型组织如图 3.24、图 3.25 所示。

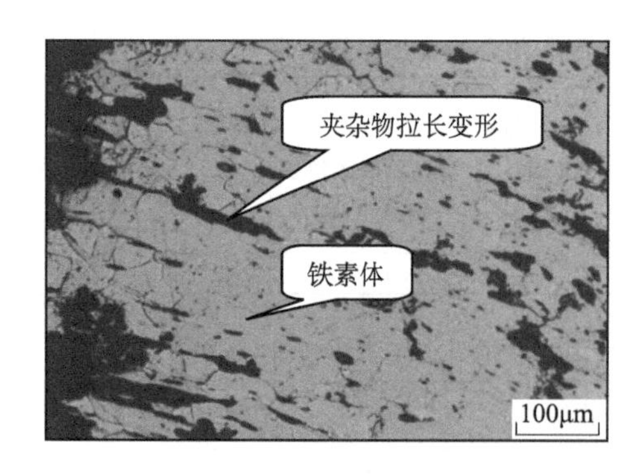

图 3.24　广东韶关博物馆展览的 1842 年佛山造 5000 斤炮尾伸出的铁棒样品（Sgb1-wj）金相图

熟铁锻打组织：铁素体，夹杂物拉长变形

图 3.25　天津大沽炮台展览的清军复合层铁炮炮尾中心铁棒样品（Dg7-w）边部金相图

低碳钢锻打组织：拉长变形的铁素体、珠光体晶粒及夹杂物

第三节　中英火炮不同类型材质统计

对清军和英军铁炮不同类型的样品材质进行统计，见表 3.8、表 3.9。结果表明：清军铁炮以红夷炮为主，其材质主要是白口铸铁。英军铁炮中加农炮占主导地位，其材质主要是灰口铸铁。此结果反映出，中英双方主导型铁炮—红夷炮与加农炮属于同一炮种，但炮体材质不同。清军铁模炮属于榴弹炮型，与英军榴弹炮相比，在材质上存在差异，清军铁模炮材质是白口铸铁和麻口铸铁，而英军榴弹炮材质以灰口铸铁为主。中英主要炮型的材质差异是影响铁炮质量高低的重要因素。

表 3.8　清军不同类型铁炮材质的统计

类型及个数	白口铸铁	灰口铸铁	铸铁脱碳钢	脱碳铸铁	熟铁	麻口铸铁	展性铸铁
清军红夷炮 47 个	11 个(23%)	10 个(21%)	9 个(19%)	10 个(21%)	3 个(6%)	3 个(6%)	1 个(2%)
清军铁模炮 4 个	2 个(50%)					2 个(50%)	
清军子母炮 2 个	1 个(50%)				1 个(50%)		
清军冲天炮 1 个		1 个(100%)					

表 3.9　英军不同类型铁炮材质的统计

类型及个数	灰口铸铁	白口铸铁	麻口铸铁	脱碳铸铁	展性铸铁
英军加农炮 38 个	14 个(37%)	10 个(26%)	10 个(26%)	2 个(5%)	2 个(5%)
英军榴弹炮 19 个	15 个(79%)	2 个(10.5%)	2 个(10.5%)		
英军卡龙炮 1 个					1 个(100%)

对中英铁炮在同一门上不同部位取的样品进行材质统计（表 3.10），结果表明清军 8 门铁炮中 5 门不同部位组织完全相同；3 门组织不同，占 37.5%。英军 17 门铁炮中，有 6 门不同部位组织不同，占 39%。从所取样的组织看，中英双方各部位组织相同与组织不同的铁炮比例都大约是 3∶2。将不同部位组织变化的样品列于表 3.10，可见清军 3 门铁炮，各自取样都在炮体，只是部位不同，材质变化多样。这可能与铁炮采用分铸技术有关，一般是炮耳、炮尾分别先铸，尔后铸造炮身，将其铸接在一起。各部位铁水成分、铸造温度和冷却速度都有可能不同，这是导致各部位材质不同的原因之一。此外，火炮多次发射，炮体暴露于空气中，存在白口铸铁表面氧化脱碳的可能性，不同部位脱碳与否及脱碳程度如何是受多种因素制约的，这也是导致各部位材质不同的一个原因。英军 6 门铁炮每门取样基本上是炮体和火门两个部位，其中炮耳的两个样品为白口铸铁，火门为硬度、脆性都较白口铸铁低的脱碳铸铁或低碳钢。其余炮体的样品为灰口铸铁和展性铸铁，其相应的火门组织变化规律性不明显。这可能与砂型整体铸炮技术有关。火门都不是白口铸铁是这 6 门英炮共同的特点。

表 3.10　中英同类型铁炮不同部位取样的材质统计说明

项目	地点及编号	取样部位及材质	
清军铁炮	福建厦门博物馆展览的1852年福建造舰炮样品炮耳Xb2-e、炮尾Xb2-w	炮耳　白口铸铁	炮尾　铸铁脱碳钢
	福建厦门博物馆展览的重型红夷炮样品 炮耳Xb3-e、炮身Xb3-s	炮耳　脱碳铸铁	炮身　麻口铸铁
	广东虎门鸦片战争博物馆展览的佛山1842年造6000斤海防炮样品炮耳Yb6-e、火门旁炮身Yb6-m	炮耳　灰口铸铁	火门旁　白口铸铁
英军铁炮	广东虎门鸦片战争博物馆展览的英军榴弹炮样品炮身Yb7-s 、炮身范线Yb7-s	炮身　灰口铸铁	炮身范线　脱碳铸铁
	广西梧州中山公园展览的英军卡龙炮样品炮身Wbxy3-s、火门Wbxy3-m	炮身　展性铸铁	火门　灰口铸铁
	广西梧州中山公园展览的英军加农舰炮样品炮耳Wbxy4-e、火门Wbxy4-m	炮耳　白口铸铁	火门　脱碳铸铁
	广西梧州中山公园展览的英军榴弹舰炮样品炮耳Wbxy8-e、火门Wbxy8-m	炮耳　灰口铸铁	火门　铸铁脱碳钢
	广西梧州中山公园展览的英军加农舰炮样品炮耳Wbx15-e、火门Wbx15-m	炮耳　白口铸铁	火门　低碳钢
	广西梧州中山公园展览的英军加农舰炮样品炮耳Wbxy17-e、火门Wbxy17-m	炮耳　灰口铸铁	火门　麻口铸铁

小结

金相检测表明，清军铁炮组织以白口铸铁为主，英军铁炮白口铸铁也有一定数量，中英铁炮白口铸铁组织都受热，珠光体存在聚集现象。

中英双方样品都有脱碳铸铁组织，清军较英军多，英军只在个别铁炮火门部位发现。脱碳铸铁和铸铁脱碳钢工艺在中国战国晚期之前就已经发明，当时工匠为了改善白口铸铁铸件的脆性，有意识进行退火热处理。退火铸件一般都是农具，也有板材，器形不大，放在退火炉中进行氧化脱碳处理。铁炮体积大，重达千斤、万斤以上，不可能在退火炉内进行热处理。前已论及这两种组织应是铁炮在发射时白口铸铁氧化脱碳的结果。清军具有这两种组织的铁炮数量大大多于英军，如果考虑到脱碳铸铁和铸铁脱碳钢是白口铸铁脱碳所致，则清军铁炮未经使用前白口铸铁数量可占到检测总数的63%。而英军只有少量炮体具有脱碳铸铁组织，未发现铸铁脱碳钢组织，这与英军铁炮材质以灰口铸铁为主有关。

清军复合层铁炮的内膛为熟铁或低碳钢组织，外表为铸铁。此类型火炮称得上是一种“复合材料”，具有良好的机械性能和力学性能，会带来内壁受压、外壁受拉的效果，分布均匀的各层体应力都做了功，如此炮体要比同样壁厚的单层体火炮强度要高得多，可以克服单层体白口铸铁材质的火炮使用中容易开裂、炸膛的缺陷 ，这在当时是不小的创举。中国明清两朝的火器家们为克服泥模铸炮一次成形在发射时易炸裂的弊病，发明出复合层铁炮制造技术。明人在嘉靖年间

(1522～1566) 已能铸出数万门铁芯铜体的佛郎机火炮，此复合层结构在当时是不小的创举。但复合炮管因层层相套，自然内膛不会很大，这虽然减少了炸膛的几率，但发射的炮弹必然相对较小。即该型火炮性能优越，射速方面的威力提高了。此种火炮质量虽好，但制造复杂，需要很多的时间和大量的资金。故在中英鸦片战争始终，所占比例不大，发挥作用有限。

清军铁炮炮尾内中心有用熟铁和低碳钢制成的棒芯。此棒芯是铸炮时预先插入泥模内，尔后浇注生铁将其封住，形成所谓的复合材料。由于尾纽是圆球体，起稳定、拴放绳子、俯仰与左右旋转之用，是战时多用之部位，因此需要的材料要具有较好的机械性能。棒芯的使用起到加固尾纽的作用，这是清军为克服白口铸铁的脆性所采取的又一措施。

清军铁炮火门的制作是用熟铁缠丝放进火门管，尔后用钻杆钻就。丁拱辰在《演炮图说（刻本）》介绍了他改良过的泥模铸炮技术，其中关于火门的制作过程如下：引门用熟铁打就空心，引门二枝安于生铁药膛底下两旁，其通内之小乳，必须自后微斜，前恰至药膛底面，不可进前分毫，引门小孔之中，必用泥塞满，铸好之后，上下两孔之后俱宜钻通。清军之所以用熟铁单独制作火门，而英军多数火门材质与炮体没有区别，这是与二者铸炮材质的差别相关联的。清军炮体白口铸铁性脆且硬，不可能在上面钻孔形成火门，只能用可以进行加工的熟铁和低碳钢单独制作。而英军炮体灰口铸铁由于片状或菊花状石墨的存在，使其具有优良的加工性能，可以在炮体上直接钻火门孔。

第四章 中英火炮研究产生的思考与启示

对中英火炮的史料、实地考察和金相组织检测结果的比较研究，发现英军火炮在射程、射速、火炮机动性、射击精度及炮弹杀伤力等诸方面，皆优于清军。造成以上中英火炮性能差异的原因，可以从技术和社会两方面因素进行探讨。技术因素是影响火炮性能的直接因素，社会因素一方面通过影响技术而作用于火炮性能，另一方面通过战略、战术影响铁炮性能的发挥。

第一节　影响中英火炮性能优劣的技术因素探讨

文献研究、实地考察和金相检测的结果表明，影响火炮性能的技术因素较多，其中火炮的材质、制造和加工技术直接关系着火炮的质量，而火炮的质量则是影响火炮性能的最重要的因素。此外炮弹和火药的制作技术，火炮瞄准、点火技术等方面也都对火炮性能产生重要影响。

一、中英火炮的材质等关键技术上的差异造成火炮质量不同

清军铁炮以白口铁为主，英军铁炮以灰口铁为主，从材质性能来说灰口铁要优于白口铁。造成中英铁炮材质差异的原因是与制作铁炮的冶炼、制造、加工等关键技术直接相关的。

1）冶炼方面。中国冶金技术有2000多年的历史，生铁的发明早于欧洲1900多年。《中国古代冶金》指出：我国汉魏时期的生铁锭，属于低硅、中磷生铁，含硫很低，适合铸造农具、工具。由于生铁广泛应用于铸造的农具、工具

上，促进了农业的发展，使中国封建经济、文化得以兴旺发达，一直到新中国成立后，在一些地方使用的土高炉，仍然基本属于同一种类型[①]。《中国冶金简史》指出：中国自西汉以来，生铁冶炼鼓风竖炉得到迅速发展，清初，屈大均在《广东新语》里记叙的和严如煜著的《三省边防备览》里记叙的高炉炉高均为一丈七八尺[②]。鸦片战争时期，英国早已使用了近代高炉炼铁，而清军炼铁炉仍为传统的瓶形土高炉（我国第一座近代高炉直到 1894 年 5 月才在湖北汉阳铁厂建成开炉），鼓风采用传统的活塞式木风箱，采用畜力或水力驱动，所以风压不高，风量不足，造成炉温较低，致使炼出的铁水含硅低，浇注易生成白口铁。当然，清军铁炮也有其他好的材质，不过所占比例不大。如文献记载中有紫口铁、青口铁、白口铁之分，紫口铁性能高于青口铁、青口铁又高于白口铁。推断紫口铁可能是展性铸铁、青口铁可能是灰口铁。金相检测结果也表明清军铁炮有展性铸铁和灰口铁组织的样品，但所占比例小。即使如此，中国北方的铁质还是劣于南方的铁质。《中国的第二次铜器时代》说：自宋代以后，中国南方的铁质优于北方，因为常用木炭炼铁，广东佛山是中国南方炼铁的中心，而北方常用煤炭炼铁，煤中常会有高成分的硫（宋代以后，大量用煤）的存在，以致无法炼出好的铁（生铁），因此，宋至清代，中国进入到第二次铜器时代，铸炮也以铜炮为多[③]。

英国工业革命使冶铁技术发生了革新。近代炼铁高炉以焦炭为燃料，使用蒸汽动力、机械驱动活塞式鼓风机进行强力鼓风，并采用预热鼓风技术，使炉温高，炼出的铁水含硅高，硅是促使铸铁石墨化的元素，故浇注易生成灰口铁。另外采用反射炉精炼铁的技术，进一步减少了铁中杂质，使铁水质量更高。灰口铁中的石墨使铸件的切削屑易脆断成碎片，且石墨性软、滑腻，本身对刀具有一定润滑作用，因而具有优良的切削加工性能，使得火炮内膛能被机械加工成光滑的曲面；石墨剥落后留下的空隙具有贮存润滑剂的作用，故石墨越细越均匀，耐磨性越好，由此能减少炮弹在炮膛中的摩擦阻力，可以使炮弹直径制作得尽可能接近炮膛直径，减小了二者之间的游隙，这不仅降低炮弹发射时的漏气现象，而且加大了炮弹的出膛速度，还保证了炮弹在炮膛中做直线运行，从而提高了射击精度。

2）铸造方面。清军铁炮多采用传统的泥范铸造技术：一则效率低，范模只能一次使用，用后打碎，一般是一模一炮。二则泥范透气性差，铁炮由于体积庞大，铸型较厚，需要长时间烘干与烘透，否则所含水分在炽热铁水浇注时，水蒸气对泥芯与范面冲刷，烧损严重，致使铸件内外表面产生许多蜂窝、孔洞等缺陷。三则生铁浇注时铁液常激动炮芯，导致范芯移位，造成铸件不对中现象。四则炮弹也由泥

① 北京钢铁学院《中国古代冶金》编写组．中国古代冶金．北京：文物出版社，1978.59

② 北京钢铁学院《中国冶金简史》编写组．中国冶金简史．北京：科学出版社，1978.184

③ 李弘祺．中国的第二次铜器时代．台大历史学报，2005，(3)：561～591

范铸造，表面存在范线，不光滑。五则清军铸炮采用了铁模铸造，虽提高了效率，但浇注后铸件冷凝快，容易得到白口铁，白口铁的脆性使铁炮性能下降。而此时的英军火炮制造已发生了技术革新：一则砂型铸炮效率高，砂型可反复使用，同一模可多次制作砂型，可成批铸造同样的火炮，为机械加工带来便利。故《演炮图说辑要》载：英44炮战舰“炮位只长短两式，长者同模铸就，短者亦然，并无别式。”二则砂型透气性好，免除长时间烘烤砂型，并减少铸件缩松、气孔、砂眼等缺陷。三则铸实心炮，避免制型芯与固定型芯等工序。四则炮弹采用蜡模铸造，消除了范线，表面光滑。《海国图志》中载：“其弹子乃用蜡模铸就，浑圆如地球，腰间并不起微线。”

3）加工方面。火炮内膛状况（口内径、炮口角、弯曲度、壁厚差、药室尺寸、表面质量等）是判断炮管寿命、分析射击精度的重要依据。鸦片战争时期，清朝的手工生产方式对炮膛的旋铣技术动力不足，再加上以白口铁材质为主的铁炮不易加工，粗清理的炮膛得不到精加工，铸造时不对中和内膛砂眼、蜂窝的问题常不能消除，此必然影响其寿命、射程和射击精度。而英军铁炮加工发生了技术革新，其铁炮材质多是灰口铁、展性铸铁、低碳钢等。起初是用水力、马力，后改用蒸汽机驱动的钻孔机在镗床上对铁炮进行钻膛，此不仅可使清理型芯、加工内膛效率提高，还可精加工实心铸件，使炮膛光滑并成一条直线，从而保证了火炮射程远和射击精度的提高。

以上中英在冶炼、铸造和加工几项关键技术上的差异，造成了英军铁炮质量大大优于清军铁炮。《英国经济史的“副产品”：1760～1914年的武器和工业》载：“铸炮对工业革命有加速进步的作用，其主要在于能被示范的两个重要的阶段——科特的搅拌法和瓦特的蒸汽机。此工具一出现，对真正的创造工厂体系有大范围的革新。同样，威尔金森在1774年发明的车床加工大炮的方法，可以将此大炮技术提高10年，也使得瓦特的蒸汽机更能发挥作用。车床加工大炮的方法不但使炮筒工艺精细，而且可以使和平曙光早日到来——用蒸汽机驱动的钻杆钻成的圆筒炮管更能服务好瓦特的意图。……威尔金森提高铸炮的方法是非常重要的，不仅对工业革命推动，而且可以扩大武器市场，它实际是此时代的伟大革新。”①

二、火炮质量高低对其性能优劣产生重要影响

火炮威力的增加并不是与炮身的加长、加厚成简单的正比关系，而是与铁炮构造的合理性、材质的优劣、炮弹与膛壁的加工精度、火药的纯度等多种因素有关。

---

① Clive Trebilcock. “Spin-off” in British Economic History：Armaments and Industry，1760～1914. The Economic History Review，New Series，1969，22（3）：474～490

文献研究和实地调查均发现鸦片战争时期的清军铁炮炮体庞大，炮壁较厚，如红夷炮尾径/口径的值大于3的占有较高比例，此特征具有普遍性。同等重量的铁炮，如果炮壁厚，其口内径相应就小，限制了发射炮弹的大小、重量与威力。而英军铁炮炮壁较清军薄，同样口外径的铁炮，口内径自然要大，装填的炮弹自然增大。产生中英铁炮炮壁厚度不同的状况，与铁炮质量直接有关。

1）清军铁炮多为白口铁材质，白口铁由于碳含量低，在共晶凝固时没有石墨析出，所以其凝固收缩值较大，铸件易产生缩孔、缩松等缺陷。灰口铁由于石墨析出，引起体积膨胀，可使凝固收缩值减小。片状石墨增加了灰口铸铁的吸震性、减少了对外来缺口的敏感性、提高了导热能力。灰口铁具有良好的流动性、产生分散缩松的倾向较白口铁小，可提高铸件质量。用其铸造铁炮时，炮身凝固收缩率小，使铁炮很规整。

2）清军铁炮白口铁材质具有很高硬度，性脆，不可切削、加工和锻造。在火炮发射时易产生裂纹，反复使用会炸裂。《火器略说》载："（清朝）历来营局所造大炮，俱用生铁，性质坚刚，铸成之后，不得打磨，不可钻铿，其炮体既已粗糙，而药膛又不光滑。西人所铸，多系实炮，后用轮机施之钻铿。若生铁性刚，钻铿无所施，且多蜂窝，必致炸裂。"① 清军为防止铁炮炸裂，一则采用加厚炮壁的办法，二则采用复合材料的办法，炮管层层相套，自然内膛不会很大，这虽然减少了炸膛的几率，但发射的炮弹必然相对较小。而英军铁炮用性能较好的灰口铁材质，灰口铁脆性较白口铁低，耐热疲劳性能较白口铁好，火炮发射时不易产生裂纹，减少反复使用炸裂几率。可以利用蒸汽机驱动的机械工具对灰口铁钻成口内径大且精细的炮管，膛径较大，发射的炮弹自然相对较大，威力相应增强。

3）中英铁炮材质上的差异对射速也有所影响。清军铁炮材质以白口铁为主，白口铁导热率较灰口铁低、吸震性不如灰口铁良好，灰口铁由于石墨对基体的割裂不利于震动能传递，石墨片越多越粗，吸震性能越好。热导率上的差异使白口铁炮较灰口铁炮发射后冷却较慢，重新装弹需要等待的时间要长一些，造成清军发射炮弹的频率即射速要比英军低。吸震性方面的差异使白口铁炮较灰口铁炮发射时震动更大，在炮架上的平稳度下降，调节复位耗费时间长，射速相应降低。

4）铁炮膛壁与炮弹的光滑程度，直接影响射程与射击精度。前已论及英军机械钻膛技术的采用，使炮壁较薄、形制规范、炮膛光滑和成一条直线，炮弹消除了范线，表面光滑，这使得炮弹与炮膛之间的游隙减少到最小，只有内径的3％～5％，降低发射时的漏气现象，保证火药充分发挥推动炮弹的作用，提高了射程和

① ［清］王韬．火器略说．黄达权口译．见：刘鲁民主编，中国兵书集成编委会编．中国兵书集成（第48册）．北京：解放军出版社；沈阳：辽沈书社，1993.21

射击精度，致使火炮杀伤力大。《风帆时代的海上战争》载：欧洲“更重要的技术进步是18世纪60年代铸造技术的提高，此后枪炮不再是中空铸造的，而是实心铸成的，铸成后用水力钻膛，再用蒸汽动力设备旋削，制成更为精密的炮膛，从而更有效地利用发射药的推动力。”① 清军铁炮内膛和外表面比较粗糙，蜂窝、砂眼等缺陷较多，内芯存在不对中的问题，而且炮弹有范线、不光滑，正是所谓“弹不圆正，口不直顺”。为了使炮弹能发射出去，必然要减小炮弹的尺寸，炮膛与炮弹之间的游隙值大，可大至内径的10%，故发射时漏气严重。所以清军铁炮射程和射击精度都受到限制，尽管铁炮形体大，但威力小。

5）影响铁炮性能优劣的其他技术因素。铁炮种类的规范化、标准化，火药技术，炮架技术，铁炮瞄准装置，铁炮点火装置等技术问题，对射程、射速和射击精度均产生较大影响。

在铁炮的种类方面，清军铁炮种类多而杂，由于不规范，使得操作复杂，不易掌握。在中英两军对峙的战斗中，缺乏训练的清军士兵在作战士气上因为负有保家卫国的责任，故在大多场合中同仇敌忾、奋勇抗敌，但铁炮操作的不熟练，射击频率低，常处于被动挨打的境地。而英军铁炮在形制构造上已标准化，种类相对较少，操作简便，便于掌握，且大中小型舰炮根据用途进行配套，射程与杀伤力远近兼顾，适于大规模的海上炮战。

在炮弹技术上，清军铁炮基本是实心弹，空心爆炸弹较少。而英军各类铁炮除发射球形实心弹外，大多发射空心爆炸弹。战争的效果，《鸦片战争档案史料》载：“夷炮猛烈，直击山上，兼能飞越山巅”，造成清军“山上城垛营盘均被击毁，药局亦被夷炮飞中延烧”的效果。②

在点火装置上，清军铁炮除仿制英军的极少数的燧发机外（它产生火花进入火门引起点火，代替了过去松散的点火药和火绳杆），都为慢速火绳点火装置。而英军铁炮打火装置除大量使用引信和燧石击发器击发外，少量的火炮还采用了雷汞底火，以撞针击发。海战中战舰的晃动使得瞄准困难，燧发机和雷汞底火的优越之处在于没有发射延迟，这样炮手瞄准以后可以立刻发射，大大提高了射速和射击精度。而普通引信通常需要几秒的时间才能引爆发射药。

在炮架的机动性方面，清军多系重型岸炮，炮架简陋或设计不合理，致使操作难度大，机动性差，而英军多系舰炮，由战舰和四轮炮架承载，机动性好，在攻击清军的诸多战役中，发挥了巨大威力。如《鸦片战争档案史料》载：道光二十年（1840）十二月二十一日，钦差大臣琦善奏：中英大角、沙角之战，“该夷进攻之

---

① ［英］安德鲁·兰伯特．风帆时代的海上战争．郑振清，向静译．上海：上海人民出版社，2005.41

② 中国第一历史档案馆．鸦片战争档案史料（Ⅵ）．天津：天津古籍出版社，1992.551

始，止用中小兵船数只，排列多炮，鱼贯而入，连环施放，力量极猛，击中后墙，即致碎裂飞散，我军势不得不竭力回击，而该夷无论受伤与否，一面暂先却退，一面易船复进，旋击旋退，旋去旋来。循环数次，其船可易，而炮台不能易，其炮则各船皆有，而我军止有台内安设之炮，不但已无可换，其势亦断不及换。”[①]《鸦片战争档案史料》载，道光二十年（1840）七月二十日（朱折），直隶总督琦善奏："现到英吉利夷船，式样长圆共分三种。其至大者照常所有蓬桅，必待风潮而行，船身吃水二丈七八尺，其高出水处，亦计二丈有余。舱中分设三层，逐层有炮百余位，又逐层居人，又各开有窗扇，平时借以眺远，行军即为炮眼，其每层前后，又各设有大炮，约重七八千斤。炮位之下，设有石磨盘，中具机轴，只需转移磨盘，炮即随其所向。其次则中分二层，吃水较浅，炮亦不少。又其次据称名为火焰船，即前日驶进海口者是也。中设桅杆三层，并无风蓬，船身外饰洋漆，内包铁片，舱中皆铺设漆板，其平坦一如房屋之中，而光亮过之，两旁皆系铁栅栏。经千总白含章揭起漆板查看，初层系其睡宿之所，又其下笼罩铁网，存贮火药等项。其睡舱两旁，约去水尺余，各设有枪炮眼，止须在舱内施放。舟中所载，均系鸟枪，船之首尾，均各设有红夷大炮一尊，与鸟枪均自来火。其后梢两旁，内外俱有风轮，中设火池，上有风斗，火乘风起，烟气上熏，轮盘即激水自转，无风无潮，顺水逆水，皆能飞渡。撤去风斗，轮即停止，系引导兵船投递文书所用。”[②]

第二节　火炮性能优劣对鸦片战争胜负起着至关重要的作用

战争是国家或集团之间综合力量的较量，决定战争胜负的是战争的性质、战略思想、战术运用和武器优劣等多种要素的整合。从长远、总体来说，战争的性质决定战争的胜负。从短期、局部来说，战略、战术和武器可以成为战争胜负的决定性因素。而战略、战术在战争中作用的发挥与武器的优劣有重要的关系。因此我们一方面反对唯武器论，另一方面要非常重视武器的作用。在某一特定战争中，武器性能的优劣甚至对战争胜负起决定性作用。

鸦片战争中，昧于世界大势的清军在这场骤然而至的战争中，虽竭力抵抗，除了在台湾地区取得局部胜利外，多是一败涂地。英军性能优越的铁舰炮在这场战争中起了决定作用，大都在清军海岸炮的有效射程以外的不同距离上发挥火力优势，先摧毁清军炮台，尔后掩护士兵强行登陆或侧翼包抄，最后夺取整个炮台。而清军

① 中国第一历史档案馆．鸦片战争档案史料（Ⅱ）．天津：天津古籍出版社，1992.745

② 中国第一历史档案馆．鸦片战争档案史料（Ⅱ）．天津：天津古籍出版社，1992.290

岸铁炮射程近，威力弱，实心弹往往不能击中英舰要害，这使清军常常处于被动挨打的境地。

铁炮性能中重要的因素之一是炮弹的杀伤力。中英两军铁炮发射用炮弹，有白口铁材质，靠其容易破裂的碎片杀人；有灰口铁和铸铁脱碳钢等材质，靠其坚硬性能撞击目标，故此时期的炮手常利用类似“打水漂”的原理，让它在平地上弹跳，高速横扫敌方的密集纵列，它攻击的效果取决于炮弹的反弹、碾压和撞击效果。但是，鸦片战争时期的清军铁炮内膛粗糙、炮弹不光滑以及火药质量较差的特点，决定了其装药量比英军大，炮弹斤两却比较小。炮弹重量不大和火药质量差，必然影响弹体在战争中的威力。英国人在《鸦片战争：1840～1842 年》中说：中英大角、沙角之战，“清军 9 磅弹炮对蒸汽船造不成伤害，差不多每颗炮弹对装载 32 磅弹炮的复仇神号和装载 68 磅弹炮的“皇后”号船体，仅造成一些白点。”①

清军由于铁炮射程近，对英军的攻击往往反击无力，杀伤有限。如《中国丛报》说：中英虎门之战，英军“‘尼米西斯’号拖着几艘兵船靠岸，占领了一处隐蔽的停泊地，差不多避开了阿娘鞋岛和西岸的炮台的炮火。它停在那里，以船首的大炮轰击阿娘鞋炮台，以船尾的大炮轰击西面的炮台。从这些炮台发射的炮火，有些落在离船很近的地方。上横档岛的中国人却对这艘船无可奈何，他们的炮火落在离船很远的地方。”② 再如《鸦片战争档案史料》载：道光二十二年（1842）十二月十八日，浙江巡抚刘歆珂奏：“据说是日我兵与该夷各用大炮轰击，我炮不能及远，间或击中夷船，亦不能摧折破碎，于彼并无大伤。夷炮力远势猛，所到之处，人则伤毙，物则破败。”③ 以上史料均说明清军铁炮射程近于英军，造成被动挨打的局面。

军政大吏林则徐对此深有体会，但如何对敌，他也只能处于思考阶段。《鸦片战争》中的《溃癣流毒》载：道光二十二年（1842）八月，林则徐被谴戍到伊犁行次兰州时，致好友书中说：“彼（英）之大炮，远及十里内外，若我炮不能及彼，彼炮已先及我，是器不良也。彼之放炮，如内地之排枪，连声不断，我放一炮后，复辗转移时，再放一炮，是技不熟也。求其良且熟焉，亦无他深巧耳。不此之务，即远调百万貔貅，只恐供临敌之一哄。况逆船朝南暮北，惟水师始能尾追，岸兵顷刻能移动否？盖内地将弁兵丁，虽不乏久列戎行之人，而皆觌面接仗，似此相距十里八里，彼此不见面而接仗者，未之前闻，故所谋往往相左。徐尝谓剿夷八字要言‘器良、技熟、胆壮、心齐而已，第一要大炮得用，令此物置之不讲，真令岳、韩

① Peter Ward Fay. The Opium War. 1840-1842. University of North Carolina Press，1975. 272

② 广东省人民政府文史研究馆．鸦片战争与林则徐史料选译．广州：广东人民出版社，1986. 228

③ 中国第一历史档案馆．鸦片战争档案史料（Ⅵ）. 天津：天津古籍出版社，1992. 737

束手，奈何，奈何!”[①]

在火炮机动性方面，战争之际，中英战船实力相差悬殊的无情现实，加上枪、炮火器的劣势、海洋战略战术思想的滞后、炮台建筑工艺的幼稚、设防的分散性、缺乏正规海上训练以及海上力量的相对不足，迫使清人认识到，在这场中英战争中，海战非我所长，为了扬长避短，只能采取舍水就陆、沿海筑土城、建炮台、造巨型火炮的战略方针，如此才是万全之策。如《鸦片战争档案史料》载：道光二十年（1840）十二月初二日，浙江巡抚刘韵珂奏：“该夷船坚炮利，若在洋面接仗，是以我所短，就彼所长。总以堪择要口，修筑炮台，制造巨炮，严密防守为第一要策。”[②] 但是，巨型火炮必然导致其机动性不好，进而影响其射速和射击精度等。

在射速和射击精度方面，清军铁炮由于壁厚、形体庞大，加上炮架机动性不好，主要在海岸炮台御敌，此必然影响其射速和射击精度的发挥。英军铁炮形体小，又借助于炮架和战舰、蒸汽船的海上机动性好，在射速和射击精度方面发挥充分其优势。因此，清军遭到惨败。如《鸦片战争档案史料》载：道光二十二年（1842）十二月十八日，浙江巡抚刘韵珂奏：“我炮于放毕之后，须另装子药，不能即时续放。彼则一船之炮甫毕，一船之炮又来，接连不断，急如骤雨，且其桅墙之上亦皆施炮，势甚高峻。我炮虽有土堡可以藏避，而高止数尺，炮子从空飞堕，兵仍被伤。”[③]《鸦片战争》中的《清道光朝留中密奏·林则徐片》载：“彼之长技在于大炮、火箭二项，其接仗时黑夷僭伏舱中，身有所护，目有所见，装药下子，又甚便捷。白夷置身桅巅，用测远镜窥定，高下远近，号令施放，故能发无不中。我之炮力，本不如彼炮之致远，而船系活动之物，又逆潮而上，可以随潮趋避，我炮施放，一出之后，彼炮已接踵而来，官兵容身无地，不及装药再放，是彼炮可以连环接续，而我一炮止有一出，发而不中，等诸无炮。”[④]

中英船炮技术的优劣对战争胜负有着重要影响。清朝军政大吏从军事技术的角度大都认识了英军船炮技术的先进。通过战争，英军“船坚炮利”的事实是人们很少争议的。大量清朝军政大吏的奏疏表明，他们虽然在对外态度上不尽相同，但他们对英军武器装备明显优于清军装备的痛切感受却是相同的，相信这也是战争前后英军所及之处人们最直观、最普遍的一种感受。此显示出清人对中英船炮装备的差距已有初步的感性认识，但他们并未弄懂英军“船坚炮利”意味着什么，更不可能明白这些武器装备背后所显示的政治制度的文明、工业科技水平的飞速发展和巨大经济力量的凝聚，也就是一个国家的综合国力问题。19 世纪五六十年代，是世界

① 中国史学会编辑，齐思和等编．鸦片战争（Ⅱ）．上海：神州国光社，1954.569
② 中国第一历史档案馆．鸦片战争档案史料（Ⅱ）．天津：天津古籍出版社 1992.654
③ 中国第一历史档案馆．鸦片战争档案史料（Ⅵ）．天津：天津古籍出版社，1992.737
④ 中国史学会编辑，齐思和等编．鸦片战争（Ⅲ）．上海：神州国光社，1954.471

海军从木质帆船向钢质蒸汽舰转变的历史时期，主宰海洋数千年的古典风帆将要告退。鸦片战争时期的国人所称的“船坚炮利”，其实还只是制造精良的旧式帆船和前膛炮而已，待到装有可旋转炮塔的大口径后膛炮的铁甲舰驶入大海，海战便真正发生了实质性的变化。表 4.1 为清朝沿海战区的一些军政大吏对中英船炮技术差距的叙述。

表 4.1　鸦片战争时期清朝对英军船坚炮利的描述

省份	时间	叙述者	叙述内容	史料出处
广东	1842 年七月二十一日	钦差大臣耆英	该夷船坚炮猛，初尚得之传闻，今既亲上其船，目睹其炮，益知非人力所能制伏	鸦片战争档案史料（Ⅵ）.137
福建	1841 年七月十日	闽浙总督颜伯焘	颜是地方督抚中主战最力，意气最锐的。英军攻陷厦门后，颜对道光命其收复厦门、鼓浪屿的谕令，一味借词推诿，而私下与人“畅论英夷船坚炮利，纪律禁严，断非我师所能抵御。余笑其中情已馁，何前后如出两人”[a]	道咸宦海见闻录
浙江	1841 年九月一日	浙江巡抚刘韵珂	其炮火器械，无不猛烈精巧，为中国所不能及。目击该逆与我兵接仗，其炮弹之猛，火箭火罐之奇，出人意表	鸦片战争档案史料（Ⅳ）.200
	1840 年十月二十二日	钦差兵部伊里布	定海共计大小兵舟 21 只，每舟所配兵，兵自 100 名至 20 余名，炮自 10 余门至 3、4 门不等，统计兵 940 余名，炮 170 余门。张朝发又令罗建功带兵 600 名，红夷等炮 20 余门。……初七日早，张朝发听闻夷舟炮声，疑其出战，随令水陆各兵用炮轰击，夷船亦即开炮。奈我兵之炮不能及远，夷炮势甚猛烈，自卯至午，水陆各兵伤毙不知其数，舟只亦多碎裂沉滔”	鸦片战争档案史料（Ⅱ）.535
江苏	1841 年十一月二十三日	两江总督牛鉴	逆夷之船炮为从来所罕闻，往籍所未载，其船之坚百倍于我，其炮之利百倍于我。我之大炮一发不可复装，彼之船炮两面互装，重叠施放而无穷。我之兵勇一经炮箭纷纷逃散，彼之黑兵有进无退，前者击毙，后者继进，决不退缩，凶焰之张皆非意料所及	鸦片战争档案史料（Ⅵ）.652
	1842 年五月九日	两江总督牛鉴	讵料逆夷凶猛迥出寻常意料之外，此次挫失臣目击身经，方知凶焰非可猝制，委非将士不肯用命	鸦片战争档案史料（Ⅴ）.421
		两江总督耆英	逆夷两面排炮，人藏舱底，接连数船，照准苗头，轮转施放，或东或西，权操必中。我之炮位，安设炮台塘岸，虽有炮车可以推转，而究系重笨不能移动之物，彼于一二十里之外，可以击我中坚，我炮致远，不过数里，即使对准轰击，而彼船之来，系乘落潮时逆流而上，风先弹至，彼船即可趁风顺潮，以避我炮，并可不致搁浅。是彼逸我劳，彼灵我笨，不能取胜，并非战之不力，亦非防之不严，不独吴淞一口为然，即闽、广、江、浙等省之失利，亦无不皆然。臣所以见，证诸所闻，忿恨之余，不禁为阵亡殉节诸臣及被难居民痛哭也	鸦片战争（第三册）.466

资料来源：a）［清］张集馨撰；杜春和，张秀清整理．道咸宦海见闻录．北京：中华书局，1981.60

第三节　影响清军火炮技术和性能的社会因素分析

“风帆时代”是介于人力划桨动力与蒸汽动力之间的时代，此时是欧洲航海业迅速发展的时代。随后便是遍布全球的殖民时代，由于种种原因，中国与风帆海战时代失之交臂，在西方大航海时代进行得如火如荼时我们却在闭关自守，这是清朝铁炮技术劣于英国的时代背景。鸦片战争时期，清朝火炮技术和性能不良是其综合国力下降、科技水平落后、制度运转不灵和军队战略战术观念滞后的缩影与体现。英军铁炮性能优良既是其资本主义制度建立已久、长期进行海外贸易、殖民侵略和疯狂扩张的需要，也是其工业革命和军事科学技术发展的缩影。精良的武器和先进的战略战术观念两方面的有机结合使得其在战争中屡次得逞。清朝封建的专制没落制度造成的种种弊端，对铁炮技术和性能产生十分不利的影响。

1）清朝对火器持禁锢严控的思想抑制火炮技术的发展。

清朝崛起于辽东的后金，历经统一女真各部并征服蒙古、朝鲜，直到推翻明王朝政权，在历次战争中可以说是所向披靡。至清康熙朝，因比利时传教士南怀仁(Fr. Theophile Verbist，1623～1698）等西洋耶稣会士的帮助，清朝在造炮方面颇有进展。为了使红夷炮在野战中成为克敌制胜的利器，中国火器界在此期间致力于红夷炮小型化和轻型化研究，以此衍生出清代前期名目众多的各类火炮。火器在康熙朝以后不仅成为八旗的主要武器装备，而且产生了火器营的战斗编成。史载康熙三十年（1691)，建立满洲八旗火器营，兵士从满洲八旗中抽调，全部为满人，掌皇帝的守卫扈从。它的建立，标志着清代炮兵兵种的正式成立。火器营建立之意义，在于依恃火器克敌制胜，更在于至顺治年间汉军主掌火炮之制已被变更，满洲八旗不仅掌握着最精良之火炮，而且由朝廷直接驾驭。《清代君主集权政治对科学技术的影响》指出：清王朝向来以中国最封建专制制度而著称，帝王在夺取皇权时，往往注意网罗火药火器制造的专家和工匠，注重采用新式火器武装自己的部队，从而促进了火器发展。但是皇权一旦到手，相对稳定的政局建立之后，全国火器的制造和使用又令这些帝王寝食不安，担心火器流失和私制成为威胁自身统治的因素，因此清代封建统治者对全国的火器制造实行极为严密的控制。[①]《红夷大炮与满洲兴衰》：清廷通过控制火炮的制造和配发，加之建立火器营，实现了在全国范围内对先进火炮的垄断。到清朝中期以后，政治日益腐败，社会生产力停滞不前，加之战事渐少，保守思想日益严重，兵器发展渐趋停顿。同时为了维护其统

① 陈亚兰．清代君主集权政治对科学技术的影响．自然辩证法通讯．1983，(3)：66

治，又严禁民间私藏、制造和使用火器，对汉军装备的兵器有严格的限制，各省绿营兵，只能使用低劣陈旧的兵器，精良兵器一律掌握在满蒙八旗兵手里。此后对西北、西南边疆及内地镇压起义军，清军在武器装备上都能保持优势。这种情况使清廷放弃了研制新的武器，而是着力于垄断这种优势的军事技术，不让民间和潜在的对手掌握。这种措施，一方面使火炮的管理更加正规化、制式化；另一方面抑制了长于造炮和用炮的汉军之进取意识，埋下了火炮停滞不前的隐患[①]。

此时期，清朝禁锢严控的思想在爆炸弹和精制火药使用方面表现尤为明显。清军作战时曾使用了一些从炮弹预留出的火捻和火门处烘药点燃的空心爆炸弹，并在战争前后，仿制了一些英夷的爆炸弹。但是，战后不久，清朝军方对开花炮弹技术的禁锢严控的思想重又开始。如《鸦片战争档案史料》载：道光二十六年（1846）五月二十五日，上谕著直隶总督衲尔经额照所议制造火攻炮子及炸炮子事中云："衲尔经额奏，制造火攻炮子及炸炮子二器，现亦演练精熟，拟多为制造存库备用。仍于春秋二操演放数出，以资考核等语。所造甚好，著照议制造备用。所需工费，准于永定河捐输经费项内拨用。惟每岁操演时，只需装填寻常炮子，或但用火药，总期施放习熟，临事可资得力，无庸装用炸裂炮子，以归简易而藏妙用。"[②] 精制的好火药也遭到了同样的命运。如《鸦片战争档案史料》载：道光二十三年（1843）十一月初二，道光皇帝著贵州提督张国相将按陈阶平之火药各法所制之火药给发各营枪炮兵丁演习事上谕："前据陈阶平将制造加工火药各法开单呈览，当降旨著各直省一律成造，并谕令平时操演，不得滥用，以昭撙节。兹据张国相奏称，黔省各营去年额操药合计应造十万七百余斤，本年遵照加工制造存贮。惟各营设居万山之中，岚气甚重，药经久贮，难免霉变之虞。著照所请，除每月营操大阵等项仍用旧制火药外，其枪炮兵丁打准头，准其将加工之药给发，除陈易新，期无霉变。而兵丁等亦借得熟悉药性，庶于储备缓急，大有裨益。"[③] 清朝对火器持禁锢严控的思想，造成先进技术不能推广；没有竞争机制，就没有发展新技术的动力，在火炮武器上，必然阻碍其技术的发展，抑制其性能的发挥。

而英国采取资本主义的生产方式，建立起各种企业的竞争机制，以及专利与股份制度，这是技术发明的催化剂与保护神，大大促进了包括兵器在内的各种技术和工业的发展。蒸汽动力的使用，冶金、铸造、机械加工等各项技术发生的变革，致使铁炮制造技术相应得到改进，火炮性能大大提高，中英火炮差距越来越大。

2）封建统治者夜郎自大、故步自封、拒绝新鲜事物输入的惯性思想的影响。

---

① 解立红．红夷大炮与满洲兴衰．北京国际满学研究会论文集（第2辑）．北京：农民出版社．1992.110

② 中国第一历史档案馆．鸦片战争档案史料（Ⅶ）．天津：天津古籍出版社，1992.666

③ 中国第一历史档案馆．鸦片战争档案史料（Ⅶ）．天津：天津古籍出版社，1992.364

鸦片战争前后，清朝一些军政大吏曾在广东、福建、浙江、江苏等地引进和创新了一些西洋的船炮技术，被迫进行着船炮技术装备、军事制度和思想观念方面的改革。然而，随着中英鸦片战争的结束，仿制西洋船炮的浪潮却迅速地消退了。其原因：一是技术上的障碍。引进西方武器装备是一项相当复杂的技术，在旧的生产技术的框架下，火器界对其消化、吸收需要一个长期的过程。因为系统的转让，需要更新原有的技术知识与工艺，但是清朝购置、仿制西洋武器基本都是以中国旧的知识体系、技术工艺来从事此项活动的，故难以奏效，也无法继续下去[①]。二是虚妄的天朝大国的情感和战败带来的耻辱感的爱恨交织，使国人羞于提及战争和引进西洋船炮技术。在一些封疆大吏和士人中间，华夏夷狄观并未发生深刻变化。这一点仍然体现于辨“夷”、“洋”等字眼上。其深刻原因在于，中国传统颇讲究夷夏之防，用夷来泛称华夏以外的外族的人和事，从孔夫子以来，在中国前后的几千年间，民间指称和公文用语中“夷人”、“夷酋”、“夷船”、“夷语”每每可见可闻。夷与夏（或华）相对，在区分民族地域的同时划分文化的高低。很长历史时期内中国周边国家文化不及中国发达的经验也造就了国人根深蒂固的中国中心论，认为文化独中国先进，“夷狄”皆落后，独中国为夏，四周皆夷狄。这种僵化的思维又造成了一种观念，向别国学习即是师夷，师夷即是用夷变夏。千百年来，国人熟悉而且惯用的这个称呼在近代中西之间划了一道深深的礼仪、文化和心理不平等之沟。英国人早在19世纪30年代就明白了“夷”的含义，并表现出强烈的不满。但他们的诘问和抗议在中国人眼中算不得一回事。1836年8月，《中国丛报》载：“这个民族是在孤芳自赏、愤世嫉俗、目空一切的幻想中养育而成的，他们把其他在文化、艺术、资源、勇气及武事上都远远胜过他们的民族都看作比他们不如，这在我们看来是多么大的反常；这使我们不免要注意到它的狂妄的长期顽固性。”[②]

战争期间，英国先进的船炮受到沿海人民和官员们的关注，尤其是代表当时航海中最先进的蒸汽轮船，更是在中国沿海引起了震动。随后的时间里，火轮船在中国有模型、有图说，就有人开始仿造了。但是，引进或采用一种先进的技术或装备并无困难，主要困难在于使用这种技术装备所带来的思想上和体制上的障碍。沿海官员和士绅仿制西洋船炮的热潮在战争前后很快风流云散，表明在采用这种西式战船所带来的思想、体制与技术问题面前，官员们无不知难而退，此种惰性与因循增加了旨在弃旧图新进行改革的阻力和难度。如一些官员在学习西洋船炮的过程中，逐渐产生出“西学中源说”或“西艺中源说”的看法。《鸦片战争档案史料》载：道光二十二年（1842）七月十六日，大理寺少卿浙江钱塘人金应麟（1793～1852）

---

① 赵春晨．论鸦片战争期间岭南为中心的借取西洋武器浪潮．历史教学，2003，(3)

② 广东省人民政府文史研究馆译．鸦片战争史料选译．北京：中华书局，1983.81

奏："逆夷猖獗，皆由水兵选懦无人，以致失事。伏思该夷所恃者舟，前岁粤东由美利坚购得一舟，拆而视之，木甚坚硬，用牛皮裹包五层，加以铜皮铁皮，又各包五六层，其厚约有尺余，方到木质，是以炮子虽巨，难以击碎。而桅木极坚，顶容多人，可以施炮，颇能及远，以此人多畏之。臣以为此乃中国之绪余耳，昔隋之攻陈，制为拍杆，高五十尺，敌舟近之，无不立碎，夷人特稍变其法。而牛革蒙船，亦参用艋艟之法，无足异也。……其造舟之法，应参用彼法而增损之，大足胜小，弱不敌坚，或改或造，悉由所便。"① 再如梁廷枏（广东顺德人，1796～1861）战后主张知己知彼，写成《海国四说》、《夷氛闻记》等著作，却在其著的《夷氛闻记》云："天朝全盛之日，既资其力又师其能，延其人而受其学，失体孰甚。……彼之火炮，始自明初，大率因中国地雷、飞炮之旧而推广之；夹板船，亦郑和所图而予之者；即其算学所称东来之借根法，亦得诸中国。……返求胜夷之道于夷也，古今无是理也。"② 再如曾经在鸦片战争中捐买西式武器以抗英的广东香山（今中山）人林福祥（1814～1864）云："窃以英夷犯顺，其猖獗则古今之所罕见，其悖逆则覆载之所难容，比复夜郎自大，边海为灾，凡我同胞，不胜愤懑。……今仅捐买洋炮洋枪若干呈缴。夫破公孙之铁槛，自有冲车；曳朱此之云桥，岂无软屐。兵刃既精于我局，则器械岂藉于夷人？然借彼之矛，攻彼之盾，又不妨以逆夷之物，还逆夷之身。"③ 以上几人思想可代表了当时人们既要利用西洋武器又不愿意承认自己落后的矛盾心态。在这种心态之下，他们不可能真正虚下心、耐下性来学习西人的长处，仿制西洋武器的活动自然也就难于持久和深入，一遇到形势的变化或者技术上的难题，便戛然而止，不复为继了。美国学者斯塔夫里阿诺斯在所著的《全球通史》中说：此时，"统治中国的士大夫除少数人外仍然极其厌恶和蔑视西方的一切。虽然失败的打击迫使他们采取某些措施，效仿西方的武器和技术，但在实际中他们只是做做样子而已。官吏们在机械事务方面的无能已无可救药，纵然他们真诚地想模仿西方——从根本上说，他们并不想模仿西方，因而，在 1842 年和 1858 年两次战争之间的十几年中，中国面对欧洲扩张主义的挑战几乎没有做什么。"④

金应麟、梁廷枏、林福祥所论包含有一种"西学中源说"或"西艺中源说"的看法，这在当时统治集团及士人之中颇有市场，此在文化方面说明了时人还不能摆脱"天朝上国"、"夷夏之辩"等陈旧观念的桎梏，还无法客观地估计当时中西文化各自的优势与劣势。此深层次的原因在于，中国有辉煌的古代文化成就，但这也造成了时人的自大意识与文化中心主义态度，他们往往对自身文化怀有过度的自信，

---

① 中国第一历史档案馆．鸦片战争档案史料（Ⅵ）．天津：天津古籍出版社，1992.106

② 梁廷枏．夷氛闻记．邵循正校注，北京：中华书局，1959.172

③ 中国史学会编辑，齐思和等编．鸦片战争（Ⅳ）．上海：神州国光社，1954.603

④ ［美］斯塔夫里阿诺斯．全球通史（下）．吴象婴，梁赤民译．北京：北京大学出版社，2006.581

对外来文明既持有表面上的包容态度又带有本质上的鄙薄或警觉心态。鸦片战争前后，中国在船炮方面的“师夷长技”，对许多一向怀有自大意识与文化中心主义态度的士大夫来说实在难以容忍。因为他们一向习惯于以“天朝上国”自居，醉心于“声教远被”、“万国来朝”，现在忽然在船炮技术上竟要“用夷变夏”，对他们的传统信念和思想造成了强烈震撼。但是，对西方社会的一无所知再加上传统思想的强大惯性，使他们自觉或不自觉地从自己熟悉的中国科学技术中去寻找出路，而这种寻找的结果就很难逃出“西学中源说”的阴霾，自然也就无法把学习西洋的船炮技术持续下去。战争之后统治集团普遍存在着对英国等西方的敌忾之气以及随战败而来的耻辱感，这种战后民族心理的合理反应，客观上造成认识与学习西方的隔膜。鸦片战争前后在广东等地出现的购置、仿造西洋武器的活动，主要是战场上的应急需要，并非出于对中西之间力量差距的清醒认识和向西方学习的迫切要求。当时从事购置、仿造西洋武器活动的人们，大都仍受着中国传统的华夷观念的影响，他们虽然在实际行动上已经迈开“师夷”的步伐，但在思想上仍对西人和西方科技持十分轻蔑的态度。因此，他们把自己所从事的活动仅仅看做是对西洋奇技的“借取”，而非“师事”。这同战争之前清朝官方对待西学的取其技能而禁传其学术原则，在思想认识水平上并无多少差别。

作为最高统治者的道光帝也是如此。他在战争的失败中，能够对广东师夷长技的实践活动给予一定的支持，但是，他的支持是不坚定的。《鸦片战争档案史料》载：道光二十二年（1842）九月二十五日，道光帝在给钦差大臣伊里布的上谕中，有明确支持沿海军民仿造夷船的言行，要求地方大吏切实做好引领的作用①。然而，《鸦片战争档案史料》载：道光二十二年（1842）十月十九日，靖逆将军奕山等奏：“至于火轮船式，曾于本年春间，有绅士潘世容觅雇夷匠制造小船一只，防入内河，不甚灵便。缘该船必须机关灵巧，始可使用，内地匠役，往往不谙其法。闻澳门尚有夷匠，颇能制造。而夷人每造一火轮船，工价自数万元至十余万元不等，将来或雇觅夷匠，仿式制造，或购置夷人造成之船，由臣祁贡等随时酌量情形，奏明办理。”② 奕山等谈到雇佣洋匠制造火轮船的做法，反映了他“借夷长技”的思想，这在清朝朝野上下大谈华夷之辩的氛围中是难能可贵的。对此，道光帝却一反常态。《鸦片战争档案史料》载：道光二十二年（1842）十一月十一日的上谕：“火轮船式，该省所造既不适用，着即无庸雇觅夷匠制造，亦无庸购买。”③ 所谓不适用，不过是不灵便，但不灵便，应该设法加以改进，不设法加以改进，蓦然下令停造，不许雇佣外国工匠。固然由于战争已经停止，造火轮船已不是迫切的事，但

① 中国第一历史档案馆．鸦片战争档案史料（Ⅵ）．天津：天津古籍出版社，1992.350

② 中国第一历史档案馆．鸦片战争档案史料（Ⅵ）．天津：天津古籍出版社，1992.568

③ 中国第一历史档案馆．鸦片战争档案史料（Ⅵ）．天津：天津古籍出版社，1992.568

也反映当时封建统治者故步自封，拒绝新鲜事物输入的顽固思想。这一切都说明，从中国的传统武器装备系统向西方先进的武器装备系统的过渡，不是一个后者取代前者，前者单纯仿制后者的问题，而是一个中西磨合、系统消化、整体推进的缓慢、复杂、艰难的过程。在推进武器技术近代化的过程中，必然涉及与之配套的所有体制问题，且必然进一步涉及人的思维方式、价值观念、心理状态等深层次问题。沿海疆吏纷纷拒绝采用广东所造的新式战船，皆因他们都愿意在旧体制中因循下去，而不愿突破与变更旧的体制。如此导致了鸦片战争后的近 20 年时间里，中国走向世界的步伐基本上停留在了解世界的阶段上。刊发于 1836 年 8 月的《中国丛报》载："今天，作为评价各社会的文明与进步的标准，最正确的大概是每个社会在'杀人的技术'已达到精湛、互相毁灭的武器的完善程度以及某种类多少和运用它的技巧的熟练程度如何。……这现在已是一种明显的事实，而且历史也证明这个真理。以往致命的战争是人与人之间赤手空拳的搏斗，各竭自己的体力和技能以求取胜和保命。随着文明日进，战争发展成为一种科学，个人的勇猛不那么受珍视。纪律和训练成为指挥官的目的，而他的指挥大规模作战的本领，则是赖以取胜的手段。……中国将被看作处于文明最低的境地。而且在武器方面比技术方面更劣。现在让我们来对中国人在毁灭性科学的进度上及关于他们的武器、防御设备等做一些探讨吧。对于这些方面的改进的进行，正如其他更富有和平的事物一样，中国人是深闭固拒的。……直到今天，中国火药的质量仍然很劣，大炮仍然是如此不良，致使放炮的人也不能保证自己的安全。其原因可能是自发明以来没有经过什么改进。"①

3）清朝海防战略的深层次失误，致使其海防和江防水平一直处于衰退之中。

中英船炮技术的悬殊差距早在鸦片战争以前就已经确定了，清朝船炮技术和性能的低劣，在很大程度上是自己造成的。18 世纪以来，欧洲诸国忙于诸多战争，无暇东顾，此造成了清朝东部沿海局势相对稳定的状况，清廷通过入关后的百年积淀，政治、经济、文化、军事等诸多方面的繁荣，使之最终强化了天朝大国的自大意识，通过一味闭关锁国、减少和西方往来，以求得暂时的安全。他们盲目地以"天朝大国"自居，对西方殖民强国东侵的可能性一直持漠视态度，自然更新海防设施和装备的工作无从谈起。不思进取的治国方略，严重腐败的政治局面，苟且偷安的生存选择，极大地制约了社会生产力和海防建设的持续发展，至战争之际，清军的野战、水战、岸防战术严重滞后于世界发展水平。清朝在沿海搞的一直是分散布防，辅以战船的陆基体系。分散布防主要是贯彻了清廷"以禁为防"、"重防其出"的思想观念，这种思想观念的理论依据："在几千年与境外民族交往的历史与

① 广东省人民政府文史研究馆译．鸦片战争史料选译．北京：中华书局，1983．65、66

经验中，历代统治者形成了一种牢固的认识：大凡外夷，必桀骜贪婪，犬羊成性，疏于防范必会启其玩侮之心，招致祸端，故先防其叵测之心。清政府对之主要采用防夷与驭夷两种策略。防夷主要靠构筑夷夏大防体制，尽量维持天朝体制，以朝贡形式笼络夷人之心。同时，限制中外的联系与交往，加强海防，严防窥伺，尽可能使外国人不明了中国的真相，使之高深莫测。驭夷则指与外部世界的蛮夷打交道的方法与艺术，它主要包括软硬两手政策。软的方面主要有柔远、绥靖、羁縻等。硬的方面主要是制夷，其中包括贸易制度、以民制夷，也包括武力方面的威慑与制裁。"[①] 清廷防范国人的依据：认为海上的敌对势力（反清武装与海盗）出自国内，必须严格限制出海，断绝其接济，防患于未然，故海防政策在于"重防其出"，这种思想观点明显体现在此后的各项海防政策上。如清廷出于对国内外反清势力控制的需要，规定水师的任务是防止走私和缉捕海盗。同时，在对民船制造屡加种种限制的前提下，为了保持兵船在航速等方面对民船的优势，水师舰船呈现出向小型化发展的趋势，使得清军水师从建军之初到 19 世纪中叶的 200 多年中，在装备方面变化不大。限制民船制造规模与技术，不仅严重阻碍了民船的发展与进步，而且严重影响到战船水平的提高。正是由于清廷对于外来入侵的海防危机认识不足，长期坚持以"内盗"为主要防范对象，导致海防失策，缺乏应变能力。战争时期，分散布防的水师无力担负反击侵略的重任，清廷只好从内地东拼西凑，临时抽调官兵赴沿海炮台布防和应战，结果仍是无济于事。这应当是鸦片战争时期中国缺乏必要的精神准备、物质准备、技术准备，最后遭到惨败的重要原因之一。

对民船的限制发展使其技术遭受了极大的摧残，处在不断退化变劣的过程之中。清廷为了防止海外反清势力，为了保持水师战船对民船的某种优势，不是设法提高战船规格和性能，而是采取种种方法限制民船的规格与航海技术的改善，把民船限制在最简陋水平上。限制民船制造规模与技术，不仅严重阻碍了民船的发展与进步，而且严重影响到战船水平的提高。因为在战船缺乏改良机制情况下，民船制造业如果能够自由发展，可以为战船的改造提供动力和必要的技术条件，何况民船一经征用改造就可成为军运船和战船。

清朝战船制造制度是国家限制其发展，并形成官船挤压商船的一种恶性循环制度。具体而言，清朝从康熙年间开始限制民船发展。清廷海防力量主要用于防范居民私自下海出洋、稽查民船规格、技术性能以及载运货物、武器、粮食等。此种方略从一开始就陷入误区，不是着眼于水师自身技术的发展与力量的加强，而是想把自己的海防对象永远限制在便于控制的低水平的状态上。结果导致中国的水师仅能就近海巡查，不能放洋远出。《光绪大清会典》（卷 776）载：清康熙帝为了切断沿

① 马廉颇．晚清帝国视野下的英国——以嘉庆、道光两朝为中心．北京：人民出版社，2003.195～287

海人民对福建南安人郑成功（1624～1662）部抗清势力的支持，于1684年规定："如有打造双桅五百石以上违式船只出海者，不论官兵民人，俱发边卫充军。"至康熙四十二年（1703），虽允许打造双桅船，但又限定其梁头不得超过1.8丈，舵水人等不得过28名。其1.6丈梁头者，不得过24名。《鸦片战争》载：《道光厦门志》载："洋船即商船之大者，船用三桅，桅用番木，其大者可载万余石，小者亦数千石。……雍正六年，同知张嗣昌禀归厦防应查验。出贩东洋南洋之大船，准带军器，每船炮不得过二位，鸟枪不得过八杆，腰刀不得过十把，弓箭不得过十副，火药不得过三十斤。造时呈明地方官，给予照票，赴官局制造，完日錾镌姓名，于照内填明轻重数目，以备海关汛员盘验，回卓日逐一查点，将炮贮官库，俟开船之日再行给还。"[①] 周凯辑在《道光厦门志》（卷5）中说："雍正十年（1732）议准福建大号赶缯船身长九丈六尺，板厚三寸二分，身长八丈，板厚二寸九分。二号赶缯船身长七丈四尺及七丈二尺，板厚二寸七分。双篷居古船身长六丈，板厚二寸二分，每板一尺三钉。乾隆六十年、嘉庆五年令照商船民船之式，不得过于笨重。"[②] 1760～1835年，清廷先后颁布《防夷五事》、《民夷交易章程》、《防范夷人章程》、《防范夷人规程》，限制国人与外商来往。据《清史稿》、《皇朝文献通考》载：清廷于嘉庆二年（1797）明谕各地，"俱仿民船改造战船，沿海战船，于应行拆造之年，一律改小，仿民船改造。"1806年又下令限制民间违例制造大船，限制每船水手不得超过20名，只许携带数十天水米。这种出于对内统治需要的防范措施，使得旧式师船的发展被完全窒息了[③]。《鸦片战争档案史料》载：道光二十年（1840）三月二十七日（军录），钦差兵部尚书祁骏藻等奏："沿海水师设立战舟，原为巡哨洋面、捍御海疆之用。闽省战舟大小二百六十六只，近来水师营务废弛，虽设战舟，视为无用，风干日炙，敝坏居多，或舵折桅倾，或蓬鲜缆断，间有稍加修理者，不过涂饰颜色，以彩画为工，其实皆损坏堪虞，难供驾驶。推原其故，盖有战舟例归文员修理，工竣之日，即由武弁接收。近来武弁索取陋规，有加无已，文员所领修费，不足以供其需索，一切舵工，不得不草率了事。又或该文员惮于赔累，往往当前后交代之际互相推诿，时日稽迟。即如兴泉永道，修舟是其专责，竟有离任数年而战船尚未修浚者。闽省如此，他省恐不免亦蹈此弊。"[④] 《鸦片战争档案史料》载：道光二十一年（1841）闰三月二十七日，钦差兵部裕谦奏：浙江水师所造之船终不能如民船之坚固，止可为平时捕盗之用，不足为现在御夷之具[⑤]。

---

① 中国史学会编辑，齐思和等编．鸦片战争（Ⅳ）．上海：神州国光社，1954.35
② 彭泽益．中国近代手工业史资料：1840～1949（第一卷）．北京：中华书局，1962
③ 姜鸣．龙旗飘扬的舰队：中国近代海军兴衰史．北京：生活·读书·新知三联书店，2002.15
④ 中国第一历史档案馆．鸦片战争档案史料（Ⅱ）．天津：天津古籍出版社，1992.77
⑤ 中国第一历史档案馆．鸦片战争档案史料（Ⅲ）．天津：天津古籍出版社，1992.436

英国战舰制造制度向来是国家财政支持的重点，商船和官船技术又互相促进，致使其发展处于良性循环之中。《风帆时代的海上战争》对此有很好的说明：1650～1850年，英国海军从在战时主要依靠雇佣商船以加强力量的小型武装，发展成为拥有巨大官僚机器的常备军，配有职业军官和专职人员，拥有大量可以机动调用的后备舰船，还有专门的造船厂和军火库。海军的基本要求是在信息灵通的政治决策体制下，政策支持和财政支持要保持连续性。海军是与其所服务的民族国家一起发展起来的，只有强大的中央集权国家才有能力征税去投资常备海军，而且国家收入中一般既要用来安排好海军的预算，也要用来安排好陆军的，当然这两者并不一定互相排斥。个人的爱好占了上风，君主的声望常常比军队战斗力更加重要，民主制和君主立宪制国家被证明能更好地维持海军力量，因为这些国家的政策往往要反映许多从海军力量中获益的群体利益。英国皇家海军在1815～1830年，建立起一支新式战列舰队，每艘战舰都使用了最好的木料，运用了科学的木材保存方法，还采用了经过改进的船体结构。这支新式舰队组建得实在太成功了，无可匹敌，以至于很长时间都找不到用武之地①。

4）清朝火器管理制度的种种弊端，使得船炮装备落后于当时已经达到的技术和工艺水平。

《天朝的崩溃》载："清军的船炮管理体制，大抵始建于康熙朝，至乾隆朝臻于严密。这种制度首先规定各种船炮的形制，其次根据形制规定其制造工艺，最后根据形制和工艺规定工价、料价。"② 此管理制度的根本宗旨不是为了促进兵器研制的发展，而仅仅是为了满足武器装备的低水平重复，从而使兵器研制长期处于一种被动的消极应付状态。在火器的实际生产中，各省所耗原料和工匠的情况极为复杂，互不相同，就是同属一省，物价、工价亦与时俱变。规定与实际的脱节，使得制造者越来越无利可图，甚至有可能亏本。而作为经济人的工匠在本能上是不会做出赔本事的，既然制造报销规定不可更改，偷工减料就势所必然，其制造的火器质量可想而知，如鸦片战争前的1835年。《筹海初集》载：关天培为改善虎门海口的防御，在炮厂铸造60门新炮，试放过程中，先后炸裂10门……炮体内部，发现使用"碎铁渣滓过多，膛内高低不平，更多孔眼。其中有一空洞，内可贮水四碗。"③《鸦片战争档案史料》中，钦差大臣琦善奏："从前所铸之炮甚不精良，现就其断折者观之，其铁质内土且未净，遑问其他。故连放数次后，炮已发热，而该夷待我军兵力疲乏，炮将炸裂之时，其大号兵船蜂拥前进，逞志欲为，此其水战之情形也。"④ 魏源指

---

① ［英］安德鲁·兰伯特．风帆时代的海上战争．郑振清，向静译．上海：上海人民出版社，2005.35，206

② 茅海建．天朝的崩溃——鸦片战争再研究．北京：生活·读书·新知三联书店，2005.36

③ ［清］关天培．筹海初集（Ⅲ）．台北：文海出版社，1969.560

④ 中国第一历史档案馆．鸦片战争档案史料（Ⅱ）．天津：天津古籍出版社，1992.745

出："该夷炮、夷船但求精良，皆不惜工本。中国之官炮，其工匠与监造之官，惟知畏累而省费，炮则并渣滓废铁入炉，安得不震裂?" 英国史料《"尼米西斯"号轮船航行作战记》所记的中英大角、沙角、虎门、吴淞之战："清军炮身长，分量重，照比例来说，口径是小的。从外表上看，这些炮似乎很好，但是许多大炮的铸造是有缺憾的。不少的大炮是用涂料作外表的，也就是在炮口的地方，用一英寸半至二英寸厚的铁作为炮管，而后在上面涂铸了一层紫铜。"[①] 表 4.2 为时人对沿海水师所作行为的评判，突出反映了水师计划经济制度的弊端及水师管理的腐败。

表 4.2　清人对沿海水师舞弊行为的叙述

地点	时间	相关人	水师战船概况	史料出处
京师大吏	1840 年三月二十七日	钦差兵部尚书祁寯藻等	应饬下闽省该管文武官员，破除积习，及早认真修理，文员不得互相推诿，武不得多索陋规，总期船工一律修造完固，足资应用	鸦片战争档案史料（Ⅱ）.77
广东水师	鸦片战争前夕	广东水师提督关天培	虎门各炮台，向有例设三板船济渡，长宽丈尺旧有定式，每支准销银十二两六钱四分五厘，动支营中公费造报，今因年久坏烂无存，先据提标中右二营议请添置，每支估需银四五十两，禀经提督咨行筹办，因核与例案不符，尚未定议详明给造。查估造向有定例，原难额外增估	筹海初集（Ⅳ）.688
	鸦片战争时期	怡云轩主人	太平日久，额设之战船，例价既不及半，厂员监造，赔累又过其半，而虚应故事，船身则板薄钉稀，工具亦不全，即全矣，皆脆弱不任驾驶，一遇风涛颠簸，便疏散矣，此畏思之弁兵，得以藉口为委兵于敌也	鸦片战争（Ⅲ）.398
福建水师	鸦片战争时期	时人张集馨	漳郡城外有军功厂，每月派道督造战船一只，以为驾驶巡缉之用。其实水师将船领去，或赁与商贾贩货运米，或赁与过台往来差使；偶然出洋，亦不过寄碇海滨而已，从无缉获洋盗多起之事。水师与洋盗，是一是二，其父为洋盗，其子为水师，是所恒有。水师兵丁，误差革退，即去而为洋盗；营中招募水师兵丁，洋盗即来入伍，诚以沙线海潮，非熟悉情形者不能充补。林少穆到处整顿，余尝举此营制询问办法，先生曰："虽诸葛武侯来，亦只是束手无策。"	道咸宦海见闻录
浙江水师	1841 年三月六日	钦差大臣裕谦	浙江水师废弛与江苏相等，名曰水师，实皆不谙水性。每届水操，辄将战船抛锚泊定，然后在船演放枪炮，与陆路无异。按季巡洋则虚应故事，并不前往。去年奴才在宝山防堵，督令水师在吴淞口外操演，竟有眩晕呕吐者，深堪痛恨	鸦片战争档案史料（Ⅲ）.292
江苏水师	1842 年十一月二十五日	两江总督耆英	向来营船均归道员承造，派委营员会办，另设官厂，责成匠头经理。因之兵丁书役勾通匠头，百弊丛生，在承造之员多所赔累，而船仍板薄钉稀，一无所用	鸦片战争档案史料（Ⅵ）.665

① Bernard W D. Narrative of the Voyages and Services of the Nemesis from 1840 to 1843，and of the Combined Naval and Military Operations in China. London：Henry Colburn Publisher，1844.（Ⅰ）267；（Ⅱ）33，373

续表

地点	时间	相关人	水师战船概况	史料出处
山东水师	1840年七月十二日	时人焦友麟	臣籍隶山东，闻登州海口废弛已极。一，器械之不修，训练之不讲，大概可知，何足以资捍卫。此弊之一也。一，战船并不敷用也。臣闻该处战船仅有二只，余皆槽朽，并不随时修治。即寻常巡洋捕盗，皆勒扣民间二陶船，狭下不堪适用。刁绅劣弁又从中勾窜包庇，借以渔利，相沿成风。此弊之二也。一，巡梢虚应故事也。向例巡洋兵弁必各抵交界对换官文，以为符合。自三月至九月，均在洋面往来梭织，每月二次详报，名为会梢。乃近日登州兵弁逡巡畏思，每遇梢期，就近在黑山岛珍珠门地方停泊藏匿，遣人由陆路潜换文书，销差塞责。似此畏缩情形，殊为天良丧尽，廉耻全无，海洋何由绥靖。此弊之三也。以上种种积弊，无非因循怠玩，逸豫太平，百事俱废	鸦片战争档案史料（Ⅱ）.250

资料来源：[清] 张集馨，杜春和，张秀清整理．道咸宦海见闻录．北京：中华书局，1981

近代化的船炮技术不仅是近代工业的产物，而且同时还是近代大工业的缩影，清廷没有资本主义大工业的生财之道，修造船炮的经费主要靠各地官绅捐垫，此可以解决一时一事的急需，但要长远发展，显然不可行。官绅也不堪重负，此必然影响船炮制造技术的提高，迟滞其性能的发挥。《海国图志》载：“人但知船炮为西夷之长技，而不知西夷之所长不徒船炮也。每出兵以银 20 元安家，上卒月饷银 10 元，下卒月饷银 6 元，赡之厚故选之精，练之勤故御之整。即如澳门夷兵仅 200 余，而刀械则昼夜不离，训练则风雨无阻。英夷攻海口之兵，以小舟渡至平地，辄去其舟，以绝反顾。登岸后则鱼贯肩随，行列严整，岂专恃船坚炮利乎？无其节制，即仅有其船械，犹无有也；无其养赡，而欲效其选练，亦不能也。……西洋与西洋战，亦互有胜负，我即船炮士卒一切整齐，亦何能保其必胜？”《穆彰阿与道光朝政治》载：1840 年，清朝全国捐纳银数为 249.2011 万两，1841 年为 206.9284 万两，1842 年为 894.5393 万两，1843 年为 381.5342 万两，四年合计共有 1600 万两之巨。[①]《试论鸦片战争与中国近代海军的兴衰》载：从 18 世纪到鸦片战争的百年间，清政府的年财政收入大致徘徊在不足 4000 万两白银的水平上，其中田赋占 75％～80％。[②] 百年经济发展的停滞实际上已等于负增长，加上鸦片贸易带来的巨额逆差，使清廷长期处于财政拮据、入不敷出的境况。因而鸦片战争时期，林则徐等人所进行的海防振兴事业，很少得到清廷经济上的支持，全靠自行筹集。其来源一是历年洋商捐资的提成。二是动员商人临时捐资。《鸦片战争档案史料》载：道光二十三年（1843）正月十五日，两广总督祁贡等奏：“伏查虎门内外原设各炮台均系依山临海，就地取势。现在臣等悉心公同酌核，台基仍用石砌，炮墙则用三合

① 刘海锋．穆彰阿与道光朝政治．厦门大学博士学位论文，2007.175

② 张炜．试论鸦片战争与中国近代海军的兴衰．见：鸦片战争与中国现代化．北京：中国社会出版社，1991.252

土建筑。至此项工价，核实估计，共约需银将及四十万两。查自议筑虎门炮台以后，即据各绅士具呈捐台认修，并据各官绅商民陆续呈请捐输修费，截至上年九月底止，所捐银钱除修船铸炮外，计捐修虎门炮台经费，共银一十一万三千余两。又于上年十月起，截至十二月十七日奉文停止捐输以前，陆续据各官绅人等捐银一十六万七千余两。"[①] 三是向粤省大小官员和民间摊派。如对沿海水师经费筹措方面，按当时的例价，一艘近海缉私快船造价为银 432 两；一艘战船，造价为 0.43 万两；一门 6000～8000 斤的大炮平均造价为 400 两；一座炮台造价 1.5 万两左右。其他海上一切用费，类多繁杂琐屑。《中国近代手工业史资料 1840～1949》载：在周凯辑录的《道光厦门志》中，从所列表中看出，清廷制造最大的集字号战舰，仅能提供 5804 两的白银经费；拆造一艘最大战舰，仅能提供 3017 两白银经费；大修一艘最大战舰，仅能提供 2310 两白银经费；小修一艘最大战舰，仅能提供 1653 两白银经费，与实际所需差距甚大，技术跟进与质量保障自然无从谈起[②]。表 4.3 为清人对当时营造船炮时筹款窘迫的言论。

表 4.3 清人对当时营造船炮时筹款窘迫的言论

时间	相关人	船炮筹款议论	史料出处
1840 年四月十三日	两广总督林则徐	惟国家经费有常，何敢擅行渎请，而年余支应各项，非捐即垫，其有待于归补者，已觉繁多。其水师战船，工料例价，向来本有一定，欲其倍加坚实，亦须斟酌变通。凡有裨益于海防者，臣等均不敢不悉心区画，而筹措经费，实为首务	鸦片战争档案史料(Ⅱ).99
1840 年七月十九日	林则徐	查米艇成造例价，至大者仅银四千三百两，以视夷船每只价至七八万十余万两不等，船式之高低大小，木料之坚脆厚薄，皆属悬殊。臣等正以海疆战舰关系匪轻，屡思设法造坚固大船，以壮水师声势，而苦于经费之难。今春检查旧籍，捐资仿造两船底用铜包，蓬如洋式，虽能结实，而船身嫌小，尚须另筹办理	鸦片战争档案史料(Ⅱ).282
1840 年八月十九日	林则徐	以船炮而言，本为防海必需之物，虽一时难以猝办，而为长久计，亦不得不先事筹维。且广东利在通商，自道光元年至今，粤海关已征银三千余万两，收七利者必须预防其害，若前此以关税 1/10，制炮造船（朱批：一派胡言），则制夷已可裕如，何至尚形棘手	鸦片战争档案史料(Ⅱ).407
1842 年十一月二十五日	两江总督耆英	每造一船约需银一万九千余两，加以运脚身工，大概总在二万两以外，少造则无益于海防，多造则筹款殊非易事	鸦片战争档案史料(Ⅵ).664
1840 年六月二十七日	钦差兵部尚书祁寯藻	船质既大，桅舵尤为难购，每船约需费五万两方能工坚料固，断不容稍为刻减，以致有名无实。其炮大小牵算，每门约需银三四五百两不等，通计船炮工费，约需银数百万两，臣等亦熟知国家经费有常，岂敢轻言添置	鸦片战争档案史料(Ⅱ).197

① 中国第一历史档案馆．鸦片战争档案史料（Ⅷ）．天津：天津古籍出版社，1992.9

② 彭泽益．中国近代手工业史资料：1840～1949．(第一卷)．北京：中华书局，1962

清朝火器制度的弊端对火器影响是全方面的，如实心弹合缝处总有线痕的问题。从技术的角度讲，清朝火器手工业虽做不到批量和精确化的生产，但可以在耗费料价和工价的前提下解决实心弹腰线的问题，但此问题迟迟得不到解决，此问题的背后是清朝火器管理制度的种种弊端。如《鸦片战争档案史料》记载：道光二十三年（1843）七月初十，杭州将军特依顺还奏："浙省例价每铅弹百斤给银三两五钱，近来市价昂贵，例价仅敷其半，余系各营赔贴，兹所用较多，亦难赔垫。"[①]再如火药赔累制度使工匠不堪重负，只好敷衍了事，火药质量很差，由于质量不好，故弹药装填量一般是2∶1，此数量比英军为多，但威力却逊色一些。《海国图志》对时弊有详细说明："窃照英夷输诚，沿海安堵，正当讲究武备，以期有备无患。臣驻守曹江，将及一载，防警之暇，察访远近各营，制造火药，能否一律认真。惟闻杭州省城精造加工火药，现存数万斤。其余提镇各标，因防堵未及如法舂造，即调来浙江之各省征兵，裹带火药，亦系旧时陈药。并无加工新造，轰去不能甚远。查制造加工火药，奈其中有赔累之艰，人工之却，若不彻底讲求，纵有加工火药之虚名，而无加工火药之实效。何以靖海宇，而卫生民。盖硝不提炙，磺不拣净，轻率制造，率难致远透坚。细查历年营员，在省领回营硝，一经提炙必亏折三成，一经拣净必亏折一成，此亏折之苦，往往视为畏途不肯踊跃从事。又虑造成之后，仍须补足向定额数，坐使赔累，其难一也。制备石臼木杵一切器具，不可不良，加以提炙之柴薪，轮舂之工食……无款补苴，其难二也。再查营中制药，向来多用碾盘。一牛一日，可碾百余斤，今若加工舂造，每臼三人轮舂，每日造药不过十五斤。此多寡劳逸之攸殊，经办营员，未有不贪多而好逸，其难三也。有此三难，功无实济，是以各营造药自奉行后，略加工一二成，其余照旧。"

5）清朝船炮技术和性能的提高缺乏世界范围内工业革命物质条件的支撑。

要造出精度高、威力大的火器，必须有先进的科学理论和新的技术，并采用精密仪器进行实验。这些条件，只有在小手工业的生产方式过渡到大工场手工业生产方式时，才能实现。没有大型工场手工业的普遍发展，火器研制便无从获得先进的技术装备，没有先进的技术装备，就不可能创造出符合先进科学理论要求的新型火器。

18世纪60年代以来，英国火器生产逐渐过渡到机器大工业生产方式，工业革命引发的技术变革和社会变革，为火器的快速发展创造了良好的物质条件。科学、实验、技术三者趋于一致，成为一个不断加速发展的整体。自然，它们很快都被移植于火器的制作上，故西方枪炮技术从15世纪末开始了科学、理论和实验三者的研究，到了17、18世纪，近代自然科学确立以后，其真正得以长足进展。[②]今英

① 中国第一历史档案馆．鸦片战争档案史料（Ⅶ）．天津：天津古籍出版社，1992.236

② 张世明．18世纪的中国与世界（军事卷）．沈阳：辽海书社，1999.172～175

人云：英军“在1830年以后，……装备上发生了一系列前所未有的变革，它不可避免地要涉及人员，从而深刻地改变了海军的整个性质。……实际上，这些变化最为迅速和令人眼花缭乱的时期是1830～1870年，变化所造成的结果也最具有决定性。……装备上的变化涉及与军舰有关的一切，并可分为四大类，即推进系统从风帆变成蒸汽动力；基本材料从木变为铁；进攻，大炮的革新；防护，装甲的采用。这四大类发展迅速并且经常相互影响，在舰船和人员上引起了革命。这些事态如此迅速地而又同时发生并不足为奇。其共同原因是18世纪后半叶开始的工业技术的显著发展导致了各方面的改进，可能主要在于工作母机上的改进。”①

中国自唐宋以来，虽然仍是小农为主的自然经济，但生产力水平比欧洲发达，故火器技术领先于世界很长一段时间，宋、元、明和清初的中国各代火器都有所发展，都和当时不断发展的手工业生产有着密切联系。但是这种工厂手工业始终处在强大的封建生产关系包围之中，很难转化为大工场生产方式。《中国兵器思想探索》讲：明朝嘉靖年间（1522～1566），长江下游和东南沿海一些地区出现了资本主义萌芽，手工业规模有较大扩展。但当时的封建统治者为维护自己赖以生存的自然经济，动用国家权力推行重税、禁海、垄断矿冶等“重农抑商”的措施，扼制商业和手工业的发展。明末天启年间（1621～1627）至清康熙时期（1662～1722），在长期小手工业生产的基础上，中国火器界部分地吸收了国外引进的先进技术，并转化、巩固为自身的能力，但落后的生产方式最终不能推动火炮制造业向近代化方向发展。可以说，中国的火器制造，在乾隆、道光时期由盛转衰，而此前100多年手工业生产迟迟不能过渡到工场手工业，已经为这种衰落埋下伏笔。虽然在此期间也有一些火器的科学知识，但还是零星的，更缺少近代科学的试验方法，冶金、机械、化学等工业尚未发展起来，这就决定了这一时代未能为火器技术提供必要的物质条件②。

就战船而言，《鸦片战争档案史料》载，道光二十三年（1843）正月十六日，漕运总督李湘芬奏：“夷人船坚炮利，人与船习，运卓灵敏，内地现在水师因难以与之角胜，即赶造大船大炮，尚须督兵演驾，非一二年不能精熟。以我所短，当彼所长，虽有制胜之具，难操必胜之权。”③《鸦片战争档案史料》载，道光三十年（1850）七月十八日，前任漕运总督周天爵奏：“统惟前此失事，皆由专事海门，一切船只炮位，事事效颦，不知器即其器，人非其人，况虚内以实外，犯兵家之大忌。”④

---

① ［英］伯里．新编剑桥世界近代史（10）．欧洲势力的顶峰：1830—1870．中国社会科学院世界历史研究所组译．北京：中国社会科学出版社，1999．375，941

② 徐新照．中国兵器思想探索．北京：军事谊文出版社，2003．58

③ 中国第一历史档案馆．鸦片战争档案史料（Ⅶ）．天津：天津古籍出版社，1992．15

④ 中国第一历史档案馆．鸦片战争档案史料（Ⅶ）．天津：天津古籍出版社，1992．991

《鸦片战争档案史料》载：道光二十二年（1842）十二月十八日，浙江巡抚刘韵珂云："臣查海洋用兵全凭船只，夷人生长海外，贸易中华，既依船为命，并以船为城。其所产木植坚如铁石，既足供其所用，而其人生性灵巧，于制造之法、驾驶之方，无不各运机心，故其船皆坚大异常，转运便捷，而兵船与火轮船尤甚。当其行驶之时，既为风色潮信所不能限及，其接战之际，并为炮火所不能伤。中国既鲜坚大之材，又无机巧之匠，勉强学制，断不能与夷船等量齐观。况舵水人等与船素不相习，于一切运掉折戗之术俱所未谙，即使船与夷船相酹，而人不能运，亦属无济于事。"[①] 这里，李湘芬、周天爵、刘韵珂等对西洋船炮技术的认识未必正确，但对清朝缺乏诸如材料、技术、人员等物质基础，导致其无法快速发展船炮工业的认识是有一定道理的。

战争之时，一些对西方先进技术素有研究的知识分子已在尝试利用西洋蒸汽船。除林则徐购买了欧式蒸汽船外，还有福建晋江人丁拱辰（1800～1875）、安徽歙县人郑复光（1780～约 1862）、山东日照人丁守存（1812～1886）等。《演炮图说辑要》介绍了蒸汽机和火车的构造、原理，之后写道："火轮车既行于世，有格物者，仿制为火轮船，功用更大。其形虽异，其机则一法。将火轮车之机械安装于船中，换拨水大轮，伸出舷外爬水而行。初制甚少，每船仅载数千斤，至数万斤，惟专门飞递信息而已。今则愈变愈巧，渐增广大，至可容一万二千担，亦系烧煤炭火，水沸烟冲，其行甚疾。"在介绍了西方轮船之后，他讲述了自己制造小火轮的情况："（辰）曾就火轮车机械，造一小火轮船，长四尺二寸，阔一尺一寸。放入内河驶之，其行颇疾，惟质小气薄，不能远行。虽大小殊观，亦效法之初基。"[②] 丁拱辰仅制造出轮船模型，但毕竟是向近代的造船工艺迈进了一步，这是学习欧美近代轮船制造技术的先声。再如 1840 年夏，龚振麟被调至宁波军营，欲仿其制，但他解决不了火轮船的动力问题，故仿造行动宣告搁浅。因为制造轮船，不仅需要知道轮船的原理，而且还需要其他许多方面的条件，如热能动力学及流体力学方面的知识、特定强度的钢材等。《"尼米西斯"号轮船航行作战记》说："英人在虎门看见一只中国战船，这一战船有 36 座外国制造的炮，其中 9～12 座钢炮是由英国利物浦（Liverpool）所制造，经中国由澳门或者新加坡买的。另一只载炮 34 门的大船是战前从国外买的，叫'剑桥'号。"[③]《鸦片战争：一个帝国的沉迷和另一个帝国的堕落》载："林则徐买下了英国'剑桥'号供中国海军使用，并把船停泊在珠江口，实际上让英国人不敢由此进入广州。但是，'剑桥'号只是一只纸老虎，

---

① 中国第一历史档案馆．鸦片战争档案史料（Ⅵ）．天津：天津古籍出版社，1992．739

② ［清］丁拱辰．演炮图说辑要（卷 4）．中国国家图书馆藏书，1843．16

③ Bernard W D. Narrative of the Voyages and Services of the Nemesis from 1840 to 1843, and of the Combined Naval and Military Operations in China (I). London: Henry Colburn Publisher, 1844. 280. 359

在默许出售剑桥号之前，义律已经把船上的加农炮拆了下来，送到了印度。林则徐转而从别处购买枪炮，但是这些并不管用。而且，想要驾驶一艘复杂的现代化船只，中国水手的技术还远远不够。‘剑桥’号不得不用拖船拖到珠江口，实际上它无法发挥作用，因为船无法移动，至于是否能起到威胁作用也非常值得怀疑。林则徐只能期望它起到一点震慑作用，而无法用来作战。‘剑桥’号反映了两国力量之间的差距。”① 鸦片战争结束26年后，中国战船才逐渐融入到西洋近代化的潮流之中。即我国自制的第一艘木壳明轮（推进器装在船身两侧）蒸汽船于1868年9月在江南制造局建成。这艘船长185尺、宽27.2尺，马力392匹，载重量600吨，装有火炮9尊。

6）清军在火炮性能上劣于英军，战术、战法、军队编成、情报、训练以及兵员素质等方面也逊色于英军，这些不利因素都会影响到火炮的杀伤效果，致使中英火炮的有限差距被放大。

19世纪中叶以前，颇具规模的近代化英军已积累了海战、争夺要塞战和岛屿战的丰富经验。鸦片战争时期，英海军“线式战术”的运用，使习惯于阵地战和人海战术的清陆海军实在难以应对。再加上蒸汽舰可以直线航行，不必根据风向和水流曲折航行，蒸汽机使航行速度加快，能较为精确地计算航程所需时间，并适于近海作战。可以说蒸汽机使海上战略战术发生了彻底的变化。如《“尼米西斯”号轮船航行作战记》载：“（英军）在战争中的的每个场合，目击了中国人展示的个别勇敢，可能是勇气或绝望，将慢慢改变视中国人为怯懦的印象。然而，他们的武器效果不好，他们是在与装备近代化和纪律严明的欧洲人作战。”②《风帆时代的海上战争》说：“1839～1843年，帕默斯顿发动了对华战争。为了攫取贸易利益，打进远东市场，他灵活开展两栖军事活动。威廉帕克将军利用印度海军蒸汽船把英军战列舰牵引进入中国河道，再打垮沿河主要堡垒，并护送英军士兵登陆，以切断供应北京漕粮的大运河航路。就这样，英军把强大的海军火力和具有战术灵活性的蒸汽船结合起来，敲开了天朝帝国厚厚的保护甲。”③

《鸦片战争》阐明了清军海上作战的迎敌战术，如清军水师作战时，水师战术只限于抛掷火球、火罐，施放火箭、喷筒以及爬桅跳船各种技术，采用接舷肉搏战和横阵冲撞战术④。陆上作战，清军在入关前后，曾以骑兵加大炮的战术横扫中国，至鸦片战争前后，仍习惯于马队长途奔袭以制胜的战术。今人研究认为：清军

---

① Hanes W T，Sanello F. The Opium Wars：The Addiction of One Empire and the Corruption of Another. London：Robson Books，2003. 86

② Bernard W D. Narrative of the Voyages and Services of the Nemesis from 1840 to 1843，and of the Combined Naval and Military Operations in China (I). London：Henry Colburn Publisher，1844. 264

③ ［英］安德鲁·兰伯特．风帆时代的海上战争．郑振清，向静译．上海：上海人民出版社，2005. 211

④ 中国史学会编辑，齐思和等编．鸦片战争（Ⅲ）．上海：神州国光社，1954. 284

陆上作战时，士兵排成队列和组成各种不同的阵式。列阵时，通常是重火器在前，次轻火器，再次冷兵器。临敌时，在远距离上，以火炮轰击，稍近，开放抬枪，再近，则以鸟枪击打。再如1843年漕运总督山东省安丘人李湘芬（1798～1866）的奏折（中国第一历史档案馆藏军机处录副奏折军务类）说：清军“三击不中，火器左右旋余后”，继之以冷兵器肉搏拼杀。“若夫敌人大众继至，牌枪不能放，则分退于火器之后，“火炮火枪又次第开放”。由于冷热兵器前后配置，其队列一般要达十数行。其缺点有三，一是作战效能低，即只有半数多一点的清军面对全部装备火器的英军对阵时，实际是只有一半的兵力在发挥作用。二是战术机动性差，因为冷热兵器要协同作战，其队列必须以缓慢的速度移动。三是排列较为密集①。此等破夷之法，严重滞后于世界军事技术变革的历史。如《鸦片战争档案史料》载：道光二十年八月二十五日，直隶总督琦善奏：“溯查向来破夷之法，有攻之船之下层者，今则该船出水处所，亦经设有炮位，是意在回击也。又有团练水勇穿其船底者，今则白含章亲见其操演水兵，能于水深五六丈处，持械投入海中，逾时则又纵跃登舟，直至颠顶，是意在抵御也。又有纵火焚烧者，今则该夷泊船各自相离数里，不肯衔尾寄碇，其风帆系白布所为，节节断离，约长不过数尺，中则横贯漆杆，借以蝉联，非如蓬蔑之易于引火，是意在却避延烧也。凡此皆我师从前之长策，而该夷所曾经被创者。兹悉见机筹备是泥恒言以图之，执成法以御之，或反中其诡计，未必足以取胜。”②西洋人对清军的战术及素质评价在《海国图志》中有记载：“兵丁或以5人10人为一排，百人为一队，不同我国分派之法。又中国兵丁行路，亦不同我等队伍，密密而行，皆任意行走，遇紧急时，谁人向前，趋走极快者，即是极勇之人。中国兵丁，多是兵丁之子充之，以当兵为污辱。凡体面之人不肯当兵，其钱粮甚少。遇征调便乘机勒索虏掠，居民见兵过，无不惊惧。又行伍升至武官，只要善跳善射，并无学问。尤要有银钱，就可买差使买缺推升，各省皆然。……中国官府，全不知外国之政事，又不询问考求，故至今中国仍不知西洋。犹如我等至尽未知利未亚洲内地之事。”

18世纪以来，海上作战制胜的关键就在于夺上风、放火箭以烧篷，掷火弹以轰船，射舵工以穷驾驭。海战中抢占上风是18世纪以来东西方海军的共同之处，不过，清军水师当时的战术手段只限于抛掷火球、火罐，散放火箭、喷筒以及爬桅跳船各种技术，普遍采用接舷肉搏战和横阵冲撞战术，而英军在此时主要是侧舷炮战。火器技术正处于世界技术革命变革的前夜，炮兵比例及铁炮作用急剧增强。

鸦片战争时期的英军使用舷炮“线式战术”，猛攻清军一处炮台，然后以侧翼

---

① 吕小鲜．第一次鸦片战争时期中英两军的武器和作战效能．历史档案，1988，(3)：87

② 中国第一历史档案馆．鸦片战争档案史料（Ⅱ）．天津：天津古籍出版社，1992.392

迂回包抄战法将仍坚持在阵地上的清军残部逐走。如《鸦片战争档案史料》载，道光二十一年（1841）七月十二日，闽浙总督颜伯焘奏：中英厦门之战，英夷船“以七八只并力攻一炮台，其余先后夹持，旋攻旋进，一台破又攻一台，凶猛异常。我军连环开炮，受伤兵丁血肉狼藉，其同队兵丁犹各装药下子，奋力拒敌，及见将弁内有伤亡，环视痛哭，仍复极力回炮。而将领等奋不顾身，其受伤未死者，亦各贲裂发指，催督愈急。……无如该夷船只过多，其大船约有千余人，中者五六百人，小者亦二三百人，炮愈放愈多，人愈杀愈厚。”[①]《海国图志》载：“夷船攻我则于十里内外，遥升高桅，用远镜测量，情形嘹悉，一面先用大炮飞弹遥注轰击，使我兵惊溃，即一面分兵绕出炮台后路，使我水陆腹背受敌，此虎门、厦门、定海、镇海、宝山失事情形，如出一辙。”

第四节　中英火炮技术和性能的优劣比较产生的启示

总结鸦片战争的历史经验，可以有许多方面，但其中清军由于武器落后而使战争失败的教训，值得认真总结和研究。明清两朝的中国政府对火器落后于西欧早有认识，他们也采取了一些措施，比如引进了当时技术先进的西洋大炮武装部队，但是中国没能在引进的基础上对此进行彻底地消化、吸收和创新，至鸦片战争之际，除龚振麟发明的铁模铸炮和沿海各省仿制的一些夷船炮外，清军的红夷炮技术仍是引进之初技术的延续，这种武器发展的现状对我国当前发展现代化武器战略具有启示意义。

1）国家国防和武器发展战略应是居安思危而不是因循守旧，否则必将受制于人。鸦片战争时期，国人狭隘的视野使之在船炮技术上的进步幅度滞后于世界范围内船炮技术的变革。中西军事技术的实质性差距虽然发生在19世纪中期，但早在17世纪，两者的分流即已初露端倪。就西方而言，19世纪中期以前火炮、轻武器虽然没有发生质的改进，但是，在这种表面的平静下酝酿着一股股暗流。至19世纪中期，暗流突然如山洪决堤般爆发而来，军事技术与这两个世纪中西方的科学、工业及政治的发展构成了一个相互影响且螺旋上升的体系。如没有内外弹道理论和化学制药的发展，后膛装填和膛线枪炮的最终完善是不可想象的，正是这两项技术，在很大程度上决定了19世纪中期前后火器在射速、精度及射程上的划时代进展。反观中国，明清易鼎之后，中国又一次陷入王朝的循环之中，科学、工业及政治均未发生根本改变[②]。鸦片战争时期，英国已进入到世界上第二次技术和工业革

① 中国第一历史档案馆．鸦片战争档案史料（Ⅳ）．天津：天津古籍出版社，1992．30

② 李婷婷，朱亚宗．19世纪中期：军事技术系统时代的开端．自然辩证法研究，2009，(9)：101

命的前夜，军事技术发生了重大变化，装备、军制、战略战术思想相应发生了革命。这意味着近代战争对一名军官的要求与冷兵器时代已大为不同，它特别需要军官具有分析、判断敌情，正确制定战略战术，恰当使用兵力，充分发挥先进军事技术手段的能力，而这些恰恰是清军选拔将领所忽略的。因此，在战争时期的清军官中，英勇抗战者不乏其人，但很难从他们身上看到正确的军事思想和战术运用的进步。《鸦片战争：一个帝国的沉迷和另一个帝国的堕落》载："与占领宁波的英军不同，英军都是职业军人，而弈经与其手下的将士一样，都是典型的读书人，他们的特长在于阐释孔子的教义，而不是开展一场保卫国家的战争。"①

自18世纪中期以来至鸦片战争的百年间，清朝沿海地区受西方殖民势力侵扰的程度逐渐加深，官方不断地采取了建筑炮台式要塞，增铸大型海岸炮，建造木质风帆战船的措施来应对，初步形成了海防与江防要塞防御体系，与明代后期的沿海和沿江防御体系相比，的确不乏主观上的努力和技术上的进步。但是，清人由于漠视西方火炮的威力和对其军队陆战能力评估不足，其炮台修造技术的进步幅度，与英国殖民者在同一时期内发展坚船利炮、加速向外侵略扩张的幅度相比，表现出速度上的明显反差。炮台大多选址不当，构筑不得法；规格大小不一，炮位安放多寡不等，基本上都是孤立的小型军事据点；处处建炮台的做法，等同于处处设防，最终结果只能使兵力分散，无法抵御大型舰队的进攻。再加上清朝官方政治上的腐败，经济上的贫穷，清军战斗力的低下，最终使几经努力而建成的落后于时代的海防和江防要塞，被敌人的坚船利炮轻易攻破。

军事近代化一般包括部队素质、军队体制和武器装备三个方面。表面看，武器装备仅是外在东西，实际上，武器的优劣和部队的编制、军人的素质紧密联系在一起。没有近代化的军人和近代化的军事体制，再好的近代化的武器，也不可能发挥其应有的作用。鸦片战争时期，清人的战略假想敌并不是英国，而是海盗；故清朝的武器装备是能够满足可预见的需求的；清朝军事高级指挥权往往由熟读八股文章的文官把持，文官指挥武将，武将指导作战，武将指挥人员的出身一是武举，二是行伍，无专门培训士官的学校，用此种方式选拔出来的人，文化素质低，对国内外的先进军事技术是茫然无知的，他们不可能成为适应近代战争的军官；他们的作战战术是人海冲锋，这在冷兵器时代很有用，但是英军来了之后，一切都改变了。英军是有组织的职业军队，各种军事学校训练出来的士官可以做到军令严明，训练有素；他们有先进的科学技术和近代工业，武器远远比清军先进，其威力、射程、精度都远超清朝人——包括皇帝和所有官员在内的人们的想象；他们的战术是使用舰

① Hanes W T, Sanello F. The Opium Wars: The Addiction of One Empire and the Corruption of Another. London: Robson Books, 2003. 135

炮击毁清军的炮台，发挥火力优势，同时用蒸汽船拖曳登陆舰从侧后方登陆，发挥机动优势，这样清人的火炮不能转向，侧后方缺乏防护的缺点暴露无遗。更严重的是，英军对清军的弱点了如指掌，因为他们重视情报收集工作，早已把中国沿海各海口的水域、驻军调查得一清二楚，对有些水域的水文资料比清军知道的还多。这样一来，鸦片战争的失败就不能说仅是清政府的责任了，而是发展较慢和素质欠佳的整个国民必然承担的后果。今英人说："1840 年时，这两种军队（八旗军与绿营兵）的将领都已腐化，装备也太落后，不能在战场上抵挡一个西方强国的军队。中国的军队在组织上是割裂的分散的；统率部队的军官则是从射箭和举重比试中选拔出来的；军队中贪污盛行，士气不振，有的部队的花名册上只有极少一部分实有其人；武器只有老式的火枪、梭镖和弓箭等；而且中国人一贯尊崇读书人出身的文官，轻视武夫。因此，中国军队毫无准备，清帝国不得不面对沉重压力时，毫无准备担当起国防的重任。"①

2）先进的武器生产必须有相对先进的社会制度的保证，发达的物质文明和先进的科学技术的背后应是政治制度的开明。14 世纪以来，欧洲邦国林立，各个邦国也没有中国那样严酷的集权制度，火药和火器得以广泛传播。在此基础上，欧洲国家在资本主义萌芽时期就明确了市场价格制度。这促使研制者推陈出新，让火器日益精良，价格也日益高昂。昂贵的价格开始让过去的小封建领主无法承受，只有国家统治者才能拥有庞大的财力获得最先进的武器和部队。火器的发展在改变欧洲军事的同时，开始改变欧洲的社会和政治。国王的力量开始超越了教会，平民打破过去以战争为职业的骑士阶层对火器的垄断。

长期奉行集权国家的中国对火器的垄断其实从明代就已经开始。在争夺天下的过程中，明廷充分意识到火器的巨大威力，因此禁绝民间制造和拥有。如此一来，火器的制造被国家垄断。明洪武年间开始，火器研制就开始由国家统一严密监视，从火药配方到火铳的制造技术和工艺流程，一概藏于密室，时人和后人至今对于明代的这些细节全然无知。清王朝是中国最专制的封建王朝，它建立的是以少数民族凌驾于大汉民族之上的政权，故王朝始终，一直对大汉民族持恐惧心理和压制政策。他们在夺取皇权时，需要采用新式火器武装自己的部队，所以注意网罗火药、火器制造的专家和工匠，从而使火器有不同程度的创新和发展。但是，相对稳定的政权建立之后，全国火器的制造和使用令这些帝王寝食不安，担心火器流失和私制会成为威胁自身统治的因素。清早中期非常重视火器的制造，康熙朝曾对全国的火器制造实行御制、厂制、局制之别，当时北京最大的三个火器制造工场，一个在铁

---

① ［英］伯里．新编剑桥世界近代史（10）．欧洲势力的顶峰：1830—1870．中国社会科学院世界历史研究所组译．北京：中国社会科学出版社，1999．942

匠营，一个在景山，最大的则在故宫养心殿，由皇帝直接控制。最精良的火炮在制作后全部登记造册藏于宫中，一旦战争爆发则向部队调拨，战事结束则全部运回紫禁城，登记收藏。但是，精良火器由皇室和满洲八旗使用，京城汉军只能使用质量最差的局制火器，而外地根本不允许制造使用精良火器。这种火器政策不是着力于研制新武器获取更大的优势，而是着力于严控这种优势，不让对手或潜在的对手掌握。在此禁锢严控思想的约束下，火器发展自然难乎其难。

3）武器研制需要科学理论、实验、技术三者之间循环加速机制的促进。18 世纪 60 年代欧洲工业革命发生以来，火器的科学理论、实验、技术三者趋于一致，成为一个不断加速发展的整体，这为火器的更新换代提供了良好的条件。中国火器发展向来缺乏科学理论、实验、技术三者之间的逻辑体系，可以认为，中国火器、火药理论一直处于前科学时期，没有形成科学理论和实验体系，使得中国火器的发展受到了根本性的制约。如缺乏精确数量概念的理论方法，火器家们用“阴阳五行化生”和“君臣佐使”学说，来解释火药成分搭配和燃烧过程，故对火药本质的反映，不免有牵强附会之嫌，这种朴素神秘的理论发展到一定阶段无助于火药质量的提高。何况用阴阳学说解释火器和火药问题，常常造成一种惰于实验的风气，没有科学理论、实验和技术三者的相互促进，火器和火药技术发展只能是对原有技术的延续。（注：明代科技著作《天工开物》中说：“凡火药，硫为纯阳，硝为纯阴，两精逼合，成声成变，此乾坤幻出神物也。”又说：“硝性至阴，硫性至阳，阴阳两神物相遇于无隙可容之中。其出也，人物膺之，魂三惊而魄齑粉。”它借用古代传统的阴阳对立转化之说，形象地描述硝硫在一定条件下发生的氧化还原反应。“君臣佐使”理论，最早是在我国第一部药物学著作成书于汉代《神农本草经》序言中提出的。其本意是用封建社会中“君臣佐使”之间的关系，比喻医药配方中主药与辅药之间的组配关系，并借以说明各种药物成分在配方中的地位和作用。其中“君”指配方中起主要作用的药，“臣”指帮助主药以增加其功效的药，“佐”指起辅助作用、减轻主药毒性的药，“使”指引药直达病所的药。“阴阳五行”学说起源于西周末期。其时一些思想家试图用阴阳二气相生相克的概念，解释自然界两种对立和互相消长的物质势力，认为二者的相互作用是一切自然现象变化的根源。上述两种理论，都曾被火器研制者用来解释火药的发明与发展中的许多问题。特别是明代中期以后，尤其如此。如茅元仪在 1621 年著的《武备志·火药赋》说：“虽则硝、硫之悍烈，亦藉飞灰而匹配，验火性之无戒，寄诸缘而合会。硝则为君而硫则臣，本相须以有为……亦并行而不悖，唯灰为之佐使。”即配制火药的三种成分中，硝居主导地位，因而称其为君；硫磺性质活泼，居辅助地位，称臣；木炭粉在火药中也居辅助地位，称做佐使。但药方组合配比往往多寡不等，因而君臣佐使在配伍又是可以变通的。这种喻理方法，在一定程度上揭示了它们各自在火药中所处的主次地位，又说明它们之间必须组配得当，才能在点火燃烧后得火攻之妙）。总体上，火药的生产方式落后，生产纯度不高，威力不能加大。鸦片战争前后，清朝在火药的配比和制作方面，广东的一些火药制作者，福建水师提督陈阶平、福建监生丁拱辰利用封建的手工生产方式，虽然在实践中也能配置一些品质好的火药，但绝对没有上升到透析火药机理的新轨道，况且他们的研制工艺在使用的区域里也只是局部性的，还不是全局性的。

小结

通过对鸦片战争时期中英双方火炮比较的文献研究、遗留实物的实地考察和材质的金相组织鉴定，得到以下结论：

1）鸦片战争时期，中英主导型火炮虽然都是前膛装滑膛炮，尚未进入后膛装线膛炮时代，主导型炮弹仍然是老式球形实心生铁或熟铁弹，火药都为传统的黑火药。但英军在炮体各部位比例、火炮形制、弹药技术、点火装置等方面，特别是铁炮材质、制造、加工等技术关键之处进行了改进、革新，故在铁炮的射程、射速、射击精度和杀伤力等方面高于清军铁炮。以上原因就是英军“炮利”和清军“炮不利”的秘密之所在。正是这些秘密即关键技术与性能方面的差异，导致清军在战斗中接连失利。

2）清军铁炮组织以白口铸铁为主，如果考虑到脱碳铸铁和铸铁脱碳钢是铁炮使用中白口铸铁脱碳所致，则白口铸铁组织可占到63％。清军灰口铸铁组织占总分析样品的15.7％，其中石墨形态均为片状，未见菊花状石墨。英军铁炮组织以灰口铸铁为主，占到了分析样品的43.1％，其石墨形态除片状外，还有菊花状，占灰口铸铁组织中的25％。菊花状石墨组织的灰口铸铁性能要好于片状或粗大的石墨构成的灰口铸铁。灰口铸铁材质优于白口铸铁，具有菊花状石墨的灰口铸铁性能优于片状石墨灰口铸铁，故英军铁炮材质优于清军铁炮。

3）影响中英火炮在战争中的作用有技术和社会两方面因素。技术因素：铁炮的材质、制造和加工技术直接关系着铁炮的质量，铁炮质量则是影响铁炮性能的最重要的因素，铁炮性能的不同是影响鸦片战争胜负的因素之一。社会因素：中国封建社会落后的生产方式制约了火器技术向更高阶段的推进，火器禁锢严控思想和管理制度的种种弊端阻碍了船炮装备技术的改进与革新。英国经过工业革命后，近代化的冶金、铸造、加工等各项技术的发展，以及武器制造的资本主义自由竞争机制，促进了武器的生产和技术进步。

4）中英鸦片战争揭示，在特定的历史条件下（如小规模的战争或战役），武器关键技术水平的高低导致武器性能的优劣，武器性能的优劣和技术、战术运用得当与否，是决定战争胜负的主要因素。总结这场战争的历史经验，对今天中国武器发展战略具有一定启示：我国必须建立独立自主的创新体系，创造和发展先进的武器，才能立于不败之地。

参考文献

〔美〕阿彻·琼斯．2001. 西方战争艺术．刘克俭，刘卫国译．北京：中国青年出版社

〔英〕安德鲁·兰伯特．2005. 风帆时代的海上战争．郑振清，向静译．上海：上海人民出版社

北京钢铁学院《中国古代冶金》编写组．1978. 中国古代冶金．北京：文物出版社

北京钢铁学院《中国冶金简史》编写组．1978. 中国冶金简史．北京：科学出版社

〔美〕波特．1990. 海上实力．马炳忠等译．北京：海洋出版社

〔美〕波特．1992. 世界海军史．李杰等译．北京：解放军出版社

〔英〕伯里．1999. 新编剑桥世界近代史（10）．欧洲势力的顶峰：1830—1870. 中国社会科学院世界历史研究所组译．北京：中国社会科学出版社

〔英〕查尔斯·富勒．1997. 战争指导．钮先钟译．海拉尔：内蒙古文化出版社

〔英〕查尔斯·辛格等．2004. 技术史（第Ⅲ卷）．文艺复兴至工业革命．高亮华，戴吾三主译．上海：上海科技教育出版社

〔英〕查尔斯·辛格等．2004. 技术史（第Ⅳ卷）．工业革命．辛元鸥等译．上海：上海科技教育出版社

〔美〕戴尔格兰姆专业小组．2008. 世界武器图典·公元前5000年～公元21世纪．刘军，董强译. 合肥：安徽人民出版社

〔清〕丁拱辰．1841. 演炮图说（刻本）．中国国家图书馆藏书

〔清〕丁拱辰．1843. 演炮图说辑要．中国国家图书馆藏书

丁一平等．2000. 世界海军史．北京：海潮出版社

〔美〕杜派 R E，杜派 T N. 1998. 哈珀-柯林斯世界军事历史全书．传海等译．北京：中国友谊出版公司

〔美〕杜普伊 T N. 1985. 武器和战争的演变．严瑞池，李志兴等译．北京：军事科学出版社

福建师范大学历史系．1982. 鸦片战争在闽、台史料选编．福州：福建人民出版社

〔清〕关天培．1969. 筹海初集．台北：文海出版社

广东省人民政府文史研究馆．1986．鸦片战争与林则徐史料选译．广州：广东人民出版社
广东省人民政府文史研究馆译．1983．鸦片战争史料选译．北京：中华书局
国防科委百科编审室．1988．外国百科全书条目译文选编（内部资料）．83～89
〔英〕哈伯斯塔特．2004．火炮．李小明等译．北京：中国人民大学出版社
郝侠君．1989．中西500年比较．北京：中国工人出版社
〔美〕赫尔弗斯．2004．美国海军．高婧译．南京：南京出版社
胡滨译．1993．义律海军上校致两广总督照会．见：英国档案有关鸦片战争资料选译（下卷）．北京：中华书局
黄一农．2010．明清独特复合金属炮的兴衰．清华学报（新竹），(4)：1011～1051
〔美〕惠普尔．1986．英法海战．李安林，秦祖祥译．北京：海洋出版社
〔英〕杰克逊．2003．战列舰．张国良译．北京：国际文化出版公司
军事科学院主编，施渡桥等著．1998．中国军事通史·清代后期军事史（第十七卷）．北京：军事科学出版社
〔英〕克劳利．1991．新编剑桥世界近代史（9）．动乱时代的战争与和平：1793—1830．中国社会科学院世界历史研究所组译．北京：中国社会科学出版社
蓝永蔚．2001．五千年的征战：中国军事史．上海：华东师范大学出版社
〔英〕李约瑟．2005．中国科学技术史（第五卷）．化学及相关技术（第七分册）．军事技术：火药的史诗．刘晓燕等译．北京：科学出版社；上海：上海古籍出版社
〔英〕理查德·希尔．2005．铁甲舰时代的海上战争．谢江萍译．上海：上海人民出版社
刘鸿亮．2004．徐光启与红夷大炮问题研究．上海交通大学学报（哲学社会科学版），(5)：42～47
刘鸿亮．2005．明清时期红夷大炮的兴衰与两朝西洋火器发展比较．社会科学，(12)：86～95
刘鸿亮．2005．徐光启对《崇祯历书》的编译与其实际成效的问题研究．辽宁大学学报（哲学社会科学版），(6)：110～114
刘鸿亮．2005．徐光启对《几何原本》的翻译及其实际成效的问题研究．自然辩证法研究，(5)：87～90
刘鸿亮．2006．第一次鸦片战争时期中英双方火炮的性能比较．清史研究，(3)：31～43
刘鸿亮．2006．关于16～17世纪中国佛郎机火炮的射程问题．社会科学，(10)：185～192
刘鸿亮．2007．第一次鸦片战争时期中英双方火炮发射火药的技术研究．福建师范大学学报（哲学社会科学版），(4)：111～118
刘鸿亮．2010．鸦片战争时期中英炮弹研究再析．史林，(2)：86～99
刘鸿亮，宋琳．2007．明清两朝红夷大炮的射程问题再析．历史档案，(4)：41～47
刘鸿亮，孙淑云．2007．第一次鸦片战争时期中英双方火炮炮弹的比较研究．自然辩证法通讯，(3)：63～68
刘鸿亮，孙淑云．2008．鸦片战争时期中英铁炮材质的比较研究．清华学报（台湾），(4)：563～598
刘鸿亮，孙淑云．2009．鸦片战争时期英军卡龙炮技术的初步研究．社会科学，(9)：145～153

刘鸿亮，孙淑云．2009．鸦片战争时期中英铁炮射速的比较研究．自然辩证法通讯，（5）：71～77
刘鸿亮，孙淑云，李晓岑等．2009．鸦片战争时期中英双方火炮的调查研究．海交史研究，（2）：104～127
刘鸿亮，孙淑云，牛书成．2009．鸦片战争时期中西铁炮制造技术优劣的比较研究．自然辩证法研究，（8）：103～108
刘鸿亮，张建雄．2009．鸦片战争时期清朝龚振麟铁模铸炮技术的研究方法新探．广西民族大学学报（自然科学版），（3）：16～26
刘鸿亮，张建雄．2010．鸦片战争时期清朝复合金属炮技术盛衰的问题研究．科学技术哲学研究，（2）：86～93
刘旭．1989．中国古代火炮史．上海：上海人民出版社
刘旭．2004．中国古代火药火器史．郑州：大象出版社
马廉颇．2003．晚清帝国视野下的英国——以嘉庆、道光两朝为中心．北京：人民出版社
〔美〕马士．2000．中华帝国对外关系史（卷 I）．张汇文译．上海：上海书店出版社
茅海建．2005．天朝的崩溃——鸦片战争再研究．北京：生活·读书·新知三联书店
牟安世．1982．鸦片战争．上海：上海人民出版社
彭泽益．1962．中国近代手工业史资料：1840～1949（第一卷）．北京：中华书局
皮明勇．1999．清朝兵器研制管理制度与军事技术发展的缓滞．见：皮明勇．关注与超越：中国近代军事变革论．石家庄：河北人民出版社
〔苏〕契斯齐阿柯夫．1957．炮兵．张鸿久等译校．北京：国防工业出版社
〔瑞士〕若米尼．2006．战争艺术概论．刘聪译．北京：解放军出版社
〔日〕三浦权利．2005．图说西洋甲胄武器事典．谢志宇译．上海：上海书店出版社
〔美〕斯蒂芬·豪沃思．1997．驶向阳光灿烂的大海：美国海军史 1775～1991．王启明译．北京：世界知识出版社
谈乐斌．2005．火炮概论．北京：北京理工大学出版社
〔德〕汤若望口授，〔明〕焦勖撰．1985．火攻挈要．北京：中华书局
王尔敏．1963．清季兵工业的兴起．台北：中央研究院近代史研究所
王宏斌．2002．清代前期海防：思想与制度．北京：社会科学文献出版社
〔清〕王韬．1993．火器略说．黄达权口译．见：刘鲁民主编，中国兵书集成编委会编．中国兵书集成（第 48 册）．北京：解放军出版社；沈阳：辽沈书社
王兆春．1991．中国火器史．北京：军事科学出版社
王兆春．2007．世界火器史．北京：军事科学出版社
王兆春．2007．中国古代军事工程技术史（宋元明清）．太原：山西教育出版社
〔英〕威廉·利德．2000．西洋兵器大全．卜玉坤等译．香港：万里机构·万里书店
〔清〕魏源撰，王继平等整理．2000．海国图志．长春：时代文艺出版社
〔清〕文庆等．2008．筹办夷务始末（全八册）．上海：上海古籍出版社
萧一山．1986．清代通史（卷 1）．北京：中华书局
萧致治主编，许增纮等著．1996．鸦片战争史．福州：福建人民出版社

徐新照．2003. 中国兵器科学思想探索．北京：军事谊文出版社

鸦片战争博物馆，叶志坚．1998. 虎门魂．北京：中国大百科全书出版社

尹晓冬．2007. 十六、十七世纪传入中国的火器制造技术及弹道知识．中国科学院博士学位论文

于桂芬．2001. 西风东渐——中日摄取西方文化的比较研究．北京：商务印书馆

〔清〕张集馨撰；杜春和，张秀清整理．1981. 道咸宦海见闻录．北京：中华书局

张世明．1999. 18世纪的中国与世界（军事卷）．沈阳：辽海出版社

张铁牛，高晓星．2006. 中国古代海军史．北京：解放军出版社

中国第一历史档案馆．1992. 鸦片战争档案史料（全七册). 天津：天津古籍出版社

中国史学会编辑，齐思和等编．1954. 鸦片战争（全六册). 上海：神州国光社

《中国军事史》编写组．1994. 中国军事史．第一卷（兵器）．北京：解放军出版社

Alder K. 1997. Engineering the Revolution: Arms and Enlightenment in France, 1763－1815. Princeton N J: Princeton University Press

Beeching J. 1975. The Chinese Opium Wars. New York: Harcourt Brace Jovanovich

Belcher E. 1843. Narrative of A Voyage Round the World: Performed in Her Majesty's Ship Sulphur, during the Years 1836-1842, Including Details of the Naval Operations in China from Dec 1840 to Nov 1841 (Vol Ⅱ). London: Henry Colburn Publisher

Bernard F, Bart H. 2005. Materializing the Military. London: Science Museum

Bernard W D. 1844. Narrative of the Voyages and Services of the Nemesis from 1840 to 1843, and of the Combined Naval and Military Operations in China. London: Henry Colburn Publisher

Bingham J E. 1843. Narrative of the Expedition to China, from the Commencement of the War to Its Termination in 1842. *In*: Sketches of the Manners and Customs of That Singular and Hither to Almost Unknown Country (Ⅱ). London: Henry Colburn Publisher

Boyd L. 1994. The Field Artillery: History and Sourcebook. Westport, Conn: Greenwood Press

Cunynghame A. 1845. The Opium War: Being Recollections of Service in China. Philadelphia: G B Zieber & Co

Davis J F. 1852. China, During the War and since the Peace . London: Longman, Brown, Green, and Longmans

Fay P W. 1975. The Opium War, 1840—1842. University of North Carolina Press

Ffoulkes C. 1937. The Gun-Founders of England, with a List of English and Continental Gun-Founders from the XIV to the XIX Centuries. London: Arms and Armour Press

Funcken L, Funcken F. 1984. The Napoleonic Wars. Englewood Cliffs, N J: Prentice-Hall

Hanes W T, Sanello F. 2003. The Opium Wars: The Addiction of One Empire and the Corruption of Another. London: Robson Books

Hogg I V. 1992. The Encyclopedia of Weaponry. Middlesex: Guinness Pub. Ltd

Jocelyn R J. 1841. Six Months with the Chinese Expedition or Leaves from a Soldier's Note-book. London: John Murray

Jorgensen C , Pavkovic M, Rice R S, et al. 2005. Fighting Techniques of the Early Modern World

AD 1500～AD 1763：Equipment，Combat Skills and Tactics. Staplehurst，Kent：Spellmount

Kelly J. 2004. Gunpowder：Alchemy，Bombards，and Pyrotechnics：The History of the Explosive that Changed the World. New York：Basic Books

Kennard A N. 1986. Gunfounding and Gunfounders：A Directory of Cannon Founders from Earliest Times to 1850. London：Arms and Armour Press

Lepage G G. 2005. Medieval Armies and Weapons in Western Europe：An Illustrated History. Jefferson，N C：McFarland & Company Inc

Loch G G. 1843. The Closing Events of the Campaign in China：The Operations in the Yang-Tze-Kiang and Treaty of Nanking. London：John Murray

Logie J. 2003. Waterloo：The Campaign of 1815. Stroud，Gloucestershire：Spellmount Ltd

McNeill W H. 1982. The Pursuit of Power：Technology，Armed Force，and Society since A D 1000. Chicago：University of Chicago Press

McPherson D. 1843. The War in China：Narrative of the Chinese Expedition，from Its Formation in April，1840，to the Treaty of Peace in August，1842. London：Saunders and Otley

Murray A. 1843. Doings in China：Being the Personal Narrative of an Officer Engaged in the Late Chinese Expedition from the Recapture of Chusan in 1841，to the Peace of Nanking in 1842. London：Richard Bentley

Ouchterlony J. 1844. The Chinese War：An Account of All the Operations of the British Forces from the Commencement to the Treaty of Nanking. London：Saunders and Otley

Tarassuk L，Blair C. 1982. The Complete Encyclopedia of Arms & Weapons. New York：Simon and Schuster

Tylecote R F. 1976 . A History of Metallurgy. London：Mid-Country Press

Warner O. 1975. The British Navy：A Concise History. London：Thames and Hudson

〔苏〕Шиллинг H A. 1958. 有烟火药教程．郑宝庭，朱志琳译．北京：国防工业出版社

后记

书山有路，学海无涯。望着自己多年耕耘的课题，我顿感庆幸、沉重与惶恐。庆幸的是，不经意找到了理想的求学之所——北京科技大学冶金与材料史研究所。本书出版得到北京科技大学“十一五”规划“211工程”重点学科建设——“科学技术与文明研究丛书”出版基金专项资助。沉重的是，由于自己天资有限，本书水准与导师的高标准要求相比还有一定距离。学界先辈或同行，如中国人民解放军军事科学院王兆春研究员（注：先生在百忙之中审阅了本书，提出了不少宝贵意见，并亲自为本书作序，对晚辈的奖掖令人感动）、河北师范大学王宏斌教授、中国人民大学郭成康教授、上海交通大学关增建教授、首都师范大学尹晓冬博士等都一直希望我能出版一本令人满意的著作，对此我只能尽力而为，以不辜负他们的殷切期望。惶恐的是，本书出版是在众多尊敬的老师、朋友、同学的热心提携和无私帮助下完成的。对此，非一个“谢”字所能报答。

其一，本书的调研得到了诸多单位和个人的帮助。在全国各地文博单位的鼎力支持下，如期拿到铁炮样品，本书才得以完成。本书得到故宫博物院李立雄先生、中国第一历史档案馆吕小鲜先生、中国人民革命军事博物馆佘宏志馆长、北京德胜门箭楼古代钱币展览馆卢嘉兵先生、延庆博物馆范学新先生、厦门博物馆陈娟英女士、厦门胡里山炮台韩载茂主任的帮助。在华南农业大学向安强教授的引荐下，在其硕士研究生张巨保的帮助下，佛山市博物馆黄玉冰、张辉辉先生，鸦片战争博物馆张建雄、刘岩石先生等，广东省文物考古研究所邱立诚先生、珠海市博物馆张建军、尚元正、陈振忠先生等，封开博物馆姚锦鸿先生、潘坤云女士等，韶关博物馆的王若峰先生，广东曲江博物馆肖东方先生，梧州博物馆李乃贤、郑卫标、周树雄、周学斌、黄洁华等先生和梁萍女士等为本书所需的样品提供不少帮助。

其二，本书是在导师孙淑云教授的悉心指导下完成的。在选题、资料搜集、宏观把握和实验结果分析、写作等诸多方面，导师都倾注了大量心血。在导师的关怀和引导下，我在史料搜集、外文阅读、实验操作、思维方法、电脑水平等方面得到提升。客观地讲，在北京科技大学求学的三年半中，我脱胎换骨。在此我要把最真诚的谢意奉献给我的导师。她的不唯书、不唯上、只唯实的治学宗旨以及学高为师、身正为范的执教信念是我学术生涯和为人处世的风向标。李晓岑教授是我的副导师，在选题、创新点的宏观把握方面给予很多指导，并在百忙之中亲赴中国人民革命军事博物馆、大沽炮台、福建厦门、广东广州、珠海和我一道考察，让我感动至极。中国人民革命军事博物馆李斌研究员也是我的副导师，在交流学术心得、调研火炮实物、修正本书和2007年度国家重大社会科学课题申报等方面提供了很多指导。柯俊院士在百忙之中不忘样品的搜集和博士学位论文点滴的完善。韩汝玢教授对我严中有爱，在资料搜集、北京科技大学2007年度科研基金申报、样品分析、本书出版和创新点把握等诸方面都提供了大量帮助。梅建军教授利用在英国出差的契机，亲赴伦敦吾尔维奇博物馆考察，带回了许多难得的火炮图片，并自费为本书出版复印了大量的外文资料。李延祥教授为火炮实物的考察与取样、本书出版中一些观点的把握费了不少心血。潜伟教授、李秀辉副教授、刘建华老师、章梅芳副教授、于春梅老师等都在力所能及的范围内对本书关怀有加。美国伊利诺伊大学邱兹惠教授在为本书查找和复印外文资料方面给予我很大帮助。

其三，博士同学龚德才、凌勇、宋海龙、韦丹芳、黄维、袁凯铮、李建西、张治国、厚宇德、林昆勇，硕士李明华、文婧、李云、陈武，北京科技大学冶金与生态工程学院马绍华、林才顺博士，材料科学与工程学院班朝磊博士都对本书给予关注，片言只字，已使我受益匪浅。

其四，感谢我的妻子及儿女对我学业的支持。我全脱产读书几年，家境每况愈下，但他们都默默地承受了这一切。他们一直坚信，学术是神圣的。

五年多来，我常在中国国家图书馆、中国人民大学图书馆、北京大学图书馆、清华大学图书馆、北京师范大学图书馆、北京理工大学图书馆、北京科技大学图书馆之间穿梭，夜晚常绞尽脑汁地整理资料，夜深失眠时常在焦虑中苦思冥想。小疾时不时地上门打扰，电脑病毒时不时地出来捣乱，我心力交瘁。不过，有科技史为伴，痛并快乐着。

正是在导师、其他老师、朋友、同学和家人的帮助下，我才能完成学业。在此，向所有提供帮助和指导的老师、朋友、同学和家人表示衷心的感谢和诚挚的敬意！

刘鸿亮

2010年3月30日于河南科技大学